U0270670

五轴数控加工精度建模、分析及控制技术

丁国富　江磊　朱绍维　马术文　著

科学出版社

北　京

内 容 简 介

本书从五轴数控加工及精度相关技术理论的角度，全面系统地介绍了五轴数控加工及精度的理论基础和关键技术，主要内容包括五轴数控机床的运动学建模、后置处理、综合误差建模、几何误差测量及补偿、热误差补偿、样条插补、加工表面质量控制以及加工仿真技术，各章节内容相对独立。本书从理论到实例，阐述了作者在五轴数控加工及精度研究方面的进展。通过本书的学习，读者可从各个方面掌握五轴数控加工及精度相关技术。

本书可作为各类大学机械类制造专业学生和教师的参考书，也可作为各研究机构、企业工程技术人员的技术参考书。

图书在版编目（CIP）数据

五轴数控加工精度建模、分析及控制技术/丁国富等著. —北京：科学出版社，2016.6

ISBN 978-7-03-047641-8

I. ①五… II. ①丁… III. ①数控机床-加工 IV. ①TG659

中国版本图书馆 CIP 数据核字（2016）第 049127 号

责任编辑：邓 静 张丽花 / 责任校对：郭瑞芝

责任印制：徐晓晨 / 封面设计：迷底书装

科学出版社 出版

北京东黄城根北街 16 号

邮政编码：100717

http://www.sciencep.com

北京凌奇印刷有限责任公司 印刷

科学出版社发行 各地新华书店经销

*

2016 年 6 月第 一 版 开本：720×1000 B5（1/16）

2024 年 1 月第六次印刷 印张：17

字数：332 000

定价：128.00 元

（如有印装质量问题，我社负责调换）

前　言

航空发动机叶片、飞机结构件、汽车覆盖件模具等大量采用五轴数控加工技术。掌握五轴数控机床加工技术对我国航空、航天、军事、科研、精密器械、高精医疗设备的发展有非常重要的支撑作用。但我国在五轴数控机床的数控系统及其零部件等方面长期依赖国外进口，先进技术被封锁和形成瓶颈，引进的五轴数控机床多为国外淘汰产品，且技术和系统封闭，这对使用和掌握五轴数控加工技术带来了非常大的难度。面对国外制造列强对五轴数控机床的限制性购买，我国要发展成为军事、经济上的强国，必须研制和掌握自己的五轴数控机床及加工技术。为此，我国在最近几年，开展了“高档数控机床及基础装备”专项项目研究，集中全国在五轴数控机床研制的主机厂、应用厂商、科研院所的优势力量，开展五轴数控机床的研制和在典型航空、轮船、发动机、汽车等领域的重点应用研究，笔者所领导的团队有幸在五轴数控加工技术的相关领域参与了多项研究工作。

笔者在五轴数控加工研究和人才培养过程中发现，虽然研究单位、人员众多，但有关五轴数控机床及加工技术方面可供参考的书籍很少，相关研究文章侧重点不一样，也不具有系统性，没有国产化的应用软件或系统作为支撑，这显然对掌握五轴数控加工技术带来了难度。为此，笔者萌生了积累最近 10 多年研究结果，写一本有关五轴数控加工及精度技术方面著作的想法，以期为五轴数控加工及精度技术应用、人才培养提供一些力所能及的帮助。经过笔者团队成员的共同努力，整理出项目有关的五轴数控加工及精度技术方面研究成果，并系统性地归纳，形成了本书。

本书共 11 章。第 1 章简述了五轴数控机床及加工技术的应用情况，介绍了主要研究内容，并给出了本书重点写作的部分；第 2 章介绍了以工作台为惯性体的五轴数控机床多体拓扑结构模型，将各种结构形式的五轴数控机床按照结构系列进行统一描述，形成了各种五轴机床统一运动学模型；第 3 章通过分析五轴数控机床拓扑体之间的运动变换和位置变换，构建了五轴数控机床运动学分析方程，统一了非正交与正交五轴数控机床的运动学方程，并对各种结构的五轴数控机床后置处理算法进行详细分析；第 4 章介绍了基于多体系统的综合误差建模技术，在运动学模型的基础上加入误差项，建立了包含多项误差因素的五轴数控加工通用综合误差模型；第 5 章介绍了五轴数控机床、夹具、刀具的几何误差测量、辨识与补偿控制技术，形成了精度预测模型；第 6 章介绍了五轴数控机床热误差测量、辨识、建模与补偿技术，提供了热误差控制的通用处理方法；第 7 章针对侧铣波纹误差，介绍了五轴数控加工的表面质量控制方法；第 8 章介绍了改进的五轴数控加工样条插补算法，以提高插补平稳性；第 9 章介绍了五轴数控加工可视仿真算法及技术；第 10 章介绍了五轴数控仿真系统的开发方法；第 11 章介绍了五轴数控加工后置处理系统实现技术及系统的开发。

本书是集体智慧的结果，其中第 4、5 章由朱绍维、江磊撰写，第 6 章由马术文撰写，第 7、8 章由江磊撰写，其余部分由笔者及多位博士生和硕士生合作而写，江磊对全书汇总付出了艰辛的努力。本书写作得到其他诸多同志的支持，首先感谢成都飞机工业集团有限责任公司数控加工厂汤立民教授级高工、隋少春、郭志平、韩雄、宋智勇及其他工程师，他们为本书研究提供了项目、试验设备及工程应用的便利；感谢笔者项目组团队的所有教师和研究生，他们的研究成果极大地丰富了本书内容，本书的成果是他们共同努力的结果。最后要感谢西南交通大学机械工程学院领导及科学出版社的领导和编辑的支持和帮助，使得本书能够顺利出版。

在本书著成之际，恰逢国家“十三五规划”纲要颁布，其中讲到在“十三五”期间中国要做的 100 件大事的第 28 件是“研制高档数控机床”，本书可谓生逢其时。然而，五轴数控加工及精度技术博大精深，内容丰富广泛，本书的内容重在五轴数控机床运动学、综合误差统一建模、精度的辨识分析与误差控制、加工参数优化、加工仿真与后置处理等方面，这只是五轴数控加工技术的冰山一角，需要更多的研究来丰富和充实。本书所涉及的内容也没有完全归纳出该领域的技术内容，还需要进一步完善。

如此种种，限于作者水平，肤浅和粗糙之处敬请同行多多指教，书中疏漏和不当之处也敬请读者批评指正。

丁国富

2016 年 3 月

主要符号表

$a_{X\_max}/a_{Y\_max}/a_{Z\_max}$	机床平动轴最大运动加速度限值
$a_X/a_Y/a_Z$	机床坐标系下的平动轴加速度
a_n	刀位轨迹在工件坐标系的法向加速度
a_t	刀位轨迹在工件坐标系的切向加速度
a_{t_max}	刀位轨迹在工件坐标系的切向加速度
a_e	侧铣加工的径向切深
a_p	侧铣加工的轴向切深
a_f	铣刀的每齿进给量
$\mathrm{d}f$	微切削刃的合成切削力
$\mathrm{d}f_a$	微切削刃的轴向切削力
$\mathrm{d}f_t$	微切削刃的切向切削力
$\mathrm{d}z$	刀具沿垂直于轴线方向的微分厚度
$\boldsymbol{E}$	工件坐标系中切削点的空间误差
$\boldsymbol{e}$	工件坐标系中刀轴矢量的空间误差
$e_x/e_y/e_z$	工件特征的预测误差
$e_X/e_Y/e_Z/e_A/e_B/e_C$	进给轴伺服跟随误差
e_p	微切削刃的瞬时切削层厚度
e_c	圆角中心点到刀轴径向距离
$f_{平均}$	整个刀具切削刃上的周转平均切削力
F	机床的进给速度
$F_{cx/cy/cz}$	切削力在工件坐标系的分量
$F_{cX/cY/cZ}$	切削力在机床坐标系的分量
h	侧铣加工的切削层高度
h'_c	圆角中心点到刀尖点的竖直高度

H	阿当姆斯显式公式的节点间距
$I_{A/B/C}$	转动轴的转动惯量
$I_{sX/sY/sZ}$	平动轴的丝杠转动惯量
K_a	微切削刃的轴向切削力系数
K_r	微切削刃的径向切削力系数
K_t	微切削刃的切向切削力系数
l_c	刀具体建模长度
l_{ctr}	刀头长度
Δl	测量点的误差分量
$l_X/l_Y/l_Z$	反射镜在测量原点的偏移量
$\boldsymbol{L}$	低序体算子
L	刀位点到相邻转动轴轴线的距离
L_H	工件的名义孔距
L_T	实际刀具长度
L_G	转动轴误差测量杆的长度
$m_X/m_Y/m_Z$	平动轴的质量
M_T	伺服电机额定转矩
$M_{cA/cB/cC}$	切削力造成的转动轴转动力矩
$M_{X/Y/Z/A/B/C}$	进给轴的伺服电机的实际转矩
$M(x_M, y_M, z_M)$	点 M 在测量坐标系的坐标
$\boldsymbol{n}$	刀位轨迹的法向矢量
$N_{i,3}(u)$	3 次 B 样条基函数
$\boldsymbol{p}_t$	刀位轨迹的切向矢量
$p_X/p_Y/p_Z$	平动轴的滚珠丝杠导程
$P_T(x_T, y_T, z_T)$	刀位点在相邻刀具转动体子坐标系的初始位置坐标
$P_w(x_w, y_w, z_w)$	工作台转动子坐标系在工件坐标系的初始位置坐标

$P_{\mathrm{W}}(x, y, z)$	工件坐标系中的刀尖点位置坐标
$P_{\mathrm{H}}(x_{\mathrm{H}}, y_{\mathrm{H}}, z_{\mathrm{H}})$	高序转动体子坐标系原点在低序转动体子坐标系的位置坐标
$\boldsymbol{P}_{cij}$	网格单元 A_{ij} 中心点在绝对坐标系下的位置矢量
$\boldsymbol{P}_{\mathrm{E}}$	切削点相对工件坐标系的位置误差矢量
$\boldsymbol{P}_{v}$	视点中心在绝对坐标系中的位置矢量
r	切削刃的圆角半径
R	理想的刀具半径
R_{T}	实际刀具半径
R'	直线插补段内的理想加工曲面投影半径
ΔS	直线插补段内的理想加工曲面投影弧长
$S_{\mathrm{X}}/S_{\mathrm{Y}}/S_{\mathrm{Z}}$	X 轴、Y 轴、Z 轴相对初始位置的平动量
$S_{\text{转}}$	侧铣加工的刀具每转切削刃扫掠面积
S_i	从 $P_{i\text{-}1}$ 到 P_i 的侧铣加工切削刃扫掠面积
S'_i	从 $P_{i\text{-}1}$ 到 P_i 的侧铣加工刀轴扫掠面积
$\overline{S}$	侧铣加工的额定切削刃扫掠面积
$\boldsymbol{S}_{\mathrm{T}}$	刀具坐标系
$\boldsymbol{S}_{\mathrm{W}}$	工件坐标系
$\boldsymbol{S}_{\mathrm{D}}$	第四轴坐标系
$\boldsymbol{S}_{\mathrm{E}}$	第五轴坐标系
t_n	第 n 段指令所对应的执行时间
$\boldsymbol{t}(x_{\mathrm{t}}, y_{\mathrm{t}}, z_{\mathrm{t}})$	刀触点在工件坐标系的位置矢量
t_{m}	进给加减速周期
T	插补周期
$\boldsymbol{T}_{j\to i}$	体 B_j 相对于 B_i 的位置变换矩阵
$\boldsymbol{T}_i$	体 B_i 在自身坐标系下的运动变换矩阵
$\boldsymbol{T}_{\mathrm{t}}$	体间平移运动变换矩阵
$\boldsymbol{T}_{\mathrm{r}}$	体间旋转运动变换矩阵

$\boldsymbol{T}_{\mathrm{s}}$	体间运动变换矩阵
$\boldsymbol{T}_{\mathrm{W}}$	工作台坐标系到工件坐标系的静止位置变换矩阵
$\boldsymbol{T}_{\mathrm{T}}$	刀位点到相邻低序体坐标系的静止位置变换矩阵
$\boldsymbol{T}_{\mathrm{H}}$	高序体子坐标系到低序体子坐标系的静止位置变换矩阵
$\boldsymbol{T}_{\mathrm{X}}/\boldsymbol{T}_{\mathrm{Y}}/\boldsymbol{T}_{\mathrm{Z}}/\boldsymbol{T}_{\mathrm{A}}/\boldsymbol{T}_{\mathrm{B}}/\boldsymbol{T}_{\mathrm{C}}$	机床运动轴的运动变换矩阵
$\boldsymbol{T}_{\mathrm{D\to T}}$	第四轴坐标系到刀具坐标系的变换矩阵
$\boldsymbol{T}_{\mathrm{E\to D}}$	第五轴坐标系到第四轴坐标系的变换矩阵
$\boldsymbol{T}_{\mathrm{T\to E}}$	刀具坐标系到第五轴坐标系的变换矩阵
$u_{\mathrm{Bs/Be}}$	后加减区间起/止点的样条参数
$u_{\mathrm{Fs/Fe}}$	前加减区间起/止点的样条参数
u_{new}	新加密刀位点的 NURBS 样条参数
u	NURBS 样条参数
$\boldsymbol{U}_{\mathrm{W}}(u_{\mathrm{x}}, u_{\mathrm{y}}, u_{\mathrm{z}},0)$	工件坐标系中的刀轴矢量
$\boldsymbol{U}_{\mathrm{T}}$	刀具坐标系中的刀轴矢量
$\boldsymbol{U}_{\mathrm{W\_实际}}$	刀轴在工件坐标系的实际矢量
$\boldsymbol{U}_{\mathrm{W\_new}}$	新加密刀位点的刀轴矢量
$\boldsymbol{U}_{\mathrm{W\_E}}$	刀轴相对工件坐标系的方向误差矢量
$v_{\mathrm{X\_max/Y\_max/Z\_max}}$	机床平动轴最大运动速度限值
$v_{\mathrm{X}}/v_{\mathrm{Y}}/v_{\mathrm{Z}}$	刀位点相对工件坐标系的指令运动速度
v	刀位点在工件坐标系的速度
$v_{\mathrm{Bs}}/v_{\mathrm{Be}}$	后加减速区间起/止点的刀位点速度
v_{c}	刀位点的指令速度
v_{e}	刀位点在加减速区间的终止速度
$v_{\mathrm{Fs}}/v_{\mathrm{Fe}}$	前加减速区间起/止点的刀位点速度
v_{s}	刀位点在加减速区间的起始速度

v_z	微切削刃 dz 的每转进给距离
$v_{\lambda i}$	加工允差为λ时的刀位点速度
V_i	NURBS 曲线第 i 控制点坐标
w_i	NURBS 曲线第 i 控制点权因子
W	五轴数控机床工件的拓扑体名称
$x/y/z$	刀位点在工件坐标系下的坐标参数
$x_s/y_s/z_s/\alpha_s/\beta_s/\gamma_s$	数控指令的起点位置代码
$x_e/y_e/z_e/\alpha_e/\beta_e/\gamma_e$	数控指令的终点位置代码
X / Y / Z / A / B / C	机床运动轴(拓扑体)的名称
$X/Y/Z/\alpha/\beta/\gamma$	机床进给轴相对初始位置在机床坐标系的运动量
$X_s/Y_s/Z_s$	平动轴相对机床坐标系在对刀时的初始位置
δ_{max}	最大插补误差
δ_{t_max}	最大直线插补误差
δ_{n_max}	最大刀轴摆动误差
ΔB	定位销基准不重合误差
Δl_i	第 i 段插补周期的进给量
ΔL_T	刀具长度误差
ΔL_G	转动轴误差测量杆的长度变化量
ΔL	相邻刀位点或方位点的距离
$\Delta x_F/\Delta y_F/\Delta z_F/\Delta\alpha_F/\Delta\beta_F/\Delta\gamma_F$	夹具坐标系安装误差
$\Delta x_M/\Delta y_M/\Delta z_M$	测量点 M 的位置误差
ΔR_T	刀具半径误差
ΔS_n	第 n 段指令的当量位移
$\Delta x/\Delta y/\Delta z/\Delta\alpha/\Delta\beta/\Delta\gamma$	五轴数控机床进给轴的几何误差参数
$\Delta x_W/\Delta y_W/\Delta z_W/\Delta\alpha_W/\Delta\beta_W/\Delta\gamma_W$	在工件坐标系中，工件位姿误差
$\Delta x_T/\Delta y_T/\Delta z_T/\Delta\alpha_T/\Delta\beta_T/\Delta\gamma_T$	刀具安装位置误差

$\Delta_{X(n)}/\Delta_{Y(n)}/\Delta_{Z(n)}/\Delta_{A(n)}/\Delta_{B(n)}/\Delta_{C(n)}$	第 n 段指令进给轴在机床坐标系的运动量
$\Delta_{x(n)}/\Delta_{y(n)}/\Delta_{z(n)}$	第 n 段指令刀位点在工件坐标系下的移动增量
$\Delta \boldsymbol{T}_X/\Delta \boldsymbol{T}_Y/\Delta \boldsymbol{T}_Z/\Delta \boldsymbol{T}_A/\Delta \boldsymbol{T}_B/\Delta \boldsymbol{T}_C$	机床进给轴的综合几何误差变换矩阵
$\Delta \boldsymbol{T}_T$	刀具安装误差变换矩阵
$\Delta \boldsymbol{T}_F$	夹具安装误差变换矩阵
$\Delta\alpha_{YZ}/\Delta\beta_{XZ}/\Delta\gamma_{XY}$	平动轴间位置垂直度误差
$\boldsymbol{\Delta}$	NURBS 曲线的矩阵算子
$\omega_{A\_max/B\_max/C\_max}$	机床转动轴最大运动速度限值
$\varepsilon_{A\_max/B\_max/C\_max}$	机床转动轴最大运动加速度限值
$\varepsilon_{sX/sY/sZ}$	平动轴的丝杠转动加速度
$\varepsilon_{A/B/C}$	转动轴的转动加速度
$\theta_{sX/sY/sZ}$	平动轴的丝杠转角
$\boldsymbol{\tau}$	刀位轨迹的切向矢量
$\boldsymbol{\tau}_{x/y/z}$	刀位点轨迹切向矢量在工件坐标系的分量
$\lambda_{CL/UCL}$	侧铣加工的弓高误差
λ	加工允差
α_c	下圆锥母线与刀轴矢量夹角
α'	非正交轴与正交轴角度差(绕 X 轴)
β'	非正交轴与正交轴角度差(绕 Y 轴)
β_c	刀具上圆锥母线与刀轴矢量夹角
γ'	非正交轴与正交轴角度差(绕 Z 轴)
Ψ	铣刀的切削角
σ	铣刀微切削刃的切出角
ξ	转动轴非稳定状态的微转角限值
ρ	刀位轨迹的曲率半径

目　　录

前言

主要符号表

第 1 章　绪论 ………………………………………………………………1

1.1　五轴数控加工机床的类别与特点 ……………………………………1
1.2　五轴数控加工的分类与特点 …………………………………………5
1.3　五轴数控加工技术的研究内容 ………………………………………7
1.4　本书的主要内容 ………………………………………………………12
参考文献 ……………………………………………………………………13

第 2 章　基于多体系统的五轴数控机床运动学建模 ……………………15

2.1　国内外研究现状 ………………………………………………………15
2.2　基于多体系统的五轴数控机床结构描述 ……………………………16
2.2.1　五轴数控机床拓扑结构 ……………………………………………16
2.2.2　五轴数控机床低序体阵列 …………………………………………18
2.3　基于多体系统的五轴数控机床运动学理论 …………………………19
2.3.1　多体系统运动变换原理 ……………………………………………19
2.3.2　五轴数控机床坐标系设置 …………………………………………23
2.3.3　五轴数控机床变换矩阵 ……………………………………………23
2.3.4　五轴数控机床运动学方程 …………………………………………24
2.3.5　五轴数控机床运动学约束条件 ……………………………………27
2.4　本章小结 ………………………………………………………………35
参考文献 ……………………………………………………………………35

第 3 章　五轴数控机床后置处理 …………………………………………37

3.1　国内外研究现状 ………………………………………………………37
3.2　五轴数控机床后置处理算法 …………………………………………39
3.2.1　刀具/工作台转动型五轴数控机床运动学求解 ……………………39
3.2.2　工作台转动型五轴数控机床运动学求解 …………………………50
3.2.3　刀具转动型五轴数控机床运动学求解 ……………………………53
3.3　五轴数控机床工作空间分析及超程现象 ……………………………57
3.3.1　基于工件坐标系的五轴数控机床工作空间分析 …………………57

3.3.2　五轴数控机床加工超程分析 …… 60
3.4　本章小结 …… 64
参考文献 …… 64
第 4 章　五轴数控加工综合误差建模 …… 67
4.1　国内外研究现状 …… 67
4.2　五轴数控加工工艺误差源分析 …… 68
4.2.1　切削加工前产生的误差 …… 68
4.2.2　切削加工中产生的误差 …… 69
4.2.3　切削加工后产生的误差 …… 70
4.3　五轴数控机床误差定义 …… 70
4.3.1　机床几何误差 …… 70
4.3.2　机床伺服跟随误差 …… 72
4.3.3　工件安装位姿误差 …… 72
4.3.4　刀具几何误差和安装误差 …… 72
4.4　机床进给轴几何误差模型 …… 73
4.5　五轴数控加工误差综合模型 …… 74
4.6　本章小结 …… 78
参考文献 …… 79
第 5 章　五轴数控机床的几何误差检测与补偿 …… 81
5.1　国内外研究现状 …… 81
5.2　五轴数控机床平动轴几何误差检测 …… 84
5.3　五轴数控机床转动轴几何误差检测 …… 88
5.3.1　工作台转动轴几何误差的测量 …… 88
5.3.2　刀具转动轴几何误差的测量 …… 92
5.4　工件位姿误差测量与辨识 …… 96
5.5　零件尺寸和形状精度预测 …… 101
5.5.1　轮廓法向误差预测与误差比重分析 …… 101
5.5.2　尺寸精度与形状精度预测 …… 102
5.6　几何误差补偿算法 …… 104
5.6.1　补偿算法流程 …… 104
5.6.2　补偿中的转角突变 …… 107
5.7　本章小结 …… 109
参考文献 …… 109

第 6 章　五轴数控机床的热误差补偿 ……112
6.1　国内外研究现状 ……112
6.2　五轴数控机床的主要热源及热误差机理 ……118
6.3　五轴数控机床温度的测量及测温点优化 ……120
6.3.1　测温装置的选择 ……120
6.3.2　关键测温点 ……121
6.3.3　关键测温点计算实例 ……123
6.4　五轴数控机床热误差和温升的关系模型 ……124
6.4.1　热误差建模的多元线性回归模型 ……124
6.4.2　热误差补偿的径向基神经网络模型 ……126
6.5　五轴数控机床热误差补偿技术 ……129
6.5.1　热误差补偿原理 ……129
6.5.2　热误差补偿方式 ……129
6.5.3　热误差补偿的实现技术 ……131
6.6　本章小结 ……133
参考文献 ……133
第 7 章　五轴数控加工表面质量控制 ……137
7.1　国内外研究现状 ……137
7.2　加工表面波纹缺陷控制策略 ……140
7.2.1　侧铣加工的切削力模型 ……140
7.2.2　转动轴不稳定状态的定义 ……144
7.2.3　波纹缺陷控制流程 ……145
7.3　切削力不稳定状态的调整 ……146
7.3.1　切削刃扫掠面积的计算 ……146
7.3.2　进给速度的调整 ……147
7.4　转动轴运动不稳定状态的调整 ……148
7.4.1　非单调不连续转动或往复转动 ……148
7.4.2　单调不连续转动 ……148
7.5　本章小结 ……150
参考文献 ……150
第 8 章　五轴数控加工样条插补 ……154
8.1　国内外研究现状 ……154
8.2　五轴数控加工的样条曲线格式 ……156
8.3　五轴数控加工的样条曲线构造方法 ……157
8.3.1　样条曲线的矩阵表示 ……157

8.3.2 样条曲线的节点矢量 …… 159
8.3.3 样条曲线的控制点 …… 159
8.3.4 样条曲线的参数 …… 160
8.4 五轴数控加工的样条插补算法 …… 161
8.4.1 刀位点预插补 …… 162
8.4.2 加减速区间调整 …… 164
8.5 本章小结 …… 170
参考文献 …… 170
第 9 章 数控加工仿真技术 …… 174
9.1 国内外研究现状 …… 174
9.2 刀具扫描体创建 …… 178
9.2.1 包络面 …… 179
9.2.2 临界轮廓线 …… 180
9.2.3 扫描体模型构建 …… 183
9.3 工件模型 CSG 表达 …… 185
9.4 工件模型 CSG 渲染 …… 189
9.4.1 渲染算法 …… 189
9.4.2 渲染效率 …… 192
9.4.3 渲染流程 …… 195
9.5 本章小结 …… 196
参考文献 …… 196
第 10 章 五轴数控加工仿真系统 MSIM 开发 …… 200
10.1 系统框架搭建 …… 200
10.2 加工仿真系统几何建模 …… 202
10.2.1 机床建模 …… 202
10.2.2 刀具建模 …… 206
10.2.3 毛坯建模 …… 208
10.3 五轴数控加工仿真流程 …… 208
10.3.1 NC 代码解析 …… 209
10.3.2 机床运动控制 …… 212
10.4 几何模型建模及实例库模块 …… 213
10.4.1 几何建模模块 …… 213
10.4.2 实例库模块 …… 218
10.4.3 加工仿真模块 …… 220

10.5　本章小结 ……………………………………………………………………220
参考文献 ……………………………………………………………………………220
第 11 章　五轴数控加工通用后置处理系统 MPOST 开发 …………………221
11.1　通用后置处理系统设计方案 ………………………………………………222
11.2　数据库设计 …………………………………………………………………223
11.2.1　刀位语句格式库 ……………………………………………………224
11.2.2　数控代码格式库 ……………………………………………………231
11.2.3　机床拓扑库 …………………………………………………………239
11.2.4　机床实例库 …………………………………………………………244
11.3　后置处理流程 ………………………………………………………………245
11.3.1　刀位预处理 …………………………………………………………245
11.3.2　运动求解 ……………………………………………………………248
11.4　五轴数控加工通用后置处理系统 MPOST 模块 …………………………249
11.5　本章小结 ……………………………………………………………………256
参考文献 ……………………………………………………………………………256

第 1 章　绪　　论

五轴数控加工技术集成了计算机控制、高性能伺服驱动和精密加工技术，主要原理是由 CAD/CAM 编程软件将工件的几何信息、加工信息等转换成数控代码并送入到数控系统中，数控系统译码、插补后计算得到各坐标轴的运动信息，执行装置将这些运动信息转化为机床部件运动，通过机床结构将各轴运动合成形成复杂的刀具运动轨迹，从而加工出符合设计要求的零件。

五轴数控加工较三轴数控加工具有如下一系列优势：

(1) 增强制造复杂零件的能力，可以加工一般三轴数控机床所不能加工或很难一次装夹完成加工的连续、平滑的自由曲面；

(2) 可以实现工件一次装夹，集中工序进行高精、高效和复合加工，从而保证工件各个表面间的位置精度[1-2]；

(3) 可以提高空间自由曲面的加工精度、质量和效率；对于某些零件，五轴加工可以比三轴加工提高 10~20 倍的加工效率[3]；

(4) 减少专用刀具、夹具的费用；

(5) 实现高效高速加工；

(6) 适应产品全数字化生产。

1.1　五轴数控加工机床的类别与特点

五轴数控机床是在三轴数控机床的基础上增加两个旋转轴所构建的加工设备，具有科技含量高、精密度高的特点，在复杂曲面的高效、精密、自动化加工方面，有着三轴数控机床所不能比拟的优势，对一个国家的航空、航天、军事、科研、精密器械、高精医疗设备等行业有着举足轻重的影响力，是解决大型薄壁零件、整体叶轮、涡轮机叶片、精密光学零件与模具加工等问题的关键设备，能极大地提高加工效率、生产能力和加工质量，缩短加工周期，降低加工成本[3]。它集计算机控制、高性能伺服驱动和精密加工技术于一体，应用于复杂曲面的高效、精密、自动化加工[4]。作为五轴数控技术中的一个类型，五轴数控机床已成为评价一个国家生产设备自动化水平的重要标志[5]。

从理论上讲，加工任意复杂的零件，刀具相对于工件最少需要五个独立的自由度。其原因在于：从刚体运动几何学的角度来分析，任何一个刚体在空间具有六个自由度，即加工机床的刀具和被加工工件共需要十二个自由度。考虑到刀具和工件之间相同的平移或转动自由度可以合并，故刀具相对于被加工工件具有六个独立的自由度。然而，在实际加工过程中，刀具与被加工工件必须在加工路径的每个刀触点上相切地接触，即刀具相对于工件的距离已被加工路径所约束。因此，从理论上来看，加工任意形状的复杂零件，刀具相对于工件至少需要五个独立的自由度。

根据自由度的类型，五轴加工中心有如下四种组合形式：

(1) 三个平移自由度与两个转动自由度组合；

(2) 两个平移自由度与三个转动自由度组合；

(3) 一个平移自由度与四个转动自由度组合；

(4) 五个转动自由度。

但考虑到机床的结构、用途、刚度等因素，目前通用的五轴数控机床以三个平移自由度与两个转动自由度组合类型为主。

为描述五轴数控机床结构，首先需了解机床进给轴的定义方法。目前国际上数控机床的坐标轴和运动方向命名均已标准化，我国也于 1982 年颁布了 JB 3051—82《数控机床的坐标和运动方向命名》。标准规定，在加工过程中无论是刀具移动、工件静止，还是工件移动、刀具静止，一般都假设工件相对静止，而刀具相对移动，并同时规定刀具远离工件的方向作为坐标轴的正方向。

在确定五轴数控机床运动轴时，首先将三个相互垂直的进给轴命名为 X、Y、Z 轴，并先确定 Z 轴，再确定 X、Y 轴。一般选取传递切削力的主轴轴线方向作为 Z 坐标轴，同时按规定刀具远离工件的方向作为 Z 轴的正方向。X 轴平行于工件安装面并与 Z 轴垂直，通常呈水平方向。如果 Z 轴是垂直的，则面对刀具主轴向立柱方向看，X 轴的正方向向右；如果主轴是水平的，则从刀具主轴后端向工件方向看，X 轴的正方向向右。Y 轴方向根据右手直角笛卡尔坐标系法则确定。在此基础上再确定其他轴，把分别绕 X、Y、Z 轴的运动轴命名为 A、B、C 轴，方向按右手螺旋定则确定。其中，运动中轴线方向不变的转动轴为定轴，反之为动轴；带“′”的轴为工件转动，否则为刀具转动[2]。

五轴数控机床结构的分类方式有很多，如根据主轴方向的不同可以分为立式和卧式两大类；根据床身机构分为龙门式、桥式等。为了便于五轴数控运动建模，可根据机床各进给轴之间的关联关系对其进行分类。根据上述关系，五轴数控机床可以分为三种基本类型：工作台转动型(RRTTT 型)、刀具/工作台转动型(RTTTR 型)和刀具转动型(TTTRR 型)。其中，“T”表示平动进给轴；“R”表示转动进给轴，可以绕 X、Y、Z 轴之一转动。

1. 刀具转动型

这种机床结构类型是指两个转动轴都作用于刀具上，由刀具绕两个互相正交的轴转动以使刀具能指向空间任意方向。

由于运动是顺序传递的，因而在两个转动轴中，有一个的轴线方向在运动过程中始终不变，成为定轴，而另一个的轴线方向则是随着定轴的运动而变化成为动轴。

对于定、动轴的配置，按从定轴到动轴顺序，理论上存在A-B、A-C、B-C、B-A、C-A和C-B等六种组合情况，但由于在A-C、B-C的情况下动轴轴线与刀具轴线平行而没有意义。因此，按从定轴到动轴运动配置情况，可分为A-B、B-A、C-A和C-B等四种。

这类机床的主要特点是刀具转动机构结构较复杂，一般刚性较差，但其运动灵活，机床使用操作较方便，一般适合于大型复杂零件(不宜于翻转的)的数控加工。

图1-1所示为刀具转动型五轴数控机床。

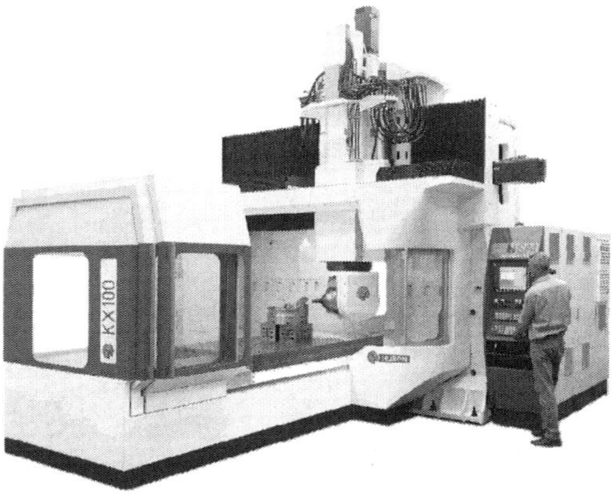

图1-1 刀具转动型五轴数控机床

2. 工作台转动型

这种机床结构类型是指两个转动轴都作用于工件上，根据运动的相对性原理，它与由刀具转动产生的效果在本质上是一样的，也存在定、动轴的配置特点。

按从定轴到动轴顺序，理论上也有A′-B′、A′-C′、B′-A′、B′-C′、C′-A′和C′-B′等六种组合情况。但由于此时的定轴到刀具间只存在平动，因而选C轴作为定轴将因不能改变刀具轴线的方向而失去意义，因此该类型的定、动轴的运动配置分为A′-B′、A′-C′、B′-A′与B′-C′等四种。

这类机床的特点是其转动工作台刚性容易保证、工艺范围较广，而且容易实现。由于机床要随工作台在空间转动，因此这种结构主要适合于中小规格的机床用于加工体积不大的零件。

图1-2所示为工作台转动型五轴数控机床。

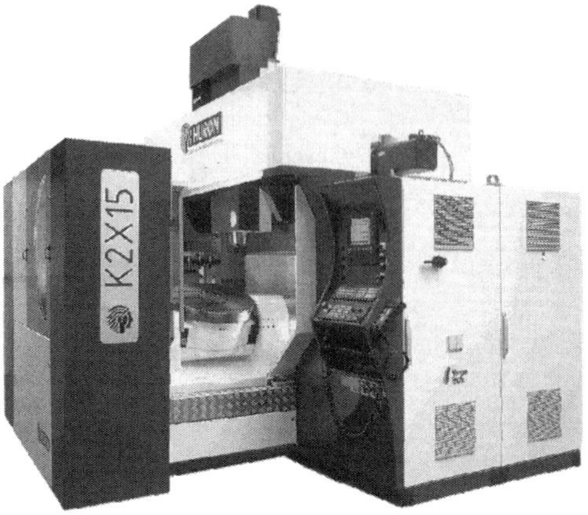

图 1-2　工作台转动型五轴数控机床

3. 刀具/工作台转动型

这种机床结构类型是指刀具与工件各具有一个转动运动，两个转动轴在空间的方向都是固定的。对于其两个转动轴的配置情况，若按先工件后刀具的顺序，则理论上也有 A′-B, A′-C, B′-C, B′-A, C′-A 和 C′-B 等六种组合情况。

显然，刀具绕其转动的轴不能取为平行于 C，否则同样将因不能改变刀具轴线的方向而失去意义。因此，按照工件到刀具的顺序，该类型机床中的两个转动轴的配置情况有 A′-B、B′-A、C′-A 与 C′-B 四种。该类机床的特点介于上述两类机床之间。

图 1-3 为刀具/工作台转动型五轴数控机床。

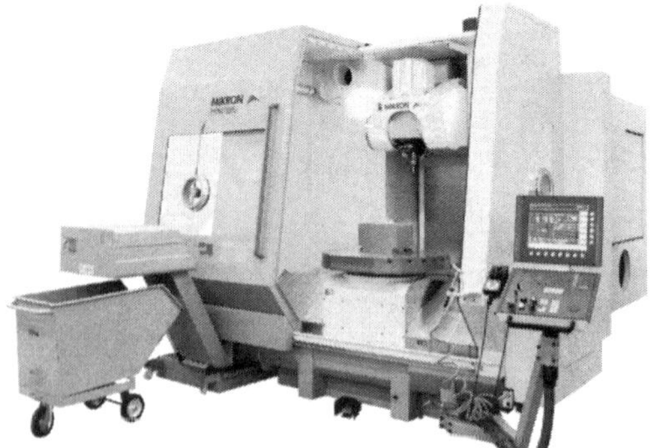

图 1-3　刀具/工作台转动型五轴数控机床

由此可见，从机床运动求解来看，五轴数控机床的两个转动轴的配置情况共有 12 种，其运动计算可按 12 种不同组合情况进行处理。通常的机床转动轴处于相互正交及平行状态，但也有一些非正交的特殊结构，如图1-4所示。

图1-4 转动轴非正交的五轴数控机床

但是，对于机床运动学建模来说，这样的分类是不够的。因为上述分类仅表明了机床转动进给轴与平动进给轴之间的关联关系，并不能明确“T”和“R”所代表进给轴的具体运动形式以及与床身的关联关系。即使同属上述某一大类的两台机床，“T”和“R”所代表的进给轴不同，运动模型不同，得到的结果是不一样的。因此，可在上述关联关系中进一步明确各轴的运动形式以及床身所处位置以便于建模时区别，如CXFYZA型、XFYZAB型。其中“F”代表床身，“F”前的字母表示床身到工件的运动分支，“F”后的字母表示床身到刀具的运动分支。

1.2 五轴数控加工的分类与特点

1. 五轴数控加工的分类

五轴数控加工中，刀位数据的生成、干涉或碰撞等问题都与所用刀具的形状有关，因此，五轴数控加工划分为刀具点接触式、面接触式、线接触式三种方式[1]。

1)刀具点接触式加工

加工过程中以点接触成型的加工方式，如球形铣刀加工等，特点是球形表面法矢指向全空间，加工时对曲面法矢有自适应能力。与线、面接触式加工相比较，其编程较简单、计算量较小，并且只要使刀具半径小于曲面最小曲率半径就可避免干涉，因而它适合任意曲面的加工。但由于是点接触成型，在切削点处切削速度趋近于零，因而切削条件差，加工精度和效率低。

2)刀具面接触式加工

以面接触成型的加工方式，如端面铣削加工，特点是由于切削点有较高的切削速度，周期进给量大，因而它具有较高的加工效率和精度，但由于受成型方式和刀具形状的影响，它主要适合于中凸曲率变化较平坦的曲面的加工。

3)刀具线接触式加工

加工过程中以线接触成型的加工方式，如圆柱周铣、圆锥周铣等，特点是由于切削点处切削速度较高，因而可获得较高的加工精度，同时，由于是线接触成型，具有较高的加工效率。

2. 五轴数控加工的特点

五轴数控加工是实现大型与异型复杂零件高效高质量加工的重要手段。五轴数控机床不仅可使刀具相对于工件的位置任意可控，而且刀具轴线相对于工件的方向也在一定范围内任意可控，由此五轴数控加工具有以下特点。

1)提高加工质量

由于用球头铣刀成型加工时，球头刀与工件表面的逼近是以球面的运动去逼近，以点成型；而用端铣刀加工曲面是用平面的运动去逼近待加工表面，以面成型，而且还可以保证加工点处切削速度较高，因而有较好且一致的表面质量。

2)提高加工效率

在相同的表面质量要求下，五轴数控加工比三坐标数控加工可以采用大得多的行距，因而有更高的加工效率。对于采用线接触式加工曲面，采用五轴数控加工既高效又高质量，使三坐标数控加工在加工质量和效率方面无法比拟。

3)避免干涉

可加工三轴机床不能加工的复杂曲面类零件。在航空制造部门中有些航空零件，如航空发动机上的整体叶轮，由于叶片本身扭曲和各曲面间相互位置限制，加工时不得不转动刀具轴线，否则很难甚至无法加工，另外在模具加工中有时只能用五轴数控加工才能避免刀身与工件的干涉。

4)有利于制造系统的集成化

现代机械加工都向着加工中心、FMS 方向发展，加工中心能在同一工位上完成多面加工，保证位置精度且提高加工效率。国外数控铣床和加工中心为了适应多面体和曲面零件的加工，多采用五轴数控加工技术，可大大提高加工中心的加工能力，便于系统的进一步集成化。

5)加工直纹面类零件

可采用侧铣加工方式，加工质量好、效率高。

6)可用大直径端铣刀端面进行曲面加工

对一般立体型面特别是较为平坦的大型表面，可用大直径端铣刀端面贴近表面进行加工，走刀次数少、残余高度小，大大提高加工效率与表面质量。

7)一次装卡进行多面、多工序加工

加工效率高并有利于提高各表面的相互位置精度。

8)刀具相对于工件表面可处于最有效的切削状态

使用球头刀时，可通过改变刀轴方向避免球头底部切削，利于提高加工效率。同时，由于切削状态可保持不变，刀具受力情况一致，变形一致，可使整个零件表面上的误差分布比较均匀。

1.3 五轴数控加工技术的研究内容

1. 刀具轨迹规划

一般来说，刀具在工件坐标系中的准确位置可以用刀具中心点进行描述，即刀位点。在自由曲面的多坐标数控加工中，刀具轨迹的优劣直接影响其加工精度和加工效率，因此刀具轨迹规划一直是数控加工技术研究的重点课题之一。

1)刀位点轨迹规划

刀位点轨迹主要由两部分组成：刀位点轨迹拓扑结构和轨迹参数。其中刀位点轨迹拓扑结构指加工过程中刀具相对于工件的运动轨迹,其优劣直接影响加工效率。刀具轨迹参数主要包括行距(相邻刀位点轨迹之间的距离)和步长（同一条刀具轨迹上相邻刀触点之间的距离)，这两个参数除了影响加工效率，还对加工精度起决定性作用。

2)刀轴矢量规划

五轴加工时刀轴矢量是变化的，通过控制刀轴矢量体现五轴加工的优势：

(1)调整刀轴矢量能有效防止刀具和工件间发生全局干涉,完成各种复杂零件的数控加工；

(2)采用平底刀加工时,调整刀轴矢量可以提高刀具有效切削刃与被加工曲面的接近程度，增加有效切削宽度，提高加工效率；

(3)调整刀轴矢量可以控制刀具在进给坐标系下的坐标，减小切削力，降低刀具磨损，提高表面加工质量。

2. 插补算法

插补是数控系统的关键技术之一，数控系统的性能很大程度上取决于插补功能以及插补算法的效率。

1)旋转刀具中心编程

RTCP(Rotation Around Tool Center Point, RTCP)和 RPCP(Rotation Around Part

Center Point, RPCP)算法使得编程坐标直接针对刀具中心而不是坐标的转动中心(旋转中心)，数控系统将直接应用工件坐标系的刀位点坐标进行机床运动控制。传统算法要求机床的转轴中心长度正好等于后置处理所考虑的数值，任何修改都要求重新生成程序。集成 RTCP/RPCP 算法的数控系统可以直接编程刀具中心轨迹，而不用考虑转轴中心长度。国外的一些高档数控系统如 SIEMENS、FANUC 和 FIDIA 等数控系统中已具备了 RTCP/RPCP 功能。

2)样条插补方法

样条曲线可以完整保留曲面几何特性，将刀具路径以样条插补指令表达是加工编程的发展方向。样条插补是指在数控程序编程时采用参数曲线描述加工轨迹曲线，将包含曲线信息的数控加工程序传送至数控系统的运动控制器单元，由控制器执行数据处理和曲线插补工作。相比于数控加工的直线、圆弧等插补方法，采用样条插补加工复杂形状零件可以显著减少 CAD/CAM 与 CNC 之间的数据传输量，减小轮廓逼近误差，改善零件的加工质量。

近年来发展的 NURBS 曲线曲面为自由曲线曲面和标准解析形式提供了统一表达形式，已成为众多 CAD/CAM 系统进行产品设计交换的唯一标准[6]。随着加工理论的发展，NURBS 曲线插补已成为数控系统高级功能之一。一些国际知名品牌的高档数控系统，如 SIEMENS、FANUC 已实现了 NURBS 插补功能，但对于 NURBS 插补的研究仍处于理论阶段，实际应用缺乏统一的标准，目前应用还尚未推广和成熟。

3)插补速度控制

插补过程中由于刀位轨迹曲率频繁变化造成进给速度的频繁变化，因此对数控系统的进给加减速控制也提出了更高的要求。为保证轮廓加工精度，五轴机床在进给过程中其刀位轨迹速度变化尽可能平稳，避免产生较大冲击引起机床振动。实验表明，速度曲线至少需要二阶连续性(即加速度具有连续性)，同时能够满足一定的边界条件，这样才能够保持工艺系统的平稳，具有好的运动平滑性。按照加减速策略的不同，常用的加减速控制方法有直线型、指数型、S 形、高次函数曲线等。五轴机床的运动平稳性插补除了需要考虑插补器本身的算法，还必须结合机床的动态特性进行研究[7]。

3. 机床加工几何误差补偿

目前的机床加工几何误差补偿一般有两种思路：硬件补偿和软件补偿。硬件误差补偿方法是通过开发以微处理器芯片为核心的误差补偿控制器及专用的接口电路，向数控机床传送空间点的位置误差补偿信息而达到误差补偿的目的。

数控机床的基本功能模块有数控系统、伺服单元、反馈环节。相应的误差补偿控制器也分为三类：NC 型、前馈补偿型、反馈补偿型。NC 型误差补偿控制器对数控系统有很大的依赖性，由于传统数控系统、伺服系统的多样性和封闭性，严重阻碍了该项技术的推广。反馈修正控制器通过修正反馈的脉冲数量实现机床空间误差的修正。该方法虽然不受数控系统类型的限制，但仍然存在两大缺点：一是对每个轴的位置反馈环节都必须增加一套修正装置，成本高，不利于调试和维护；二是在反馈环节增加修正环节改变了数控机床本身的机电动态特性。

与硬件误差补偿不同，软件误差补偿的思想是通过在加工前修改数控加工代码来实现加工误差的补偿，具有更大的灵活性。采用软件误差补偿方法可以在不对机床的机械部分做任何改变的情况下，使其总体精度和加工精度显著提高。通常通过在 CAM 系统后置处理中修改刀位，生成补偿后的数控代码，实现对机床几何误差的补偿[8]。

4. 切削稳定性优化

切削稳定性控制主要通过工艺参数优化的方式实现，即把切削力、功率、转矩、加工稳定性、动静态变形、表面形貌等物理量作为约束条件，对刀具种类、刀具结构参数、夹紧方案、刀轴矢量和刀位轨迹等加工方案及主轴转速、径向切深、轴向切深、每齿进给量等切削参数进行优化。

1)满足机床动力学条件

切削过程中，加工系统可能产生振动，即在刀具切削刃和工件上正在被切削的表面之间，除了名义上的切削运动，还会叠加一种周期性的相对运动。一些研究者研究通过控制主轴转速达到抑制由于动态切削力所产生的切削振动，改善切削状态。通常的方法是基于高速切削动力学模型和动态切削力模型，利用模态正交性建立多自由度系统高速切削稳定性判据和稳定性极限的分析预测方法，通过对主轴转速优化和进给速度优化提高切削稳定性[9]。

2)满足切削力稳定

刀具路径几何特性、进给速度、加速度与机床的运动特性具有密切的关系，如何保证加工的切削力稳定，满足进给运动与机床运动特性匹配是当前的研究重点。五轴加工时的切削力变化情况非常复杂，即使切削参数在加工初始时已得到优化，但是由于加工过程中刀轴矢量的不断变化，其铣削状态也有可能发生恶化。目前对于五轴加工过程的切削力建模研究还不多见，主要针对端铣加工工艺[7]。

5. 机床几何误差测量

数控机床的几何误差是指由组成机床各部件工件表面的几何形状、表面质量、相互之间的位置误差所产生的机床运动误差。机床在使用过程中由于磨损等导致机床零部件的精度和表面质量降低，丝杠预紧力不够或磨损导致丝杠螺母副出现间隙等，从而引起机床的几何误差。由于五轴机床的结构特点，因此它比三轴机床更容易产生几何误差，其误差项目达到 33 项，其中平动轴 21 项、转动轴 12 项[8]。机床几何误差将引起刀具位置和姿态偏离数控程序的要求，直接导致加工轮廓误差。对机床几何误差的有效测量是提高轮廓加工精度的重要前提。

1) 平动轴几何误差的测量

五轴机床平动轴几何误差的测量方法与三轴机床相同，通常采用误差辨识的方式。即借助标准参考物或简单的测量仪器对机床进行检测，获得多项误差合成的综合误差值，再根据辨识计算得到机床各项几何误差。目前，常见的有基于激光干涉仪的“12 线法”“14 线法”和“9 线法”[10, 11]，通过激光干涉仪测量机床加工空间若干线上的定位误差，采用运动误差模型辨识出所有几何误差。

2) 转动轴几何误差的测量

对五轴机床转动轴几何误差测量辨识的研究始于近十几年，还处于初步探索的阶段，误差测量标准尚未建立。转动轴几何误差由于机床结构的限制而变得难以直接测量。国外研究学者致力于研制新型测量仪器进行转动轴几何误差测量，如采用特殊的三维轨迹球进行球形运动试验和最小二乘法对某些特殊类型五轴机床结构的转动轴几何误差进行测量[12]。国内研究学者主要借助已有测量仪器研究新的辨识方法。如借助激光双频干涉仪、高精度电动测微仪以及球杆仪对转动轴的综合误差进行检测，辨识出转动轴的 6 项误差[13]。

6. 数控加工仿真

数控加工仿真即利用计算机图形学技术建立虚拟的加工仿真环境(包括虚拟机床、刀具、工件、夹具等)，在计算机中模拟实际的切削加工过程，从而实现对 NC 代码正确性、可靠性的检验。目前的数控加工仿真系统能够对 NC 代码控制下的加工过程提供在几何形状、碰撞检测及加工效率方面的评估。根据仿真环境的对象特征及其目的来看，数控仿真分为几何仿真和物理仿真两种类型。

1) 几何仿真

几何仿真即忽略切削参数、切削力及其他物理因素的影响，仅从几何角度出发，通过给定的刀位轨迹动态模拟刀具和工件的几何运动，从而验证 NC 代码的正确性。它可以减少或消除因代码错误而导致的机床碰撞、夹具破坏或刀具折断、零件报废等问题；同时可以缩短产品设计、制造的时间，降低生产成本。仿真加工过程可以看作刀具与工件之间进行布尔运算。几何加工仿真系统的主体是加工过程的仿真模型，它是在工艺系统实体模型和 NC 代码的驱动下建立起来的。其技术主要包括：几何建模、材料仿真切除、运动仿真以及干涉检查等。

2）物理仿真

物理仿真是运用物理规律模拟整个切削加工过程，这要涉及加工过程中整个工艺系统的受力、速度、加速度、质量等各个物理因素。物理仿真主要包括力学、温度、振动、切削形成过程仿真等。物理仿真的关键技术是建立加工过程的数学模型，通过建立刀具、工件、夹具和机床等物理模型计算加工过程中的切削力、切削温度、刀具与工件的变形量等物理量，从而预测刀具磨损与夹具振动情况，进而对切削参数进行控制，达到优化切削过程的目的[14]。

7. 后置处理

后置处理包括后置算法的上游和下游过程。上游过程是分析刀位文件的过程，从不同 CAD/CAM 软件的刀位文件中提取刀位轨迹和其他加工工艺信息。不同 CAD/CAM 软件表达刀位轨迹的形式不同，生成不同格式的刀位文件。虽然 ISO 对刀位文件格式有相应的标准，但各个 CAD/CAM 厂家鉴于商业目的，其生成的刀位文件格式仍存在不少的差异。后置处理程序在解析刀位文件时必须采取不同的处理方式，导致后置处理程序数量众多，形式各样，开发成本大。

下游过程是根据后置算法的结果生成数控代码的过程，将零件加工工艺信息及经后置算法得到的机床运动量转换成特定数控系统的 NC 代码。目前主流的数控系统有 FANUC、SIEMENS 和 HEIDENHAIN，它们的指令代码存在差异，如线性进给指令，FANUC 和 SIEMENS 用 G01 代码表示，而 HEIDENHAIN 用 L 代码表示；英制模式指令，HEIDENHAIN 和 SIEMENS 用 G70 表示，而 FANUC 用 G20 表示。数控系统和机床结构功能的不同导致后置处理程序具有专用性[15]。

8. 机床伺服系统优化

伺服系统按照控制策略分为跟随控制和轮廓控制。现有的中高档数控机床大多采用 PID 控制器的各轴独立闭环控制结构，此种控制结构即为跟随控制，各轴相互之间没有误差补偿，通过各轴的独立插补完成整个插补过程。此种结构主要包含三种闭环控制环节，分别是电流环、速度环、位置环。各种跟随控制策略着重于改善各进给运动轴的位置控制性能，运用各种先进的补偿与控制技术使伺服系统的跟随性能得到提高，间接改善系统轮廓精度。PID 控制由于具有鲁棒性强、稳定性好、结构简单等优点获得了广泛的应用，但由于其采用折中的方法处理鲁棒性与控制性、动态与静态性能等之间的矛盾，因此有时导致系统并不能取得满意的性能。

1）伺服误差控制

在跟随控制的基础上，轮廓控制系统为达到减小系统轮廓误差的目的，往往需要通过向各轴提供附加轮廓误差补偿信息，对各轴的进给运动进行协调。补偿信息是在不改变各轴位置环增益的情况下估计或计算出的轮廓误差大小。

对于误差控制，伺服系统研究有两个方面：一是设计方面，二是优化控制方面。在设计方面，伺服误差控制主要通过运用新型控制器，从根本上消除或减小伺服误差。此种方法在理论上多采用遗传算法、神经网络技术的智能系统，专家系统及迭代学习型自适应系统。这些方法往往局限于机床的设计层面，在应用与机床维护时，由于改变了机床的控制结构，对机床硬件的调整过大，通常不容易实现或代价过高。

在优化控制方面，则常用于机床的维护。此种方法不对机床软硬件结构做调整或改变，只是通过建模及分析手段，获得各机械参数和电气参数对伺服误差的影响规律，通过某种调试手段，使得各参数获得最佳的匹配性能，进而在现有基础上减小伺服误差。

2)伺服系统性能优化

伺服系统优化调试基本采用基于系统的微分方程数学分析方法，建立伺服系统的连续或离散控制模型，运用 MATLAB/Simulink 仿真软件系统对伺服控制系统进行性能仿真。

对伺服性能的影响因素众多，在目前的优化研究中主要集中在系统增益、系统刚度、系统干扰、加减速控制及性能匹配方面。其中系统增益及性能匹配已被广泛的研究，后者更具有研究深度和研究空间。在伺服控制系统性能分析的模型上，现有研究主要通过结构简化等措施将实际的高阶系统简化为低阶系统[16]。

1.4 本书的主要内容

五轴数控加工技术涉及的研究很广，包括 CAD/CAM 以及机床硬件、电气控制等诸多方面，很难做到对其进行全面完整的研究与论述。因此，本书主要从涉及五轴数控加工精度的建模、分析及控制技术进行相关关键技术的论述。内容体系的安排是首先介绍五轴数控加工的基础理论，其次介绍五轴数控加工精度和质量方面的控制以及仿真技术，最后是相关系统的开发应用。本书共分 11 章，主要内容如下：

第 1 章简述五轴数控机床及加工技术的应用情况，介绍其主要研究内容，并给出本书重点写作的部分；

第 2 章介绍以工作台为惯性体的五轴数控机床多体拓扑结构模型，将各种结构形式的五轴数控机床按照结构系列进行统一描述，形成各种五轴机床统一运动学模型；

第 3 章通过分析五轴数控机床拓扑体之间的运动变换和位置变换构建五轴数控机床运动学分析模型，统一非正交与正交五轴数控机床的运动学方程，并对各种结构的五轴数控机床后置处理算法进行详细分析；

第4章介绍基于多体系统的综合误差建模技术，在运动学模型的基础上加入误差项，建立包含多项误差因素的五轴数控加工通用综合误差模型；

第5章介绍五轴数控机床、夹具的几何误差测量、辨识与补偿技术；

第6章介绍五轴数控机床热误差测量、辨识与补偿技术，提供了热误差控制的通用处理方法；

第7章介绍五轴侧铣加工的表面质量控制方法；

第8章介绍改进的五轴数控加工样条插补算法，以提高插补平稳性；

第9章介绍五轴数控加工可视仿真算法及技术；

第10章介绍五轴数控仿真系统的开发方法；

第11章介绍五轴数控加工后置处理系统实现技术及系统的开发。

参考文献

[1] 全荣. 五坐标联动数控技术[M]. 长沙：湖南科学技术出版社, 1995.

[2] 周济, 周艳红. 数控加工技术[M]. 北京：国防工业出版, 2002.

[3] Lee Y S. Non-isoparametric tool path planning by machining strip evaluation for 5-axis sculptured surface machining[J]. Computer-Aided Design, 1998, 30(7): 559-570.

[4] 冷洪滨. 高性能数控系统若干关键技术的研究[D]. 杭州：浙江大学博士学位论文, 2008.

[5] 汤季安. 加快发展嵌入式中高档数控系统, 提高企业的核心竞争力[J]. 世界制造技术与装备市场，2006, 3: 89-91.

[6] 陈良骥. 五轴联动刀具路径生成及插补技术研究[M]. 北京：知识产权出版社, 2008.

[7] 江磊. 复杂零件五轴加工轮廓误差控制技术研究[D]. 成都：西南交通大学博士论文, 2014.

[8] 朱绍维. 复杂零件五轴铣削加工精度预测与补偿技术研究[D]. 成都：西南交通大学博士论文, 2014.

[9] 唐委校. 高速切削稳定性及其动态优化研究[D]. 济南：山东大学博士学位论文, 2006.

[10] 刘又午, 刘丽冰, 赵晓松，等. 数控机床误差补偿技术研究[J]. 中国机械工程, 1998, 9(12): 48-52.

[11] 粟时平, 李圣怡, 王贵林. 基于空间误差模型的加工中心几何误差辨识方法[J]. 机械工程学报, 2002, 38(7): 121-125.

[12] Lei W T, Hsu Y Y. Accuracy enhancement of five-axis CNC machines through real-time error compensation[J]. International Journal of Machine Tools and Manufacture, 2003, 43(9): 871-877.

[13] 郭红旗, 赵小松, 刘又午，等. 四轴联动加工中心转动轴几何误差参数的辨识及测量[J]. 天津大学学报, 2001 (4): 463-466.

[14] 陈建. 通用五轴数控加工仿真系统研发[D]. 成都：西南交通大学硕士论文, 2014.
[15] 伍鹏. 五轴数控机床开放式后置处理系统研究与开发[D]. 成都：西南交通大学硕士论文, 2014.
[16] 王建明. 数控机床伺服特性对机床精度的影响研究[D]. 成都：西南交通大学硕士论文, 2011.

第2章 基于多体系统的五轴数控机床运动学建模

五轴数控机床可以提供丰富的刀具路径规划策略，但也使得五轴数控机床的运动变得复杂。同时转动轴和平动轴有多种布置方式，五轴数控机床的结构也变得多样。因此寻求一种具有通用性、可移植性及程式化的五轴数控机床运动学建模方法，对五轴数控机床的开发研究具有重要的现实意义及应用价值。

多体系统理论和方法具有通用性和系统性。由多个刚体或柔体通过某种形式联结的复杂机械系统，都可以抽象、提炼成为一个多体系统，非常适合于运动学建模。本章将基于多体系统对五轴数控机床进行描述，利用统一的齐次坐标变换矩阵建立五轴数控机床的运动学模型。

2.1 国内外研究现状

五轴数控机床运动学模型给出了机床各个运动轴的运动量和工件坐标系下的刀具位置和姿态表达的关系。国内外学者主要从机构学、机器人学、多体系统等方面出发来描述机床运动学建模过程和方法。

五轴数控机床可看作由一系列的运动副和关节组成的运动机构，可以采用机构学来描述五轴数控机床的运动学模型。Takeuchi[1]、Lee[2]、She[3-5]、彭芳瑜[6]、郑飚默[6]、李永桥[8]等学者从机构学角度出发，或者针对具体结构的五轴数控机床，或者针对结构相似的某类五轴数控机床，利用齐次坐标变换矩阵表示机床各轴运动，在此基础上建立机床的运动学模型。何耀雄等[9]采用机构学方法对机床的类型和结构参数进行了分析和表达，给出了任意结构五轴数控机床(串联形式)的机构模型综合表达式，结合坐标变换得到其运动模型表达式。但是该模型将机床机构分为两条运动链，这就导致建模过程需要区分两条运动链。同时以上研究均假定机床机构的所有坐标系均与机床坐标系平行，增加了表示非正交形式运动轴几何误差的分析难度。Mahbubur[10]、陈则仕[11]等学者从机器人学角度将五轴数控机床类比为机械手，指出同为开链串联结构，五轴数控机床只是末端执行器为刀具、基座为安装在工作台上的工件，而机床床身为机床串联连杆中的一个连杆，并运用机器人学中经典的D-H 法，针对具体结构的五轴数控机床，得到机床的运动学模型[12]。虽然这些方法是通用的，但是模型不具有通用性。

多体系统是对一般机械系统的完整抽象和有效描述[13]。由工作台、滑座、床身、立柱、主轴箱、夹具、刀架、刀具及转动轴等部件构成的五轴机床，本质上就是一个复杂机械系统，因此非常适合采用多体系统理论进行研究[14]。基于多体系统运动学理论对机床精度建模，具有程式化、规范化、假设条件少、通用性好、便于计算机快速建模等诸多优点。刘又午等运用多体系统运动学理论对五轴数控机床建模进行了多方面的研究[15-17]，取得了一定的成效。

2.2　基于多体系统的五轴数控机床结构描述

2.2.1　五轴数控机床拓扑结构

多体系统各个物体的连接方式称为系统的拓扑构型，简称拓扑。多体系统运动学理论的核心是利用低序体阵列描述拓扑结构。本书采用Huston、刘又午等创建的多体拓扑结构低序体阵列表示方法[17]，对五轴数控机床多体拓扑结构进行数学描述。

图 2-1 所示为一多体系统拓扑图，多体系统的拓扑图显示了系统中体与体之间的位置关系。定义与多体系统参考系相关的体为 0，与其相邻的体 1，并按照远离 0 方向依次编号。

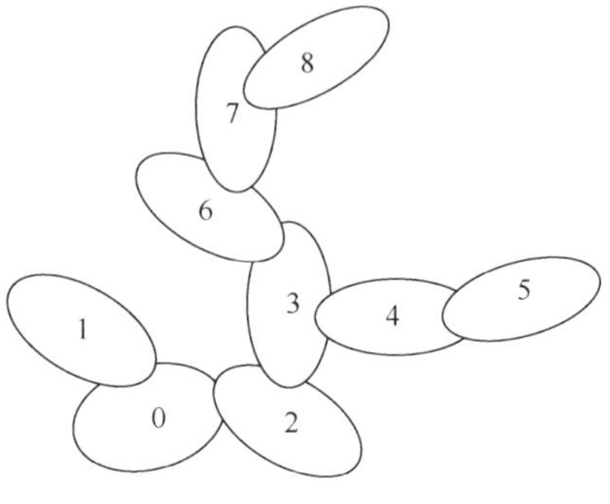

图 2-1　多体系统拓扑图

拓扑图是对多体系统的高度提炼和概括，图 2-1 所示拓扑图能代表很多实际的机械系统，无论体的尺寸大小、材料甚至体是由若干子体组成的集合，只要其满足位置关系，那么这些机械系统的拓扑结构相同。

根据多体系统拓扑理论，对于一个多体系统，可以定义不同的结构惯性体来构建不同的多体拓扑结构。利用这一原理，本书提出基于工作台的五轴数控机床多体拓扑结构模型。将工作台选为惯性体 B_0，沿远离惯性体的方向按自然增长数列依次为机床各体编号，直到刀具体结束，形成一条工作台到刀具的单向拓扑链。惯性参考坐标系方向与工作台坐标系相同，且机床初始运动状态时各体的坐标系方向一致。如图 2-2 所示的 RTTTR 结构系列五轴数控机床多体拓扑结构。

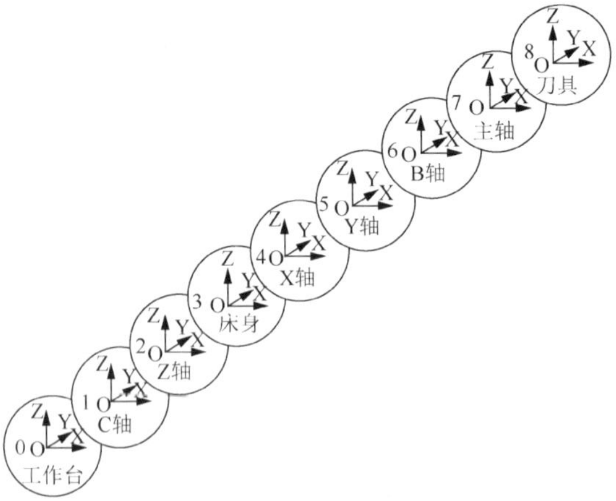

图 2-2　基于工作台的 RTTTR 结构系列五轴数控机床多体拓扑结构(以 CZFXYB 为例)

同理，可以得到基于工作台的 TTTRR 和 RRTTT 结构系列五轴数控机床多体拓扑结构，如图 2-3 和图 2-4 所示。

基于工作台的五轴数控机床多体拓扑结构将刀具运动链和工作台运动链进行合并，统一为工作台至刀具的单向运动链，并且将惯性参考坐标系建立在工作台坐标系上，具有以下几个方面的特点。

(1)机床的床身在从刀具到工作台的运动链传递过程中只起到固定支撑作用，在多体系统中可以省略而不会影响运动关系。由于工作台惯性体相同，所以具有相同运动体拓扑顺序但结构形式不同的五轴数控机床具有统一的多体拓扑结构，如 FCZXYB、CFZXYB、CZFXYB、CZXFYB、CZXYFB、CZXYBF 结构形式五轴数控机床均可用 CZXYB 结构系列的多体拓扑结构进行统一表达，如图 2-5 所示。

(2)机床拓扑结构是建立在工作台惯性体的基础上，各体的运动均视为相对工作台的运动，这一定义与数控指令运动方向一致。惯性参考坐标系方向与各进给轴的指令运动方向相同，便于机床几何误差定义，使得机床几何误差建模、测量和补偿方向一致[18]。

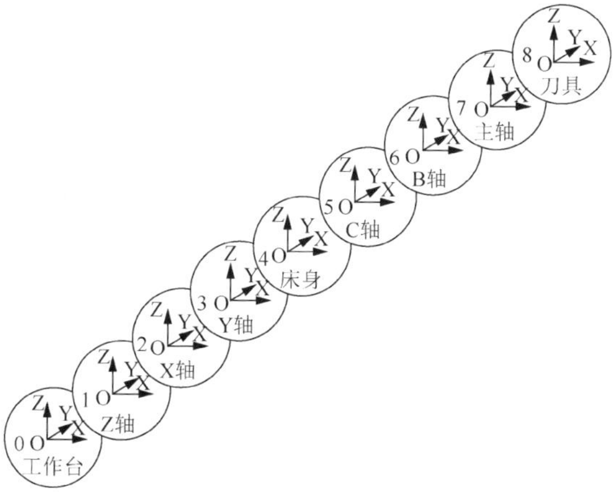

图 2-3　基于工作台的 TTTRR 结构系列五轴数控机床多体拓扑结构(以 ZXYFCB 为例)

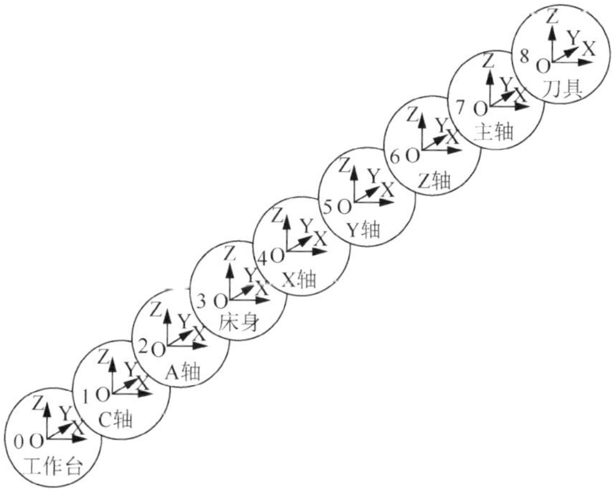

图 2-4　基于工作台的 RRTTT 结构系列五轴数控机床多体拓扑结构(以 CAFXYZ 为例)

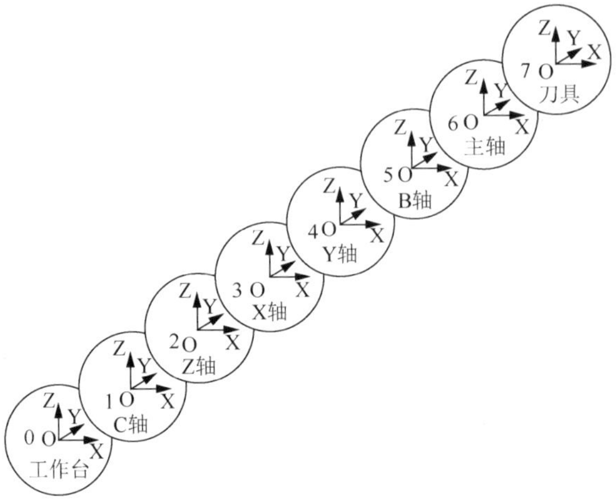

图 2-5　基于工作台的 CZXYB 结构系列五轴数控机床统一多体拓扑结构

2.2.2　五轴数控机床低序体阵列

任意选择体 B_j 为机床多体系统的典型体，B_{j-1} 为其相邻低序体，定义：

$$\boldsymbol{L}(j)=j-1 \tag{2-1}$$

式中，$\boldsymbol{L}$ 为低序体算子；j 为各运动体序号。

它满足：

$$\begin{cases}\boldsymbol{L}^k(j)=\boldsymbol{L}\left(\boldsymbol{L}^{k-1}(j)\right)\\ \boldsymbol{L}^0(j)=j,\ \boldsymbol{L}^k(0)=0\end{cases} \tag{2-2}$$

式中，k 为各运动体阶次。

根据上述定义，可以计算出基于工作台的 CZXYB 结构系列(包含 FCZXYB、CFZXYB、CZFXYB、CZXFYB、CZXYFB、CZXYBF 结构形式)的五轴数控机床各阶运动体序号，得到该结构系列的五轴数控机床拓扑结构低序体阵列，如表 2-1 所示。

表 2-1　CZXYB 结构系列五轴数控机床的低序体阵列

低序体	工作台	C 轴	Z 轴	X 轴	Y 轴	B 轴	主轴	刀具
$\boldsymbol{L}^0(j)$	0	1	2	3	4	5	6	7
$\boldsymbol{L}^1(j)$	0	0	1	2	3	4	5	6
$\boldsymbol{L}^2(j)$	0	0	0	1	2	3	4	5
$\boldsymbol{L}^3(j)$	0	0	0	0	1	2	3	4
$\boldsymbol{L}^4(j)$	0	0	0	0	0	1	2	3
$\boldsymbol{L}^5(j)$	0	0	0	0	0	0	1	2
$\boldsymbol{L}^6(j)$	0	0	0	0	0	0	0	1
$\boldsymbol{L}^7(j)$	0	0	0	0	0	0	0	0

2.3　基于多体系统的五轴数控机床运动学理论

2.3.1　多体系统运动变换原理

1. 点和矢量的表示

在多体系统中，在惯性部件(体) B_0 和所有运动部件(体) B_j 上均建立起与其固定连接的右手直角笛卡儿三维坐标系，这些坐标系的集合称为广义坐标系，各体坐标系称为子坐标系。称惯性体上的坐标系为参考坐标系，其他运动体上的坐标系为动坐标系。每个坐标系依据右手定则分别定义为 X、Y、Z 轴。

对于空间点 P，如果在三个笛卡儿坐标的基础上再加上 1，组成一个四维列矢量：

$$\boldsymbol{P}=(\mathrm{x},\mathrm{y},\mathrm{z},1)^{\mathrm{T}} \tag{2-3}$$

则称为点 P 的齐次坐标，其中 x、y 和 z 确定了点的坐标。根据该表示方法，坐标系原点 O 的齐次坐标形式为

$$\boldsymbol{O}=(0,0,0,1)^{\mathrm{T}} \tag{2-4}$$

对于空间矢量 $\boldsymbol{U}$，则是其在三个笛卡儿坐标轴上的投影加上 0 组成一个四维列矢量：

$$\boldsymbol{U}=(u_{\mathrm{x}},u_{\mathrm{y}},u_{\mathrm{z}},0)^{\mathrm{T}} \tag{2-5}$$

其中，u_{x}、u_{y} 和 u_{z} 确定了矢量 $\boldsymbol{U}$ 的方位。

用齐次坐标表示点和矢量，使在广义坐标系中各子坐标系之间的变换转化为矩阵的一般运算，为计算机建模提供了方便。本书所有矩阵都是左乘矩阵，与右乘矩阵互为转置矩阵。

2. 运动体的坐标变换

多体系统中的典型体 B_j 相对其相邻低序体 B_i 的理想运动等价于两个坐标系 $\boldsymbol{S}_j$ 和 $\boldsymbol{S}_i$ 的理想运动，令三维空间点 P 在两坐标系中的矢量表示分别为 $\boldsymbol{P}_j$ 和 $\boldsymbol{P}_i$，则两者之间的关系为

$$\boldsymbol{P}_j=\boldsymbol{T}\boldsymbol{P}_i \tag{2-6}$$

式中，$\boldsymbol{T}$ 为 $\boldsymbol{S}_i$ 到 $\boldsymbol{S}_j$ 的齐次坐标变换矩阵，具有如下结构：

$$\boldsymbol{T}=\begin{pmatrix} t_{11} & t_{12} & t_{13} & t_{14} \\ t_{21} & t_{22} & t_{23} & t_{24} \\ t_{31} & t_{32} & t_{33} & t_{34} \\ 0 & 0 & 0 & 1 \end{pmatrix} \tag{2-7}$$

坐标变换矩阵 $\boldsymbol{T}$ 中左上方的 3×3 矩阵表示坐标系 $\boldsymbol{S}_i$ 中的坐标相对其坐标原点 O_i 旋转，旋转后使该坐标系的坐标轴平行于坐标系 $\boldsymbol{S}_j$ 中对应的坐标轴。变换矩阵 $\boldsymbol{T}$ 满足如下关系式：

$$\sum_{k=1}^{3} t_{ik}t_{jk} = \sum_{k=1}^{3} t_{ki}t_{kj} = \begin{cases} 0, & i \neq j \\ 1, & i = j \end{cases} \tag{2-8}$$

并且其行列式为 1，即

$$\begin{vmatrix} t_{11} & t_{12} & t_{13} \\ t_{21} & t_{22} & t_{23} \\ t_{31} & t_{32} & t_{33} \end{vmatrix} = 1 \tag{2-9}$$

坐标变换矩阵 $\boldsymbol{T}$ 中第四列前三个元素分别等于坐标系 $\boldsymbol{S}_i$ 的坐标原点 O_i 在坐标系 $\boldsymbol{S}_j$ 中的坐标值。

多体系统中各体之间存在相对位置和相对运动两种状态，而相对位置状态可以看成是一种运动参数不变的特殊运动，因此我们只需讨论运动过程的坐标系变换。

1) 正交平移运动变换

任意平移运动也可以分解为三个分别沿 X、Y、Z 轴的基本平移运动。设坐标系 $\boldsymbol{S}_j$ 由 $\boldsymbol{S}_i$ 沿 X 轴、Y 轴和 Z 轴分别平移 S_X、S_Y 和 S_Z 得到，则 $\boldsymbol{S}_i$ 至 $\boldsymbol{S}_j$ 的三个平移变换矩阵分别为

$$\boldsymbol{T}_X(S_X) = \begin{pmatrix} 1 & 0 & 0 & S_X \\ 0 & 1 & 0 & 0 \\ 0 & 0 & 1 & 0 \\ 0 & 0 & 0 & 1 \end{pmatrix}, \boldsymbol{T}_Y(S_Y) = \begin{pmatrix} 1 & 0 & 0 & 0 \\ 0 & 1 & 0 & S_Y \\ 0 & 0 & 1 & 0 \\ 0 & 0 & 0 & 1 \end{pmatrix}, \boldsymbol{T}_Z(S_Z) = \begin{pmatrix} 1 & 0 & 0 & 0 \\ 0 & 1 & 0 & 0 \\ 0 & 0 & 1 & S_Z \\ 0 & 0 & 0 & 1 \end{pmatrix}, \tag{2-10}$$

如果坐标系 $\boldsymbol{S}_j$ 由 $\boldsymbol{S}_i$ 沿 X 轴平移 S_X、再沿 Y 轴平移 S_Y，最后沿 Z 轴平移 S_Z 得到，则 $\boldsymbol{S}_j$ 至 $\boldsymbol{S}_i$ 的平移变换矩阵为

$$\boldsymbol{T}_t = \boldsymbol{T}_Z(S_Z)\boldsymbol{T}_Y(S_Y)\boldsymbol{T}_X(S_X) = \begin{pmatrix} 1 & 0 & 0 & S_X \\ 0 & 1 & 0 & S_Y \\ 0 & 0 & 1 & S_Z \\ 0 & 0 & 0 & 1 \end{pmatrix} \tag{2-11}$$

式中，$\boldsymbol{T}_t$ 为体间平移运动变换矩阵。

2) 正交旋转运动变换

多体系统中的典型体 B_j 相对其相邻低序体 B_i 的转动等价于坐标系 $\boldsymbol{S}_j$ 相对 $\boldsymbol{S}_i$ 的转动。在各种形式的旋转运动中，把分别绕坐标轴 X、Y、Z 的转动定义为基本转动，其他任何复杂形式的转动都可以由这三种基本转动得到[17]。因此为了方便研究坐标系的相对运动，通常将坐标系之间的复杂转动分解为绕坐标轴 X、Y、Z 的三种基本旋转运动，然后再用适当方法合成。

设坐标系 $\boldsymbol{S}_j$ 由 $\boldsymbol{S}_i$ 绕其 X 轴、Y 轴和 Z 轴分别旋转 α、β 和 γ 得到，相应的三个旋转变换矩阵为

$$\boldsymbol{T}_{\rm A}(\alpha)=\begin{pmatrix}1&0&0&0\\0&\cos\alpha&-\sin\alpha&0\\0&\sin\alpha&\cos\alpha&0\\0&0&0&1\end{pmatrix}\boldsymbol{T}_{\rm B}(\beta)=\begin{pmatrix}\cos\beta&0&\sin\beta&0\\0&1&0&0\\-\sin\beta&0&\cos\beta&0\\0&0&0&1\end{pmatrix}$$

$$\boldsymbol{T}_{\rm C}(\gamma)=\begin{pmatrix}\cos\gamma&-\sin\gamma&0&0\\\sin\gamma&\cos\gamma&0&0\\0&0&1&0\\0&0&0&1\end{pmatrix}\tag{2-12}$$

式中，α、β、γ 为坐标系 $\boldsymbol{S}_j$ 相对于坐标系 $\boldsymbol{S}_i$ 的欧拉角。

如果坐标系 $\boldsymbol{S}_j$ 由 $\boldsymbol{S}_i$ 首先绕其 X 轴旋转 α，然后绕其新 Y 轴旋转 β 角，最后绕其新 Z 轴旋转 γ 角得到，则坐标系 $\boldsymbol{S}_j$ 至 $\boldsymbol{S}_i$ 的变换矩阵为

$$\begin{aligned}\boldsymbol{T}_{\rm r}&=\boldsymbol{T}_{\rm C}(\gamma)\boldsymbol{T}_{\rm B}(\beta)\boldsymbol{T}_{\rm A}(\alpha)\\&=\begin{pmatrix}\cos\beta\cos\gamma&-\cos\beta\sin\gamma&\sin\beta&0\\\cos\beta\sin\gamma+\sin\alpha\sin\beta\cos\gamma&\cos\alpha\cos\gamma-\sin\alpha\sin\beta\sin\gamma&-\sin\alpha\cos\beta&0\\\sin\beta\sin\gamma-\cos\alpha\sin\beta\cos\gamma&\cos\alpha\cos\gamma+\cos\alpha\sin\beta\sin\gamma&\cos\alpha\cos\beta&0\\0&0&0&1\end{pmatrix}\end{aligned}\tag{2-13}$$

式中，$\boldsymbol{T}_{\rm r}$ 为体间旋转运动变换矩阵。

如果坐标系 $\boldsymbol{S}_j$ 由 $\boldsymbol{S}_i$ 首先做转动，然后做平动得到，则 $\boldsymbol{S}_j$ 至 $\boldsymbol{S}_i$ 的体间运动变换矩阵为

$$\begin{aligned}\boldsymbol{T}_{\rm s}&=\boldsymbol{T}_{\rm t}\boldsymbol{T}_{\rm r}\\&\begin{pmatrix}\cos\beta\cos\gamma&-\cos\beta\sin\gamma&\sin\beta&S_{\rm X}\\\cos\beta\sin\gamma+\sin\alpha\sin\beta\cos\gamma&\cos\alpha\cos\gamma-\sin\alpha\sin\beta\sin\gamma&-\sin\alpha\cos\beta&S_{\rm Y}\\\sin\beta\sin\gamma-\cos\alpha\sin\beta\cos\gamma&\cos\alpha\cos\gamma+\cos\alpha\sin\beta\sin\gamma&\cos\alpha\cos\beta&S_{\rm Z}\\0&0&0&1\end{pmatrix}\end{aligned}\tag{2-14}$$

3) 非正交转动变换矩阵

非正交转动情况指旋转轴与坐标系相应轴不重合，有一定的旋转变换关系，如图 2-6 所示，非正交 A 轴的旋转轴线由坐标系 $\boldsymbol{S}_{\rm A}$ 的 X 轴依据旋转变换矩阵 $\boldsymbol{T}_{\rm X\to A}$ 变换得到。此时的非正交 A 轴运动变换矩阵为

$$\boldsymbol{T}_{\rm A(非正交)}(\alpha)=\boldsymbol{T}_{\rm X\to A}\boldsymbol{T}_{\rm A}(\alpha)\left(\boldsymbol{T}_{\rm X\to A}\right)^{-1}\tag{2-15}$$

同理，非正交 B 轴和 C 轴的转动变换矩阵为

$$\boldsymbol{T}_{\mathrm{B}(\text{非正交})}(\beta)=\boldsymbol{T}_{\mathrm{Y}\to\mathrm{B}}\boldsymbol{T}_{\mathrm{B}}(\beta)\left(\boldsymbol{T}_{\mathrm{Y}\to\mathrm{B}}\right)^{-1} \tag{2-16}$$

$$\boldsymbol{T}_{\mathrm{C}(\text{非正交})}(\gamma)=\boldsymbol{T}_{\mathrm{Z}\to\mathrm{C}}\boldsymbol{T}_{\mathrm{C}}(\gamma)\left(\boldsymbol{T}_{\mathrm{Z}\to\mathrm{C}}\right)^{-1} \tag{2-17}$$

根据多体系统运动学建模理论，平动轴子坐标系的原点可设在平动轴上任意位置，而转动轴子坐标系的原点需要设定在其轴线上，因此运动链上相邻运动体存在静止位置变换。

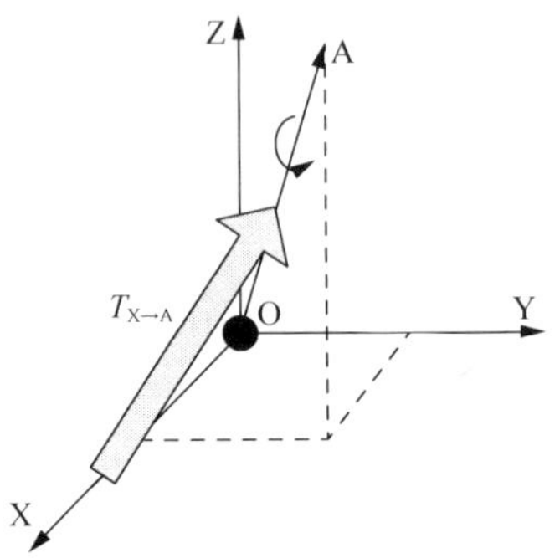

图 2-6　非正交 A 轴的运动变换示意图

对于工作台转动结构形式的五轴机床，设工作台转动子坐标系在工件坐标系的初始位置为 $P_{\mathrm{W}}(x_{\mathrm{W}},\ y_{\mathrm{W}},\ z_{\mathrm{W}})$，工作台坐标系到工件坐标系的静止位置变换矩阵为

$$\boldsymbol{T}_{\mathrm{W}}=\begin{pmatrix}1&0&0&x_{\mathrm{W}}\\0&1&0&y_{\mathrm{W}}\\0&0&1&z_{\mathrm{W}}\\0&0&0&1\end{pmatrix} \tag{2-18}$$

对于刀具转动结构形式的五轴机床，设刀位点在相邻刀具转动体子坐标系的初始位置为 $P_{\mathrm{T}}(x_{\mathrm{T}}, y_{\mathrm{T}}, z_{\mathrm{T}})$，刀位点到相邻低序体坐标系的静止位置变换矩阵为[19]

$$\boldsymbol{T}_{\mathrm{T}}=\begin{pmatrix}1&0&0&x_{\mathrm{T}}\\0&1&0&y_{\mathrm{T}}\\0&0&1&z_{\mathrm{T}}\\0&0&0&1\end{pmatrix} \tag{2-19}$$

一般情况下刀具成型点位于刀具的刀位点，刀轴初始方向与 Z 轴平行。设刀位点到相邻转动轴轴线的距离为 L，式（2-19）可以简化为

$$\boldsymbol{T}_{\mathrm{T}}=\begin{pmatrix}1&0&0&0\\0&1&0&0\\0&0&1&-L\\0&0&0&1\end{pmatrix} \tag{2-20}$$

对于工作台或者刀具双转动结构形式的五轴机床，设高序转动体子坐标系原点在低序转动体子坐标系位置为 $P_{\mathrm{H}}(x_{\mathrm{H}}, y_{\mathrm{H}}, z_{\mathrm{H}})$，高序体子坐标系到低序体子坐标系的静止位置变换矩阵为

$$\boldsymbol{T}_{\mathrm{H}}=\begin{pmatrix}1&0&0&x_{\mathrm{H}}\\0&1&0&y_{\mathrm{H}}\\0&0&1&z_{\mathrm{H}}\\0&0&0&1\end{pmatrix} \tag{2-21}$$

2.3.2　五轴数控机床坐标系设置

为了分析方便，所有体的坐标系均以机床坐标系为广义坐标系，通过机床坐标系进行平移而获得。

在初始位置(对刀点)时，刀具坐标系 $\boldsymbol{S}_{\mathrm{T}}$ 与工件坐标系 $\boldsymbol{S}_{\mathrm{W}}$ 重合，从刀具坐标系到工件坐标系形成一条封闭链，机床各个体的坐标系设置不会影响封闭链的形成。

坐标系原点不会影响平移变换，因此对于仅有平移变换的两个体之间可将其坐标系设置相同。坐标系原点对旋转运动有影响，为了避免旋转运动过于复杂，将旋转坐标系原点设置在其旋转轴线上，因此旋转坐标系只有当两个旋转体的旋转轴相交的情况下才设置重合。

因此五轴数控机床拓扑体的坐标系可考虑三个坐标系的关系：

(1) 刀具坐标系(与工件坐标系重合) $\boldsymbol{S}_{\mathrm{T}}$；

(2) 第四轴坐标系 $\boldsymbol{S}_{\mathrm{D}}$；

(3) 第五轴坐标系 $\boldsymbol{S}_{\mathrm{E}}$。

其中，第四轴和第五轴定义为从拓扑链的刀具体(T)经床身(F)往工作台(W)方向的第一个旋转体和第二个旋转体。床身和三个平动轴的坐标系设置不会影响到机床运动变换，将其坐标系设置与坐标系 $\boldsymbol{S}_{\mathrm{E}}$ 重合。

2.3.3　五轴数控机床变换矩阵

1. 位置变换矩阵

$\boldsymbol{S}_{\mathrm{T}}$、$\boldsymbol{S}_{\mathrm{D}}$ 和 $\boldsymbol{S}_{\mathrm{E}}$ 三个坐标系之间的变换关系可根据以下公式求出：

$$\boldsymbol{T}_{\mathrm{D\to T}}+\boldsymbol{T}_{\mathrm{E\to D}}+\boldsymbol{T}_{\mathrm{T\to E}}=(0,0,0,0) \tag{2-22}$$

式中，$\boldsymbol{T}_{\mathrm{D\to T}}$ 为第四轴坐标系 $\boldsymbol{S}_{\mathrm{D}}$ 到刀具坐标系 $\boldsymbol{S}_{\mathrm{T}}$ 的位置变换矩阵；$\boldsymbol{T}_{\mathrm{E\to D}}$ 为第五轴坐标系 $\boldsymbol{S}_{\mathrm{E}}$ 到第四轴坐标系 $\boldsymbol{S}_{\mathrm{D}}$ 的位置变换矩阵；$\boldsymbol{T}_{\mathrm{T\to E}}$ 为刀具坐标系 $\boldsymbol{S}_{\mathrm{T}}$ 到第五轴坐标系 $\boldsymbol{S}_{\mathrm{E}}$ 的位置变换矩阵。

上述三个坐标系的位置变换矩阵均是平移矩阵。若 $(x_{\mathrm{TD}}, y_{\mathrm{TD}}, z_{\mathrm{TD}})$ 为刀具坐标系 $\boldsymbol{S}_{\mathrm{T}}$ 原点在第四轴坐标系 $\boldsymbol{S}_{\mathrm{D}}$ 中的坐标值，则第四轴坐标系 $\boldsymbol{S}_{\mathrm{D}}$ 变换到刀具坐标系 $\boldsymbol{S}_{\mathrm{T}}$ 的位置变换矩阵为

$$\boldsymbol{T}_{\mathrm{D\to T}}=(x_{\mathrm{TD}},y_{\mathrm{TD}},z_{\mathrm{TD}},0) \tag{2-23}$$

若 $\boldsymbol{T}(x_{\mathrm{ED}}, y_{\mathrm{ED}}, z_{\mathrm{ED}})$ 为第五轴坐标系 $\boldsymbol{O}_{\mathrm{E}}$ 原点在刀具坐标系 $\boldsymbol{O}_{\mathrm{T}}$ 中的坐标值，则刀具坐标系 $\boldsymbol{O}_{\mathrm{T}}$ 变换到第五轴坐标系 $\boldsymbol{O}_{\mathrm{E}}$ 的变换矩阵为

$$\boldsymbol{T}_{\mathrm{T\to E}}=(x_{\mathrm{ED}},y_{\mathrm{ED}},z_{\mathrm{ED}},0) \tag{2-24}$$

于是根据式(2-22)得出第五轴坐标系 $\boldsymbol{S}_\mathrm{E}$ 变换到第四轴坐标系 $\boldsymbol{S}_\mathrm{D}$ 的变换矩阵为

$$\boldsymbol{T}_{\mathrm{E}\to\mathrm{D}} = -\boldsymbol{T}_{\mathrm{D}\to\mathrm{T}} - \boldsymbol{T}_{\mathrm{T}\to\mathrm{E}} = \left(-x_{\mathrm{TD}} - x_{\mathrm{ED}}, -y_{\mathrm{TD}} - y_{\mathrm{ED}}, -z_{\mathrm{TD}} - z_{\mathrm{ED}}, 0\right) \tag{2-25}$$

2. 运动变换矩阵

运动变换由三个平动轴体和两个旋转轴体完成，刀具(T)、床身(F)、工作台(W)三个体自身没有运动，其运动变换矩阵为单位矩阵。各个体的运动变换矩阵如表 2-2 所示。

表 2-2　正交运动变换矩阵

体	运动变换矩阵	体	运动变换矩阵	体	运动变换矩阵
X	$\boldsymbol{T}_\mathrm{X}(S_\mathrm{X})$	Y	$\boldsymbol{T}_\mathrm{Y}(S_\mathrm{Y})$	Z	$\boldsymbol{T}_\mathrm{Z}(S_\mathrm{Z})$
A	$\boldsymbol{T}_\mathrm{A}(\alpha)$	B	$\boldsymbol{T}_\mathrm{B}(\beta)$	C	$\boldsymbol{T}_\mathrm{C}(\gamma)$
W	$\boldsymbol{I}_{4\times4}$	T	$\boldsymbol{I}_{4\times4}$	M	$\boldsymbol{I}_{4\times4}$

2.3.4　五轴数控机床运动学方程

为方便机床运动学求解，在进行坐标系转换时以工件坐标为参考系，以刀具坐标系为起点，经过各个体之间的运动变换变换到工件坐标系，如图 2-7 所示。

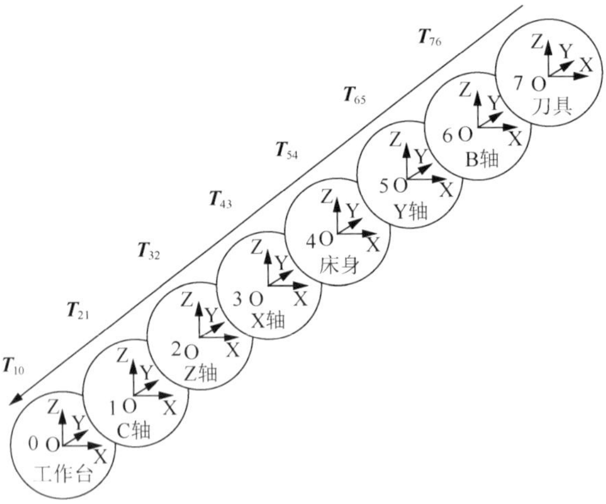

图 2-7　机床坐标系变换

对刀时，刀具坐标系 $\boldsymbol{S}_\mathrm{T}$ 中刀尖点 $\boldsymbol{P}_\mathrm{T}$ 及刀轴 $\boldsymbol{U}_\mathrm{T}$ 矢量为

$$\boldsymbol{P}_\mathrm{T} = (0,0,0,1)^\mathrm{T} \tag{2-26}$$

$$\boldsymbol{U}_\mathrm{T} = (0,0,1,0)^\mathrm{T} \tag{2-27}$$

对刀后由于坐标系重合，刀具在工件坐标系 $\boldsymbol{S}_{\mathrm{W}}$ 中的刀尖点及刀轴矢量也为 $\boldsymbol{P}_{\mathrm{T}}$ 和 $\boldsymbol{U}_{\mathrm{T}}$。

在机床各平动轴和旋转轴运动带动下，刀具坐标系随刀具运动并变换至 O_{T} 位置，此时刀具坐标系 $\boldsymbol{S}_{\mathrm{T}}$ 中刀尖点 $\boldsymbol{P}_{\mathrm{T}}$ 及刀轴 $\boldsymbol{U}_{\mathrm{T}}$ 矢量与变换之前相同，而工件坐标系 $\boldsymbol{S}_{\mathrm{W}}$ 中的刀尖点位置 $\boldsymbol{P}_{\mathrm{W}}$ 及刀轴 $\boldsymbol{U}_{\mathrm{W}}$ 矢量正是刀位文件中刀具在工件坐标系统中的姿态：

$$\boldsymbol{P}_{\mathrm{W}}=(x,y,z,1)^{\mathrm{T}} \tag{2-28}$$

$$\boldsymbol{U}_{\mathrm{W}}=(u_{\mathrm{x}},u_{\mathrm{y}},u_{\mathrm{z}},0)^{\mathrm{T}} \tag{2-29}$$

式中，x、y、z 为刀位点在工件坐标系下的位置参数；u_{x}、u_{y}、u_{z} 为刀轴在工件坐标系下的矢量参数。

五轴数控机床每一条 NC 程序的运动可以理解为：在机床各平动轴和转动轴运动带动下，刀具在工件坐标系标系中由初始位置($\boldsymbol{P}_{\mathrm{T}},\boldsymbol{U}_{\mathrm{T}}$)变换到刀位文件中对应的刀具位置($\boldsymbol{P}_{\mathrm{W}},\boldsymbol{U}_{\mathrm{W}}$)，由此建立方程：

$$\begin{cases}\boldsymbol{P}_{\mathrm{W}}=\left(\prod\limits_{i=1,j=0}^{i=n-1,j=n-2}\boldsymbol{T}_{ij}\right)\boldsymbol{P}_{\mathrm{T}}\\ \boldsymbol{U}_{\mathrm{W}}=\left(\prod\limits_{i=1,j=0}^{i=n-1,j=n-2}\boldsymbol{T}_{ij}\right)\boldsymbol{U}_{\mathrm{T}}\end{cases} \tag{2-30}$$

式中，n 为五轴数控机床的体的个数(本书中取 n 为 8，分别为刀具、床身、工作台、三个平动轴体和两个旋转轴体)。

刀具在体 B_i 坐标系完成运动变换(运动变换矩阵 $\boldsymbol{T}_i$)，得到新的位置和矢量，新的位置和矢量乘上体 B_j 坐标系变换到与体 B_i 坐标系重合的变换矩阵(位置变换矩阵 $\boldsymbol{T}_{j\to i}$)即可得到刀具在体 B_j 坐标系下的位置和矢量，即

$$\boldsymbol{T}_{ij}=\boldsymbol{T}_{j\to i}\boldsymbol{T}_i \tag{2-31}$$

式中，$\boldsymbol{T}_{j\to i}$ 为体 B_j 坐标系变换到与体 B_i 坐标系重合的变换矩阵，称为位置变换矩阵；$\boldsymbol{T}_i$ 为体 B_i 在自身坐标系下的运动变换矩阵。

以此类推，直到刀具将坐标系变换至工件坐标系，得到刀具在工件坐标系中的位置和矢量，即将式(2-31)代入式(2-30)得

$$\boldsymbol{P}_{\mathrm{W}}=\left(\prod_{i=1,j=0}^{i=7,j=6}\left(\boldsymbol{T}_{j\to i}\boldsymbol{T}_i\right)\right)\boldsymbol{P}_{\mathrm{T}} \tag{2-32}$$

$$\boldsymbol{U}_{\mathrm{W}}=\left(\prod_{i=1,j=0}^{i=7,j=6}\left(\boldsymbol{T}_{j\to i}\boldsymbol{T}_{i}\right)\right)\boldsymbol{U}_{\mathrm{T}} \tag{2-33}$$

式(2-32)和式(2-33)即为五轴数控机床运动学方程。

为方便理解式(2-32)和式(2-33)所表达的坐标转换关系，以图2-7所示CXYFZA型五轴数控机床拓扑结构为例进行说明，运动坐标变换过程如图2-8所示。

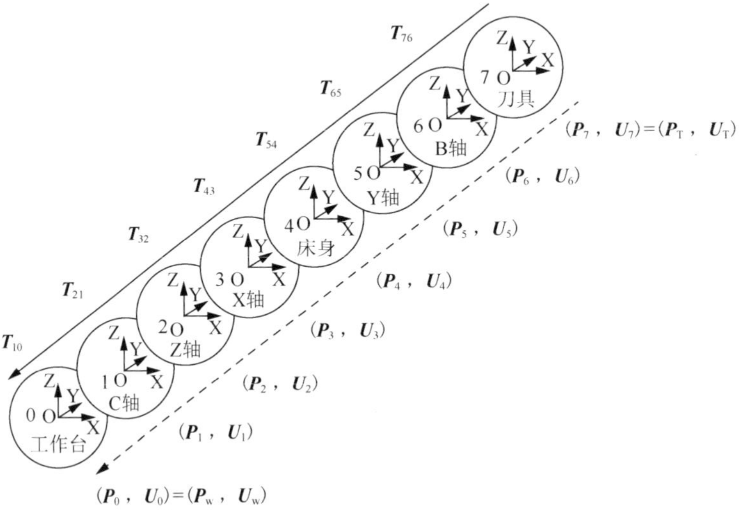

图 2-8　CXYFZA 型五轴数控机床刀具运动坐标系变换过程

图中，实线箭头为体的依赖关系，虚线箭头为刀具在运动过程中的坐标系转换方向。记$(\boldsymbol{P}_i,\boldsymbol{U}_i)$为刀具在体$B_i$坐标系中的位置和姿态矢量，初始位置时刀具坐标系与工件坐标系重合，$(\boldsymbol{P}_7,\boldsymbol{U}_7)=(\boldsymbol{P}_{\mathrm{T}},\boldsymbol{U}_{\mathrm{T}})$，刀具在体7坐标系下运动(运动变换矩阵$\boldsymbol{T}_7$，由于刀具本身不会运动，因此该矩阵为单位矩阵)得到新的位置记为$(\boldsymbol{P}'_7,\boldsymbol{U}'_7)$，此时的参考坐标系仍然为体7坐标系，该过程为运动变换过程。之后，$(\boldsymbol{P}'_7,\boldsymbol{U}'_7)$经过位置变换矩阵$\boldsymbol{T}_{6\to7}$将参考坐标系从体7坐标系变换到体6坐标系，得到刀具在体6坐标系中的位置$(\boldsymbol{P}_6, \boldsymbol{U}_6)$，该过程为位置变换过程。特别注意的是，$\boldsymbol{T}_{7\to6}$中的箭头方向指的是体6坐标系变换到与体7坐标系重合，是坐标系之间的变换方向。刀具经过运动变换($\boldsymbol{T}_7$)和位置变换($\boldsymbol{T}_{6\to7}$)，其参考坐标系从体7坐标系变换到体6坐标系得到$(\boldsymbol{P}_6,\boldsymbol{U}_6)$，再经过$\boldsymbol{T}_6$、$\boldsymbol{T}_{5\to6}$变换到体5坐标系得到$(\boldsymbol{P}_5,\boldsymbol{U}_5)$。依次类推变换，最终变换到体0坐标系，得到刀具在工件坐标系中的位置$(\boldsymbol{P}_{\mathrm{W}},\boldsymbol{U}_{\mathrm{W}})$，并依据此建立运动学方程。

2.3.5　五轴数控机床运动学约束条件

1. 刀位点指令运动速度定义

以 CZFXYB 结构形式五轴数控机床为例，根据 SIMENS840D 数控系统的定义，当 G90 和 G94 指令有效时，进给速度 F_n 可以定义为

$$F_n=\frac{\Delta S_n}{t_n}=\frac{\sqrt{\Delta_{X(n)}^2+\Delta_{Y(n)}^2+\Delta_{Z(n)}^2+\Delta_{B(n)}^2+\Delta_{C(n)}^2}}{t_n} \tag{2-34}$$

式中，ΔS_n 为第 n 段指令所对应的进给轴在机床坐标系下的当量位移；t_n 为第 n 段指令所对应的执行时间；$\Delta_{X(n)}/\Delta_{Y(n)}/\Delta_{Z(n)}$ 为第 n 段指令各平动轴在机床坐标系下的移动增量（mm）；$\Delta_{B(n)}/\Delta_{C(n)}$ 为第 n 段指令各转动轴在机床坐标系下的转动增量(°)。

因此五轴数控机床的进给速度定义是非量纲的，无实际意义，且定义在机床坐标系上。由式(2-34)可得刀位点相对工件坐标系的指令运动速度为

$$\begin{aligned}v_{c(n)}&=\frac{\sqrt{\Delta_{x(n)}^2+\Delta_{y(n)}^2+\Delta_{z(n)}^2}}{t_n}\\&=\frac{F_n\cdot\sqrt{\Delta_{x(n)}^2+\Delta_{y(n)}^2+\Delta_{z(n)}^2}}{\sqrt{\Delta_{X(n)}^2+\Delta_{Y(n)}^2+\Delta_{Z(n)}^2+\Delta_{B(n)}^2+\Delta_{C(n)}^2}}\end{aligned} \tag{2-35}$$

式中，$\Delta_{x(n)}/\Delta_{y(n)}/\Delta_{z(n)}$ 为第 n 段指令刀位点在工件坐标系下的移动增量(mm)。

2. 机床进给速度限值

假设机床刀位点的运动加减速策略为线性规律，则各进给轴在机床坐标系下的进给速度为

$$\begin{cases}v_{j(n)}=\dfrac{\Delta_{j(n)}}{t_n},j\in\{X,Y,Z\}\\[2ex]\omega_{j(n)}=\dfrac{\Delta_{j(n)}}{t_n},j\in\{A,B,C\}\end{cases} \tag{2-36}$$

各进给轴都有相对于机床坐标系的最大运动速度限值 v_{j_max} (j=X, Y, Z) 或 ω_{j_max} (j=A, B, C)，即

$$\begin{cases}v_{j(n)}=\dfrac{\Delta_{j(n)}}{t_n}=\Delta_{j(n)}\dfrac{F_n}{\Delta S_n}\leqslant v_{j\_max},\quad j\in\{X,Y,Z\}\\[2ex]\omega_{j(n)}=\dfrac{\Delta_{j(n)}}{t_n}=\Delta_{j(n)}\dfrac{F_n}{\Delta S_n}\leqslant \omega_{j\_max},\quad j\in\{A,B,C\}\end{cases} \tag{2-37}$$

或

$$F_n=\frac{\Delta S_n}{t_n}\leqslant \min\begin{cases}\dfrac{\Delta S_n}{\max\left(\dfrac{\Delta_{j(n)}}{v_{j\_\max}}\right)}, & j\in\{\mathrm{X,Y,Z}\}\\ \dfrac{\Delta s_n}{\max\left(\dfrac{\Delta_{j(n)}}{\omega_{j\_\max}}\right)}, & j\in\{\mathrm{A,B,C}\}\end{cases} \tag{2-38}$$

另外，各进给轴还有相对于机床坐标系的最大运动加速度限值 $a_{j\_\max}$ (j=X, Y, Z) 或$\varepsilon_{j_\max}$ (j=A, B, C)，即

$$\begin{cases} a_{j(n)}=\dfrac{2\left(v_{j(n)}-v_{j(n\text{-}1)}\right)}{t_n+t_{n-1}}=\dfrac{\dfrac{2F_n\Delta_{j(n)}}{\Delta S_n}-\dfrac{2F_{n-1}\Delta_{j(n\text{-}1)}}{\Delta S_{n-1}}}{\dfrac{\Delta S_n}{F_n}+\dfrac{\Delta S_{n-1}}{F_{n-1}}}\leqslant a_{j\_\max}, & j\in\{\mathrm{X,Y,Z}\}\\ \varepsilon_{j(n)}=\dfrac{2\left(\omega_{j(n)}-\omega_{j(n\text{-}1)}\right)}{t_n+t_{n-1}}=\dfrac{\dfrac{2F_n\Delta_{j(n)}}{\Delta S_n}-\dfrac{2F_{n-1}\Delta_{j(n\text{-}1)}}{\Delta S_{n-1}}}{\dfrac{\Delta S_n}{F_n}+\dfrac{\Delta S_{n-1}}{F_{n-1}}}\leqslant \varepsilon_{j\_\max}, & j\in\{\mathrm{A,B,C}\}\end{cases} \tag{2-39}$$

或

$$F_n=\frac{\Delta S_n}{t_n}\leqslant \min\begin{cases}\dfrac{\Delta S_n}{\max\left(\dfrac{v_{j(n)}-v_{j(n\text{-}1)}}{a_{j\_\max}}\right)}, & j\in\{\mathrm{X,Y,Z}\}\\ \dfrac{\Delta S_n}{\max\left(\dfrac{\omega_{j(n)}-\omega_{j(n\text{-}1)}}{\varepsilon_{j\_\max}}\right)}, & j\in\{\mathrm{A,B,C}\}\end{cases} \tag{2-40}$$

因此，五轴数控加工进给速度应该满足以下限值条件：

$$F_n\leqslant \min\begin{cases}\min\left(\dfrac{\Delta S_n}{\max\left(\dfrac{\Delta_{j(n)}}{v_{j\_\max}}\right)},\dfrac{\Delta S_n}{\max\left(\dfrac{v_{j(n)}-v_{j(n\text{-}1)}}{a_{j\_\max}}\right)}\right), & j\in\{\mathrm{X,Y,Z}\}\\ \min\left(\dfrac{\Delta S_n}{\max\left(\dfrac{\Delta_{j(n)}}{\omega_{j\_\max}}\right)},\dfrac{\Delta S_n}{\max\left(\dfrac{\omega_{j(n)}-\omega_{j(n\text{-}1)}}{\varepsilon_{j\_\max}}\right)}\right), & j\in\{\mathrm{A,B,C}\}\end{cases} \tag{2-41}$$

3. 五轴数控机床进给轴的动力学模型

CZFXYB 结构形式五轴数控机床的加工系统可以简化为如图 2-9 所示机床的加工动力学模型。对于平动轴 j，设 m_j 为质量，I_{sj} 为丝杠转动惯量，θ_{sj} 为丝杠转角，v_j、a_j 分别平动轴移动速度和加速度，ε_{sj} 为丝杠转动加速度；对于转动轴 j，设 I_j 为转动惯量，ω_j、ε_j 分别为转动轴转动速度和加速度，M_j 为伺服电机的实际转矩。

五轴数控机床在加工过程中，每个进给轴驱动电机都将承受包括切削力、惯性力、摩擦力等阻力。根据物理做功原理，五轴数控机床的平动轴动力学方程为

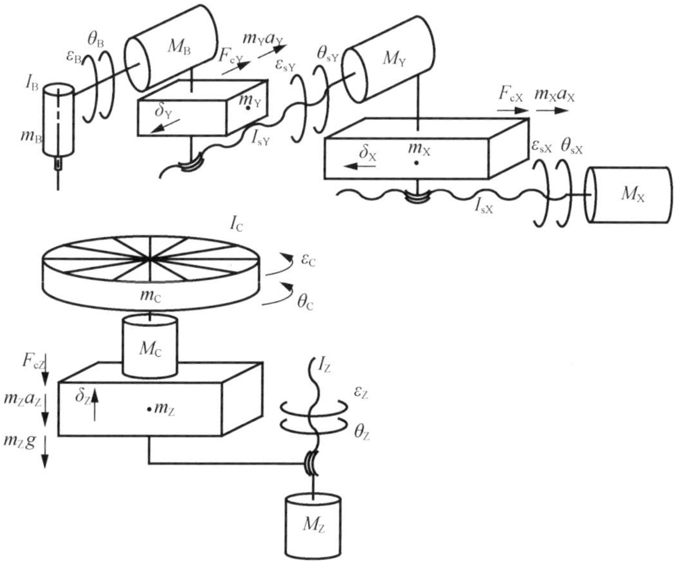

图 2-9　五轴数控机床的加工动力学模型(以 CZFXYB 为例)

$$\begin{cases} M_X\theta_{sX} = (m_X + m_Y + m_B)a_X\Delta_X + F_{cX}\Delta_X + I_{sX}\varepsilon_{sX}\theta_{sX} \\ M_Y\theta_{sY} = (m_Y + m_B)a_Y\Delta_Y + F_{cY}\Delta_Y + I_{sY}\varepsilon_{sY}\theta_{sY} \\ M_Z\theta_{sZ} = (m_Z + m_C)a_Z\Delta_Z + F_{cZ}\Delta_Z + I_{sZ}\varepsilon_{sZ}\theta_{sZ} \end{cases} \tag{2-42}$$

式中，F_{cj} 为切削力在机床坐标系的分量。

设平动轴的滚珠丝杠导程为 p_j，则

$$\begin{cases}\theta_{sj}=\dfrac{2\pi\Delta_j}{p_j}\\ \varepsilon_j=\dfrac{2\pi a_j}{p_j}\end{cases},\quad j\in\{X,Y,Z\} \tag{2-43}$$

将式(2-43)代入式(2-42)，可得机床运动特性下的平动轴加速度为

$$\begin{cases}a_X=\dfrac{2\pi\Delta_X M_X p_X-F_{cX}\Delta_X p_X^2}{(m_X+m_Y+m_B)\Delta_X P_X^2+4\pi^2 I_{sX}\Delta_X}\\ a_Y=\dfrac{2\pi\Delta_Y M_Y p_Y-F_{cY}\Delta_Y p_Y^2}{(m_Y+m_B)\Delta_Y p_Y^2+4\pi^2 I_{sY}\cdot\Delta_Y}\\ a_Z=\dfrac{2\pi\Delta_Z M_Z p_Z-F_{cZ}\Delta_Z p_Z^2}{(m_Z+m_C)\Delta_Z p_Z^2+4\pi^2 I_{sZ}\Delta_Z}\end{cases} \tag{2-44}$$

刀位点轨迹的几何参数可以表达为切向矢量 $\boldsymbol{\tau}$、法向矢量 $\boldsymbol{n}$ 和曲率半径 ρ。定义 a_t 为刀位点在工件坐标系的切向加速度，a_n 为刀位点在工件坐标系的法向加速度，其与刀位点在工件坐标系的加速度 a 之间具有以下关系：

$$a_j=a_t\tau_j+a_n n_j=a_t\tau_j+\frac{v^2}{\rho}n_j,\quad j\in(x,y,z) \tag{2-45}$$

式中，τ_x、τ_y、τ_z 为刀位点轨迹切向矢量在工件坐标系的分量；n_x、n_y、n_z 为刀位点轨迹法向矢量在工件坐标系的分量。

以 CZFXYB 结构形式五轴数控机床为例，其平动轴与刀位点的运动关系为

$$\begin{aligned}\boldsymbol{P}_W&=\boldsymbol{T}_w\boldsymbol{T}_C(-\boldsymbol{T}_w)\boldsymbol{T}_Z\boldsymbol{T}_X\boldsymbol{T}_Y(-\boldsymbol{T}_T)\boldsymbol{T}_B\boldsymbol{T}_T\begin{pmatrix}0&0&0&1\end{pmatrix}^T\\ &=\begin{pmatrix}1&0&0&x_w\\0&1&0&y_w\\0&0&1&z_w\\0&0&0&1\end{pmatrix}\begin{pmatrix}\cos\gamma&\sin\gamma&0&0\\-\sin\gamma&\cos\gamma&0&0\\0&0&1&0\\0&0&0&1\end{pmatrix}\begin{pmatrix}1&0&0&-x_w\\0&1&0&-y_w\\0&0&1&-z_w\\0&0&0&1\end{pmatrix}\begin{pmatrix}1&0&0&0\\0&1&0&0\\0&0&1&S_Z\\0&0&0&1\end{pmatrix}\\ &\quad\begin{pmatrix}1&0&0&S_X\\0&1&0&0\\0&0&1&0\\0&0&0&1\end{pmatrix}\begin{pmatrix}1&0&0&0\\0&1&0&S_Y\\0&0&1&0\\0&0&0&1\end{pmatrix}\begin{pmatrix}1&0&0&0\\0&1&0&0\\0&0&1&L\\0&0&0&1\end{pmatrix}\begin{pmatrix}\cos\beta&0&\sin\beta&0\\0&1&0&0\\-\sin\beta&0&\cos\beta&0\\0&0&0&1\end{pmatrix}\\ &\quad\begin{pmatrix}1&0&0&0\\0&1&0&0\\0&0&1&-L\\0&0&0&1\end{pmatrix}\begin{pmatrix}0\\0\\0\\1\end{pmatrix}\end{aligned} \tag{2-46}$$

求解得各平动轴在 X、Y、Z 方向对于初始位置的位移量为

$$\begin{cases} S_X = x\cos\gamma + y\sin\gamma + L\sin\beta + (\cos\gamma - 1)x_w + y_w\sin\gamma \\ S_Y = -x\sin\gamma + y\cos\gamma - x_w\sin\gamma + y_w(\cos\gamma - 1) \\ S_Z = z + L(\cos\beta - 1) \end{cases} \tag{2-47}$$

通过式(2-47)对时间分别求一阶和二阶导，并结合式(2-45)，可得工件坐标系下的刀位点与机床坐标系下的平动轴在速度和加速度方面的关系为

$$\begin{cases} v_X = S'_X = v_x\cos\gamma - x\omega_C\sin\gamma + v_y\sin\gamma + y\omega_C\cos\gamma + L\omega_B\cos\beta \\ \qquad - x_w\omega_C\sin\gamma + y_w\omega_C\cos\gamma \\ v_Y = S'_Y = -v_x\sin\gamma - x\omega_C\cos\gamma + v_y\cos\gamma - y\omega_C\sin\gamma \\ \qquad - x_w\omega_C\cos\gamma - y_w\omega_C\sin\gamma \\ v_Z = S'_Z = \left(z + L\cdot(\cos\beta - 1)\right)' = v_z - L\omega_B\sin\beta \end{cases} \tag{2-48}$$

将式(2-49)代入式(2-44)联立求解，可得刀位点轨迹和机床平动轴运动特征之间的关系为

$$\begin{cases} a_X = S''_X = \left(a_t\tau_x + \dfrac{v^2}{\rho}n_x\right)\cos\gamma + \left(a_t\tau_y + \dfrac{v^2}{\rho}n_y\right)\sin\gamma - 2v_x\omega_C\sin\gamma \\ \qquad - x\omega_C^2\cos\gamma - x\varepsilon_C\sin\gamma + 2v_y\omega_C\cos\gamma - y\omega_C^2\sin\gamma + y\varepsilon_C\cos\gamma \\ \qquad + L\varepsilon_B\cos\beta - L\omega_B^2\sin\beta - x_w\omega_C^2\cos\gamma - x_w\varepsilon_C\sin\gamma \\ \qquad + y_w\varepsilon_C\cos\gamma - y_w\omega_C^2\sin\gamma \\ a_Y = S''_Y = -\left(a_t\tau_x + \dfrac{v^2}{\rho}n_x\right)\sin\gamma + \left(a_t\tau_y + \dfrac{v^2}{\rho}n_y\right)\cos\gamma + x\omega_C^2\sin\gamma \\ \qquad - v_x\omega_C(\sin\gamma + \cos\gamma) - x\varepsilon_C\cos\gamma - 2v_y\omega_C\sin\gamma - y\omega_C^2\cos\gamma \\ \qquad - y\varepsilon_C\sin\gamma + x_w\omega_C^2\sin\gamma - x_w\varepsilon_C\cos\gamma - y_w\omega_C^2\cos\gamma \\ \qquad - y_w\varepsilon_C\sin\gamma \\ a_Z - S''_Z = a_z - L\omega_B^2\cos\beta - L\varepsilon_B\sin\beta \\ \quad = a_t\tau_z + \dfrac{v^2}{\rho}n_z - L\omega_B^2\cos\beta - L\varepsilon_B\sin\beta \end{cases} \tag{2-49}$$

$$
\begin{cases}
a_t\tau_x = \cos\gamma\Big(x\varepsilon_{\mathrm{C}}\sin\gamma + 2v_{\mathrm{x}}\omega_{\mathrm{C}}\sin\gamma + x\omega_{\mathrm{C}}^2\cos\gamma + y\omega_{\mathrm{C}}^2\sin\gamma \\
\quad -L\varepsilon_{\mathrm{B}}\cos\beta + \dfrac{2\pi\Delta_{\mathrm{X}}M_{\mathrm{X}}p_{\mathrm{X}} - F_{\mathrm{cX}}\Delta_{\mathrm{X}}p_{\mathrm{X}}^2}{(m_{\mathrm{X}}+m_{\mathrm{Y}}+m_{\mathrm{B}})\Delta_{\mathrm{X}}p_{\mathrm{X}}^2 + 4\pi^2 I_{\mathrm{sX}}\Delta_{\mathrm{X}}} - 2v_{\mathrm{y}}\omega_{\mathrm{C}}\cos\gamma \\
\quad -y\varepsilon_{\mathrm{C}}\cos\gamma + L\omega_{\mathrm{B}}^2\sin\beta + x_{\mathrm{w}}\omega_{\mathrm{C}}^2\cos\gamma + x_{\mathrm{w}}\varepsilon_{\mathrm{C}}\sin\gamma \\
\quad -y_{\mathrm{w}}\varepsilon_{\mathrm{C}}\cos\gamma + y_{\mathrm{w}}\omega_{\mathrm{C}}^2\sin\gamma\Big) - \dfrac{v^2}{\rho}n_{\mathrm{x}} \\
\quad -\sin\gamma\Big(x\omega_{\mathrm{C}}^2\sin\gamma - v_{\mathrm{x}}\omega_{\mathrm{C}}(\sin\gamma+\cos\gamma) - 2v_{\mathrm{y}}\omega_{\mathrm{C}}\sin\gamma \\
\quad -x\varepsilon_{\mathrm{C}}\cos\gamma - y\omega_{\mathrm{C}}^2\cos\gamma - y\varepsilon_{\mathrm{C}}\sin\gamma \\
\quad -\dfrac{2\pi\Delta_{\mathrm{Y}}M_{\mathrm{Y}}p_{\mathrm{Y}} - F_{\mathrm{cY}}\Delta_{\mathrm{Y}}P_{\mathrm{Y}}^2}{(m_{\mathrm{Y}}+m_{\mathrm{B}})\Delta_{\mathrm{Y}}p_{\mathrm{Y}}^2 + 4\pi^2 I_{\mathrm{sY}}\Delta_{\mathrm{Y}}} + x_{\mathrm{W}}\omega_{\mathrm{C}}^2\sin\gamma - y_{\mathrm{w}}\omega_{\mathrm{C}}^2\cos\gamma \\
\quad -y_{\mathrm{w}}\varepsilon_{\mathrm{C}}\sin\gamma - x_{\mathrm{w}}\varepsilon_{\mathrm{C}}\cos\gamma\Big) \\
a_t\tau_y = \sin\gamma\Big(x\omega_{\mathrm{C}}^2\cos\gamma + x\varepsilon_{\mathrm{C}}\sin\gamma + 2v_{\mathrm{x}}\omega_{\mathrm{C}}\sin\gamma \\
\quad +\dfrac{2\pi\Delta_{\mathrm{X}}M_{\mathrm{X}}p_{\mathrm{X}} - F_{\mathrm{cX}}\Delta_{\mathrm{X}}p_{\mathrm{X}}^2}{(m_{\mathrm{X}}+m_{\mathrm{Y}}+m_{\mathrm{B}})\Delta_{\mathrm{X}}p_{\mathrm{X}}^2 + 4\pi^2 I_{\mathrm{sX}}\Delta_{\mathrm{X}}} - 2v_{\mathrm{y}}\omega_{\mathrm{C}}\cos\gamma + y\omega_{\mathrm{C}}^2\sin\gamma \\
\quad -y\varepsilon_{\mathrm{C}}\cos\gamma - L\varepsilon_{\mathrm{B}}\cos\beta + L\omega_{\mathrm{B}}^2\sin\beta + x_{\mathrm{w}}\omega_{\mathrm{C}}^2\cos\gamma \\
\quad +x_{\mathrm{w}}\varepsilon_{\mathrm{C}}\sin\gamma - y_{\mathrm{w}}\varepsilon_{\mathrm{C}}\cos\gamma + y_{\mathrm{w}}\omega_{\mathrm{C}}^2\sin\gamma\Big) - \dfrac{v^2}{\rho}n_{\mathrm{y}} \\
\quad +\cos\gamma\Big(\omega_{\mathrm{C}}v_{\mathrm{x}}(\sin\gamma+\cos\gamma) - x\omega_{\mathrm{C}}^2\sin\gamma + x\varepsilon_{\mathrm{C}}\cos\gamma \\
\quad +2v_{\mathrm{y}}\omega_{\mathrm{C}}\sin\gamma + \dfrac{2\pi\Delta_{\mathrm{Y}}M_{\mathrm{Y}}P_{\mathrm{Y}} - F_{\mathrm{cY}}\Delta_{\mathrm{Y}}P_{\mathrm{Y}}^2}{(m_{\mathrm{Y}}+m_{\mathrm{B}})\Delta_{\mathrm{Y}}P_{\mathrm{Y}}^2 + 4\pi^2 I_{\mathrm{sY}}\Delta_{\mathrm{Y}}} - x_{\mathrm{w}}\omega_{\mathrm{C}}^2\sin\gamma \\
\quad +x_{\mathrm{w}}\varepsilon_{\mathrm{C}}\cos\gamma + y_{\mathrm{w}}\omega_{\mathrm{C}}^2\cos\gamma + y_{\mathrm{w}}\varepsilon_{\mathrm{C}}\sin\gamma + y\omega_{\mathrm{C}}^2\cos\gamma \\
\quad +y\varepsilon_{\mathrm{C}}\sin\gamma\Big) \\
a_t\tau_z = \dfrac{2\pi\Delta_{\mathrm{Z}}M_{\mathrm{Z}}P_{\mathrm{Z}} - F_{\mathrm{cZ}}\Delta_{\mathrm{Z}}P_{\mathrm{Z}}^2}{(m_{\mathrm{Z}}+m_{\mathrm{C}})\Delta_{\mathrm{Z}}P_{\mathrm{Z}}^2 + 4\pi^2 I_{\mathrm{sZ}}\Delta_{\mathrm{Z}}} + L\omega_{\mathrm{B}}^2\cos\beta + L\varepsilon_{\mathrm{B}}\sin\beta - \dfrac{v^2}{\rho}n_{\mathrm{z}}
\end{cases}
\tag{2-50}
$$

同理，根据做功原理，可以获得五轴数控机床的转动轴动力学方程为

$$
\begin{cases}
M_{\mathrm{B}}\Delta\beta = M_{\mathrm{cB}}\Delta\beta + I_{\mathrm{B}}\varepsilon_{\mathrm{B}}\Delta\beta \\
M_{\mathrm{C}}\Delta\gamma = M_{\mathrm{cC}}\Delta\gamma + I_{\mathrm{C}}\varepsilon_{\mathrm{C}}\Delta\gamma
\end{cases}
\tag{2-51}
$$

式中，M_{cB} 为切削力造成的 B 轴转动力矩；$M_{\mathrm{cC}}\gamma$为切削力造成的 C 轴转动力矩。

设切削力在机床坐标系的分量为 F_{cX}、F_{cY}、F_{cZ}，则 M_{cB} 可以通过刀长、切削力分量和转角关系获得，M_{cC} 可以通过工作台转动轴至刀位点距离、切削力分量和转角关系获得

$$\begin{cases} M_{\mathrm{cB}} = L\left(F_{\mathrm{cX}}\cos\beta + F_{\mathrm{cZ}}\sin\beta\right) \\ M_{\mathrm{cC}} = \sqrt{\left(x-x_{\mathrm{w}}\right)^2+\left(y-y_{\mathrm{w}}\right)^2}\left(F_{\mathrm{cX}}\sin\left(\gamma+\arctan\dfrac{y_{\mathrm{w}}}{x_{\mathrm{w}}}\right)+F_{\mathrm{cY}}\cos\left(\gamma+\arctan\dfrac{y_{\mathrm{w}}}{x_{\mathrm{w}}}\right)\right) \end{cases} \tag{2-52}$$

将式(2-52)代入式(2-51)，可得刀位点轨迹和机床转动轴运动特征之间的关系为

$$\begin{cases} \varepsilon_{\mathrm{B}} = \dfrac{M_{\mathrm{B}} - \left(F_{\mathrm{cX}}\cos\beta + F_{\mathrm{cZ}}\sin\beta\right)L}{I_{\mathrm{B}}} \\ \varepsilon_{\mathrm{C}} = \dfrac{M_C - \sqrt{\left(x-x_{\mathrm{w}}\right)^2+\left(y-y_{\mathrm{w}}\right)^2}F_{\mathrm{cX}}\sin\left(\gamma+\arctan\dfrac{y_{\mathrm{w}}}{x_{\mathrm{w}}}\right)}{I_{\mathrm{C}}} \\ \qquad - \dfrac{\sqrt{\left(x-x_{\mathrm{w}}\right)^2+\left(y-y_{\mathrm{w}}\right)^2}F_{\mathrm{cY}}\cos\left(\gamma+\arctan\dfrac{y_{\mathrm{w}}}{x_{\mathrm{w}}}\right)}{I_{\mathrm{C}}} \end{cases} \tag{2-53}$$

4. 基于加工特性的五轴数控机床动力学约束条件

设铣削加工的切削宽度、切削深度和切削速度保持恒定，则切削力与刀位点速度 v 存在指数关系[20]：

$$F_{\mathrm{c}} = K_{\mathrm{vc}}v^{\alpha} \tag{2-54}$$

式中，K_{vc}、α 为切削力系数。

设切削力在工件坐标系的分量为 F_{cx}、F_{cy}、F_{cz}，根据加工时的刀位轨迹切向矢量 $\boldsymbol{\tau}$，可得到其分量为

$$F_{\mathrm{c}j} = \tau_j K_{\mathrm{vc}}v^{\alpha},\quad j\in(\mathrm{x},\mathrm{y},\mathrm{z}) \tag{2-55}$$

由五轴数控机床运动学模型可得切削力在机床坐标系的分量和在工件坐标系的分量之间的关系为

$$\begin{aligned} \begin{pmatrix} F_{\mathrm{cx}} \\ F_{\mathrm{cy}} \\ F_{\mathrm{cz}} \\ 0 \end{pmatrix} &= \boldsymbol{T}_{\mathrm{C}}\boldsymbol{T}_{\mathrm{B}}\begin{pmatrix} F_{\mathrm{cX}} \\ F_{\mathrm{cY}} \\ F_{\mathrm{cZ}} \\ 0 \end{pmatrix} \\ &= \begin{pmatrix} \cos\gamma & -\sin\gamma & 0 & 0 \\ \sin\gamma & \cos\gamma & 0 & 0 \\ 0 & 0 & 1 & 0 \\ 0 & 0 & 0 & 1 \end{pmatrix}\begin{pmatrix} \cos\beta & 0 & \sin\beta & 0 \\ 0 & 1 & 0 & 0 \\ -\sin\beta & 0 & \cos\beta & 0 \\ 0 & 0 & 0 & 1 \end{pmatrix}\begin{pmatrix} F_{\mathrm{cX}} \\ F_{\mathrm{cY}} \\ F_{\mathrm{cZ}} \\ 0 \end{pmatrix} \end{aligned} \tag{2-56}$$

对式(2-56)联立求解，可得切削力在机床平动轴上的分量 F_{cX}、F_{cY}、F_{cZ}。

一般情况下，同步伺服电机在额定转速下将输出额定力矩[21]：

$$M_j \leqslant M_{\mathrm{T}j},\quad j\in\{\mathrm{X,Y,Z,A,B,C}\} \tag{2-57}$$

式中，$M_{\mathrm{T}j}$ 为伺服电机额定转矩。

将式(2-57)代入式(2-50)、式(2-53)，可得以加工特性为条件的五轴数控机床运动约束条件：

$$
\begin{cases}
|a_t\tau_x| \leqslant \Big|\cos\gamma\big(x\omega_C^2\cos\gamma + x\varepsilon_C\sin\gamma - 2v_y\omega_C\cos\gamma + y\omega_C^2\sin\gamma + 2v_x\omega_C\sin\gamma \\
\quad + \dfrac{2\pi\Delta_X M_X P_X - F_{cX}\Delta_X P_X^2}{(m_X + m_Y + m_B)\Delta_X P_X^2 + 4\pi^2 I_{sX}\Delta_X} - y\varepsilon_C\cos\gamma - L\varepsilon_B\cos\beta + L\omega_B^2\sin\beta \\
\quad + x_w\omega_C^2\cos\gamma + x_w\varepsilon_C\sin\gamma - y_w\varepsilon_C\cos\gamma + y_w\omega_C^2\sin\gamma\big) - \dfrac{v^2}{\rho}n_x \\
\quad - \sin\gamma\big(x\omega_C^2\sin\gamma - v_x\omega_C(\sin\gamma + \cos\gamma) - 2v_y\omega_C\sin\gamma \\
\quad - x\varepsilon_C\cos\gamma - y_w\omega_C^2\cos\gamma - y_w\varepsilon_C\sin\gamma - y\omega_C^2\cos\gamma - y\varepsilon_C\sin\gamma \\
\quad - \dfrac{2\pi\Delta_Y M_Y P_Y - F_{cY}\Delta_Y P_Y^2}{(m_Y + m_B)\Delta_Y P_Y^2 + 4\pi^2 I_{sY}\Delta_Y} + x_w\omega_C^2\sin\gamma - x_w\varepsilon_C\cos\gamma\big)\Big| \\
|a_t\tau_y| \leqslant \Big|\sin\gamma\big(x\omega_C^2\cos\gamma + x\varepsilon_C\sin\gamma - 2v_y\omega_C\cos\gamma + y\omega_C^2\sin\gamma + 2v_x\omega_C\sin\gamma \\
\quad + \dfrac{2\pi\Delta_X M_X P_X - F_{cX}\Delta_X P_X^2}{(m_X + m_Y + m_B)\Delta_X P_X^2 + 4\pi^2 I_{sX}\Delta_X} - y\varepsilon_C\cos\gamma - L\varepsilon_B\cos\beta \\
\quad + L\omega_B^2\sin\beta + x_w\omega_C^2\cos\gamma + x_w\varepsilon_C\sin\gamma - y_w\varepsilon_C\cos\gamma + y_w\omega_C^2\sin\gamma\big) - \dfrac{v^2}{\rho}n_y \\
\quad + \cos\gamma\big(v_x\omega_C(\sin\gamma + \cos\gamma) - x\omega_C^2\sin\gamma + x\varepsilon_C\cos\gamma + 2v_y\omega_C\sin\gamma \\
\quad + y_w\omega_C^2\cos\gamma + y_w\varepsilon_C\sin\gamma + \dfrac{2\pi\Delta_Y M_Y P_Y - F_{cY}\Delta Y P_Y^2}{(m_Y + m_B)\Delta_Y P_Y^2 + 4\pi^2 I_{sY}\Delta_Y} + y\omega_C^2\cos\gamma \\
\quad + y\varepsilon_C\sin\gamma - x_w\omega_C^2\sin\gamma + x_w\varepsilon_C\cos\gamma\big)\Big| \\
|a_t\tau_z| \leqslant \left|\begin{matrix}\dfrac{2\pi\Delta_Z M_Z P_Z - F_{cZ}\Delta_Z P_Z^2}{(m_Z + m_C)\Delta_Z P_Z^2 + 4\pi^2 I_{sZ}\Delta_Z} + L\omega_B^2\cos\beta \\ + L\varepsilon_B\sin\beta - \dfrac{v^2}{\rho}n_z\end{matrix}\right| \\
|\varepsilon_B| \leqslant \left|\dfrac{M_{TB} - (\tau_X K_{vc}v^\alpha\cos\beta + \tau_Z K_{vc}v^\alpha\sin\beta)L}{I_B}\right| \\
|\varepsilon_C| \leqslant \left|\dfrac{M_{TC} - \sqrt{(x - x_w)^2 + (y - y_w)^2}\left(\tau_X K_{vc}v^\alpha\sin\left(\gamma + \arctan\dfrac{y_w}{x_w}\right)\right)}{I_C}\right. \\
\quad \left. - \dfrac{\sqrt{(x - x_w)^2 + (y - y_w)^2}\left(\tau_Y K_{vc}v^\alpha\cos\left(\gamma + \arctan\dfrac{y_w}{x_w}\right)\right)}{I_C}\right|
\end{cases}
\tag{2-58}
$$

其他结构形式五轴数控机床的加工运动约束条件推导方法类似，本书不再赘述。

2.4　本 章 小 结

本章介绍了以工作台为惯性体的五轴数控机床多体拓扑结构模型，将各种结构形式的五轴数控机床按照结构系列进行统一描述。由于工件惯性体的位置相同，刀具运动链和工件运动链的拓扑结构、刀具相对工件的运动变换矩阵相同，模型中各运动体的指令运动方向与拓扑结构坐标系相同，有利于机床几何误差的建模和测量，简化了机床运动变换的形式。在此基础上，建立了各种结构系列五轴数控机床的运动学模型，并推导了运动求解方法。最后，建立了五轴数控机床的加工动力学模型，说明了其机床驱动力矩、转动惯量等对刀位轨迹的影响关系，推导了刀位点轨迹与进给轴运动特征之间的关系，获得了基于加工特性的五轴数控机床运动约束条件。

参 考 文 献

[1] Takeuchi Y, Watanabe T. Generation of 5-axis control collision-free tool path and post processing for NC data[J]. Annals of the CIRP, 1992, 41(1): 539-542.

[2] Lee R S, She C H. Developing a postprocessor for three types of five-axis machine tools[J]. International Journal of Advanced Manufacturing Technology, 1997, 13(9): 658-665.

[3] She C H, Chang C C. Design of a generic five-axis postprocessor based on generalized kinematics model of machine tool[J]. International Journal of Machine Tools and Manufacture, 2007, 47(3-4): 537-545.

[4] She C H, Chang C C. Development of a five-axis postprocessor system with a nutating head[J]. Journal of Materials Processing Technology, 2007, 187-188(12): 60-64.

[5] She C H, Huang Z T. Postprocessor development of a five-axis machine tool with nutating head and table configuration[J]. International Journal of Advanced Manufacturing Technology, 2008, 38(7-8): 728-740.

[6] 彭芳瑜, 陈涛, 周云飞，等. 七轴五联动车铣机床的结构建模及其求解[J]. 机械与电子, 2003, 21(2): 13-16.

[7] 郑飂默, 林浒, 卜霄菲，等. 五轴机床通用运动学模型的设计[J]. 小型微型计算机系统, 2010, 31(10): 1965-1969.

[8] 李永桥, 陈强, 谌永祥. 五轴数控机床通用坐标运动变换及求解方法的研究[J]. 组合机床与自动化加工技术, 2010(10): 4-7.

[9] 何耀雄, 徐起贺, 周艳红. 任意结构数控机床机构运动学建模与求解[J]. 机械工程学报, 2002, 38(10): 31-36.

[10] Mahbubur M D, Heikkala J, Lappalainen K, et al. Positioning accuracy improvement in five-axis milling by postprocessing[J]. International Journal of Advanced Manufacturing Technology, 1997, 37(2): 223-236.

[11] 陈则仕，张秋菊．D-H 法在五轴机床运动学建模中的应用[J]．机床与液压，2007，35(10): 88-93.

[12] Denavit J, Hartenberg R S. A kinematic notation for lower-pair mechanisms based on matrices [J]. ASME Journal of Applied Mechanics, 1955, 22(2): 215-221.

[13] 刘又午．多体动力学的休斯敦方法及其发展[J]．中国机械工程, 2000, 11(6): 601-607.

[14] 章青，刘又午，赵小松，等．提高大型叶片数控加工精度技术[J]．中国机械工程，2000(10): 631-634.

[15] 赵小松，刘丽冰，章青，等．四轴联动加工中心误差模型及参数辨识[J]．机械工程学报, 2000 , 36(10): 76-63.

[16] 赵小松，方沂，章青，等．四轴联动加工中心误差补偿技术的研究[J]．中国机械工程，2000, 11(6): 637-639.

[17] 刘又午．多体动力学的休斯敦方法及其发展[J]．中国机械工程, 2000, 11(06): 601-607.

[18] Jiang L, Ding G F, Li Z, et al. Geometric error model and measuring method based on worktable for five-axis machine tools[J]. Proceedings of the Institution of Mechanical Engineers, Part B: Journal of Engineering Manufacture. 2013, 227(1): 32-44.

[19] 李圣怡，戴一帆．精密和超精密机床精度建模技术[M]．北京：国防科技大学出版社, 2007.

[20] 艾兴．高速切削加工技术[M]．北京：国防工业出版社, 2003.

[21] Panasonic AC Servomotor and Driver[M]. Osaka: Matsushite Electric Industrial Co. Ltd, 2004.

第 3 章　五轴数控机床后置处理

通过 CAD/CAM 软件可实现复杂零件的设计和加工工艺分析，生成零件加工刀位轨迹，最终形成一个记录刀位轨迹的文件，称为刀位文件。刀位轨迹是刀具在工件坐标系中的走刀路线和姿态，而在实际加工过程中，数控机床通过 NC 代码驱动各个平动轴和旋转轴并联实现刀具的进给，刀位文件不能直接作为数控加工的输入，需要通过后置处理将刀位轨迹转换成 NC 代码。

本章基于多体系统，在拓扑结构基础上介绍五轴数控机床后置处理算法，包括正交和非正交的五轴数控机床的运动学分析，建立运动学方程并进行求解。

3.1　国内外研究现状

目前各个 CAD/CAM 软件的刀位文件格式都是基于 APT 语言而发展起来的，APT 是 Automatically Programmed Tools 的简称，APT 语言是一种发展最早、功能较全的应用成熟而广泛的数控编程语言[1]。1957 年罗斯(DT.Ross)使用 IBM704 计算机开始研究 APT 语言并于 1959 年用于实际生产。1961 年贝茨重新研究 APT 语言并发表 APT-III[2]，德国的 EXAPT、法国的 IFAPT 和 RCVAPT、英国的 2CL、日本的 MINI-APT 语言，都是 APT 的派生语言。刀位文件命令已由 ISO(ISO-4343 2000)标准化。

主流的 CAD/CAM 软件有法国达索公司的 CATIA、美国 PTC 的 Pro/E 和西门子公司的 UG NX 系列。CATIA、UG 和 Pro/E 生成的刀位文件都是以 APT-III 语言为基础编写的。但是，各个软件的刀位文件格式都在 APT 标准上进行了扩充，并根据自身系统的特点对刀位文件代码进行了优化，导致不同的 CAD/CAM 软件生成的刀位文件格式均有一定差异[3]。

后置处理的方式上主要集中在如下几个方面的研究。

(1) 对已商业化的数控自动编程系统后置处理进行二次开发，如 UG 中的 UG/POST、Cimatron 中的 GPP2、Pro/E 中的 Pro/NC Post、MasterCAM 中的 pst 等。

(2) 研究开发新的后置算法和数控自动编程系统。1992 年，Takeuchi、Yoshimi 等[4-6]提出五轴数控机床三种分类方法，在研究无碰撞刀位轨迹生成及其后置处理时给出了工作台转动型 A-C 和 B-A 两种五轴数控机床后置处理算法。1998 年，李佳针对工作台转动型 A-C 五轴数控机床的坐标变换进行了研究，通过先计算刀轴矢量与机床主轴夹角再计算刀尖点坐标得到 NC 数据点[6]。2002 年，Jung 等分析了 TRT 型(table-rotating/tilting type，工作台转动型)五轴数控机床的后置处理算法，并且为了避免刀具与工件的干涉，采用调整走刀路径的方式对其算法进行了优化[7]。2003年，胡寅亮等研究了 DMU60P 数控机床的立式和卧式两种情况的五轴数控加工后置算法[8]。同年，蔡永林等以 Cincinnati Milacron H5-800 卧式加工中心为例，给出了刀具/工作台转动型五轴数控机床的后置处理算法[9]。2006 年，何永红等研究了刀具/工作台转动型五轴数控机床后置处理算法，并在 UCP600 五轴数控机床上进行了验证[10]。冯显英等分析了带倾斜工作台和倾斜摆头两种特殊五轴数控机床结构形式，给出了详细的后置处理算法[11]。葛振红等以 DMUxxV 系列数控机床为例，研究了转动工作台与主轴成 45 度倾角的特殊刀具/工作台转动型五轴数控机床后置处理算法，给出两种坐标变换计算方法[12]。2007 年，成群林针对 Willemin W428 加工中心后置处理技术进行了研究，该加工中心机床 B 转动轴线与主轴轴线不相交导致五轴数控加工 NC 程序生成困难[13]。2009 年，李贤元等在研究 MAZAK INTEGREX 100 IV 多任务车铣复合加工中心的机床运动模型的基础上，推导出其后置处理算法[14]。2010 年，Tung 等研究了一种特殊 6 轴数控机床的后置处理算法[15]。2010 年，刘东杰研究了 DMU50V 数控机床结构，推导了机床的后置处理算法，并对转角的选择做了较为详细的研究[16]。2012 年，代星对加工整体叶轮的刀具/工作台转动型数控机床后置处理运动学进行了研究，并对其旋转轴双解选择问题做了分析[17]。2013年，田荣鑫等针对 DMU80P 机床，研究了工作台 C 轴转动，刀具 45 度 B 轴转动的斜摆头五轴数控机床后置处理算法[18]。

以上后置处理算法都是针对某种类型或型号的机床研究其后置处理算法，也有学者为了提高后置处理算法的通用性，对各种五轴数控机床后置处理算法做了较为全面的研究。1994 年，刘雄伟对后置处理算法进行了比较系统的研究，对带工作台转动的四轴数控机床和刀具/工作台转动型五轴数控机床以及刀具/工作台转动型五轴数控机床后置处理算法进行了研究，但是没有给出刀具转动型五轴数控机床后置处理算法[19]。1995 年，韩向利等针对传统的五轴数控机床三大分类法，提出了坐标转换过程，但比较笼统[20]。1997 年，Lee 等也分析三种典型五轴数控机床，研究刀位数据到 NC 数据的后置转换算法，较为详细[21]。2000 年，任军学等也对三大类五轴数控机床结构的后置处理算法做了研究，特别对每一种类型列举了特定型号的机床进行后置处理算法研究[22]。2005 年，吕凤民提出了通用五轴数控加工中心后置处理算法，研究了带工作台转动型五轴数控加工中心后置处理算法和刀具转动型五轴数控加工中心后置处理算法，虽然算法更加详细，但没有对五轴数控机床的结构进行系统分类，并且没有全面覆盖各种类型的五轴数控机床的后置处理算法[23]。2007年，段春辉在五轴数控机床三类分类法基础上将五轴数控机床分为 12 类，这种分类方法全面覆盖了各种形式的五轴数控机床，并对每一种类型数控机床的后置处理算法做了详细的分析，不足的是没有提出统一构建机床运动学方程的方法，并且没有分析非正交机床的情况[24]。在五轴数控机床分类方法上 Tsutsumi 等提出 24 种分类法，其中有些类型的机床结构对于后置处理算法来说显得重复[25]。2010 年，She 等针对三种非正交五轴数控机床，研究了其后置算法[26]。

无论是针对某种类型或型号机床的专用后置处理算法还是针对各种类型五轴数控机床的适用后置处理算法，其核心都是基于坐标系的运动分解、合成和转换。坐标系的运算早已成为定理，因此后置处理算法的研究核心是机床的运动学分析，并在此基础上考虑后置处理算法的通用性。1984 年，张启先提到机构运动学在数控机床运动分析和运动控制中的应用[27]。2000 年，She 等将机构运动学引入五轴数控机床三种分类法的机床运动学分析中，分析五轴数控机床机构运动副之间的坐标转换，建立五轴数控机床运动学模型，进而实现后置处理算法[28]。2002 年，何耀雄等从机构运动学角度研究了任意结构数控机床机构运动学建模，将机床结构分为“工件-机架”运动链和“刀具-机架”运动链，确定机构形式与结构参数建立机构运动学模型，对运动学模型进行非线性方程求解即可实现通用后置处理算法[29]。

总结后置处理算法研究现状，可见后置处理算法经历以下四个发展历程。

(1) 专用后置处理算法：主要针对特定型号或者某一种类型的数控机床，专用性强，对不同结构形式的机床需要重新制定算法。

(2) 基于坐标变换的通用后置处理算法：是对各种形式的数控机床后置处理算法的一个综合，通过全面分析每一种类型数控机床的后置处理算法实现通用性算法。该方法是对专用后置处理算法的总结，没有一个统一的理论支持，扩展性不强。

(3) 基于机构运动学的通用后置处理算法：将后置处理的核心转向机床运动学分析上，通过机构运动学原理建立数控机床运动学模型，进而实现后置处理算法。机构运动学能直观反映任意机床运动模型，但方程求解复杂。

(4) 基于多体系统的通用后置处理算法：引入多体系统运动学理论和方法，通过分析机床的拓扑结构，绘制机床结构拓扑图和低序体阵列，建立机床运动学模型，求解机床运动学模型实现后置处理算法。该方法简单直观，能扩展到任意结构形式的数控机床，具有开放式性质，并且求解相对方便。

3.2　五轴数控机床后置处理算法

刀位文件中的刀具运动语句，反映了刀具在工件坐标系中的走刀路径，需要根据机床拓扑结构类型选择后置处理算法，对机床转角及平动位移进行求解。

3.2.1　刀具/工作台转动型五轴数控机床运动学求解

1. C′-A 型五轴数控机床运动学求解

C′-A 型五轴数控机床拓扑体之间的运动变换矩阵和位置变换矩阵如表 3-1 所示。

表 3-1　刀具/工作台转动型 C′-A 五轴数控机床坐标变换矩阵

相邻体	位置变换矩阵 $\boldsymbol{T}_{\mathrm{p}}$	运动变换矩阵 $\boldsymbol{T}_{\mathrm{s}}$
7-6(T-A)	$\boldsymbol{T}_{6\to7}=\boldsymbol{T}_{\mathrm{D}\to\mathrm{T}}$	$\boldsymbol{T}_7=\boldsymbol{I}_{4\times4}$
6-5(A-Z)	$\boldsymbol{T}_{5\to6}=\boldsymbol{I}_{4\times4}$	$\boldsymbol{T}_6=\boldsymbol{T}_{\mathrm{X}\to\mathrm{A}}\boldsymbol{T}_{\mathrm{A}}(\alpha)(\boldsymbol{T}_{\mathrm{X}\to\mathrm{A}})^{-1}$
5-4(Z-M)	$\boldsymbol{T}_{4\to5}=\boldsymbol{I}_{4\times4}$	$\boldsymbol{T}_5=\boldsymbol{T}_{\mathrm{Z}}(S_{\mathrm{Z}})$
4-3(M-Y)	$\boldsymbol{T}_{3\to4}=\boldsymbol{I}_{4\times4}$	$\boldsymbol{T}_4=\boldsymbol{I}_{4\times4}$
3-2(Y-X)	$\boldsymbol{T}_{2\to3}=\boldsymbol{I}_{4\times4}$	$\boldsymbol{T}_3=\boldsymbol{T}_{\mathrm{Y}}(S_{\mathrm{Y}})$
2-1(X-C)	$\boldsymbol{T}_{1\to2}=\boldsymbol{T}_{\mathrm{E}\to\mathrm{D}}$	$\boldsymbol{T}_2=\boldsymbol{T}_{\mathrm{X}}(S_{\mathrm{X}})$
1-0(C-W)	$\boldsymbol{T}_{0\to1}=\boldsymbol{T}_{\mathrm{T}\to\mathrm{E}}$	$\boldsymbol{T}_1=\boldsymbol{T}_{\mathrm{Z}\to\mathrm{C}}\boldsymbol{T}_{\mathrm{C}}(\gamma)(\boldsymbol{T}_{\mathrm{Z}\to\mathrm{C}})^{-1}$

表中，$\boldsymbol{T}_{\mathrm{D}\to\mathrm{T}}$ 为第四轴(A 轴)坐标系到刀具坐标系的变换矩阵；$\boldsymbol{T}_{\mathrm{E}\to\mathrm{D}}$ 为第五轴(C 轴)坐标系到第四轴(A 轴)坐标系的变换矩阵；$\boldsymbol{T}_{\mathrm{T}\to\mathrm{E}}$ 为刀具(工件)坐标系到第五轴(C 轴)坐标系的变换矩阵。

求得运动变换矩阵和位置变换矩阵并代入式(2-32)、式(2-33)即可得到刀具/工作台转动型 C′-A 五轴数控机床运动学方程[30]：

$$\boldsymbol{P}_{\mathrm{W}}=\boldsymbol{T}_{\mathrm{T}\to\mathrm{E}}\left[\boldsymbol{T}_{\mathrm{Z}\to\mathrm{C}}\boldsymbol{T}_{\mathrm{C}}(\gamma)(\boldsymbol{T}_{\mathrm{Z}\to\mathrm{C}})^{-1}\right]\boldsymbol{T}_{\mathrm{E}\to\mathrm{D}}\boldsymbol{T}_{\mathrm{X}}(S_{\mathrm{X}})\boldsymbol{T}_{\mathrm{Y}}(S_{\mathrm{Y}})\boldsymbol{T}_{\mathrm{Z}}(S_{\mathrm{Z}})\left[\boldsymbol{T}_{\mathrm{X}\to\mathrm{A}}\boldsymbol{T}_{\mathrm{A}}(\alpha)(\boldsymbol{T}_{\mathrm{X}\to\mathrm{A}})^{-1}\right]\boldsymbol{T}_{\mathrm{D}\to\mathrm{T}}\boldsymbol{P}_{\mathrm{T}} \tag{3-1}$$

$$\boldsymbol{U}_{\mathrm{W}}=\left[\boldsymbol{T}_{\mathrm{Z}\to\mathrm{C}}\boldsymbol{T}_{\mathrm{C}}(\alpha)(\boldsymbol{T}_{\mathrm{Z}\to\mathrm{C}})^{-1}\right]\left[\boldsymbol{T}_{\mathrm{X}\to\mathrm{A}}\boldsymbol{T}_{\mathrm{A}}(\alpha)(\boldsymbol{T}_{\mathrm{X}\to\mathrm{A}})^{-1}\right]\boldsymbol{U}_{\mathrm{T}} \tag{3-2}$$

记

$$\boldsymbol{P}_{\mathrm{s}}=(S_{\mathrm{X}}\quad S_{\mathrm{Y}}\quad S_{\mathrm{Z}}\quad 1)^{\mathrm{T}} \tag{3-3}$$

得

$$\boldsymbol{P}_{\mathrm{s}}=\left\{\boldsymbol{T}_{\mathrm{T}\to\mathrm{E}}\left[\boldsymbol{T}_{\mathrm{Z}\to\mathrm{C}}\boldsymbol{T}_{\mathrm{C}}(\gamma)(\boldsymbol{T}_{\mathrm{Z}\to\mathrm{C}})^{-1}\right]\boldsymbol{T}_{\mathrm{E}\to\mathrm{D}}\right\}^{-1}\boldsymbol{P}_{\mathrm{W}}-\left[\boldsymbol{T}_{\mathrm{X}\to\mathrm{A}}\boldsymbol{T}_{\mathrm{A}}(\alpha)(\boldsymbol{T}_{\mathrm{X}\to\mathrm{A}})^{-1}\right]\boldsymbol{T}_{\mathrm{D}\to\mathrm{T}}\boldsymbol{P}_{\mathrm{T}} \tag{3-4}$$

通过式(3-2)求得转角 α 和转角 γ，对于带有 RTCP 功能的五轴数控机床，只需求出转角 α 和转角 γ，机床会自动计算平动轴的平移量，对于不带 RTCP 功能的五轴数控机床，求得转角 α 和转角 γ 之后代入式(3-4)即可求出平动轴的平移量 S_{X}、S_{Y}、S_{Z}。因此转角求解是五轴数控机床后置求解算法的关键。

下面考虑正交五轴数控机床和非正交五轴数控机床转角的求解过程。

1) 正交五轴数控机床转角求解

正交五轴数控机床中 $\boldsymbol{T}_{\mathrm{X}\to\mathrm{A}}$ 和 $\boldsymbol{T}_{\mathrm{Z}\to\mathrm{C}}$ 为单位矩阵，因此式(3-2)可以简化为

$$\boldsymbol{U}_{\mathrm{W}}=\boldsymbol{T}_{\mathrm{C}}(\gamma)\boldsymbol{T}_{\mathrm{A}}(\alpha)\boldsymbol{U}_{\mathrm{T}} \tag{3-5}$$

由式(3-5)得

$$\begin{cases}u_{\mathrm{x}}=\sin\alpha\sin\gamma\\u_{\mathrm{y}}=-\sin\alpha\cos\gamma\\u_{\mathrm{z}}=\cos\alpha\end{cases} \tag{3-6}$$

求解式(3-6)得

$$\alpha = \pm \arccos u_{z} \tag{3-7}$$

$$\gamma = \begin{cases} \pm\dfrac{\pi}{2}+\varphi, \quad \varphi = \pm\arccos\dfrac{u_x}{\sqrt{u_x^2+u_y^2}}; & u_x^2+u_y^2 \neq 0 \\ R, & u_x^2+u_y^2 = 0 \end{cases} \tag{3-8}$$

2)非正交五轴数控机床转角求解

非正交五轴数控机床 $\boldsymbol{T}_{X\to A}$ 和 $\boldsymbol{T}_{Z\to C}$ 中有旋转矩阵，一般考虑第四轴非正交的情况。图 3-1 为五轴数控机床 A 轴非正交运动变换示意图。

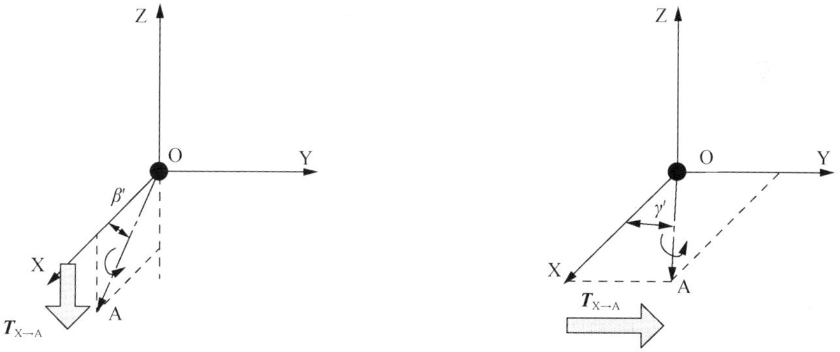

(a) A 轴在 XZ 平面非正交　　(b) A 轴在 XY 平面非正交

图 3-1　五轴数控机床 A 轴非正交运动变换示意图

(1) A 轴在 XZ 平面非正交。

考虑图 3-1(a)的情况，$\boldsymbol{T}_{Z\to C}$ 为单位矩阵，且

$$\boldsymbol{T}_{X\to A} = \boldsymbol{T}_{B}(\beta') \tag{3-9}$$

式(3-2)可以简化为

$$\boldsymbol{U}_{W} = \boldsymbol{T}_{C}(\gamma)\boldsymbol{T}_{B}(\beta')\boldsymbol{T}_{A}(\alpha)\left(\boldsymbol{T}_{B}(\beta')\right)^{-1}\boldsymbol{U}_{T} \tag{3-10}$$

由式(3-10)得

$$\begin{cases} u_x = \cos\beta'[\sin\gamma\sin\alpha - \sin\beta'\cos\gamma(1-\cos\alpha)] \\ u_y = \cos\beta'[-\cos\gamma\cdot\sin\alpha - \sin\beta'\sin\gamma(1-\cos\alpha)], \quad \beta' \in (-0.5\pi, 0.5\pi) \\ u_z = \sin^2\beta' + \cos^2\beta'\cos\alpha \end{cases} \tag{3-11}$$

实际上，当 $\beta'=0$ 时，式(3-11)与式(3-6)相同，即正交五轴数控机床是非正交

五轴数控机床的一个特例，求解式(3-11)得

$$\alpha=\pm\arccos\left(\frac{u_{\mathrm{z}}-\sin^2\beta'}{\cos^2\beta'}\right),\qquad \beta'\in(-0.5\pi,0.5\pi) \tag{3-12}$$

$$\gamma=\begin{cases}\pm\arccos\left(\dfrac{(u_{\mathrm{z}}-1)\tan\beta'}{\sqrt{u_{\mathrm{x}}^2+u_{\mathrm{y}}^2}}\right)+\varphi,\quad \varphi=\pm\arccos\dfrac{u_{\mathrm{x}}}{\sqrt{u_{\mathrm{x}}^2+u_{\mathrm{y}}^2}};\ \beta'\in(-0.5\pi,0.5\pi);\ u_{\mathrm{x}}^2+u_{\mathrm{y}}^2\neq0\\ R,\qquad u_{\mathrm{x}}^2+u_{\mathrm{y}}^2=0\end{cases} \tag{3-13}$$

(2) A 轴在 XY 平面非正交。

考虑图 3-1(b)的情况，$\boldsymbol{T}_{\mathrm{Z}\to\mathrm{C}}$ 为单位矩阵，且

$$\boldsymbol{T}_{\mathrm{X}\to\mathrm{A}}=\boldsymbol{T}_{\mathrm{Z}}(\gamma') \tag{3-14}$$

式(3-2)可以简化为

$$\boldsymbol{U}_{\mathrm{W}}=\boldsymbol{T}_{\mathrm{Z}}(\gamma)\left[\boldsymbol{T}_{\mathrm{Z}}(\gamma')\boldsymbol{T}_{\mathrm{A}}(\alpha)\left(\boldsymbol{T}_{\mathrm{Z}}(\gamma')\right)^{-1}\right]\boldsymbol{U}_{\mathrm{T}} \tag{3-15}$$

展开并化简得

$$\begin{cases}u_{\mathrm{x}}=\sin(\gamma+\gamma')\sin\alpha\\ u_{\mathrm{y}}=-\cos(\gamma+\gamma')\sin\alpha,\qquad \gamma'\in(-0.5\pi,\ 0.5\pi)\\ u_{\mathrm{z}}=\cos\alpha\end{cases} \tag{3-16}$$

解得

$$\alpha=\pm\arccos u_{\mathrm{z}} \tag{3-17}$$

$$\gamma=\begin{cases}\pm\dfrac{\pi}{2}-\gamma'+\varphi,\quad \varphi=\pm\arccos\dfrac{u_{\mathrm{x}}}{\sqrt{u_{\mathrm{x}}^2+u_{\mathrm{y}}^2}};\ \gamma'\in(-0.5\pi,0.5\pi);\ u_{\mathrm{x}}^2+u_{\mathrm{y}}^2\neq0\\ R,\qquad u_{\mathrm{x}}^2+u_{\mathrm{y}}^2=0\end{cases} \tag{3-18}$$

3) 转角求解流程

本书根据反正切函数的横坐标值判断象限并计算角度，其值域扩展为$(-\pi,\pi]$，并且在求解过程中尽量避免等式相除，而采用消元法的思路进行求解，进而避免了将除数为零的情况进行特别分析。

A 轴在 XZ 平面非正交情况的转角求解流程如图 3-2 所示。其求解流程为：当$u_{\mathrm{x}}^2+u_{\mathrm{y}}^2=0$时，$\alpha$ 取 0，γ 取上一个 γ 值；当 $u_{\mathrm{x}}^2+u_{\mathrm{y}}^2\neq0$ 时，根据式(3-12)计算出两个

α 值 α_1、α_2，根据式(3-13)计算出两个 γ 值 γ_1、γ_2。α_1、α_2 和 γ_1、γ_2 组合成四组解，通过式(3-12)对四组解进行验证，得到有效解，并将超出行程的有效解舍弃。

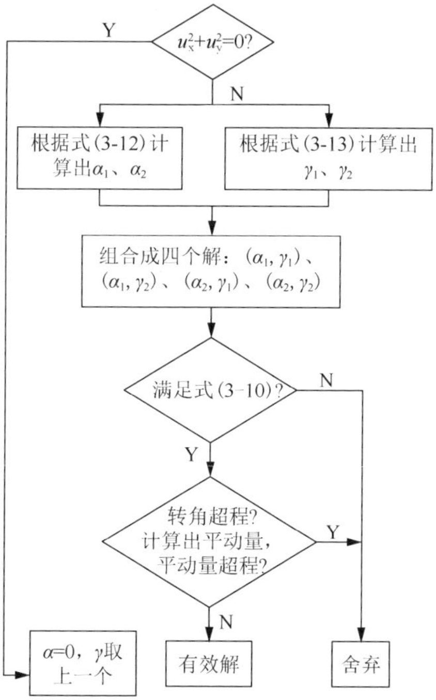

图 3-2　C′-A 型五轴数控机床转角求解流程

正交情况是非正交的一个特例，两者的求解可以进行综合。考虑式(3-12)和式(3-13)分别得到 α 和 γ 的两个解，通过组合共有四组解，将四组解代入式(3-10)进行验证，并且验证转角的行程和通过式(3-4)计算出的平动量行程来进行选解。最后可能仍有多组有效解的情况，应该以转角在 NC 程序中的连续性为原则进行选择。

为了使转角连续，定义：

$$f=|\alpha-\alpha'|+|\gamma-\gamma'| \tag{3-19}$$

式中，α、γ 为当前取值，α'、γ'为上一次取值。

在满足行程的情况下，按照图 3-2 所示流程得到多组有效解，选取其中 f 最小的一组解。当因机床行程限制而舍弃了某组解时，即使按照 f 最小原则进行选解，可能的情况是 f 仍然很大，导致转角取值不连续。因此转角的连续性与机床行程限制有相互矛盾之处：满足机床行程才能进行加工，但为了满足行程而不得不选择 f 较大的转角时，转角不连续；保证转角连续能使加工平稳减少错误的发生，但机床行程限制可能导致加工不到，从而需要更换机床。本书以保证机床行程为先、保证连续性为后进行选择。

当出现 f 对于所有有效解都很大(采用一个阈值进行控制，一般取 10 度即可认为旋转角度产生跳动，具体取值可根据实际需要进行选择）的情况时，可能的原因是γ转角是无限旋转角，上一次计算出的γ值和本次计算出的γ值刚好被一个圆周隔开，当出现该特殊情况时需要对γ值进行处理，使其增加一个圆周角度，即可实现γ转角的连续性。

由于正交机床是非正交的一种特例，因此后面统一介绍非正交机床的运动学分析，篇幅限制，后面部分的说明参考本小节。

2. C′-B 型五轴数控机床运动学求解

C′-B 型五轴数控机床拓扑图及坐标系设置如图 3-3 所示。

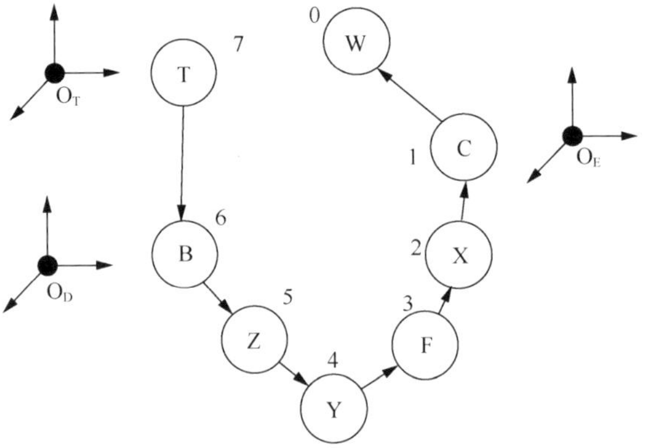

图 3-3　刀具/工作台转动型 C′-B 五轴数控机床坐标系设置示意图

拓扑体之间的运动变换矩阵和位置变换矩阵如表 3-2 所示。

表 3-2　刀具/工作台转动型 C′-B 五轴数控机床坐标变换矩阵

相邻体	位置变换矩阵 $\boldsymbol{T}_{\mathrm{p}}$	运动变换矩阵 $\boldsymbol{T}_{\mathrm{s}}$
7-6(T-B)	$\boldsymbol{T}_{6\to7}=\boldsymbol{T}_{\mathrm{D}\to\mathrm{T}}$	$\boldsymbol{T}_7=\boldsymbol{I}_{4\times4}$
6-5(B-Z)	$\boldsymbol{T}_{5\to6}=\boldsymbol{I}_{4\times4}$	$\boldsymbol{T}_6=\boldsymbol{T}_{\mathrm{Y}\to\mathrm{B}}\boldsymbol{T}_{\mathrm{B}}(\beta)(\boldsymbol{T}_{\mathrm{Y}\to\mathrm{B}})^{-1}$
5-4(Z-Y)	$\boldsymbol{T}_{4\to5}=\boldsymbol{I}_{4\times4}$	$\boldsymbol{T}_5=\boldsymbol{T}_{\mathrm{Z}}(S_{\mathrm{Z}})$
4-3(Y-F)	$\boldsymbol{T}_{3\to4}=\boldsymbol{I}_{4\times4}$	$\boldsymbol{T}_4=\boldsymbol{I}_{4\times4}$
3-2(F-X)	$\boldsymbol{T}_{2\to3}=\boldsymbol{I}_{4\times4}$	$\boldsymbol{T}_3=\boldsymbol{T}_{\mathrm{Y}}(S_{\mathrm{Y}})$
2-1(X-C)	$\boldsymbol{T}_{1\to2}=\boldsymbol{T}_{\mathrm{E}\to\mathrm{D}}$	$\boldsymbol{T}_2=\boldsymbol{T}_{\mathrm{X}}(S_{\mathrm{X}})$
1-0(C-W)	$\boldsymbol{T}_{0\to1}=\boldsymbol{T}_{\mathrm{T}\to\mathrm{E}}$	$\boldsymbol{T}_1=\boldsymbol{T}_{\mathrm{Z}\to\mathrm{C}}\boldsymbol{T}_{\mathrm{C}}(\gamma)(\boldsymbol{T}_{\mathrm{Z}\to\mathrm{C}})^{-1}$

刀具/工作台转动型 C′-B 五轴数控机床运动学方程为

$$\boldsymbol{P}_{\mathrm{W}}=\boldsymbol{T}_{\mathrm{T}\to\mathrm{E}}\left[\boldsymbol{T}_{\mathrm{Z}\to\mathrm{C}}\boldsymbol{T}_{\mathrm{C}}(\gamma)(\boldsymbol{T}_{z\to C})^{-1}\right]\boldsymbol{T}_{\mathrm{E}\to\mathrm{D}}\boldsymbol{T}_{\mathrm{X}}(S_{\mathrm{X}})\boldsymbol{T}_{\mathrm{Y}}(S_{\mathrm{Y}})\boldsymbol{T}_{\mathrm{Z}}(S_{\mathrm{Z}})\left[\boldsymbol{T}_{\mathrm{Y}\to\mathrm{B}}\boldsymbol{T}_{\mathrm{B}}(\beta)(\boldsymbol{T}_{\mathrm{Y}\to\mathrm{B}})^{-1}\right]\boldsymbol{T}_{\mathrm{D}\to\mathrm{T}}\boldsymbol{P}_{\mathrm{T}} \tag{3-20}$$

$$\boldsymbol{U}_{\mathrm{W}}=\left[\boldsymbol{T}_{\mathrm{Z}\to\mathrm{C}}\boldsymbol{T}_{\mathrm{C}}(\gamma)(\boldsymbol{T}_{\mathrm{Z}\to\mathrm{C}})^{-1}\right]\left[\boldsymbol{T}_{\mathrm{Y}\to\mathrm{B}}\boldsymbol{T}_{\mathrm{B}}(\beta)(\boldsymbol{T}_{\mathrm{Y}\to\mathrm{B}})^{-1}\right]\boldsymbol{U}_{\mathrm{T}} \tag{3-21}$$

图 3-4 为C′ -B 五轴数控机床 B 轴非正交运动变换示意图。

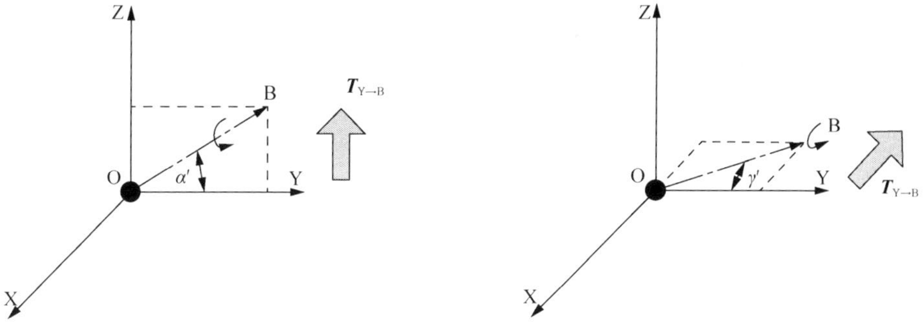

(a) B 轴在 YZ 平面非正交　　(b) B 轴在 XY 平面非正交

图 3-4　C′-B 五轴数控机床 B 轴非正交运动变换示意图

1) B 轴在 YZ 平面非正交

考虑图 3-4 (a) 的情况，$\boldsymbol{T}_{Z\to C}$ 为单位矩阵，且

$$\boldsymbol{T}_{Y\to B}=\boldsymbol{T}_{A}\left(\alpha'\right) \tag{3-22}$$

式 (3-22) 可以简化为

$$\boldsymbol{U}_{W}=\boldsymbol{T}_{C}\left(\gamma\right)\left[\boldsymbol{T}_{A}\left(\alpha'\right)\boldsymbol{T}_{B}\left(\beta\right)\left(\boldsymbol{T}_{A}\left(\alpha'\right)\right)^{-1}\right]\boldsymbol{U}_{T} \tag{3-23}$$

展开并化简得

$$\begin{cases} u_{x}=\cos\alpha'\left[\cos\gamma\sin\beta-\sin\alpha'\sin\gamma(1-\cos\beta)\right] \\ u_{y}=\cos\alpha\left[\sin\gamma\sin\beta-\sin\alpha'\cos\gamma(\cos\beta-1)\right], \qquad \alpha'\in(-0.5\pi,0.5\pi) \\ u_{z}=\sin^{2}\alpha'+\cos^{2}\alpha'\cos\beta \end{cases} \tag{3-24}$$

解得

$$\beta=\pm\arccos\left(\frac{u_{z}-\sin^{2}\alpha'}{\cos^{2}\alpha'}\right), \quad \alpha'\in(-0.5\pi,0.5\pi) \tag{3-25}$$

$$\gamma=\begin{cases} \pm\arccos\left(\dfrac{\left(1-u_{z}\right)\tan\alpha'}{\sqrt{u_{x}^{2}+u_{y}^{2}}}\right)-\varphi, \quad \varphi=\pm\arccos\dfrac{u_{y}}{\sqrt{u_{x}^{2}+u_{y}^{2}}}; \quad \alpha\in\left(-0.5\pi,0.5\pi\right); \quad u_{x}^{2}+u_{y}^{2}\neq 0 \\ R, \qquad u_{x}^{2}+u_{y}^{2}=0 \end{cases} \tag{3-26}$$

2) B 轴在 XY 平面非正交

考虑图 3-4 (a) 的情况，$\boldsymbol{T}_{Z\to C}$ 为单位矩阵，且

$$\boldsymbol{T}_{Y\to B}=\boldsymbol{T}_{C}\left(\gamma'\right) \tag{3-27}$$

式 (3-23) 可以简化为

$$\boldsymbol{U}_{W}=\boldsymbol{T}_{C}\left(\gamma\right)\left[\boldsymbol{T}_{C}\left(\gamma'\right)\boldsymbol{T}_{B}\left(\beta\right)\left(\boldsymbol{T}_{C}\left(\gamma'\right)\right)^{-1}\right]\boldsymbol{U}_{T} \tag{3-28}$$

展开并化简得

$$\begin{cases} u_{\mathrm{x}} = \sin\beta\cos(\gamma+\gamma') \\ u_{\mathrm{y}} = \sin\beta\sin(\gamma+\gamma'), \quad \gamma' \in (-0.5\pi, 0.5\pi) \\ u_{\mathrm{z}} = \cos\beta \end{cases} \tag{3-29}$$

解得

$$\beta = \pm\arccos u_{\mathrm{y}} \tag{3-30}$$

$$\gamma = \begin{cases} \pm\dfrac{\pi}{2} - \gamma' - \varphi, \quad \varphi = \pm\arccos\dfrac{u_{\mathrm{x}}}{u_{\mathrm{x}}^2 + u_{\mathrm{y}}^2}; \ \gamma' \in \left(-0.5\pi, 0.5\pi\right); \ u_{\mathrm{x}}^2 + u_{\mathrm{y}}^2 \neq 0 \\ R, \qquad u_{\mathrm{x}}^2 + u_{\mathrm{y}}^2 = 0 \end{cases} \tag{3-31}$$

转角求解参考上一部分。

3. A′-B 型五轴数控机床运动学求解

A′-B 型五轴数控机床拓扑图及坐标系设置如图 3-5 所示。

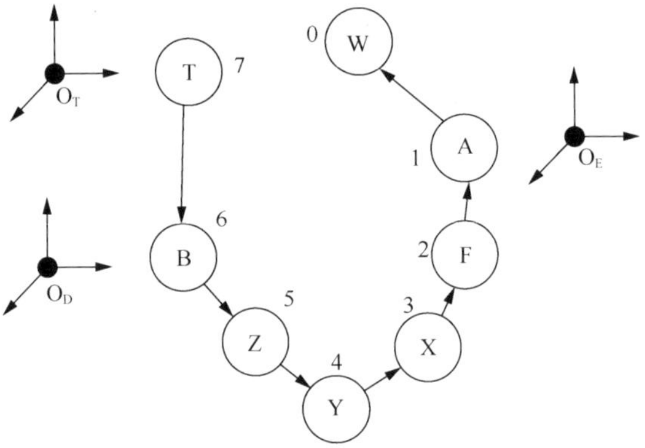

图 3-5　刀具/工作台转动型 A′-B 五轴数控机床坐标系设置示意图

拓扑体之间的运动变换矩阵和位置变换矩阵如图 3-3 所示。

表 3-3　刀具/工作台转动型 A′-B 五轴数控机床坐标变换矩阵

相邻体	位置变换矩阵 $\boldsymbol{T}_{\mathrm{p}}$	运动变换矩阵 $\boldsymbol{T}_{\mathrm{s}}$
7-6 (T-B)	$\boldsymbol{T}_{6\to7} = \boldsymbol{T}_{\mathrm{D}\to\mathrm{T}}$	$\boldsymbol{T}_7 = \boldsymbol{I}_{4\times4}$
6-5 (B-Z)	$\boldsymbol{T}_{5\to6} = \boldsymbol{I}_{4\times4}$	$\boldsymbol{T}_6 = \boldsymbol{T}_{\mathrm{Y}\to\mathrm{B}}\boldsymbol{T}_{\mathrm{B}}(\beta)(\boldsymbol{T}_{\mathrm{Y}\to\mathrm{B}})^{-1}$
5-4 (Z-Y)	$\boldsymbol{T}_{4\to5} = \boldsymbol{I}_{4\times4}$	$\boldsymbol{T}_5 = \boldsymbol{T}_{\mathrm{Z}}(S_{\mathrm{Z}})$
4-3 (Y-X)	$\boldsymbol{T}_{3\to4} = \boldsymbol{I}_{4\times4}$	$\boldsymbol{T}_4 = \boldsymbol{T}_{\mathrm{Y}}(S_{\mathrm{Y}})$
3-2 (X-F)	$\boldsymbol{T}_{2\to3} = \boldsymbol{I}_{4\times4}$	$\boldsymbol{T}_3 = \boldsymbol{T}_{\mathrm{X}}(S_{\mathrm{X}})$
2-1 (F-A)	$\boldsymbol{T}_{1\to2} = \boldsymbol{T}_{\mathrm{E}\to\mathrm{D}}$	$\boldsymbol{T}_2 = \boldsymbol{I}_{4\times4}$
1-0 (A-W)	$\boldsymbol{T}_{0\to1} = \boldsymbol{T}_{\mathrm{T}\to\mathrm{E}}$	$\boldsymbol{T}_1 = \boldsymbol{T}_{\mathrm{X}\to\mathrm{A}}\boldsymbol{T}_{\mathrm{A}}(\alpha)(\boldsymbol{T}_{\mathrm{X}\to\mathrm{A}})^{-1}$

刀具/工作台转动型 A′-B 五轴数控机床运动学方程为

$$P_W = T_{T\to E}\left[T_{X\to A}T_A(\alpha)(T_{X\to A})^{-1}\right]T_{E\to D}T_X(S_X)T_Y(S_Y)T_Z(S_Z)\left[T_{Y\to B}T_B(\beta)(T_{Y\to B})^{-1}\right]T_{D\to T}P_T \tag{3-32}$$

$$U_W = \left[T_{X\to A}T_A(\alpha)(T_{X\to A})^{-1}\right]\left[T_{Y\to B}T_B(\beta)(T_{Y\to B})^{-1}\right]U_T \tag{3-33}$$

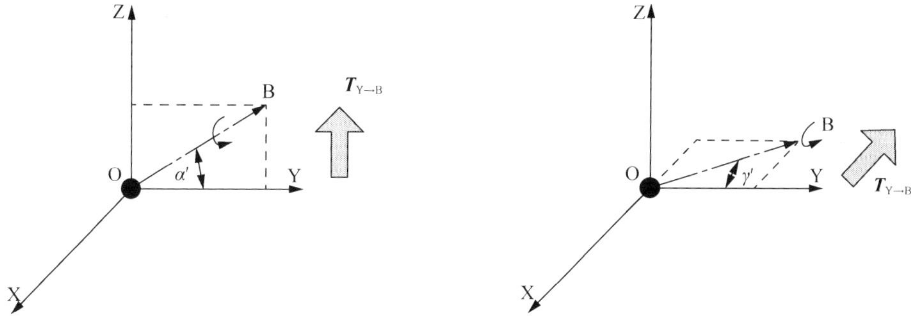

(a) B 轴在 YZ 平面非正交　　(b) B 轴在 XY 平面非正交

图 3-6　五轴数控机床 B 轴非正交运动变换示意图

1) B 轴在 YZ 平面非正交

考虑图 3-6(a) 的情况，$T_{X\to A}$ 为单位矩阵，且

$$T_{Y\to B} = T_A(\alpha') \tag{3-34}$$

式(3-33)可以简化为

$$U_W = T_A(\alpha)\left[T_A(\alpha')T_B(\beta)(T_A(\alpha'))^{-1}\right]U_T \tag{3-35}$$

展开并化简得

$$\begin{cases} u_x = \sin\beta\cos\alpha' \\ u_y = \cos(\alpha'+\alpha)\sin\alpha' - \sin(\alpha'+\alpha)\cos\beta\cos\alpha', \quad \alpha' \in (-0.5\pi, 0.5\pi) \\ u_z = -\sin(\alpha'+\alpha)\sin\alpha + \cos(\alpha'+\alpha)\cos\beta\cos\alpha' \end{cases} \tag{3-36}$$

解得

$$\beta = \arcsin\left(\frac{u_x}{\cos\alpha}\right) \text{或} \pi - \arcsin\left(\frac{u_x}{\cos\alpha}\right), \quad \alpha' \in (-0.5\pi, 0.5\pi) \tag{3-37}$$

$$\alpha = \begin{cases} \pm\arccos\left(\dfrac{\sin\alpha'}{\sqrt{u_y^2+u_z^2}}\right) - \alpha' + \varphi, \quad \varphi = \pm\arccos\dfrac{u_y}{\sqrt{u_y^2+u_z^2}}; \ \alpha' \in (-0.5\pi, 0.5\pi); \ u_y^2+u_z^2 \neq 0 \\ R, \quad u_y^2+u_z^2 = 0 \end{cases} \tag{3-38}$$

2) B 轴在 XY 平面非正交

考虑图 3-6(b)的情况，$\boldsymbol{T}_{X\to A}$ 为单位矩阵，且

$$\boldsymbol{T}_{Y\to B}=\boldsymbol{T}_C(\gamma') \tag{3-39}$$

式(3-33)可以简化为

$$\boldsymbol{U}_W=\boldsymbol{T}_A(\alpha)\left[\boldsymbol{T}_C(\gamma')\boldsymbol{T}_B(\beta)\left(\boldsymbol{T}_C(\gamma')\right)^{-1}\right]\boldsymbol{U}_T \tag{3-40}$$

展开并化简得

$$\begin{cases}u_x=\sin\beta\cos\gamma'\\u_y=\cos\alpha\sin\gamma'\sin\beta-\sin\alpha\cos\beta,\qquad \gamma'\in(-0.5\pi,0.5\pi)\\u_z=\sin\alpha\sin\gamma'\sin\beta+\cos\alpha\cos\beta\end{cases} \tag{3-41}$$

解得

$$\beta=\arcsin\left(\frac{u_x}{\cos\gamma}\right)\text{或}\ \pi-\arcsin\left(\frac{u_x}{\cos\gamma}\right),\qquad \gamma'\in(-0.5\pi,\ 0.5\pi) \tag{3-42}$$

$$\alpha=\begin{cases}\pm\arccos\left(\dfrac{u_x\tan\gamma'}{\sqrt{u_y^2+u_z^2}}\right)+\varphi,\quad \varphi=\pm\arccos\dfrac{u_y}{\sqrt{u_y^2+u_z^2}};\ \gamma'\in(-0.5\pi,0.5\pi);\ u_y^2+u_z^2\neq0\\R,\qquad u_y^2+u_z^2=0\end{cases} \tag{3-43}$$

转角求解参考上一小节。

4. B′-A 型五轴数控机床运动学求解

B′-A 型五轴数控机床拓扑图及坐标系设置如图 3-7 所示。

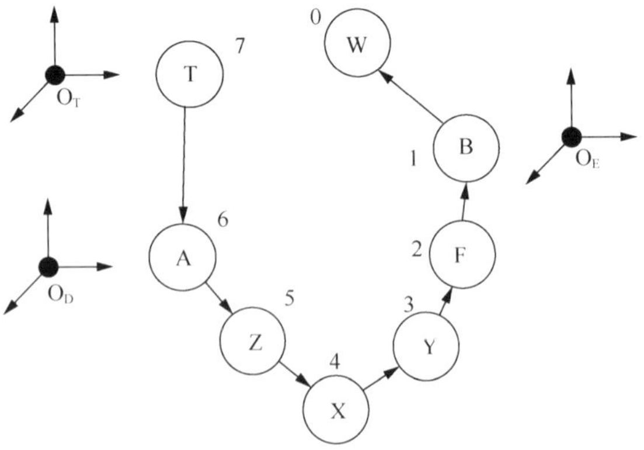

图 3-7　刀具/工作台转动型 B′-A 五轴数控机床坐标系设置示意图

拓扑体之间的运动变换矩阵和位置变换矩阵如表 3-4 所示。

表 3-4　刀具/工作台转动型 B′-A 五轴数控机床坐标变换矩阵

相邻体	位置变换矩阵 $\boldsymbol{T}_{\mathrm{p}}$	运动变换矩阵 $\boldsymbol{T}_{\mathrm{s}}$
7-6(T-A)	$\boldsymbol{T}_{6\to7}=\boldsymbol{T}_{\mathrm{D}\to\mathrm{T}}$	$\boldsymbol{T}_7=\boldsymbol{I}_{4\times4}$
6-5(A-Z)	$\boldsymbol{T}_{5\to6}=\boldsymbol{I}_{4\times4}$	$\boldsymbol{T}_6=\boldsymbol{T}_{\mathrm{X}\to\mathrm{A}}\boldsymbol{T}_{\mathrm{A}}(\alpha)(\boldsymbol{T}_{\mathrm{X}\to\mathrm{A}})^{-1}$
5-4(Z-X)	$\boldsymbol{T}_{4\to5}=\boldsymbol{I}_{4\times4}$	$\boldsymbol{T}_5=\boldsymbol{T}_{\mathrm{Z}}(S_{\mathrm{Z}})$
4-3(X-Y)	$\boldsymbol{T}_{3\to4}=\boldsymbol{I}_{4\times4}$	$\boldsymbol{T}_4=\boldsymbol{T}_{\mathrm{Y}}(S_{\mathrm{X}})$
3-2(Y-F)	$\boldsymbol{T}_{2\to3}=\boldsymbol{I}_{4\times4}$	$\boldsymbol{T}_3=\boldsymbol{T}_{\mathrm{X}}(S_{\mathrm{Y}})$
2-1(F-B)	$\boldsymbol{T}_{1\to2}=\boldsymbol{T}_{\mathrm{E}\to\mathrm{D}}$	$\boldsymbol{T}_2=\boldsymbol{I}_{4\times4}$
1-0(B-W)	$\boldsymbol{T}_{0\to1}=\boldsymbol{T}_{\mathrm{T}\to\mathrm{E}}$	$\boldsymbol{T}_1=\boldsymbol{T}_{\mathrm{Y}\to\mathrm{B}}\boldsymbol{T}_{\mathrm{B}}(\beta)(\boldsymbol{T}_{\mathrm{Y}\to\mathrm{B}})^{-1}$

刀具/工作台转动型 B′-A 五轴数控机床运动学方程为

$$\boldsymbol{P}_{\mathrm{W}}=\boldsymbol{T}_{\mathrm{T}\to\mathrm{E}}\left[\boldsymbol{T}_{\mathrm{Y}\to\mathrm{B}}\boldsymbol{T}_{\mathrm{B}}(\beta)(\boldsymbol{T}_{\mathrm{Y}\to\mathrm{B}})^{-1}\right]\boldsymbol{T}_{\mathrm{E}\to\mathrm{D}}\boldsymbol{T}_{\mathrm{X}}(S_{\mathrm{X}})\boldsymbol{T}_{\mathrm{Y}}(S_{\mathrm{Y}})\boldsymbol{T}_{\mathrm{Z}}(S_{\mathrm{Z}})\left[\boldsymbol{T}_{\mathrm{X}\to\mathrm{A}}\boldsymbol{T}_{\mathrm{A}}(\alpha)(\boldsymbol{T}_{\mathrm{X}\to\mathrm{A}})^{-1}\right]\boldsymbol{T}_{\mathrm{D}\to\mathrm{T}}\boldsymbol{P}_{\mathrm{T}} \tag{3-44}$$

$$\boldsymbol{U}_{\mathrm{W}}=\left[\boldsymbol{T}_{\mathrm{Y}\to\mathrm{B}}\boldsymbol{T}_{\mathrm{B}}(\beta)(\boldsymbol{T}_{\mathrm{Y}\to\mathrm{B}})^{-1}\right]\left[\boldsymbol{T}_{\mathrm{X}\to\mathrm{A}}\boldsymbol{T}_{\mathrm{A}}(\alpha)(\boldsymbol{T}_{\mathrm{X}\to\mathrm{A}})^{-1}\right]\boldsymbol{U}_{\mathrm{T}} \tag{3-45}$$

1) A 轴在 XZ 平面非正交

考虑图3-1(a)的情况，$\boldsymbol{T}_{\mathrm{Y}\to\mathrm{B}}$ 为单位矩阵，且

$$\boldsymbol{T}_{\mathrm{X}\to\mathrm{A}}=\boldsymbol{T}_{\mathrm{B}}(\beta') \tag{3-46}$$

式(3-45)可以简化为

$$\boldsymbol{U}_{\mathrm{W}}=\boldsymbol{T}_{\mathrm{B}}(\beta)\left[\boldsymbol{T}_{\mathrm{B}}(\beta')\boldsymbol{T}_{\mathrm{A}}(\alpha)(\boldsymbol{T}_{\mathrm{B}}(\beta'))^{-1}\right]\boldsymbol{U}_{\mathrm{T}} \tag{3-47}$$

展开并化简得

$$\begin{cases} u_{\mathrm{x}}=-\cos(\beta'+\beta)\sin\beta'+\sin(\beta'+\beta)\cos\alpha\cos\beta' \\ u_{\mathrm{y}}=-\sin\alpha\cos\beta \\ u_{\mathrm{z}}=\sin(\beta'+\beta)\sin\beta'+\cos(\beta'+\beta)\cos\alpha\cos\beta' \end{cases},\qquad \beta'\in(-0.5\pi,0.5\pi) \tag{3-48}$$

解得

$$\alpha=\arcsin\left(\frac{-u_{\mathrm{x}}}{\cos\beta}\right)\text{或}\pi-\arcsin\left(\frac{-u_{\mathrm{x}}}{\cos\beta}\right),\qquad \beta'\in(-0.5\pi,0.5\pi) \tag{3-49}$$

$$\beta=\begin{cases} \pm\arccos\left(\dfrac{-\sin\beta'}{\sqrt{u_{\mathrm{x}}^2+u_{\mathrm{z}}^2}}\right)-\beta'-\varphi,\quad \varphi=\pm\arccos\dfrac{u_{\mathrm{x}}}{\sqrt{u_{\mathrm{x}}^2+u_{\mathrm{z}}^2}};\quad \beta'\in(-0.5\pi,0.5\pi);\quad u_{\mathrm{x}}^2+u_{\mathrm{z}}^2\neq0 \\ R,\qquad u_{\mathrm{x}}^2+u_{\mathrm{z}}^2=0 \end{cases} \tag{3-50}$$

2) A 轴在 XY 平面非正交

考虑图 3-1(b) 的情况，$\boldsymbol{T}_{\mathrm{Y}\to\mathrm{B}}$ 为单位矩阵，且

$$\boldsymbol{T}_{\mathrm{X}\to\mathrm{A}}=\boldsymbol{T}_{\mathrm{C}}(\gamma') \tag{3-51}$$

式(3-45)可以简化为

$$\boldsymbol{U}_{\mathrm{W}}=\boldsymbol{T}_{\mathrm{B}}(\beta)\left[\boldsymbol{T}_{\mathrm{C}}(\gamma')\boldsymbol{T}_{\mathrm{A}}(\alpha)\left(\boldsymbol{T}_{\mathrm{C}}(\gamma')\right)^{-1}\right]\boldsymbol{U}_{\mathrm{T}} \tag{3-52}$$

展开并化简得

$$\begin{cases}u_{\mathrm{x}}=\sin\alpha\sin\gamma'\cos\beta+\cos\alpha\sin\beta\\ u_{\mathrm{y}}=-\sin\alpha\cos\gamma'\\ u_{\mathrm{z}}=-\sin\alpha\sin\gamma'\sin\beta+\cos\alpha\cos\beta\end{cases},\quad \gamma'\in(-0.5\pi,0.5\pi) \tag{3-53}$$

解得

$$\alpha=\arcsin\left(\frac{-u_{\mathrm{y}}}{\cos\gamma}\right)\text{或}\pi-\arcsin\left(\frac{-u_{\mathrm{y}}}{\cos\gamma}\right),\quad \gamma'\in(-0.5\pi,0.5\pi) \tag{3-54}$$

$$\beta=\begin{cases}\pm\arccos\left(\dfrac{-u_{\mathrm{y}}\tan\gamma'}{\sqrt{u_{\mathrm{x}}^2+u_{\mathrm{z}}^2}}\right)-\varphi,\quad \varphi=\pm\arccos\dfrac{u_{\mathrm{x}}}{\sqrt{u_{\mathrm{x}}^2+u_{\mathrm{z}}^2}};\ \gamma'\in(-0.5\pi,0.5\pi);\ u_{\mathrm{x}}^2+u_{\mathrm{z}}^2\neq0\\ R, \qquad u_{\mathrm{x}}^2+u_{\mathrm{z}}^2=0\end{cases} \tag{3-55}$$

转角求解参考上一小节。

3.2.2　工作台转动型五轴数控机床运动学求解

1. A′-C′ 型五轴数控机床运动学求解

A′-C′ 型五轴数控机床拓扑体之间的运动变换矩阵和位置变换矩阵如表 3-5 所示。

表 3-5　工作台转动型 A′-C′五轴数控机床坐标变换矩阵

相邻体	位置变换矩阵 $\boldsymbol{T}_{\mathrm{p}}$	运动变换矩阵 $\boldsymbol{T}_{\mathrm{s}}$
7-6(T-Z)	$\boldsymbol{T}_{6\to7}=\boldsymbol{I}_{4\times4}$	$\boldsymbol{T}_7=\boldsymbol{I}_{4\times4}$
6-5(Z-X)	$\boldsymbol{T}_{5\to6}=\boldsymbol{I}_{4\times4}$	$\boldsymbol{T}_6=\boldsymbol{T}_{\mathrm{Z}}(S_{\mathrm{Z}})$
5-4(X-Y)	$\boldsymbol{T}_{4\to5}=\boldsymbol{I}_{4\times4}$	$\boldsymbol{T}_5=\boldsymbol{T}_{\mathrm{X}}(S_{\mathrm{X}})$
4-3(Y-F)	$\boldsymbol{T}_{3\to4}=\boldsymbol{I}_{4\times4}$	$\boldsymbol{T}_4=\boldsymbol{T}_{\mathrm{Y}}(S_{\mathrm{Y}})$
3-2(F-A)	$\boldsymbol{T}_{2\to3}=\boldsymbol{T}_{\mathrm{D}\to\mathrm{T}}$	$\boldsymbol{T}_3=\boldsymbol{I}_{4\times4}$
2-1(A-B)	$\boldsymbol{T}_{1\to2}=\boldsymbol{T}_{\mathrm{E}\to\mathrm{D}}$	$\boldsymbol{T}_2=\boldsymbol{T}_{\mathrm{X}\to\mathrm{A}}\boldsymbol{T}_{\mathrm{A}}(\alpha)(\boldsymbol{T}_{\mathrm{X}\to\mathrm{A}})^{-1}$
1-0(B-W)	$\boldsymbol{T}_{0\to1}=\boldsymbol{T}_{\mathrm{T}\to\mathrm{E}}$	$\boldsymbol{T}_1=\boldsymbol{T}_{\mathrm{Z}\to\mathrm{C}}\boldsymbol{T}_{\mathrm{C}}(\gamma)(\boldsymbol{T}_{\mathrm{Z}\to\mathrm{C}})^{-1}$

工作台转动型 A′-C′五轴数控机床运动学方程为

$$P_{\mathrm{W}} = T_{\mathrm{T \to E}} \left[T_{\mathrm{Z \to C}} T_{\mathrm{C}}(\gamma)(T_{\mathrm{Z \to C}})^{-1} \right] T_{\mathrm{E \to D}} \left[T_{\mathrm{X \to A}} T_{\mathrm{A}}(\alpha)(T_{\mathrm{X \to A}})^{-1} \right] T_{\mathrm{D \to T}} T_{\mathrm{X}}(S_{\mathrm{X}}) T_{\mathrm{Y}}(S_{\mathrm{Y}}) T_{\mathrm{Z}}(S_{\mathrm{Z}}) P_{\mathrm{T}} \tag{3-56}$$

$$U_{\mathrm{W}} = \left[T_{\mathrm{Z \to C}} T_{\mathrm{C}}(\gamma)(T_{\mathrm{Z \to C}})^{-1} \right] \left[T_{\mathrm{X \to A}} T_{\mathrm{A}}(\alpha)(T_{\mathrm{X \to A}})^{-1} \right] U_{\mathrm{T}} \tag{3-57}$$

转角求解与 C′-A 型机床相同，参考 3.2.1 节。

2. B′-C′型五轴数控机床运动学求解

B′-C′型五轴数控机床拓扑图及坐标系设置如图 3-8 所示。

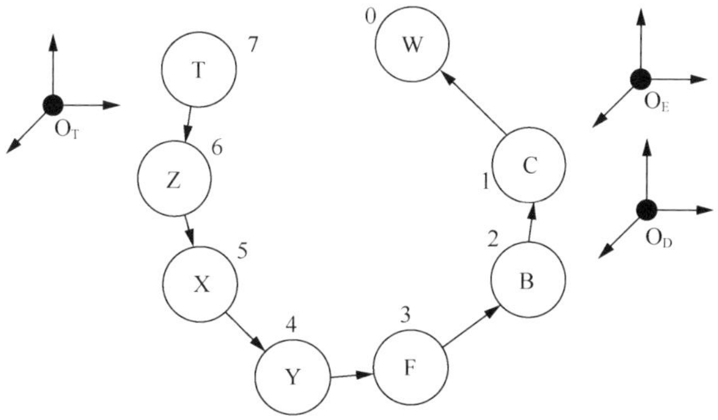

图 3-8　工作台转动型 B′-C′五轴数控机床坐标系设置示意图

拓扑体之间的运动变换矩阵和位置变换矩阵如表 3-6 所示。

表 3-6　工作台转动型 B′-C′五轴数控机床坐标变换矩阵

相邻体	位置变换矩阵 T_{p}	运动变换矩阵 T_{s}
7-6(T-Z)	$T_{6\to7} = I_{4\times4}$	$T_7 = I_{4\times4}$
6-5(Z-X)	$T_{5\to6} = I_{4\times4}$	$T_6 = T_{\mathrm{Z}}(S_{\mathrm{Z}})$
5-4(X-Y)	$T_{4\to5} = I_{4\times4}$	$T_5 = T_{\mathrm{X}}(S_{\mathrm{X}})$
4-3(Y-F)	$T_{3\to4} = I_{4\times4}$	$T_4 = T_{\mathrm{Y}}(S_{\mathrm{Y}})$
3-2(F-B)	$T_{2\to3} = T_{\mathrm{D\to T}}$	$T_3 = I_{4\times4}$
2-1(B-C)	$T_{1\to2} = T_{\mathrm{E\to D}}$	$T_2 = T_{\mathrm{Y\to B}} T_{\mathrm{B}}(\beta)(T_{\mathrm{Y\to B}})^{-1}$
1-0(C-W)	$T_{0\to1} = T_{\mathrm{T\to E}}$	$T_1 = T_{\mathrm{Z\to C}} T_{\mathrm{C}}(\gamma)(T_{\mathrm{Z\to C}})^{-1}$

工作台转动型 B′-C′五轴数控机床运动学方程为

$$P_{\mathrm{W}} = T_{\mathrm{T \to E}} \left[T_{\mathrm{Z \to C}} T_{\mathrm{C}}(\gamma)(T_{\mathrm{Z \to C}})^{-1} \right] T_{\mathrm{E \to D}} \left[T_{\mathrm{Y \to B}} T_{\mathrm{B}}(\beta)(T_{\mathrm{Y \to B}})^{-1} \right] T_{\mathrm{D \to T}} T_{\mathrm{X}}(S_{\mathrm{X}}) T_{\mathrm{Y}}(S_{\mathrm{Y}}) T_{\mathrm{Z}}(S_{\mathrm{Z}}) P_{\mathrm{T}}$$

(3-58)

$$U_W = \left[T_{Z\to C}T_C(\gamma)(T_{Z\to C})^{-1}\right]\left[T_{Y\to B}T_B(\beta)(T_{Y\to B})^{-1}\right]U_T \tag{3-59}$$

转角求解与 C′-B 型机床相同，参考 3.2.1 节。

3. A′-B′型五轴数控机床运动学求解

A′-B′型五轴数控机床拓扑图及坐标系设置如图 3-9 所示。

拓扑体之间的运动变换矩阵和位置变换矩阵如表 3-7 所示。

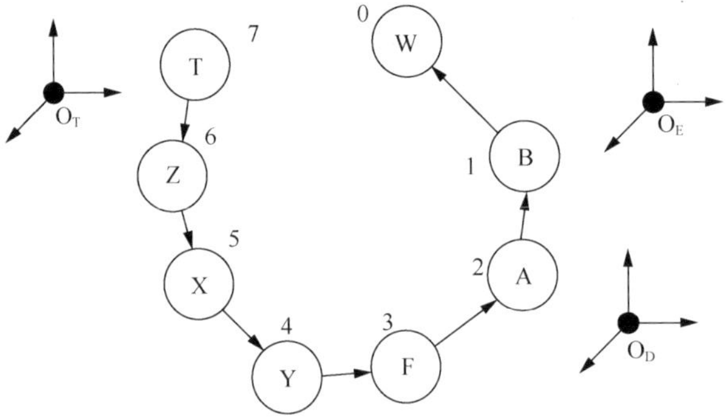

图 3-9　工作台转动型 A′-B′五轴数控机床坐标系设置示意图

表 3-7　工作台转动型 A′-B′五轴数控机床坐标变换矩阵

相邻体	位置变换矩阵 T_p	运动变换矩阵 T_s
7-6(T-Z)	$T_{6\to 7}=I_{4\times4}$	$T_7=I_{4\times4}$
6-5(Z-X)	$T_{5\to 6}=I_{4\times4}$	$T_6=T_Z(S_Z)$
5-4(X-Y)	$T_{4\to 5}=I_{4\times4}$	$T_5=T_X(S_X)$
4-3(Y-F)	$T_{3\to 4}=I_{4\times4}$	$T_4=T_Y(S_Y)$
3-2(F-A)	$T_{2\to 3}=T_{D\to T}$	$T_3=I_{4\times4}$
2-1(A-B)	$T_{1\to 2}=T_{E\to D}$	$T_2=T_{X\to A}T_A(\alpha)(T_{X\to A})^{-1}$
1-0(B-W)	$T_{0\to 1}=T_{T\to E}$	$T_1=T_{Y\to B}T_B(\beta)(T_{Y\to B})^{-1}$

工作台转动型 A′-B′五轴数控机床运动学方程为

$$P_W = T_{T\to E}\left[T_{Y\to B}T_B(\beta)(T_{Y\to B})^{-1}\right]T_{E\to D}\left[T_{X\to A}T_A(\alpha)(T_{X\to A})^{-1}\right]T_{D\to T}T_X(S_X)T_Y(S_Y)T_Z(S_Z)P_T \tag{3-60}$$

$$U_W = \left[T_{Y\to B}T_B(\beta)(T_{Y\to B})^{-1}\right]\left[T_{X\to A}T_A(\alpha)(T_{X\to A})^{-1}\right]U_T \tag{3-61}$$

转角求解与 B′-A 型机床相同，参考 3.2.1 节。

4. B′-A′ 型五轴数控机床运动学求解

B′-A′型五轴数控机床拓扑图及坐标系设置如图 3-10 所示。

拓扑体之间的运动变换矩阵和位置变换矩阵如表 3-8 示。

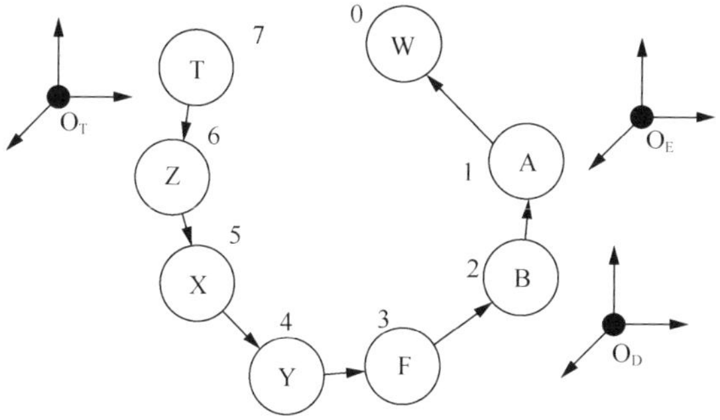

图 3-10　工作台转动型 B′-A′五轴数控机床坐标系设置示意图

表 3-8　工作台转动型 B′-A′五轴数控机床坐标变换矩阵

相邻体	位置变换矩阵 $\boldsymbol{T}_p$	运动变换矩阵 $\boldsymbol{T}_s$
7-6 (T-Z)	$\boldsymbol{T}_{6\to7}=\boldsymbol{I}_{4\times4}$	$\boldsymbol{T}_7=\boldsymbol{I}_{4\times4}$
6-5 (Z-X)	$\boldsymbol{T}_{5\to6}=\boldsymbol{I}_{4\times4}$	$\boldsymbol{T}_6=\boldsymbol{T}_Z(S_Z)$
5-4 (X-Y)	$\boldsymbol{T}_{4\to5}=\boldsymbol{I}_{4\times4}$	$\boldsymbol{T}_5=\boldsymbol{T}_X(S_X)$
4-3 (Y-F)	$\boldsymbol{T}_{3\to4}=\boldsymbol{I}_{4\times4}$	$\boldsymbol{T}_4=\boldsymbol{T}_Y(S_Y)$
3-2 (F-B)	$\boldsymbol{T}_{2\to3}=\boldsymbol{T}_{D\to T}$	$\boldsymbol{T}_3=\boldsymbol{I}_{4\times4}$
2-1 (B-A)	$\boldsymbol{T}_{1\to2}=\boldsymbol{T}_{E\to D}$	$\boldsymbol{T}_2=\boldsymbol{T}_{Y\to B}\boldsymbol{T}_B(\beta)(\boldsymbol{T}_{Y\to B})^{-1}$
1-0 (A-W)	$\boldsymbol{T}_{0\to1}=\boldsymbol{T}_{T\to E}$	$\boldsymbol{T}_1=\boldsymbol{T}_{X\to A}\boldsymbol{T}_A(\alpha)(\boldsymbol{T}_{X\to A})^{-1}$

工作台转动型 B′-A′五轴数控机床运动学方程为

$$\boldsymbol{P}_W=\boldsymbol{T}_{T\to E}\left[\boldsymbol{T}_{X\to A}\boldsymbol{T}_A(\alpha)(\boldsymbol{T}_{X\to A})^{-1}\right]\boldsymbol{T}_{E\to D}\left[\boldsymbol{T}_{Y\to B}\boldsymbol{T}_B(\beta)(\boldsymbol{T}_{Y\to B})^{-1}\right]\boldsymbol{T}_{D\to T}\boldsymbol{T}_X(S_X)\boldsymbol{T}_Y(S_Y)\boldsymbol{T}_Z(S_Z)\boldsymbol{P}_T \tag{3-62}$$

$$\boldsymbol{U}_W=\left[\boldsymbol{T}_{X\to A}\boldsymbol{T}_A(\alpha)(\boldsymbol{T}_{X\to A})^{-1}\right]\left[\boldsymbol{T}_{Y\to B}\boldsymbol{T}_B(\beta)(\boldsymbol{T}_{Y\to B})^{-1}\right]\boldsymbol{U}_T \tag{3-63}$$

转角求解与 A′-B 型机床相同，参考 3.2.1 节。

3.2.3　刀具转动型五轴数控机床运动学求解

1. C-A 型五轴数控机床运动学求解

C-A 型五轴数控机床拓扑体之间的运动变换矩阵和位置变换矩阵如表 3-9 所示。

刀具转动型 C-A 五轴数控机床运动学方程为

$$P_W = T_{T\to E}T_X(S_X)T_Y(S_Y)T_Z(S_Z)\left[T_{Z\to C}T_C(\gamma)(T_{Z\to C})^{-1}\right]T_{E\to D}\left[T_{X\to A}T_A(\alpha)(T_{X\to A})^{-1}\right]T_{D\to T}P_T \tag{3-64}$$

$$U_W = \left[T_{Z\to C}T_C(\gamma)(T_{Z\to C})^{-1}\right]\left[T_{X\to A}T_A(\alpha)(T_{X\to A})^{-1}\right]U_T \tag{3-65}$$

表 3-9　刀具转动型 C-A 五轴数控机床坐标变换矩阵

相邻体	位置变换矩阵 T_p	运动变换矩阵 T_s
7-6 (T-A)	$T_{6\to7}=T_{D\to T}$	$T_7=I_{4\times4}$
6-5 (A-C)	$T_{5\to6}=T_{E\to D}$	$T_6=T_{X\to A}T_A(\alpha)(T_{X\to A})^{-1}$
5-4 (C-Z)	$T_{4\to5}=I_{4\times4}$	$T_5=T_{Z\to C}T_C(\gamma)(T_{Z\to C})^{-1}$
4-3 (Z-Y)	$T_{3\to4}=I_{4\times4}$	$T_4=T_Z(S_Z)$
3-2 (Y-F)	$T_{2\to3}=I_{4\times4}$	$T_3=T_Y(S_Y)$
2-1 (F-X)	$T_{1\to2}=I_{4\times4}$	$T_2=I_{4\times4}$
1-0 (X-W)	$T_{0\to1}=T_{T\to E}$	$T_1=T_X(S_X)$

转角求解与 C′-A 型机床相同，参考 3.2.1 节。

2. C-B 型五轴数控机床运动学求解

C-B 型五轴数控机床拓扑图及坐标系设置如图 3-11 所示。

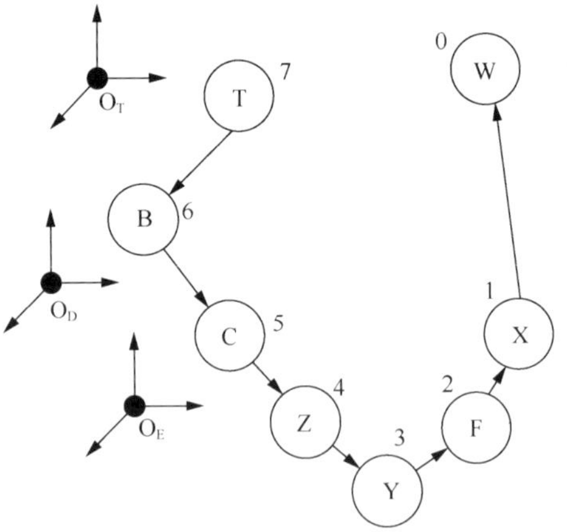

图 3-11　刀具转动型 C B 五轴数控机床坐标系设置示意图

拓扑体之间的运动变换矩阵和位置变换矩阵如表 3-10 所示。

表 3-10　刀具转动型 C-B 五轴数控机床坐标变换矩阵

相邻体	位置变换矩阵 T_p	运动变换矩阵 T_s
7-6 (T-B)	$T_{6\to7}=T_{D\to T}$	$T_7=I_{4\times4}$

续表

相邻体	位置变换矩阵 $\boldsymbol{T}_{\mathrm{p}}$	运动变换矩阵 $\boldsymbol{T}_{\mathrm{s}}$
6-5(B-C)	$\boldsymbol{T}_{5\to6}=\boldsymbol{T}_{\mathrm{E}\to\mathrm{D}}$	$\boldsymbol{T}_6=\boldsymbol{T}_{\mathrm{Y}\to\mathrm{B}}\boldsymbol{T}_{\mathrm{B}}(\beta)(\boldsymbol{T}_{\mathrm{Y}\to\mathrm{B}})^{-1}$
5-4(C-Z)	$\boldsymbol{T}_{4\to5}=\boldsymbol{I}_{4\times4}$	$\boldsymbol{T}_5=\boldsymbol{T}_{\mathrm{Z}\to\mathrm{C}}\boldsymbol{T}_{\mathrm{C}}(\gamma)(\boldsymbol{T}_{\mathrm{Z}\to\mathrm{C}})^{-1}$
4-3(Z-Y)	$\boldsymbol{T}_{3\to4}=\boldsymbol{I}_{4\times4}$	$\boldsymbol{T}_4=\boldsymbol{T}_{\mathrm{Z}}(S_{\mathrm{Z}})$
3-2(Y-F)	$\boldsymbol{T}_{2\to3}=\boldsymbol{I}_{4\times4}$	$\boldsymbol{T}_3=\boldsymbol{T}_{\mathrm{Y}}(S_{\mathrm{Y}})$
2-1(F-X)	$\boldsymbol{T}_{1\to2}=\boldsymbol{I}_{4\times4}$	$\boldsymbol{T}_2=\boldsymbol{I}_{4\times4}$
1-0(X-W)	$\boldsymbol{T}_{0\to1}=\boldsymbol{T}_{\mathrm{T}\to\mathrm{E}}$	$\boldsymbol{T}_1=\boldsymbol{T}_{\mathrm{X}}(S_{\mathrm{X}})$

刀具转动型 C-B 五轴数控机床运动学方程为

$$\boldsymbol{P}_{\mathrm{W}}=\boldsymbol{T}_{\mathrm{T}\to\mathrm{E}}\boldsymbol{T}_{\mathrm{X}}(S_{\mathrm{X}})\boldsymbol{T}_{\mathrm{Y}}(S_{\mathrm{Y}})\boldsymbol{T}_{\mathrm{Z}}(S_{\mathrm{Z}})\left[\boldsymbol{T}_{\mathrm{Z}\to\mathrm{C}}\boldsymbol{T}_{\mathrm{C}}(\gamma)(\boldsymbol{T}_{\mathrm{Z}\to\mathrm{C}})^{-1}\right]\boldsymbol{T}_{\mathrm{E}\to\mathrm{D}}\left[\boldsymbol{T}_{\mathrm{Y}\to\mathrm{B}}\boldsymbol{T}_{\mathrm{B}}(\beta)(\boldsymbol{T}_{\mathrm{Y}\to\mathrm{B}})^{-1}\right]\boldsymbol{T}_{\mathrm{D}\to\mathrm{T}}\boldsymbol{P}_{\mathrm{T}} \tag{3-66}$$

$$\boldsymbol{U}_{\mathrm{W}}=\left[\boldsymbol{T}_{\mathrm{Z}\to\mathrm{C}}\boldsymbol{T}_{\mathrm{C}}(\gamma)(\boldsymbol{T}_{\mathrm{Z}\to\mathrm{C}})^{-1}\right]\left[\boldsymbol{T}_{\mathrm{Y}\to\mathrm{B}}\boldsymbol{T}_{\mathrm{B}}(\beta)(\boldsymbol{T}_{\mathrm{Y}\to\mathrm{B}})^{-1}\right]\boldsymbol{U}_{\mathrm{T}} \tag{3-67}$$

转角求解与 C′-B 型机床相同，参考 3.2.1 节。

3. A-B 型五轴数控机床运动学求解

A-B 型五轴数控机床拓扑图及坐标系设置如图 3-12 所示。

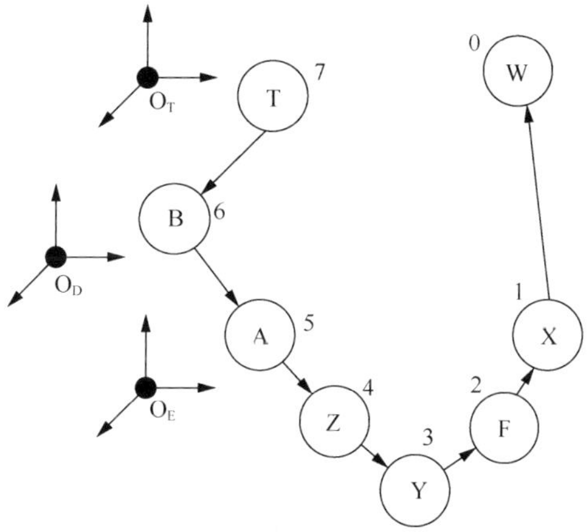

图 3-12　刀具转动型 A-B 五轴数控机床坐标系设置示意图

拓扑体之间的运动变换矩阵和位置变换矩阵如表 3-11 所示。

表 3-11　刀具转动型 A-B 五轴数控机床坐标变换矩阵

相邻体	位置变换矩阵 $\boldsymbol{T}_{\mathrm{p}}$	运动变换矩阵 $\boldsymbol{T}_{\mathrm{s}}$
7-6(T-B)	$\boldsymbol{T}_{6\to7}=\boldsymbol{T}_{\mathrm{D}\to\mathrm{T}}$	$\boldsymbol{T}_7=\boldsymbol{I}_{4\times4}$
6-5(B-A)	$\boldsymbol{T}_{5\to6}=\boldsymbol{T}_{\mathrm{E}\to\mathrm{D}}$	$\boldsymbol{T}_6=\boldsymbol{T}_{\mathrm{Y}\to\mathrm{B}}\boldsymbol{T}_{\mathrm{B}}(\beta)(\boldsymbol{T}_{\mathrm{Y}\to\mathrm{B}})^{-1}$

续表

相邻体	位置变换矩阵 $\boldsymbol{T}_\mathrm{p}$	运动变换矩阵 $\boldsymbol{T}_\mathrm{s}$
5-4 (A-Z)	$\boldsymbol{T}_{4\to5}=\boldsymbol{I}_{4\times4}$	$\boldsymbol{T}_5=\boldsymbol{T}_{\mathrm{X}\to\mathrm{A}}\boldsymbol{T}_\mathrm{A}(\alpha)(\boldsymbol{T}_{\mathrm{X}\to\mathrm{A}})^{-1}$
4-3 (Z-Y)	$\boldsymbol{T}_{3\to4}=\boldsymbol{I}_{4\times4}$	$\boldsymbol{T}_4=\boldsymbol{T}_\mathrm{Z}(S_\mathrm{Z})$
3-2 (Y-F)	$\boldsymbol{T}_{2\to3}=\boldsymbol{I}_{4\times4}$	$\boldsymbol{T}_3=\boldsymbol{T}_\mathrm{Y}(S_\mathrm{Y})$
2-1 (F-X)	$\boldsymbol{T}_{1\to2}=\boldsymbol{I}_{4\times4}$	$\boldsymbol{T}_2=\boldsymbol{I}_{4\times4}$
1-0 (X-W)	$\boldsymbol{T}_{0\to1}=\boldsymbol{T}_{\mathrm{T}\to\mathrm{E}}$	$\boldsymbol{T}_1=\boldsymbol{T}_\mathrm{X}(S_\mathrm{X})$

刀具转动型 A-B 五轴数控机床运动学方程为

$$\boldsymbol{P}_\mathrm{W}=\boldsymbol{T}_{\mathrm{T}\to\mathrm{E}}\boldsymbol{T}_\mathrm{X}(S_\mathrm{X})\boldsymbol{T}_\mathrm{Y}(S_\mathrm{Y})\boldsymbol{T}_\mathrm{Z}(S_\mathrm{Z})\left[\boldsymbol{T}_{\mathrm{X}\to\mathrm{A}}\boldsymbol{T}_\mathrm{A}(\alpha)(\boldsymbol{T}_{\mathrm{X}\to\mathrm{A}})^{-1}\right]\boldsymbol{T}_{\mathrm{E}\to\mathrm{D}}\left[\boldsymbol{T}_{\mathrm{Y}\to\mathrm{B}}\boldsymbol{T}_\mathrm{B}(\beta)(\boldsymbol{T}_{\mathrm{Y}\to\mathrm{B}})^{-1}\right]\boldsymbol{T}_{\mathrm{D}\to\mathrm{T}}\boldsymbol{P}_\mathrm{T} \tag{3-68}$$

$$\boldsymbol{U}_\mathrm{W}=\left[\boldsymbol{T}_{\mathrm{X}\to\mathrm{A}}\boldsymbol{T}_\mathrm{A}(\alpha)(\boldsymbol{T}_{\mathrm{X}\to\mathrm{A}})^{-1}\right]\left[\boldsymbol{T}_{\mathrm{Y}\to\mathrm{B}}\boldsymbol{T}_\mathrm{B}(\beta)(\boldsymbol{T}_{\mathrm{Y}\to\mathrm{B}})^{-1}\right]\boldsymbol{U}_\mathrm{T} \tag{3-69}$$

转角求解与 A′-B 型机床相同，参考 3.2.1 节。

4. B-A 型五轴数控机床运动学求解

B-A 型五轴数控机床拓扑图及坐标系设置如图 3-13 所示。

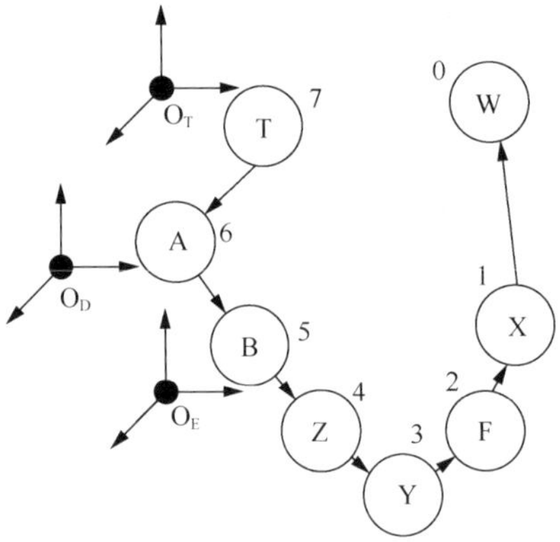

图 3-13　刀具转动型 B-A 五轴数控机床坐标系设置示意图

拓扑体之间的运动变换矩阵和位置变换矩阵如表 3-12 所示。

表 3-12　刀具转动型 B-A 五轴数控机床坐标变换矩阵

相邻体	位置变换矩阵 $\boldsymbol{T}_\mathrm{p}$	运动变换矩阵 $\boldsymbol{T}_\mathrm{s}$
7-6 (T-A)	$\boldsymbol{T}_{6\to7}=\boldsymbol{T}_{\mathrm{D}\to\mathrm{T}}$	$\boldsymbol{T}_7=\boldsymbol{I}_{4\times4}$
6-5 (A-B)	$\boldsymbol{T}_{5\to6}=\boldsymbol{T}_{\mathrm{E}\to\mathrm{D}}$	$\boldsymbol{T}_6-\boldsymbol{T}_{\mathrm{X}\to\mathrm{A}}\boldsymbol{T}_\mathrm{A}(\alpha)(\boldsymbol{T}_{\mathrm{X}\to\mathrm{A}})^{-1}$
5-4 (B-Z)	$\boldsymbol{T}_{4\to5}=\boldsymbol{I}_{4\times4}$	$\boldsymbol{T}_5=\boldsymbol{T}_{\mathrm{Y}\to\mathrm{B}}\boldsymbol{T}_\mathrm{B}(\beta)(\boldsymbol{T}_{\mathrm{Y}\to\mathrm{B}})^{-1}$
4-3 (Z-Y)	$\boldsymbol{T}_{3\to4}=\boldsymbol{I}_{4\times4}$	$\boldsymbol{T}_4=\boldsymbol{T}_\mathrm{Z}(S_\mathrm{Z})$
3-2 (Y-F)	$\boldsymbol{T}_{2\to3}=\boldsymbol{I}_{4\times4}$	$\boldsymbol{T}_3=\boldsymbol{T}_\mathrm{Y}(S_\mathrm{Y})$
2-1 (F-X)	$\boldsymbol{T}_{1\to2}=\boldsymbol{I}_{4\times4}$	$\boldsymbol{T}_2=\boldsymbol{I}_{4\times4}$
1-0 (X-W)	$\boldsymbol{T}_{0\to1}=\boldsymbol{T}_{\mathrm{T}\to\mathrm{E}}$	$\boldsymbol{T}_1=\boldsymbol{T}_\mathrm{X}(S_\mathrm{X})$

刀具转动型 B-A 五轴数控机床运动学方程为

$$\boldsymbol{P}_{\mathrm{W}}=\boldsymbol{T}_{\mathrm{T}\to\mathrm{E}}\boldsymbol{T}_{\mathrm{X}}(S_{\mathrm{X}})\boldsymbol{T}_{\mathrm{Y}}(S_{\mathrm{Y}})\boldsymbol{T}_{\mathrm{Z}}(S_{\mathrm{Z}})\left[\boldsymbol{T}_{\mathrm{Y}\to\mathrm{B}}\boldsymbol{T}_{\mathrm{B}}(\beta)(\boldsymbol{T}_{\mathrm{Y}\to\mathrm{B}})^{-1}\right]\boldsymbol{T}_{\mathrm{E}\to\mathrm{D}}\left[\boldsymbol{T}_{\mathrm{X}\to\mathrm{A}}\boldsymbol{T}_{\mathrm{A}}(\alpha)(\boldsymbol{T}_{\mathrm{X}\to\mathrm{A}})^{-1}\right]\boldsymbol{T}_{\mathrm{D}\to\mathrm{T}}\boldsymbol{P}_{\mathrm{T}} \tag{3-70}$$

$$\boldsymbol{U}_{\mathrm{W}}=\left[\boldsymbol{T}_{\mathrm{Y}\to\mathrm{B}}\boldsymbol{T}_{\mathrm{B}}(\beta)(\boldsymbol{T}_{\mathrm{Y}\to\mathrm{B}})^{-1}\right]\left[\boldsymbol{T}_{\mathrm{X}\to\mathrm{A}}\boldsymbol{T}_{\mathrm{A}}(\alpha)(\boldsymbol{T}_{\mathrm{X}\to\mathrm{A}})^{-1}\right]\boldsymbol{U}_{\mathrm{T}} \tag{3-71}$$

转角求解与 B′-A 型机床相同，参考 3.2.1 节。

3.3　五轴数控机床工作空间分析及超程现象

3.3.1　基于工件坐标系的五轴数控机床工作空间分析

若已知五轴数控机床各运动轴的运动量，利用五轴数控机床运动学通用模型可以建立机床的运动学方程，并求解工件坐标系下的刀具位置和姿态。

参照机器人学中对工作空间的描述和定义，五轴数控机床的工作空间(狭义)是指已知机床各运动轴的运动范围，求解参考坐标系下刀具可以达到的位置的集合。但是五轴数控机床加工时刀具需要以一定的姿态进行加工，因此五轴数控机床工作空间(广义)应该包括参考坐标系下刀轴姿态的集合，即

$$W_{\mathrm{r}}=\left\{\left(P_{\mathrm{r}}(q):q\in\boldsymbol{Q}\right)+\left(\boldsymbol{U}_{\mathrm{r}}(q):q\in\boldsymbol{Q}\right)\right\}\subset R^{3} \tag{3-72}$$

式中，W_{r} 为五轴数控机床的工作空间(广义)；P_{r} 为刀具位置的点集；$\boldsymbol{U}_{\mathrm{r}}$ 为刀具姿态的矢量集；q 为广义的运动轴变量；Q 为运动轴变量取值的集合；R^3 为三维空间。

三轴机床中，刀具可以达到的位置简单直观。而五轴数控机床由于增加了转动轴，且旋转运动可能由工件完成，因此当参考坐标系选择机床坐标系时，刀具可以到达的位置和姿态变得复杂且不够直观。

机械系统的工作空间一般可以分为两个部分：一级(灵活)子空间和二级(附属)子空间。其中一级子空间是指末端执行器(刀具)可以从任意方向到达该空间内的一点，但是一级子空间只占整个工作空间很小的一部分甚至不存在。二级子空间是指末端执行器只能以有限的方向到达某一点。对于机床加工而言，五轴数控机床的工作空间一般属于二级子空间。

本书以工件坐标系为参考坐标系，采用蒙特卡洛法分析五轴数控机床的工作空间。蒙特卡洛法是一种借助于随机抽样来解决数学问题的数值方法，被广泛应用于描述随机的物理现象，包括求解机械系统的工作空间[31]。

采用不等式表示每一个广义运动轴变量的取值范围：$q_{j\_\min}\leqslant q_j\leqslant q_{j\_\max}$ (j=1,…,5，$q_{j\_\min}$ 为取值范围的下界，$q_{j\_\max}$ 为取值范围的上界，j 为运动轴编号)。若运动轴变量无约束，如可以无限旋转的 C 转工作台，其 $q_{j\_\min}$ 和 $q_{j\_\max}$ 可以设置为 0 度和 360 度。根据式(3-72)的映射关系，通过均匀分布对运动轴变量赋以一定数目且符合运动要求的随机量，从而可以得到工件(参考)坐标系下由随机点及单位矢量分别构成的图形(“云图”)，这样就构成了五轴数控机床的蒙特卡洛工作空间。

蒙特卡洛法求解基于工件坐标系的五轴数控机床工作空间主要分为以下四个步骤。

步骤 1：求解基于工件坐标系的五轴数控机床运动学等式；

步骤 2：使用均匀分布对每一个运动轴变量定义数目相同的随机值；

步骤 3：将步骤 2 中产生的随机值代入机床的运动学等式中，从而得到刀具在工件坐标系中的位置坐标和姿态矢量坐标；

步骤 4：分别绘出所有的刀具位置和姿态，得到刀具位置的“云图”和刀具姿态的“云图”。

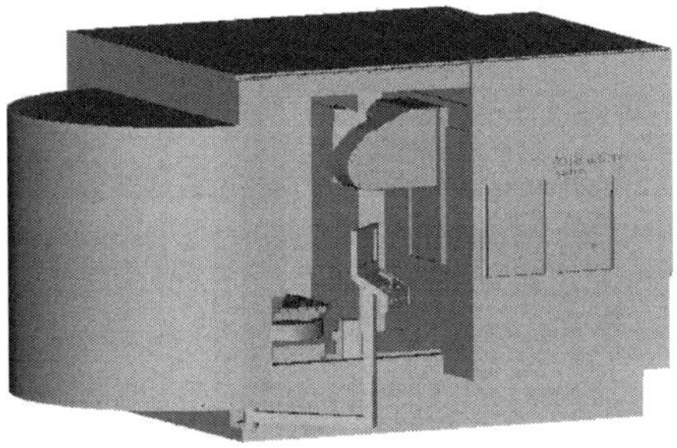

图 3-14　DMC 125 U 机床模型图

为了说明问题，以 DMC125 U 机床工作空间分析为例。如图 3-14 所示，DMC 125 U 机床为 CYFXZA 结构机床，主要参数见表 3-13。

表 3-13　DMC 125 U 机床主要参数

参数	取值
X/Y/Z 轴行程	1250/1100/1000(mm)
A/C 轴行程	130/n×360(°)
主轴端面到 A 轴的距离	200(mm)

将 DMC 125 U 机床工作空间的初始位置设为：A 轴和 C 轴均位于 0°位置；C 轴轴线与刀具轴线重合；Z 轴位于最下端。该初始位置下，机床各子坐标系的相对位置及运动参数取值见表 3-14。

表 3-14　初始位置下 DMC 125 U 机床相对位置及运动参数

参数	取值或取值范围
X/Y/Z 轴运动范围	[-625,625]/[-100,1000]/[0,1000] (mm)
A/C 轴运动范围	[-120,10]/[0,360] (°)

续表

参数	取值或取值范围
C 轴坐标系原点在工件坐标系的坐标(x_w，y_w，z_w)	0/0/0 (mm)
L	350(mm)

表中 x_w、y_w、z_w 为变量，初始位置均取零值表示 C 轴坐标系与工件坐标系重合。

DMC 125 U 机床的运动学方程为

$$\begin{cases} x = S_X \cos\gamma - S_Y \sin\gamma - L\sin\alpha\sin\gamma + x_w \\ y = S_X \sin\gamma + S_Y \cos\gamma + L\sin\alpha\cos\gamma + y_w \\ z = S_Z - L\cos\alpha + L + z_w \end{cases} \tag{3-73}$$

$$\begin{cases} u_x = \sin\alpha\sin\gamma \\ u_y = -\sin\alpha\cos\gamma \\ u_z = \cos\alpha \end{cases} \tag{3-74}$$

通过在各轴运动范围内随机取值，将各值代入机床的运动学等式，得到工件坐标下刀具位置的“云图”(图 3-15)和以坐标系原点为起点的刀轴单位矢量终点的“云图”(图 3-16)。

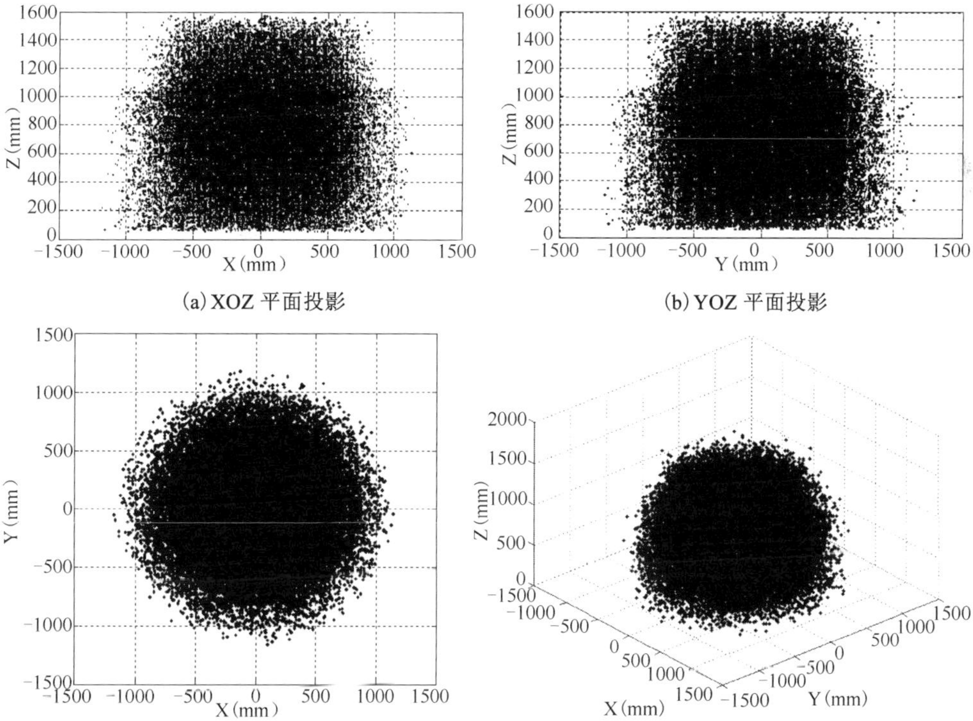

(a) XOZ 平面投影　(b) YOZ 平面投影

(c) XOY 平面投影　(d) 轴测图

图 3-15　DMC 125 U 机床刀具位置“云图”

图 3-15 中点云数目为 50000 个，由图大致可以确定 DMC 125 U 机床的加工范围。若给定的刀具位置(刀位点坐标)超出该范围，机床无法在此种情况下完成加工。

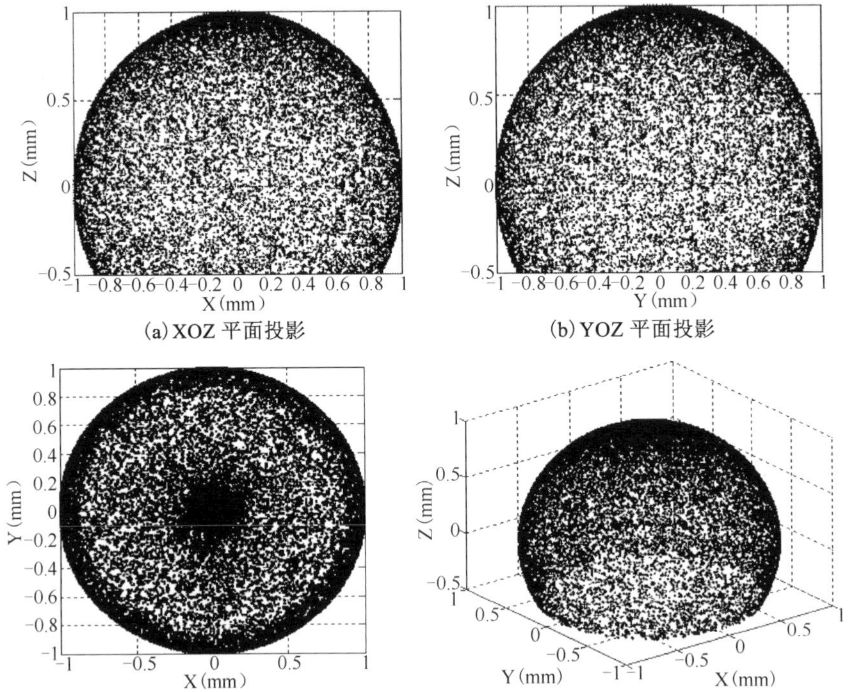

(a) XOZ 平面投影　(b) YOZ 平面投影

(c) XOY 平面投影　(d) 轴测图

图 3-16　DMC 125 U 机床刀轴矢量终点“云图”

图 3-16 中点云数目为 20000 个，以坐标系原点为起点，刀轴矢量的终点均位于单位球(半径为 1)的球面上，若给定的刀轴矢量超出该范围，机床无法在此种情况下完成加工。

3.3.2　五轴数控机床加工超程分析

由五轴数控机床的工作空间易知若刀具位置和刀轴姿态矢量两者中任意一个超出机床工作空间，机床无法完成加工。但是若给定了数控代码，且由数控代码中每行的数值计算得到的刀具位置及刀轴姿态矢量均在机床的工作空间内（每行代码对应的各轴位置均在其行程内)，即使数控代码中相邻的两行对应的各轴位置均未超出行程，机床也不能保证加工一定可以进行。数控代码对应的刀具位置及刀轴姿态矢量均在机床的工作空间内不是加工可进行的充要条件，需要分析加工超程现象。

用 VERICUT 软件对某一工件毛坯在某 CYFXZA 结构五轴数控机床上的加工过

程进行仿真，加工前机床的各个运动轴的初始位置分别为：A 轴和 C 轴处于零度位置，三个平动轴位置使得刀具相对于工作台处于最远端。

各轴的运动范围及 C 轴坐标系原点在工件坐标系的位置等参数见表 3-15。

表 3-15　机床初始位置参数

参数	取值或取值范围
X/Y/Z 轴运动范围	[-1250,0]/[0,1100]/[0,1000]（mm）
A/C 轴运动范围	[-120,10]/ n×360（°）
C 轴坐标系原点在工件坐标系的坐标 (x_w, y_w, z_w)	(-100,-100,-150)（mm）
刀位点到 A 轴轴线的 Z 向距离 L	380 (mm)

在初始位置时，X、Y、Z、A、C 轴在各自运动范围内的位置坐标均为 0，都未超出各自的运动范围,所以初始位置时刀具位置和刀轴姿态矢量在机床工作空间内。且根据上述参数可以得到初始位置时刀具位置在机床坐标系中的齐次坐标为

$$(X_s \quad Y_s \quad Z_s \quad 1)^T = (-725 \quad 900 \quad 870 \quad 1)^T \tag{3-75}$$

根据机床运动学方程可得

$$\begin{cases} S_X = x\cos\gamma + y\sin\gamma + x_w(1-\cos\gamma) - y_w\sin\gamma \\ S_Y = -x\sin\gamma + y\cos\gamma + x_w\sin\gamma + y_w(1-\cos\gamma) - L\sin\alpha \\ S_Z = z + L(\cos\alpha - 1) \end{cases} \tag{3-76}$$

根据运动学方程，机床各子坐标系初始取向相同且刀具坐标系原点与工件坐标系原点重合，因此表示 S_X、S_Y、S_Z 为机床平动轴相对初始位置的位移量。所以对于该机床，三个平动轴在各自运动范围内的位置坐标的计算式为

$$\begin{cases} X = X_s + S_X \\ Y = Y_s + S_Y \\ Z = Z_s + S_Z \end{cases} \tag{3-77}$$

式中，X、Y、Z 为平动轴相对机床坐标系的位置；X_s、Y_s、Z_s 为平动轴相对机床坐标系在对刀时的初始位置。

加工该工件毛坯的数控程序中第一条位置代码为

N15 G01 X-192.925 Y-199.187 Z 32.045 A0 C-180 F5000

代入式(3-79)可得

$$S_X = -7.075, \quad S_Y = -0.813, \quad S_Z = 32.045 \tag{3-78}$$

将式(3-78)代入式(3-77)得

$$X = -717.025, \quad Y = 900.813, \quad Z = 837.955 \tag{3-79}$$

由第一条位置代码和式(3-79)可知，第一条位置代码对应的五个运动轴均未超出各自的运动范围，所以第一条指令代码对应的刀具位置和刀轴姿态矢量均在机床工作空间内。但是在从初始位置运动到程序第一条位置代码的过程中，机床 X 轴和

Y 轴均出现超程现象。

1. 加工超程原因

五轴数控加工中，工件多具有复杂型面，其轮廓也为复杂的曲线，若要求规划的刀位点轨迹为工件的理论轮廓，同时控制各轴的运动以加工出理论轮廓，势必造成算法的复杂及计算量的大大增加。因此在 CAM 和 CNC 系统中均采用插补的方式去逼近工件的理论轮廓。所谓插补是指根据给定的进给速度和轮廓要求，在轮廓的已知点之间，确定一些中间控制点的方法。

虽然 STEP 标准中将 NURBS 作为定义工业产品几何形体的标准数学表达[32]，且少数高档 CNC 系统(如 SIEMENS、FANUC 等)提供了 NURBS 曲线插补功能[33-35]，但在目前的实际应用中，CAM 系统经常采用小的直线段或圆弧逼近工件的轮廓曲线(粗插补)，尤其对于五轴数控加工，CAM 系统生成的刀位点轨迹均为小的直线段。CNC 系统根据进给速度的要求进一步细分粗插补生成的直线段或圆弧以生成中间控制点(精插补)，进而驱动机床各轴运动。五轴数控机床的 CNC 系统多采用基于时间分割法的线性插补，时间分割法是将直线段或圆弧的起点到终点的加工时间等分成相同的时间间隔(即插补周期)，在每个插补周期内进行一次插补计算，得到插补周期内各轴的进给量，边计算，边加工，直到加工的终点。“线性”是指在插补过程中，每个插补周期中的各轴的进给量与总的进给量之比相等[35]。

通过上面对五轴数控机床加工过程的说明，可以看出机床从初始位置运动到下一位置的过程中，由于有转动的存在(C 轴转动-180°)，实际插补过程中，X 轴和 Y 轴除了本身的运动，还需要补偿转动引起的刀位点偏离控制点的距离，因此在插补过程中出现超程现象，即插补过程中的某些控制点超出了机床的工作空间。

2. 加工超程计算与判断

设某一过程的起点和终点的数控位置代码分别为$(x_s, y_s, z_s, \alpha_s, \gamma_s)$和$(x_e, y_e, z_e, \alpha_e, \gamma_e)$，计算及判断该段起点、终点及插补的中间插补点对应的平动轴是否超程的步骤如下。

步骤 1：根据起点的数控位置代码$(x_s,y_s,z_s,\alpha_s,\gamma_s)$计算起点对应的平动轴移动量$(S_{Xs}, S_{Ys}, S_{Zs})$和在各自运动范围的位置坐标$(X_s, Y_s, Z_s)$，若起点对应的平动轴位置坐标超出其运动范围，则提示平动轴超程，并令$x_0=x_s$，$y_0=y_s$，$z_0=z_s$，$\alpha_0=\alpha_s$，$\gamma_0=\gamma_s$，$n=1$ 且 n 为整数，转入步骤 2。

步骤 2：在工件坐标系中，根据 CNC 系统线性插补规划的第 n 个插补周期(设 CNC 系统的插补周期为 T)的平均插补速度$(v_{x(n)}, v_{y(n)}, v_{z(n)}, \omega_{A(n)}, \omega_{C(n)})$及第 n-1 个插补点的位置坐标$(x_{n-1},y_{n-1},z_{n-1},\alpha_{n-1},\gamma_{n-1})$，计算第 n 个插补点的位置坐标：$x_n= x_{n-1}+v_{x(n)}T$，$y_n=y_{n-1}+v_{y(n)}T$，$z_n=z_{n-1}+v_{z(n)}T$，$\alpha_n=\alpha_{n-1}+\omega_{A(n)}T$，$\gamma_n=\gamma_{n-1}+\omega_{C(n)}T$，并判断第 n 个插补点的位置坐标是否小于终点坐标$(x_e,y_e,z_e,\alpha_e,\gamma_e)$，若成立，转入步骤 3；否则转

入步骤 4。

步骤 3：计算第 n 个插补点对应的平动轴的移动量($S_{X(n)}$, $S_{Y(n)}$, $S_{Z(n)}$)和在各自运动范围的位置坐标(X_n, Y_n, Z_n)，若插补点对应的平动轴位置坐标超出其运动范围，则提示平动轴超程，并使 $n=n+1$，转入步骤 2。

步骤 4：此时插补点为终点，根据终点坐标(x_e,y_e,z_e,α_e,γ_e)计算其对应的平动轴移动量(S_{Xe}, S_{Ye}, S_{Ze})和在各自运动范围的位置坐标(X_e, Y_e, Z_e)。若终点对应的平动轴位置坐标超出其运动范围，则提示平动轴超程，该段插补结束，转入下一数控指令段。

上述步骤的流程如图 3-17 所示。

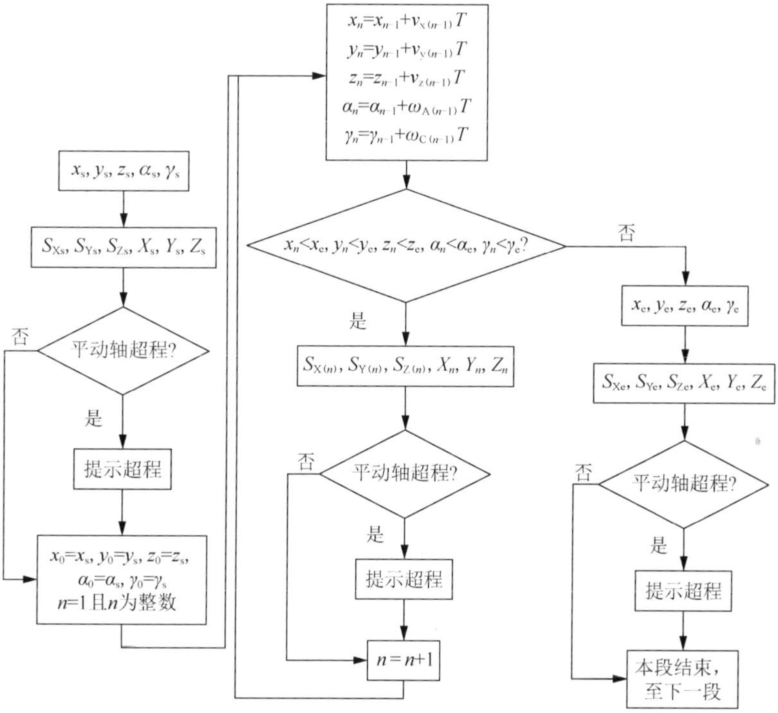

图 3-17　超程计算判断流程图

综合上述计算步骤可得

$$
\begin{cases}
x_n = x_s + Tnv_x \\
y_n = y_s + Tnv_y \\
z_n = z_s + Tnv_z \quad , \qquad n \geqslant 0\text{且}n\text{为整数} \\
\alpha_n = \alpha_s + Tn\omega_A \\
\gamma_n = \gamma_s + Tn\omega_C
\end{cases}
\tag{3-80}
$$

若起点到终点含有 m 个插补周期，根据式(3-80)得

$$\mathrm{m}=\frac{x_{\mathrm{e}}-x_{\mathrm{s}}}{Tv_{\mathrm{x}}} \tag{3-81}$$

将式(3-80)代入式(3-76)得

$$\begin{cases}S_{\mathrm{X}(n)}=(x_{\mathrm{s}}+Tnv_{\mathrm{x}})\cos(\gamma_{\mathrm{s}}+Tn\omega_{\mathrm{C}})+(y_{\mathrm{s}}+Tnv_{\mathrm{y}})\sin(\gamma_{\mathrm{s}}+Tn\omega_{\mathrm{C}})\\ \qquad +x_{\mathrm{w}}(1-\cos(\gamma_{\mathrm{s}}+Tn\omega_{\mathrm{C}}))-y_{\mathrm{w}}\sin(\gamma_{\mathrm{s}}+Tn\omega_{\mathrm{C}})\\ S_{\mathrm{Y}(n)}=-(x_{\mathrm{s}}+Tnv_{\mathrm{x}})\cdot\sin(\gamma_{\mathrm{s}}+Tn\omega_{\mathrm{C}})+(y_{\mathrm{s}}+Tnv_{\mathrm{y}})\cos(\gamma_{\mathrm{s}}+Tn\omega_{\mathrm{C}}) & ,n\geqslant 0\text{且}n\text{为整数}\\ \qquad +x_{\mathrm{w}}\sin(\gamma_{\mathrm{s}}+Tn\omega_{\mathrm{C}})+y_{\mathrm{w}}(1-\cos(\gamma_{\mathrm{s}}+Tn\omega_{\mathrm{C}}))-L\sin(\alpha_{\mathrm{s}}+Tn\omega_{\mathrm{A}})\\ S_{\mathrm{Z}(n)}=z_{\mathrm{s}}+Tnv_{\mathrm{z}}+L(\cos(\alpha_{\mathrm{s}}+Tn\omega_{\mathrm{A}})-1)\end{cases} \tag{3-82}$$

根据式(3-82)的结果可以判断第 n 个插补点对应的平动轴是否超程。

3.4 本章小结

本章描述了五轴数控机床拓扑体之间的运动变换和位置变换，构建了五轴数控机床运动学分析方程，统一了非正交与正交五轴数控机床的运动学方程，并对各种结构的五轴数控机床后置处理算法进行详细分析。在此基础上，定义和描述了基于工件坐标系的五轴数控机床工作空间，对加工过程的超程原因进行了分析。

参考文献

[1] 沈孟养. 自动编程的现状和发展趋向[J]. 江南大学学报, 1991，6(4)：84-89.

[2] 简松坚. 简化的 MINI-APT 语言及其在微型计算机的应用[J]. 西安工业大学学报, 1987, 18(3): 85-95.

[3] 张丽英, 孙家瞰, 王习贞，等. 数控加工后置处理技术[J]. 计算机辅助设计与制造, 1999, (9): 12-15.

[4] Yoshimi T, Takahiro W. Generation of five-axis control collision-free tool path and post processing for NC-data[J]. CIRP Annals - Manufacturing Technology, 1992, 41(1): 539-542.

[5] Yoshimi T, Kazuhiro W, Tatsuya H, et al Study on post-processor for 5-axis control machining centers in case of spindle-tilting type and table/Spindle-tilting Type[J]. Journal of the Japan Society for Precision Engineering, 1994, 60(1): 75-79.

[6] 李佳. 集成 CAD/CAM 中五轴 NC 加工后处理关键技术研究[J]. 天津大学学报, 1998, 31(3): 284-289.

[7] Jung Y H, Lee D W, Kim J S, et al. NC post-processor for 5-axis milling machine of table-rotating/tilting type[J]. Journal of Materials Processing Technology, 2002, (130-131):

641-646.

[8] 胡寅亮，熊涛，黄翔. 五轴数控机床的后置处理方法[J]. 机械科学与技术，2003，22(7)：175-177.

[9] 蔡永林，席光，查建中. 五坐标数控加工后置处理算法的研究[J]. 组合机床与自动化加工技术，2003(9)：17-18.

[10] 何永红，齐乐华，赵宝林. 双转台五轴数控机床后置处理算法研究[J]. 制造技术与机床，2006(1)：9-12.

[11] 冯显英，葛荣雨. 五坐标数控机床后置处理算法的研究[J]. 工具技术，2006，40(4)：44-46.

[12] 葛振红，姚振强，赵国伟. 非正交五轴数控机床后置处理算法[J]. 机械设计与研究，2006，22(2)：79-81.

[13] 成群林，侯正全，宋健，等. 特殊五坐标数控机床后置处理技术研究[J]. 航天制造技术，2007(3)：20-22.

[14] 李贤元，孟文，周奎. 五轴数控机床后置处理算法研究[J]. 机械，2009，36(10)：45-47.

[15] Tung C, Tso P L. A generalized cutting location expression and postprocessors for multi-axis machine centers with tool compensation[J]. The International Journal of Advanced Manufacturing Technology, 2010, 50(9-12): 1113-1123.

[16] 刘东杰. 应用 Tcl 语言实现非正交五轴数控机床后置处理[J]. 光电技术应用，2010，25(1)：75-78.

[17] 代星. 整体叶轮五轴数控加工后置处理技术研究[D]. 武汉：华中科技大学，2012.

[18] 田荣鑫，任军学，孟晓贤，等. 斜摆头五坐标数控加工机床的后置处理算法研究[J]. 机械设计与制造，2008 (12)：117-118.

[19] 刘雄伟，张定华，等. 数控加工理论与编程技术[M]. 北京:机械工业出版社，1994：37-64，135-151.

[20] 韩向利，袁哲俊. 五坐标机床后置处理方法的研究[J]. 组合机床与自动化加工技术，1995 (3)：34-37.

[21] Lee R S, She C H. Developing a postprocessor for three types of five-axis machine tools[J]. The International Journal of Advanced Manufacturing Technology, 1997, 13(9): 658-665.

[22] 任军学，刘维伟，汪文虎，等. 五坐标数控机床后置处理算法[J]. 航空计算技术，2000，30(1)：40-43.

[23] 吕凤民. 后置处理算法及基于 UG/Open GRIP 下的程序开发[D]. 大连：大连理工大学硕士论文，2005.

[24] 段春辉. 五轴数控机床通用后置处理系统研制[D]. 成都：西南交通大学硕士论文，2007.

[25] Tsutsumi M, Saito A. Identification of angular and positional deviations inherent to 5-axis machining centers with a tilting-rotary table by simultaneous four-axis control movements[J]. International Journal of Machine Tools and Manufacture, 2004, 44(12): 1333-1342.

[26] She C H, Huang Z T. Postprocessor development of a five-axis machine tool with nutating head and table configuration[J]. The International Journal of Advanced Manufacturing Technology, 2008, 38(7-8): 728-740.

[27] 张启先. 空间机构的分析与综合(上册)(M). 北京: 机械工业出版社，1984.

[28] She C H, Lee R S. A postprocessor based on the kinematics model for general five-axis machine tools[J]. Journal of Manufacturing Processes, 2000, 2(2): 131-141.

[29] 何耀雄, 徐起贺. 任意结构数控机床机构运动学建模与求解[J]. 机械工程学报, 2002, 38(10): 31-36.

[30] 伍鹏. 五轴数控机床开放式后置处理系统研究与开发[D]. 成都：西南交通大学硕士论文, 2014.

[31] 李庄. 五轴机床运动学通用建模理论研究及应用[D]. 成都：西南交通大学硕士论文, 2013.

[32] 周济，周艳红. 数控加工技术[M]. 北京: 国防工业出版社，2002.

[33] 谢斌斌. 基于机床动力学和曲线特性的 NURBS 插补算法研究[D]. 成都：西南交通大学硕士论文, 2010.

[34] Zhang Q G, Greenway R B. Development and Implementation of a NURBS Curve Motion Interpolator [J]. Robotics and Computer-Integrated Manufacturing, 1998, 14(1): 27-36.

[35] 付云忠，富宏亚，陆华，等. 多轴联动线性插补及其速度的理解[J]. 组合机床与自动化加工技术，2001(8): 42-43.

第 4 章　五轴数控加工综合误差建模

切削加工过程中，许多误差因素对零件的加工精度造成影响，如运动误差、几何误差、切削力引起的误差、伺服误差、刀具磨损等。其中，机床结构部件自身的几何误差是造成零件加工误差的最大误差源之一。

误差建模即建立各项误差参数与最终加工误差之间的关联关系，是最核心的部分，包括分析误差因素的存在形式、定义误差参数、建立误差模型。本章在现有机床几何误差模型的基础上，加入工件位置误差、刀具几何误差和安装误差，建立一个全面考虑工艺系统的五轴数控加工综合误差模型。

4.1　国内外研究现状

机床几何误差建模即建立机床各部件几何/运动误差与零件最终加工误差之间的关系模型，相关研究已经有了较长的时间，发展了多种不同的建模方法。

早在 20 世纪 60 年代，Leete[1]、French 等[2]就利用三角关系建立了三轴机床的几何误差模型。1986 年，Han 等利用傅里叶变换建立了数控机床的几何误差模型[3]。1988 年，Reshetov 等根据小角度误差假设，用变分法的分析方法建立了任意结构机床的精度模型，包括机床成形系统数学模型、物体小位移数学模型和几何误差模型，将机床的误差直接表达为参数形式[4]。1991 年，Kim 等运用刚体动力学模型建立了五轴数控机床空间几何误差模型[5]。1993 年，Kiridena 等利用 D-H（Denavit-Hartenberg）法描述相邻部件之间的坐标变换，分别建立了 TTTRR、RTTTR、RRTTT 三大类五轴数控机床的几何误差模型[6]。1997 年，朱建忠等基于变分法建立了车床成形系统的数学模型，对其输出精度进行了理论分析[7]。1998 年，杨建国等根据齐次坐标变换原理，推导了一种车削加工中心刀具与工件之间相对位移的动态关系式，包括了该机床几何误差和热误差中主要影响机床精度的 14 个误差因子[8]。2000 年，Okafor 等基于刚体运动学和小角度假设，使用齐次坐标变换建立了三轴机床几何误差模型[9]。2002 年，Fan 等基于多体系统运动学，提出一种通用的机床几何误差模型[10]。2002 年，粟时平基于多体系统运动学理论，根据五轴数控机床的拓扑结构，使用低序体阵列来描述机床各部件的关联关系，使用四阶齐次特征矩阵来表示各部件之间的几何特征，系统、完整地推导出了有误差运动的运动学模型[11]。2003 年，Lei 等通过建立机床各部件的坐标系，利用四阶齐次矩阵描述各坐标系间的运动变换，并加入误差参数从而建立了五轴数控机床的几何误差模型[12]。2007 年，Hsu 等假定机床为刚体，根据运动学利用四阶齐次矩阵建立了一台 RRTTT 结构五轴数控机床的几何误差模型[13]。

综上可见，目前基于多体系统运动学理论及齐次坐标变换的建模方法被广泛采用。过去已有很多学者基于多体系统和齐次坐标变换建立了机床运动模型和运动误差模型，其正确性和有效性已经得到了证实，且具有开放性[8-11, 14]。在理想运动学模型的基础上加入各体间的运动误差，则可得到误差模型。

4.2 五轴数控加工工艺误差源分析

五轴数控加工一般用于具有曲面轮廓特征的复杂零件的加工，其一般工艺过程为：零件分析→工艺规划→数控编程→刀轨仿真→物理仿真→数控加工→精度检测→表面处理、质量检测等。

实际生产中，该工艺过程各阶段均不可避免地存在各种误差因素，最终造成零件的加工误差。根据产生的先后顺序，可将这些误差分为切削加工前、切削加工过程中和切削加工后产生的误差，它们在工艺过程中的分布如图 4-1 所示。

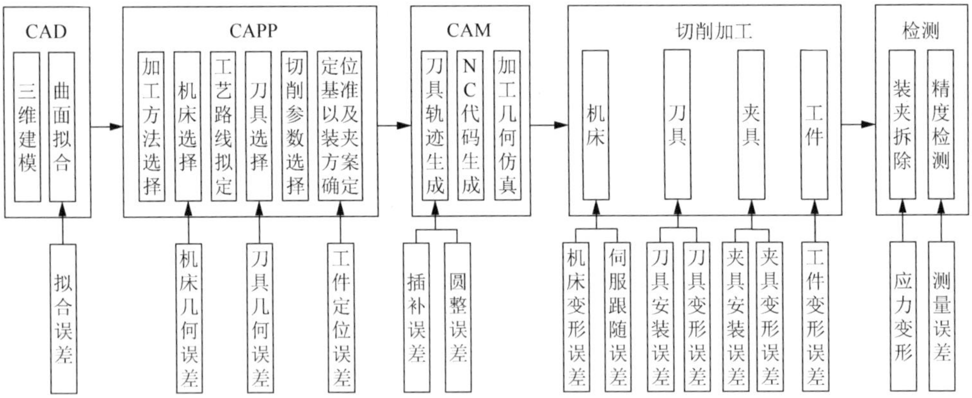

图 4-1　五轴数控加工工艺过程中的误差因素分布

4.2.1　切削加工前产生的误差

切削加工前进行工艺规划、数控编程及仿真，存在的误差因素如下。

1. 工艺系统几何误差

CAPP 中一旦确定了加工方案、装夹方案，选定机床、刀具和夹具，工艺系统自身的几何误差也就确定。

(1) 机床几何误差：由组成机床各部件工作表面的几何形状、表面质量、相互之间的位置误差所引起的机床运动误差，是数控机床几何误差产生的主要原因。

(2) 刀具几何误差：刀具自身的长度及半径与理论值之间存在的偏差。

(3) 夹具几何误差：夹具定位面、定位销等存在的制造误差。

(4) 工件的定位误差：工件装夹中由于基准不重合或基准偏移造成的工件在工件坐标系中的位置误差。一批工件在夹具中加工时，引起加工尺寸产生误差的主要原因有两类。由于定位基准本身的尺寸和几何形状误差以及定位基准与定位元件之间的间隙所引起的同批工件定位基准沿加工尺寸方向的最大位移，称为定位基准位移误差。由于工序基准与定位基准不重合所引起的同批工件尺寸相对工序基准产生的偏移，称为基准不重合误差。上述两类误差之和即为定位误差。

2. 编程误差

编程过程中采用直线逼近零件轮廓、计算离散刀位点及刀轴矢量，存在如下误差。

(1) 插补误差：用来评价插补精度(插补轮廓与给定轮廓的符合程度)的一组数据。插补误差包括逼近误差 δ_a、计算误差 δ_c、圆整误差 δ_r。逼近误差和计算误差与插补算法密切相关。圆整误差是计算时四舍五入产生的误差。要求插补误差(轨迹误差)不大于系统的最小运动指令或脉冲当量。

(2) 非线性误差：五轴数控系统一般采用线性插补，加工曲面时必须将曲面按照给定的精度要求离散成一系列的微平面。由于曲面各点的法矢量是不断变化的，因此刀轴矢量也不断变化，从而导致刀具刀触点轨迹并不是预先离散的直线段，而是曲线段。由此所产生的插补误差属于非线性误差，包括直线插补误差和刀轴转动误差。

4.2.2　切削加工中产生的误差

1. 安装误差

(1) 刀具安装误差：主要为刀具轴线偏移、刀具旋转产生的径向跳动。

(2) 夹具安装误差：夹具在机床上的实际安装位置相对理论位置的偏离。

2. 工艺系统受力变形误差

由机床、夹具、刀具、工件组成的工艺系统，在切削力、传动力、惯性力、夹紧力以及重力等的作用下，会产生相应的变形(弹性变形及塑性变形)。这种变形将破坏工艺系统间已调整好的正确位置关系，使工艺系统发生弹性变形，实际切削点偏离理想切削点，从而产生加工误差。薄壁工件及细长刀具的变形尤为突出。

3. 工艺系统热误差

工艺系统热误差是指工艺系统由于热变形而产生的与预期效果之间的差异，所导致的加工误差或运动误差。工艺系统热误差绝大部分来自于机床的热误差。

4. 机床伺服系统误差

各轴伺服系统存在跟随误差，即实际位置与指令位置的偏差，各轴跟随误差的耦合使得实际切削点偏移。

4.2.3 切削加工后产生的误差

切削加工后需要对零件进行检测及表面处理等，可能存在以下误差。

1. 检测误差

零件精度检测时，检测设备的检测精度及人工操作会带来检测误差，使零件实际精度与检测得到的精度存在一定差异。

2. 残余应力引起的变形误差

残余应力是指零件在制造过程中，受到来自各种工艺等因素的作用与影响。当这些因素消失之后，若零件所受到的上述作用与影响不能随之而完全消失，仍有部分应力的作用与影响残留在构件内，在残余应力释放过程中产生零件的变形。

4.3 五轴数控机床误差定义

上述误差因素中，三维建模及编程时产生的误差通常可根据精度要求控制在较小的范围；零件加工完成后会进行去应力处理以消除应力变形；恒温环境下，采用高档三坐标测量机，零件测量误差很小。因此，本章主要考虑机床几何误差、工件定位误差、刀具几何误差和伺服跟随误差四项主要误差因素。

4.3.1 机床几何误差

机床几何误差是指由机床各组成部件表面的几何形状、表面质量、相互之间的位置误差所产生的机床定位误差。数控机床的几何误差主要是由机床原始制造误差、机床部件之间的装配误差、机床部件的动静态变形、磨损、间隙、润滑不良等造成的。当温度变化不大时，几何误差占机床误差的主要部分。几何误差受环境影响较小，可在较长的时间内保持稳定，重复性好。数控加工时，机床各部件的几何误差最终综合反映为刀位点和刀轴矢量的误差，从而造成零件的加工误差。

机床 X、Y、Z 轴运动时，分别产生 6 项基本误差及三项垂直度误差。如果设定两个转动轴的位置误差可以通过调整予以消除，则与三轴数控机床的几何误差参数相比，五轴数控机床的两个转动坐标带来了 12 项误差参数，共计 33 项几何误差参数，如表 4-1 所示。

表 4-1　X 轴运动产生的误差

Δx_X	X 向定位误差	$\Delta \alpha_X$	绕 X 轴的转动误差
Δy_X	Y 向跳动误差	$\Delta \beta_X$	绕 Y 轴的转动误差
Δz_X	Z 向跳动误差	$\Delta \gamma_X$	绕 Z 轴的转动误差

表 4-2　五轴数控机床几何误差参数及其表达式(CZFXYB 型)

几何意义		表达式	序号	几何意义		表达式	序号
X轴平动	定位误差	Δx_X	1	B转动轴	X 方向跳动误差	Δx_B	19
	Y 方向直线度误差	Δy_X	2		B 轴向跳动误差	Δy_B	20
	Z 方向直线度误差	Δz_X	3		Z 方向跳动误差	Δz_B	21
	滚摆误差	$\Delta \alpha_X$	4		绕自身转角误差	$\Delta \alpha_B$	22
	颠摆误差	$\Delta \beta_X$	5		绕 Y 轴转角误差	$\Delta \beta_B$	23
	偏摆误差	$\Delta \gamma_X$	6		绕 Z 轴转角误差	$\Delta \gamma_B$	24
Y轴平动	X 方向直线度误差	Δx_Y	7	C转动轴	X 方向跳动误差	Δx_C	25
	定位误差	Δy_Y	8		Y 方向跳动误差	Δy_C	26
	Z 方向直线度误差	Δz_Y	9		C 轴向跳动误差	Δz_C	27
	颠摆误差	$\Delta \alpha_Y$	10		绕 X 轴转角误差	$\Delta \alpha_C$	28
	滚摆误差	$\Delta \beta_Y$	11		绕 Y 轴转角误差	$\Delta \beta_C$	29
	偏摆误差	$\Delta \gamma_Y$	12		绕自身转角误差	$\Delta \gamma_C$	30
Z轴平动	X 方向直线度误差	Δx_Z	13	各移动轴间位置	X、Y 垂直度误差	$\Delta \gamma_{XY}$	31
	Y 方向直线度误差	Δy_Z	14				
	定位误差	Δz_Z	15		X、Z 垂直度误差	$\Delta \beta_{XZ}$	32
	颠摆误差	$\Delta \alpha_Z$	16				
	偏摆误差	$\Delta \beta_Z$	17		Y、Z 垂直度误差	$\Delta \alpha_{YZ}$	33
	滚摆误差	$\Delta \gamma_Z$	18				

4.3.2　机床伺服跟随误差

伺服跟随误差是指伺服系统实际位置相对于指令位置的滞后。指令给出了每一个运动轴的运动位置。因此，每一个运动轴都存在一项跟随误差，这里用 e_D (D=X、Y、Z、A、B、C)表示。

4.3.3　工件安装位置误差

零件装夹的目的是要保证加工过程中零件在机床坐标系中处于正确的位置。但是由于夹具定位元件的几何误差，工件定位基准的尺寸误差，夹紧力及切削力引起的夹具-工件弹性变形等误差因素的存在，工件的实际位置和姿态较理想位置总存在一定的偏离，这种偏离称为工件位置误差。

工件实际位置与理想位置的偏差可通过工件六个自由度方向的偏移 Δx_W、Δy_W、Δz_W、$\Delta \alpha_W$、$\Delta \beta_W$、$\Delta \gamma_W$ 来描述[15]，如图 4-2 所示。

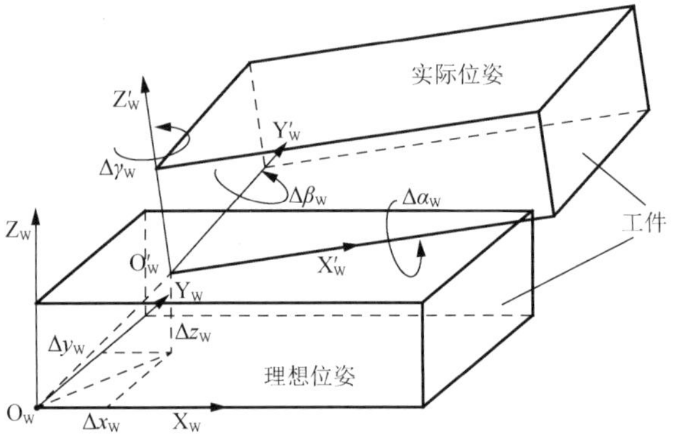

图 4-2　工件位置误差参数示意图

4.3.4　刀具几何误差和安装误差

刀具几何误差是指刀具在制造时或修磨后产生的几何尺寸误差，对于圆柱立铣刀，用实际长度与理想长度之差 ΔL_T 及实际半径与理想半径之差 ΔR_T 来表示：

$$\begin{cases} \Delta L_T = L_T - L \\ \Delta R_T = R_T - R \end{cases} \tag{4-1}$$

式中，L、R 为理想刀具长度及半径；L_T、R_T 为实际刀具长度及半径。

刀具安装误差是指刀具安装到主轴上时，由于刀具锥柄或主轴锥套几何偏差导致的刀具实际位置与理想位置之差，分别用刀具沿 X、Y、Z 轴向的位移误差 Δx_T、

Δy_T、Δz_T 和绕 X、Y 轴的转角误差 $\Delta\alpha_T$、$\Delta\beta_T$ 表示。

4.4　机床进给轴几何误差模型

以 C 轴为例说明进给轴的几何误差模型。当 C 轴转动时，将分别产生 3 项相对低序体沿坐标轴方向的平动误差和绕坐标轴的转动误差，分别表示为Δx_C、Δy_C、Δz_C 和 $\Delta\alpha_C$、$\Delta\beta_C$、$\Delta\gamma_C$。根据五轴数控机床相邻体间运动关系，相应误差的变换矩阵为

$$\boldsymbol{T}_C(\Delta\alpha_C)=\begin{pmatrix}1 & 0 & 0 & 0\\ 0 & \cos(\Delta\alpha_C) & -\sin(\Delta\alpha_C) & 0\\ 0 & \sin(\Delta\alpha_C) & \cos(\Delta\alpha_C) & 0\\ 0 & 0 & 0 & 1\end{pmatrix} \tag{4-2}$$

$$\boldsymbol{T}_C(\Delta\beta_C)=\begin{pmatrix}\cos(\Delta\beta_C) & 0 & \sin(\Delta\beta_C) & 0\\ 0 & 1 & 0 & 0\\ -\sin(\Delta\beta_C) & 0 & \cos(\Delta\beta_C) & 0\\ 0 & 0 & 0 & 1\end{pmatrix} \tag{4-3}$$

$$\boldsymbol{T}_C(\Delta\gamma_C)=\begin{pmatrix}\cos(\Delta\gamma_C) & 0 & -\sin(\Delta\gamma_C) & 0\\ \sin(\Delta\gamma_C) & 1 & \cos(\Delta\gamma_C) & 0\\ 0 & 0 & 1 & 0\\ 0 & 0 & 0 & 1\end{pmatrix} \tag{4-4}$$

$$\boldsymbol{T}_C(\Delta x_C)=\begin{pmatrix}1 & 0 & 0 & \Delta x_C\\ 0 & 1 & 0 & 0\\ 0 & 0 & 1 & 0\\ 0 & 0 & 0 & 1\end{pmatrix} \tag{4-5}$$

$$\boldsymbol{T}_C(\Delta y_C)=\begin{pmatrix}1 & 0 & 0 & 0\\ 0 & 1 & 0 & \Delta y_C\\ 0 & 0 & 1 & 0\\ 0 & 0 & 0 & 1\end{pmatrix} \tag{4-6}$$

$$\boldsymbol{T}_C(\Delta z_C)=\begin{pmatrix}1 & 0 & 0 & 0\\ 0 & 1 & 0 & 0\\ 0 & 0 & 1 & \Delta z_C\\ 0 & 0 & 0 & 1\end{pmatrix} \tag{4-7}$$

则误差变换矩阵$\Delta\boldsymbol{T}_C(\gamma)$为

$$\Delta\boldsymbol{T}_{\mathrm{C}}(\gamma)=\boldsymbol{T}_{\mathrm{C}}(\Delta\alpha_{\mathrm{C}}(\gamma))\boldsymbol{T}_{\mathrm{C}}(\Delta\beta_{\mathrm{C}}(\gamma))\boldsymbol{T}_{\mathrm{C}}(\Delta\gamma_{\mathrm{C}}(\gamma))\boldsymbol{T}_{\mathrm{C}}(\Delta x_{\mathrm{C}}(\gamma))\boldsymbol{T}_{\mathrm{C}}(\Delta y_{\mathrm{C}}(\gamma))\boldsymbol{T}_{\mathrm{C}}(\Delta z_{\mathrm{C}}(\gamma))$$

$$=\begin{pmatrix}1 & 0 & 0 & 0\\ 0 & \cos(\Delta\alpha_{\mathrm{C}}) & -\sin(\Delta\alpha_{\mathrm{C}}) & 0\\ 0 & \sin(\Delta\alpha_{\mathrm{C}}) & \cos(\Delta\alpha_{\mathrm{C}}) & 0\\ 0 & 0 & 0 & 1\end{pmatrix}\begin{pmatrix}\cos(\Delta\beta_{\mathrm{C}}) & 0 & \sin(\Delta\beta_{\mathrm{C}}) & 0\\ 0 & 1 & 0 & 0\\ -\sin(\Delta\beta_{\mathrm{C}}) & 0 & \cos(\Delta\beta_{\mathrm{C}}) & 0\\ 0 & 0 & 0 & 1\end{pmatrix}$$

$$\begin{pmatrix}\cos(\Delta\gamma_{\mathrm{C}}) & -\sin(\Delta\gamma_{\mathrm{C}}) & 0 & 0\\ \sin(\Delta\gamma_{\mathrm{C}}) & \cos(\Delta\gamma_{\mathrm{C}}) & 0 & 0\\ 0 & 0 & 1 & 0\\ 0 & 0 & 0 & 1\end{pmatrix}\begin{pmatrix}1 & 0 & 0 & \Delta x_{\mathrm{C}}\\ 0 & 1 & 0 & \Delta y_{\mathrm{C}}\\ 0 & 0 & 1 & \Delta z_{\mathrm{C}}\\ 0 & 0 & 0 & 1\end{pmatrix}$$

$$=\begin{pmatrix}\cos(\Delta\beta_{\mathrm{C}})\cos(\Delta\gamma_{\mathrm{C}}) & -\cos(\Delta\beta_{\mathrm{C}})\sin(\Delta\gamma_{\mathrm{C}}) & \sin(\Delta\beta_{\mathrm{C}}) & 0\\ \begin{pmatrix}\cos(\Delta\beta_{\mathrm{C}})\sin(\Delta\gamma_{\mathrm{C}})+\\ \sin(\Delta\alpha_{\mathrm{C}})\sin(\Delta\beta_{\mathrm{C}})\cos(\Delta\gamma_{\mathrm{C}})\end{pmatrix} & \begin{pmatrix}\cos(\Delta\alpha_{\mathrm{C}})\cos(\Delta\gamma_{\mathrm{C}})-\\ \sin(\Delta\alpha_{\mathrm{C}})\sin(\Delta\beta_{\mathrm{C}})\sin(\Delta\gamma_{\mathrm{C}})\end{pmatrix} & -\sin(\Delta\alpha_{\mathrm{C}})\cos(\Delta\beta_{\mathrm{C}}) & 0\\ \begin{pmatrix}\sin(\Delta\beta_{\mathrm{C}})\sin(\Delta\gamma_{\mathrm{C}})-\\ \cos(\Delta\alpha_{\mathrm{C}})\sin(\Delta\beta_{\mathrm{C}})\cos(\Delta\gamma_{\mathrm{C}})\end{pmatrix} & \begin{pmatrix}\sin(\Delta\alpha_{\mathrm{C}})\cos(\Delta\gamma_{\mathrm{C}})+\\ \cos(\Delta\alpha_{\mathrm{C}})\sin(\Delta\beta_{\mathrm{C}})\sin(\Delta\gamma_{\mathrm{C}})\end{pmatrix} & \cos(\Delta\alpha_{\mathrm{C}})\cos(\Delta\beta_{\mathrm{C}}) & 0\\ 0 & 0 & 0 & 1\end{pmatrix}$$

$$\begin{pmatrix}1 & 0 & 0 & \Delta x_{\mathrm{C}}\\ 0 & 1 & 0 & \Delta y_{\mathrm{C}}\\ 0 & 0 & 1 & \Delta z_{\mathrm{C}}\\ 0 & 0 & 0 & 1\end{pmatrix} \tag{4-8}$$

当 $\Delta\alpha_{\mathrm{C}}$、$\Delta\beta_{\mathrm{C}}$、$\Delta\gamma_{\mathrm{C}}$ 很小时，有

$$\Delta\boldsymbol{T}_{\mathrm{C}}(\gamma)=\begin{pmatrix}1 & -\Delta\gamma_{\mathrm{C}} & \Delta\beta_{\mathrm{C}} & 0\\ \Delta\gamma_{\mathrm{C}} & 1 & -\Delta\alpha_{\mathrm{C}} & 0\\ -\Delta\beta_{\mathrm{C}} & \Delta\alpha_{\mathrm{C}} & 1 & 0\\ 0 & 0 & 0 & 1\end{pmatrix}\begin{pmatrix}1 & 0 & 0 & \Delta x_{\mathrm{C}}\\ 0 & 1 & 0 & \Delta y_{\mathrm{C}}\\ 0 & 0 & 1 & \Delta z_{\mathrm{C}}\\ 0 & 0 & 0 & 1\end{pmatrix}$$
$$=\begin{pmatrix}1 & -\Delta\gamma_{\mathrm{C}} & \Delta\beta_{\mathrm{C}} & \Delta x_{\mathrm{C}}\\ \Delta\gamma_{\mathrm{C}} & 1 & -\Delta\alpha_{\mathrm{C}} & \Delta y_{\mathrm{C}}\\ -\Delta\beta_{\mathrm{C}} & \Delta\alpha_{\mathrm{C}} & 1 & \Delta z_{\mathrm{C}}\\ 0 & 0 & 0 & 1\end{pmatrix} \tag{4-9}$$

同理可以得到 X、Y、Z 和 A、B 轴的综合几何误差变换矩阵$\Delta\boldsymbol{T}_{\mathrm{X}}(\mathrm{X})$、$\Delta\boldsymbol{T}_{\mathrm{Y}}(\mathrm{Y})$、$\Delta\boldsymbol{T}_{\mathrm{Z}}(\mathrm{Z})$、$\Delta\boldsymbol{T}_{\mathrm{A}}(\alpha)$、$\Delta\boldsymbol{T}_{\mathrm{B}}(\beta)$。

4.5 五轴数控加工误差综合模型

基于多体系统运动学理论、在五轴数控加工运动学模型的基础上，以刀具/工作台转动型 CXYFZA 五轴数控加工机床系统为例，本章介绍五轴数控加工综合误差模型。

运动学建模时，未考虑各种误差因素的存在，相邻体间运动变换为理想运动变换。实际加工过程中，受工艺系统本身的几何误差、安装误差及切削力、加工动态特性等的影响，工艺系统各部件运动时均有误差存在。

1. 刀具坐标系

现有的编程软件都是根据工件曲面求取偏距为理想刀具半径的法向偏移面(法向径偏面)，再将等参面与法向径偏面求交得到刀具路径。因此，加工时的实际刀具半径/长度与编程时给定的理想刀具半径/长度的不一致导致加工误差的产生。

从数控代码反算对应的刀触点，计算中分别代入理想和实际的刀具长度/半径，即可获得理想和实际的刀触点，从而获得刀具几何误差导致的加工点位置偏差。

数控编程时生成的刀具轨迹与选用的刀具类型有关，以加工侧面轮廓常用的环形立铣刀为例，其刀尖点、刀触点及刀轴矢量如图 4-3 所示，刀长及半径误差导致的切触点偏移的计算方法如下。

1) 计算刀位点 $\boldsymbol{P}_{\mathrm{W}}[x,y,z,1]^{\mathrm{T}}$

通常五轴数控加工均以刀位点为中心编程，其数控代码中的 x、y、z 坐标即为刀位点坐标。

2) 计算刀轴矢量 $\boldsymbol{U}_{\mathrm{W}}(u_{\mathrm{x}},u_{\mathrm{y}},u_{\mathrm{z}},0)^{\mathrm{T}}$

根据运动学模型，可将数控代码中的转角坐标转换为工件坐标系中的刀轴矢量。

3) 计算切向矢量 $\boldsymbol{\tau}(\tau_{\mathrm{x}},\tau_{\mathrm{y}},\tau_{\mathrm{z}},0)^{\mathrm{T}}$

对于曲面轮廓精加工，编程时的步距通常很小，可近似以本刀位点到下一刀位点之间的矢量作为本刀位点处的切向矢量，即

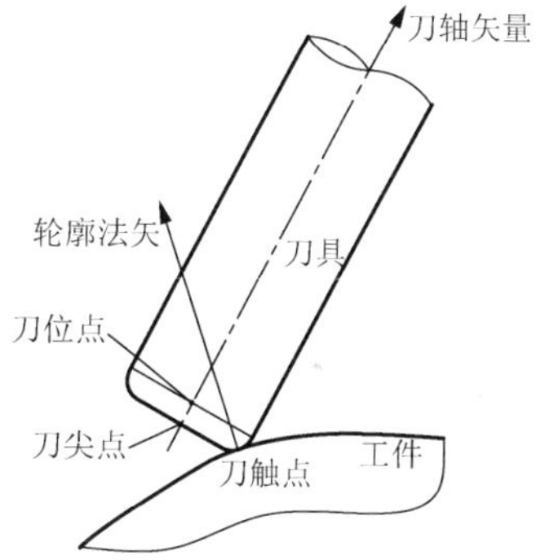

图 4-3　环形立铣刀加工示意图

$$\begin{pmatrix}\tau_{\mathrm{x}}\\ \tau_{\mathrm{y}}\\ \tau_{\mathrm{z}}\\ 0\end{pmatrix}=\begin{pmatrix}x_{\mathrm{n+1}}-x_{\mathrm{n}}\\ y_{\mathrm{n+1}}-y_{\mathrm{n}}\\ z_{\mathrm{n+1}}-z_{\mathrm{n}}\\ 0\end{pmatrix} \tag{4-10}$$

4) 计算法向单位矢量 $\boldsymbol{n}(n_{\mathrm{x}},n_{\mathrm{y}},n_{\mathrm{z}},0)^{\mathrm{T}}$

将上述刀轴矢量与切向矢量叉乘，再单位化即可获得该刀位点处的法向单位矢量，即

$$\boldsymbol{n}=(\boldsymbol{\tau}\times\boldsymbol{U}_{\mathrm{W}})/\left|\boldsymbol{\tau}\times\boldsymbol{U}_{\mathrm{W}}\right| \tag{4-11}$$

5) 计算刀触点位置矢量 $\boldsymbol{t}(x_{\mathrm{T}},y_{\mathrm{T}},z_{\mathrm{T}},1)^{\mathrm{T}}$

将刀位点沿法向矢量偏移一个理想刀具半径 R，再沿刀轴矢量偏移圆角半径 r，即可得到刀触点在工件坐标系中的理想坐标为

$$\begin{pmatrix} x_{\mathrm{T}} \\ y_{\mathrm{T}} \\ z_{\mathrm{T}} \\ 1 \end{pmatrix} = \begin{pmatrix} 1 & 0 & 0 & ru_{\mathrm{x}} \\ 0 & 1 & 0 & ru_{\mathrm{y}} \\ 0 & 0 & 1 & ru_{\mathrm{z}} \\ 0 & 0 & 0 & 1 \end{pmatrix} \begin{pmatrix} 1 & 0 & 0 & Rn_{\mathrm{x}} \\ 0 & 1 & 0 & Rn_{\mathrm{y}} \\ 0 & 0 & 1 & Rn_{\mathrm{z}} \\ 0 & 0 & 0 & 1 \end{pmatrix} \begin{pmatrix} x \\ y \\ z \\ 1 \end{pmatrix} = \begin{pmatrix} x+Rx_n+rn_{\mathrm{x}} \\ y+Ry_n+rn_{\mathrm{y}} \\ z+Rz_n+rn_{\mathrm{z}} \\ 1 \end{pmatrix} \tag{4-12}$$

同理，可得刀触点在工件坐标系中的实际坐标为

$$\begin{aligned} \boldsymbol{P}'_{\mathrm{T}} = \begin{pmatrix} x'_{\mathrm{T}} \\ y'_{\mathrm{T}} \\ z'_{\mathrm{T}} \\ 1 \end{pmatrix} &= \begin{pmatrix} 1 & 0 & 0 & (r+\Delta L_{\mathrm{T}})u_{\mathrm{x}} \\ 0 & 1 & 0 & (r+\Delta L_{\mathrm{T}})u_{\mathrm{y}} \\ 0 & 0 & 1 & (r+\Delta L_{\mathrm{T}})u_{\mathrm{z}} \\ 0 & 0 & 0 & 1 \end{pmatrix} \begin{pmatrix} 1 & 0 & 0 & (R+\Delta R_{\mathrm{T}})n_{\mathrm{x}} \\ 0 & 1 & 0 & (R+\Delta R_{\mathrm{T}})n_{\mathrm{y}} \\ 0 & 0 & 1 & (R+\Delta R_{\mathrm{T}})n_{\mathrm{z}} \\ 0 & 0 & 0 & 1 \end{pmatrix} \begin{pmatrix} x \\ y \\ z \\ 1 \end{pmatrix} \\ &= \begin{pmatrix} x+(R+\Delta R_{\mathrm{T}})n_{\mathrm{x}}+(r+\Delta L_{\mathrm{T}})u_{\mathrm{x}} \\ y+(R+\Delta R_{\mathrm{T}})n_{\mathrm{y}}+(r+\Delta L_{\mathrm{T}})u_{\mathrm{y}} \\ z+(R+\Delta R_{\mathrm{T}})n_{\mathrm{z}}+(r+\Delta L_{\mathrm{T}})u_{\mathrm{z}} \\ 1 \end{pmatrix} \end{aligned} \tag{4-13}$$

另外，由于刀具存在长度误差 ΔL_{T}，且安装时存在安装误差 Δx_{T}、Δy_{T}、Δz_{T}、$\Delta\alpha_{\mathrm{T}}$、$\Delta\beta_{\mathrm{T}}$，因此刀具坐标系相对于主轴坐标系的综合误差变换矩阵为

$$\Delta\boldsymbol{T}_{\mathrm{T}} = \begin{pmatrix} 1 & 0 & \Delta\beta_{\mathrm{T}} & \Delta x_{\mathrm{T}} \\ 0 & 1 & -\Delta\alpha_{\mathrm{T}} & \Delta y_{\mathrm{T}} \\ -\Delta\beta_{\mathrm{T}} & \Delta\alpha_{\mathrm{T}} & 1 & \Delta z_{\mathrm{T}}+\Delta L_{\mathrm{T}} \\ 0 & 0 & 0 & 1 \end{pmatrix} \tag{4-14}$$

2. A 轴坐标系实际运动变换矩阵

A 转动轴在运动中存在六个自由度方向的几何/运动误差Δx_{A}、Δy_{A}、Δz_{A}、$\Delta\alpha_{\mathrm{A}}$、$\Delta\beta_{\mathrm{A}}$、$\Delta\gamma_{\mathrm{A}}$，A 转轴的伺服跟随误差 e_{A}。A 轴相对其低序体 $B_{j\text{-}1}$ 的实际运动变换是在理想运动变换的基础上设置误差变换。由理想运动变换矩阵 $\boldsymbol{T}_{\mathrm{A}}$ 与综合几何误差矩阵$\Delta\boldsymbol{T}_{\mathrm{A}}$相乘，因此 A 轴坐标系相对于 Z 轴坐标系的实际运动变换矩阵为

$$\begin{aligned} \boldsymbol{T}_{\mathrm{A}}(\alpha)_{实际} &= \Delta\boldsymbol{T}_{\mathrm{A}}(\alpha)\boldsymbol{T}_{\mathrm{A}}(\alpha) \\ &= \begin{pmatrix} 1 & -\Delta\gamma_{\mathrm{A}} & \Delta\beta_{\mathrm{A}} & \Delta x_{\mathrm{A}} \\ \Delta\gamma_{\mathrm{A}} & 1 & -\Delta\alpha_{\mathrm{A}}+e_{\mathrm{A}} & \Delta y_{\mathrm{A}} \\ -\Delta\beta_{\mathrm{A}} & \Delta\alpha_{\mathrm{A}} & 1 & \Delta z_{\mathrm{A}} \\ 0 & 0 & 0 & 1 \end{pmatrix} \begin{pmatrix} 1 & 0 & 0 & 0 \\ 0 & \cos\alpha & -\sin\alpha & 0 \\ 0 & \sin\alpha & \cos\alpha & 0 \\ 0 & 0 & 0 & 1 \end{pmatrix} \end{aligned} \tag{4-15}$$

3. Z 轴坐标系实际运动变换矩阵

Z 轴在运动中存在六个自由度方向的几何/运动误差Δx_{Z}、Δy_{Z}、Δz_{Z}、$\Delta\alpha_{\mathrm{Z}}$、$\Delta\beta_{\mathrm{Z}}$、$\Delta\gamma_{\mathrm{Z}}$，Z 向的伺服跟随误差 e_{Z}，因此 Z 轴坐标系相对于床身的实际运动变换矩阵为

$$\begin{aligned}
&\boldsymbol{T}_{\mathrm{Z}}(S_{\mathrm{Z}})_{\text{实际}} = \Delta\boldsymbol{T}_{\mathrm{Z}}(S_{\mathrm{Z}})\boldsymbol{T}_{\mathrm{Z}}(S_{\mathrm{Z}}) \\
&= \begin{pmatrix} 1 & -\Delta\gamma_{\mathrm{Z}} & \Delta\beta_{\mathrm{Z}} & \Delta x_{\mathrm{Z}} \\ \Delta\gamma_{\mathrm{Z}} & 1 & -\Delta\alpha_{\mathrm{Z}} & \Delta y_{\mathrm{Z}} \\ -\Delta\beta_{\mathrm{Z}} & \Delta\alpha_{\mathrm{Z}} & 1 & \Delta z_{\mathrm{Z}}+e_{\mathrm{Z}} \\ 0 & 0 & 0 & 1 \end{pmatrix} \begin{pmatrix} 1 & 0 & 0 & 0 \\ 0 & 1 & 0 & 0 \\ 0 & 0 & 1 & S_{\mathrm{Z}} \\ 0 & 0 & 0 & 1 \end{pmatrix}
\end{aligned} \tag{4-16}$$

4. X 轴坐标系实际运动变换矩阵

X 轴在运动中存在六个自由度方向的几何/运动误差Δx_{X}、Δy_{X}、Δz_{X}、$\Delta\alpha_{\mathrm{X}}$、$\Delta\beta_{\mathrm{X}}$、$\Delta\gamma_{\mathrm{X}}$，X 向的伺服跟随误差 e_{X}，因此 X 轴坐标系相对于床身坐标系的实际运动变换矩阵为

$$\begin{aligned}
&\boldsymbol{T}_{\mathrm{X}}(S_{\mathrm{X}})_{\text{实际}} = \Delta\boldsymbol{T}_{\mathrm{X}}(S_{\mathrm{X}})\boldsymbol{T}_{\mathrm{X}}(S_{\mathrm{X}}) \\
&= \begin{pmatrix} 1 & -\Delta\gamma_{\mathrm{X}} & \Delta\beta_{\mathrm{X}} & \Delta x_{\mathrm{X}}+e_{\mathrm{X}} \\ \Delta\gamma_{\mathrm{X}} & 1 & -\Delta\alpha_{\mathrm{X}} & \Delta y_{\mathrm{X}} \\ -\Delta\beta_{\mathrm{X}} & \Delta\alpha_{\mathrm{X}} & 1 & \Delta z_{\mathrm{X}} \\ 0 & 0 & 0 & 1 \end{pmatrix} \begin{pmatrix} 1 & 0 & 0 & S_{\mathrm{X}} \\ 0 & 1 & 0 & 0 \\ 0 & 0 & 1 & 0 \\ 0 & 0 & 0 & 1 \end{pmatrix}
\end{aligned} \tag{4-17}$$

5. Y 轴坐标系实际运动变换矩阵

Y 轴在运动中存在六个自由度方向的几何/运动误差Δx_{Y}、Δy_{Y}、Δz_{Y}、$\Delta\alpha_{\mathrm{Y}}$、$\Delta\beta_{\mathrm{Y}}$、$\Delta\gamma_{\mathrm{Y}}$，Y 向的伺服跟随误差 e_{Y}，因此 Y 轴坐标系相对于 X 轴坐标系的实际运动变换矩阵为

$$\begin{aligned}
&\boldsymbol{T}_{\mathrm{Y}}(S_{\mathrm{Y}})_{\text{实际}} = \Delta\boldsymbol{T}_{\mathrm{Y}}(S_{\mathrm{Y}})\boldsymbol{T}_{\mathrm{Y}}(S_{\mathrm{Y}}) \\
&= \begin{pmatrix} 1 & -\Delta\gamma_{\mathrm{Y}} & \Delta\beta_{\mathrm{Y}} & \Delta x_{\mathrm{Y}} \\ \Delta\gamma_{\mathrm{Y}} & 1 & -\Delta\alpha_{\mathrm{Y}} & \Delta y_{\mathrm{Y}}+e_{\mathrm{Y}} \\ -\Delta\beta_{\mathrm{Y}} & \Delta\alpha_{\mathrm{Y}} & 1 & \Delta z_{\mathrm{Y}} \\ 0 & 0 & 0 & 1 \end{pmatrix} \begin{pmatrix} 1 & 0 & 0 & 0 \\ 0 & 1 & 0 & S_{\mathrm{Y}} \\ 0 & 0 & 1 & 0 \\ 0 & 0 & 0 & 1 \end{pmatrix}
\end{aligned} \tag{4-18}$$

6. C 转动轴坐标系实际运动变换矩阵

C 转动轴在运动中存在六个自由度方向的几何/运动误差Δx_{C}、Δy_{C}、Δz_{C}、$\Delta\alpha_{\mathrm{C}}$、$\Delta\beta_{\mathrm{C}}$、$\Delta\gamma_{\mathrm{C}}$，C 转轴的伺服跟随误差 e_{C}，因此 C 轴坐标系相对于 Y 轴坐标系的实际运动变换矩阵为

$$
\begin{aligned}
&\boldsymbol{T}_{\mathrm{C}}(\gamma)_{实际}=\Delta\boldsymbol{T}_{\mathrm{C}}(\gamma)\boldsymbol{T}_{\mathrm{C}}(\gamma)\\
&=\begin{pmatrix}1 & -\Delta\gamma_{\mathrm{C}}+e_{\mathrm{C}} & \Delta\beta_{\mathrm{C}} & \Delta x_{\mathrm{C}}\\ \Delta\gamma_{\mathrm{C}}+e_{\mathrm{C}} & 1 & -\Delta\alpha_{\mathrm{C}} & \Delta y_{\mathrm{C}}\\ -\Delta\beta_{\mathrm{C}} & \Delta\alpha_{\mathrm{C}} & 1 & \Delta z_{\mathrm{C}}\\ 0 & 0 & 0 & 1\end{pmatrix}\begin{pmatrix}\cos\gamma & -\sin\gamma & 0 & 0\\ \sin\gamma & \cos\gamma & 0 & 0\\ 0 & 0 & 1 & 0\\ 0 & 0 & 0 & 1\end{pmatrix}
\end{aligned}
\tag{4-19}
$$

7. 夹具坐标系实际变换矩阵

夹具作为多体系统的一个“体”，在六个自由度方向均会与理想安装位置存在误差(Δx_{F}、Δy_{F}、Δz_{F}、$\Delta\alpha_{\mathrm{F}}$、$\Delta\beta_{\mathrm{F}}$、$\Delta\gamma_{\mathrm{F}}$)，夹具安装好后，该六项误差就确定了。因此，夹具坐标系实际静止误差变换矩阵为

$$
\Delta\boldsymbol{T}_{\mathrm{F}}=\begin{pmatrix}1 & -\Delta\gamma_{\mathrm{F}} & \Delta\beta_{\mathrm{F}} & \Delta x_{\mathrm{F}}\\ \Delta\gamma_{\mathrm{F}} & 1 & -\Delta\alpha_{\mathrm{F}} & \Delta y_{\mathrm{F}}\\ -\Delta\beta_{\mathrm{F}} & \Delta\alpha_{\mathrm{F}} & 1 & \Delta z_{\mathrm{F}}\\ 0 & 0 & 0 & 1\end{pmatrix}
\tag{4-20}
$$

8. 工件安装位置变换矩阵

根据工件实际位置偏差，工件安装位置变换矩阵为

$$
\Delta\boldsymbol{T}_{\mathrm{W}}=\begin{pmatrix}1 & -\Delta\gamma_{\mathrm{W}} & \Delta\beta_{\mathrm{W}} & \Delta x_{\mathrm{W}}\\ \Delta\gamma_{\mathrm{W}} & 1 & -\Delta\alpha_{\mathrm{W}} & \Delta y_{\mathrm{W}}\\ -\Delta\beta_{\mathrm{W}} & \Delta\alpha_{\mathrm{W}} & 1 & \Delta z_{\mathrm{W}}\\ 0 & 0 & 0 & 1\end{pmatrix}
\tag{4-21}
$$

将上述实际运动变换矩阵代入加工运动学模型式(2-32)、式(2-33)中，即得CXYFZA型五轴数控机床刀位点和刀轴矢量在工件坐标系中的实际运动轨迹方程为

$$
\boldsymbol{P}_{\mathrm{W}\_实际}=\Delta\boldsymbol{T}_{\mathrm{W}}\Delta\boldsymbol{T}_{\mathrm{F}}\boldsymbol{T}_{\mathrm{T}\to\mathrm{E}}\boldsymbol{T}_{\mathrm{C}}(\gamma)_{实际}\boldsymbol{T}_{\mathrm{E}\to\mathrm{D}}\boldsymbol{T}_{\mathrm{X}}(S_{\mathrm{X}})_{实际}\boldsymbol{T}_{\mathrm{Y}}(S_{\mathrm{Y}})_{实际}\boldsymbol{T}_{\mathrm{Z}}(S_{\mathrm{Z}})_{实际}\boldsymbol{T}_{\mathrm{A}}(\alpha)_{实际}\boldsymbol{T}_{\mathrm{D}\to\mathrm{T}}\boldsymbol{P}_{\mathrm{T}}
\tag{4-22}
$$

$$
\boldsymbol{U}_{\mathrm{W}\_实际}=\Delta\boldsymbol{T}_{\mathrm{F}}\boldsymbol{T}_{\mathrm{C}}(\gamma)_{实际}\boldsymbol{T}_{\mathrm{A}}(\alpha)_{实际}\boldsymbol{U}_{\mathrm{T}}
\tag{4-23}
$$

进一步可得工件坐标系中切削点和刀轴的空间误差矢量为

$$
\boldsymbol{P}_{\mathrm{W\_E}}=\boldsymbol{P}_{\mathrm{W}\_实际}-\boldsymbol{P}_{\mathrm{W}}
\tag{4-24}
$$

$$
\boldsymbol{U}_{\mathrm{W\_E}}=\boldsymbol{U}_{\mathrm{W}\_实际}-\boldsymbol{U}_{\mathrm{W}}
\tag{4-25}
$$

4.6 本章小结

本章采用基于多体系统的建模技术，分析了加工工艺过程中存在的误差因素及

其存在形式，考虑机床几何误差、工件位置误差、刀具几何误差及夹具安装误差对实际加工位置的影响，定义了误差参数，在运动学模型的基础上加入误差项，建立了包含该四项误差因素的五轴数控铣削加工通用综合误差模型，使用该模型可计算出刀具在工件坐标系中的空间误差。

参 考 文 献

[1] Leete D L. Automatic compensation of alignment errors in machine tool[J]. International Journal of Machine Tool Design and Research, 1961, 1(4): 293-324.

[2] French D, Humphries S H. Compensation for backlash and alignment errors in a numerically controlled machine tool by a digital computer program[C]. MTDR Conference Proceedings, 1967, 8(2): 707-726.

[3] Han Z J, Zhou K. Improvement of positioning accuracy of rotating table microcomputer control compensation[J]. Precision Engineering, 1986, 4(8): 115-120.

[4] Reshetov D N, Portman V T. Accuracy of Machine Tools[M]. New York：ASME Press, 1988.

[5] Kim K, Kim M K. Volumetric accuracy analysis based generalized geometric error model in multi-axes machine tools[J]. Mechanism and Machine Theory, 1991, 26(2): 207-219.

[6] Kiridena V, Ferreira P M. Mapping the effects of positioning errors on the volumetric accuracy of five-axis CNC machine tools[J]. International Journal of Machine tools and Manufacture, 1993, 33(3): 417-437.

[7] 朱建忠，李圣怡，黄凯．超精密机床变分法精度分析及其应用[J]．国防科技大学学报，1997, 19(2): 3-40.

[8] 杨建国，潘志宏，薛秉源．数控机床几何误差和热误差综合的运动学建模[J]．机械设计与制造，1998(5): 31-32.

[9] Okafor A C, Ertekin Y M. Derivation of machine tool error models and error compensation procedure for three axes vertical machining center using rigid body kinematics[J]. International Journal of Machine Tools and Manufacture, 2002, 40(8): 1199-1213.

[10] Fan J W, Guan J L, Wang W C, et al. A universal modeling method for enhancement the volumetric accuracy of CNC machine tools[J]. Journal of Materials Processing Technology, 2002, 129(1-3): 624-628.

[11] 粟时平．多轴数控机床精度建模与误差补偿方法研究[D]．长沙：国防科学技术大学博士学位论文, 2002.

[12] Lei W T, Hsu Y Y. Accuracy enhancement of five-axis CNC machines through realtime error compensation[J]. International Journal of Machine Tools and Manufacture, 2003, 43(9): 871-877.

[13] Hsu Y Y, Wang S S. A new compensation method for geometry errors of five-axis machine tools[J].

International of Machine Tools and Manufacture, 2007, 47(2): 352-360.

[14] 张楠, 张滢, 梁生龙，等. 数控铣削加工精度预测模型的建立[J]. 中国新技术新产品, 2009(2): 92-92.

[15] Zhu S W, Ding G F, Ma S W, et al. Workpiece locating error prediction and compensation in fixtures[J]. The International Journal of Advanced Manufacturing Technology, 2013, 67(5-8): 1423-1432.

第 5 章　五轴数控机床的几何误差检测与补偿

加工精度是金属切削加工中评价零件是否合格的首要指标，也是反映数控加工水平的重要指标。分析加工过程中的误差因素、对加工误差进行预测和补偿具有提高零件的加工精度、提高生产效率、降低成本等作用，对实际生产具有重要的现实意义。

根据综合误差模型，可以预测出任意加工位置的几何误差。为了满足实际生产需求，基于综合误差模型，合理选择预测点，可进一步对零件的轮廓法向误差、尺寸误差和形状误差进行预测。预测结果可检验工艺方案是否满足零件精度要求，并可用于指导工艺优化，在保证零件精度的同时，使制造资源得到最大化利用。

本章采用基于激光干涉仪的平动轴几何误差参数“十二线”辨识法，介绍一种基于球杆仪的五轴数控机床转动轴几何误差检测新方法。在综合误差模型基础上描述零件轮廓法向误差、尺寸误差和形状误差的预测及补偿方法。

5.1　国内外研究现状

1. 误差测量与辨识

误差参数测量及辨识为误差模型提供输入数据，是进行加工误差预测和补偿的前提条件，准确的误差参数输入才能获得良好的预测和补偿输出。对于三轴机床，公认有 21 项几何误差参数值[1]，包括每轴轴向的定位误差、另外两个正交方向上的直线度误差、偏摆误差、颠摆误差和滚摆误差以及两轴之间的垂直度误差。

对于三轴机床几何误差参数，最为传统的方法为直接测量法，即采用常规测量仪器直接单独测出机床每轴的各项误差参数值，相关国际标准(ISO10791 和 ISO 230)对其测量仪器、测量方法和数据处理做出了规定。直接测量法可以直接获得除滚摆误差之外的其他单项误差参数值，但其涉及测量仪器众多、测量过程复杂、测量周期长、数据处理烦琐。

为了简化测量过程，国内外学者提出了许多误差辨识方法，即借助标准参考物或简单的测量仪器对机床进行检测，获得多项误差参数合成的综合误差值，再根据理论分析得到机床各项几何误差参数。1988 年，Zhang 等提出利用三轴机床加工空间 22 条线位移误差辨识机床 21 项几何误差参数的“22 线法”[2]，但该方法需要采用循环求解或遍历求解，存在严重的误差传递性，且对测量点数有严格要求，并假设误差值总和不为 0，因而通用性和直观性较差。1991 年，Zhang 提出采用一维球列对机床 21 项几何误差参数进行辨识的方法[3]。1995 年，章青采用光栅阵列法对数控机床定位误差参数进行了测量辨识[4]。1998 年，鉴于“22 线法”的缺点，刘又午等提出基于激光干涉仪的“14 线法”和“9 线法”辨识数控机床三个平动轴 21 项几何误差参数[5]，使用激光干涉仪测量机床加工空间 14 或 9 条线上的位移误差，利用机床运动误差模型辨识出所有几何误差参数。其中，“14 线法”需要对两轴联动形成的对角线进行测量，其光路调整困难，测量效率较低，测量误差也较大；“9 线法”增加了对直线度误差的直接测量，但是其误差参数辨识不需要误差模型，且避免了对联动线的测量，因此计算和测量均较为简单。2001 年，Chen 等提出利用三轴机床加工空间 15 条线位移误差辨识机床 21 项几何误差参数的“15 线法”[6]。2002 年，郭俊杰等使用 2 维检具(球板或孔板)对龙门式三坐标测量机的空间误差进行了检测，提出了分离坐标测量机 21 项几何误差参数的算法[7]。同年，粟时平等基于空间误差模型，提出利用三轴机床加工空间 12 条线位移误差辨识机床 21 项几何误差参数的“12 线法”，各线的位移误差由激光干涉仪检测[8]。2008 年，李斌等提出一种使用三维步距规直接测量出离散点的空间三维误差、结合误差模型识别数控机床空间几何误差参数的方法，采用适当的测量路径可辨识出数控机床的全部 21 项几何误差参数[9]。2011 年，王金栋等利用激光跟踪仪，采用多站分时测量法 4 小时内即完成了一台铣床的精度检测，并分离出各项几何误差参数[10]。

为了进一步简化测量过程，缩短测量时间，还有学者开发了专用的设备对机床几何误差进行测量、辨识。1998 年，He 开发了一个六自由度激光测量系统，可一次测出机床运动轴六个自由度方向的几何误差参数，大大减少了测量时间[11]。1999 年，Chen 等开发了一个自动对准激光干涉仪系统，当两轴同时移动时，该系统可对对角线进行自动对准。使用该系统对一台三轴机床进行几何校准仅需 1 小时[12]。2000 年，Fan 开发了一个六自由度测量系统，采用四个激光多普勒尺(laser Doppler scale)和两个四象限光电探测器(quadrant photo detector)检测安装在 X-Y 工作台上的光学反射装置的位置和旋转误差，可同时在线测量出 X-Y 工作台(X-Y stage)六项运动误差[13]。2006 年，Lee 等基于五个电容传感器开发了一个针对小型化机床的多自由度几何误差测量系统，克服了机床的尺寸限制[14]。

对于五轴数控机床，由于转动轴的加入，其几何误差测量遇到了很大的困难。目前，五轴数控机床几何误差参数的测量与辨识还没有国际标准或公认的方法，然而国内外均有学者对其进行了研究，提出了一些方法。2004 年，Tsutsumi 通过使用球杆仪对机床四个运动轴配合运动时的运动轨迹进行测量，提出一种辨识刀具/工作台转动型五轴数控机床转动轴八项几何误差参数的方法[15]。2006 年，Dassanayake

等研究了国际标准 ISO10791.6 中的检测方法的有效性，提出一种基于球杆仪的附加方法用于辨识具有万能主轴头(universal spindle head)的五轴数控机床的几何误差[16]。2007 年，Bohez 等提出一种计算方法对五轴数控机床 39 项几何误差参数进行辨识，该方法先辨识和补偿系统转角误差，再进一步对系统平移误差进行辨识[17]。2008 年，张葳提出一种基于球杆仪的五轴数控机床旋转轴几何误差测量与分离方法，分别选择径向和轴向两种安装方式，采用 1 个转动轴运动或 1 个转动轴和 2 个平动轴配合运动两种方式，进行圆度误差测试，给出了转动轴几何误差与测试路径之间的关联关系[18]。同年，张大卫等针对立式加工中心 C 转动轴，提出一种基于球杆仪的检测方法，通过机床多轴联动使球杆仪完成圆弧轨迹运动，采集球杆仪的杆长变化量，由数学建模及轨迹仿真，结合误差敏感方向分析，最终分离得到各误差参数值[19]。2009 年，张为民等利用 SIEMENS 大圆插补功能，使用千分表测量转动中心球头的位移误差，从而检测五轴头转动中心不重合几何误差，即位移误差[20]。2009 年，Zargarbashi 利用一种名为“Capball”的测量仪器对五轴数控机床进行一次安装测量，再基于误差模型和雅可比矩阵辨识出测量仪器的安装误差和五轴数控机床 8 项几何误差[21]。2011 年，肖剑安利用 ETALON 激光跟踪仪对 YK73200 型成形磨齿机 C 轴进行了误差测量，并利用误差分离技术获得空间六自由度方向的误差[22]。

2. 误差补偿实施

目前的误差补偿一般有两种思路：硬件补偿和软件补偿。硬件误差补偿方法是通过开发以微处理器芯片为核心的误差补偿控制器及专用的接口电路，向数控机床传送空间点的位置误差补偿信息而达到误差补偿的目的。1995 年，Chen 开发了一个基于 PS 的补偿控制器，通过 I/O 接口联通数控系统和补偿控制器实现误差实时补偿，不需要对机床的伺服控制环进行硬件改动[23]。1997 年，北京机床研究所的盛伯浩采用动态补偿技术，经装入数控系统中的补偿控制单元的误差补偿模型运算出机床运动轴补偿量，使伺服进给系统作附加位移，实现对机床几何误差和热误差的补偿[24]。2003 年，Lei 在一个装有“奔腾III”微处理器的工业 PC 上开发了一个 CNC 控制器进行误差计算，使用一个运动控制卡连接机床伺服驱动与控制器，实现误差的实时补偿[25]。

数控机床的基本功能模块有数控系统、伺服单元、反馈环节。相应的误差补偿控制器也分为三类：NC 型、前馈补偿型、反馈补偿型。NC 型误差补偿控制器对数控系统有很大的依赖性，由于传统数控系统、伺服系统的多样性和封闭性，严重阻碍了该项技术的推广。反馈修正控制器通过修正反馈的脉冲数量实现机床空间误差的修正。该方法虽然不受数控系统类型的限制，但仍然存在两大缺点：一是对每个轴的位置反馈环节都必须增加一套修正装置，成本高，不利于调试和维护；二是在反馈环节增加修正环节改变了数控机床本身的机电动态特性。而西门子公司利用其自身数控系统的优势，开发了 VCS(volumetric compensation system)模块[26]，结合激光干涉仪和球杆仪对机床进行误差检测，并将误差数据存储到数控系统中，该模块可以实现对机床几何误差的自动补偿。张虎等在“华中 I 型”数控系统上，每 8ms 定时中断并根据误差模型做一次控制指令修正运算，用补偿后的指令控制机床的运动，实现机床几何误差补偿[27]。

与硬件误差补偿不同，软件误差补偿的思想是通过在加工前修改数控加工代码来实现加工误差的补偿，具有更大的灵活性。采用软件误差补偿方法可以在不对机床的机械部分做任何改变的情况下，使其总体精度和加工精度显著提高。1999 年，Suh 等通过修改刀具轨迹实现对机床几何误差的补偿[28]。2000 年，Rahman 等通过修改 NC 代码实现误差补偿[29]。2006 年，Wang 等基于一个回归补偿算法(recursivecompensation algorithm)，开发软件修改数控代码实现对机床几何误差的补偿[30]。

5.2　五轴数控机床平动轴几何误差检测

对于三轴机床或五轴数控机床平动轴，总共有 21 项几何误差参数，其中大部分可以按照 ISO 标准或国家标准的方法直接测得，但是涉及多种测量设备、且测量过程烦琐。为了能更方便、快捷地获取误差参数，国内外学者提出了多种辨识方法、开发了一些专用设备。对比各种辨识方法、结合现有设备情况，本章介绍基于激光干涉仪的“十二线”法对五轴数控机床平动轴几何误差参数进行测量、辨识。

基于激光干涉仪的“十二线”法即使用激光干涉仪测量机床 12 条直线运动轨迹的位移误差，通过相应的辨识算法获得全部 21 项平动轴几何误差参数。

如图 5-1 所示，点 P 至点 P_0 的理想距离为

$$l=\sqrt{(x-x_0)^2+(y-y_0)^2+(z-z_0)^2} \tag{5-1}$$

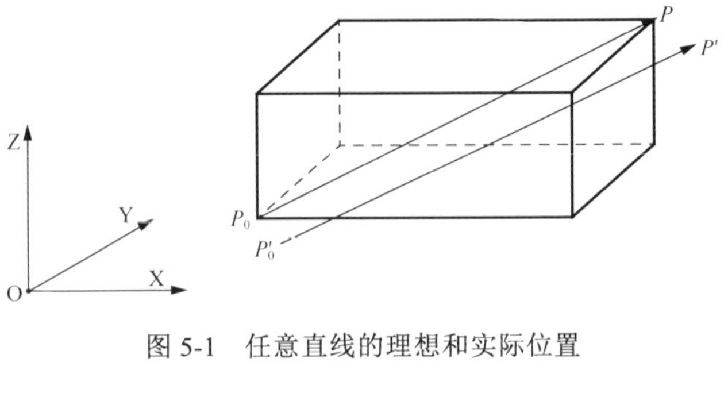

图 5-1　任意直线的理想和实际位置

由于存在误差，实际点 P'、P_0'(分别与 P、P_0 对应)之间的距离为

$$l_{实际}=\sqrt{(x'-x_0')^2+(y'-y_0')^2+(z'-z_0')^2} \tag{5-2}$$

实际距离与理想距离之差为

$$\Delta l=l_{实际}-l \tag{5-3}$$

写成齐次坐标形式为

$$\Delta l=\begin{pmatrix}\Delta l_X & \Delta l_Y & \Delta l_Z & 1\end{pmatrix}^{T}=\begin{pmatrix}\Delta l\cos\alpha & \Delta l\cos\beta & \Delta l\cos\gamma & 1\end{pmatrix}^{T} \tag{5-4}$$

式中，Δl_X、Δl_Y、Δl_Z为Δl在 X、Y、Z 三个方向的分量；α、β、γ为Δl与 X、Y、Z 轴之间的夹角。

在机床加工空间中，分别沿图 5-2 所示十二线每隔一定距离检测位移误差，依据下述辨识算法即可获得各项误差参数。

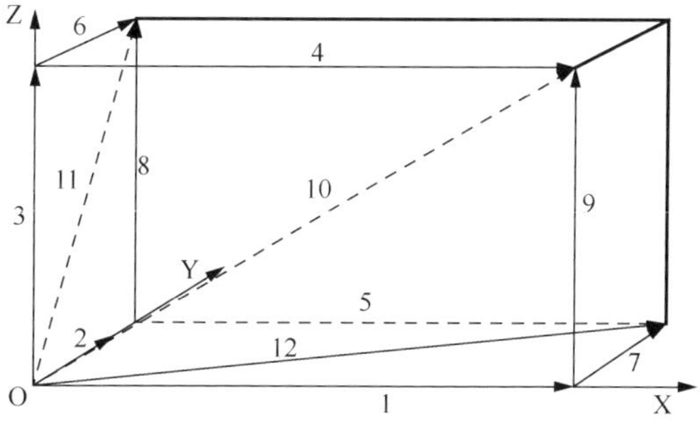

图 5-2　十二线法检测直线

1. 定位误差测量与辨识

分别检测图 5-2 中 1~3 线位移误差，设初始点均为(0，0，0)，终点分别为(x，0，0)、(0，y，0)和(0，0，z)，从而有

$$\begin{cases}\Delta x_X=\Delta l_{(x,0,0)}\\ \Delta y_Y=\Delta l_{(0,y,0)}\\ \Delta z_Z=\Delta l_{(0,0,z)}\end{cases} \tag{5-5}$$

2. 颠摆/偏摆误差测量与辨识

分别检测图 5-2 中 4~9 线的位移误差，可以得到颠摆和偏摆误差的计算公式为

$$\begin{cases}\Delta\beta_X=[\Delta l_{(x,0,z_0)}-\Delta l_{(x,0,0)}]/z_0\\ \Delta\gamma_X=[\Delta l_{(x,0,0)}-\Delta l_{(x,y_0,0)}]/y_0\\ \Delta\alpha_Y=[\Delta l_{(0,y,0)}-\Delta l_{(0,y,z_0)}]/z_0\\ \Delta\gamma_Y=[\Delta l_{(x_0,y,0)}-\Delta l_{(0,y,0)}]/x_0\\ \Delta\alpha_Z=[\Delta l_{(0,y_0,z)}-\Delta l_{(0,0,z)}]/y_0\\ \Delta\beta_Z=[\Delta l_{(0,0,z)}-\Delta l_{(x_0,0,z)}]/x_0\end{cases} \tag{5-6}$$

3. 直线度误差测量与辨识

直线度误差可以根据颠摆和偏摆误差依据下式计算：

$$\begin{cases} \Delta y_{\mathrm{X}} = \int_0^x \Delta\gamma_{\mathrm{X}}(x)\mathrm{d}x - l_{\mathrm{YX}} \\ \Delta z_{\mathrm{X}} = \int_0^x \Delta\beta_{\mathrm{X}}(x)\mathrm{d}x - l_{\mathrm{ZX}} \\ \Delta x_{\mathrm{Y}} = \int_0^y \Delta\gamma_{\mathrm{Y}}(y)\mathrm{d}y - l_{\mathrm{XY}} \\ \Delta z_{\mathrm{Y}} = \int_0^y \Delta\beta_{\mathrm{X}}(y)\mathrm{d}y - l_{\mathrm{ZX}} \\ \Delta x_{\mathrm{Z}} = \int_0^z \Delta\beta_{\mathrm{Z}}(z)\mathrm{d}z - l_{\mathrm{XZ}} \\ \Delta y_{\mathrm{Z}} = \int_0^z \Delta\alpha_{\mathrm{Z}}(z)\mathrm{d}z - l_{\mathrm{YZ}} \end{cases} \tag{5-7}$$

式中，l_{uv}（u、v=X，Y，Z 且 $u \neq v$）为最佳拟合积分 P_{uv} 的直线，可以写成：

$$l_{uv} = c_0 + c_1 v \tag{5-8}$$

若采用最小二乘法拟合，则有

$$c_0 = \frac{1}{m\sum_{i=1}^{m} v_i^2 - (\sum_{i=1}^{m} v_i)^2}[\sum_{i=1}^{m} v_i^2 \sum_{i=1}^{m} P_{uvi} - \sum_{i=1}^{m} v_i \sum_{i=1}^{m} v_i P_{uvi}] \tag{5-9}$$

$$c_1 = \frac{1}{m\sum_{i=1}^{m} v_i^2 - (\sum_{i=1}^{m} v_i)^2}[m\sum_{i=1}^{m} v_i P_{uvi} - \sum_{i=1}^{m} v_i \sum_{i=1}^{m} P_{uvi}] \tag{5-10}$$

采用这种方法求得的直线度误差忽视了平动导轨系统中纯平动误差分量对直线度误差的影响，因此有一定的原理误差。

4. 滚摆误差和垂直度误差测量与辨识

分别检测图 5-2 中线 10~12 的位移误差，根据机床误差模型辨识滚摆误差及垂直度误差。不同结构的机床，其误差模型不同，以下以 XFYZ 结构机床为例说明滚摆误差和垂直度误差的辨识算法。

设反射镜在测量原点处与原点的 X、Y、Z 方向偏移矢量为 $\boldsymbol{P}_{测量位移} = [l_{\mathrm{X}} \quad l_{\mathrm{Y}} \quad l_{\mathrm{Z}} \quad 1]$，则无误差情况下，下一定位点的理想坐标矢量为 $\boldsymbol{P}_1 = [x + l_{\mathrm{X}} \quad y + l_{\mathrm{Y}} \quad z + l_{\mathrm{Z}} \quad 1]$。

在忽略高阶无穷小的情况下，根据基于多体系统的机床误差建模方法，XFYZ 型机床误差模型如式(5-11)所示。

第 10 条线测量时，X 轴锁定不动，Y、Z 轴运动，X、Y、Z 三个方向的误差分量如式(5-12)~式(5-14)所示。

第 11 条线测量时，Y 轴锁定不动，X、Z 轴运动，X、Y、Z 三个方向的误差分量如式(5-15)~式(5-17)所示。

第 12 条线测量时，Z 轴锁定不动，X、Y 轴运动，X、Y、Z 三个方向的误差分量如式(5-18)~式(5-20)所示。

由式(5-14)、式(5-17)、式(5-19)可以分别求出垂直度误差 $\Delta\alpha_{YZ}$、$\Delta\beta_{XZ}$ 和 $\Delta\gamma_{XY}$，由式(5-12)、式(5-16)、式(5-20)可以联立求出滚摆误差 $\Delta\alpha_X$、$\Delta\beta_Y$ 和 $\Delta\gamma_Z$。

$$\begin{aligned}
\Delta\boldsymbol{L} &= \boldsymbol{P}_1 - \prod_{t=n,L^n(3)=0}^{t=1} \boldsymbol{T}_{L^t(3)L^{t-1}(3)}\boldsymbol{P} \\
&= \begin{pmatrix} x+l_X \\ y+l_Y \\ z+l_Z \\ 1 \end{pmatrix} - \begin{pmatrix} 1 & \Delta\gamma_X & -\Delta\beta_X & -\Delta x_X \\ -\Delta\gamma_X & 1 & \Delta\alpha_X & -\Delta y_X \\ \Delta\beta_X & -\Delta\alpha_X & 1 & -\Delta z_X \\ 0 & 0 & 0 & 1 \end{pmatrix}\begin{pmatrix} 1 & 0 & 0 & S_X \\ 0 & 1 & 0 & 0 \\ 0 & 0 & 1 & 0 \\ 0 & 0 & 0 & 1 \end{pmatrix} \\
&\quad \begin{pmatrix} 1 & -\Delta\gamma_{XY} & 0 & 0 \\ \Delta\gamma_{XY} & 1 & 0 & 0 \\ 0 & 0 & 1 & 0 \\ 0 & 0 & 0 & 1 \end{pmatrix}\begin{pmatrix} 1 & -\Delta\gamma_Y & \Delta\beta_Y & \Delta x_Y \\ \Delta\gamma_Y & 1 & -\Delta\alpha_Y & \Delta y_Y \\ -\Delta\beta_Y & \Delta\alpha_Y & 1 & \Delta z_Y \\ 0 & 0 & 0 & 1 \end{pmatrix}\begin{pmatrix} 1 & 0 & 0 & 0 \\ 0 & 1 & 0 & S_Y \\ 0 & 0 & 1 & 0 \\ 0 & 0 & 0 & 1 \end{pmatrix} \\
&\quad \begin{pmatrix} 1 & 0 & \Delta\beta_{XZ} & 0 \\ 0 & 1 & -\Delta\alpha_{YZ} & 0 \\ -\Delta\beta_{XZ} & \Delta\alpha_{YZ} & 1 & 0 \\ 0 & 0 & 0 & 1 \end{pmatrix}\begin{pmatrix} 1 & -\Delta\gamma_Z & \Delta\beta_Z & \Delta x_Z \\ \Delta\gamma_Z & 1 & -\Delta\alpha_Z & \Delta y_Z \\ -\Delta\beta_Z & \Delta\alpha_Z & 1 & \Delta z_Z \\ 0 & 0 & 0 & 1 \end{pmatrix}\begin{pmatrix} 1 & 0 & 0 & 0 \\ 0 & 1 & 0 & 0 \\ 0 & 0 & 1 & S_Z \\ 0 & 0 & 0 & 1 \end{pmatrix}\begin{pmatrix} l_X \\ l_Y \\ l_Z \\ 1 \end{pmatrix} \\
&= -\begin{pmatrix} [-(-\Delta\gamma_X+\Delta\gamma_Y+\Delta\gamma_Z+\Delta\gamma_{XY})l_Y+(\Delta\beta_{xz}-\Delta\beta_X+\Delta\beta_Y+\Delta\beta_Z)l_Z \\ +(\Delta\beta_{xz}+\Delta\beta_Y-\Delta\beta_X)S_Z+(\Delta\gamma_X-\Delta\gamma_{xy})S_Y-\Delta x_X+\Delta x_Y+\Delta x_Z] \\ [(-\Delta\gamma_X+\Delta\gamma_Y+\Delta\gamma_Z+\Delta\gamma_{XY})l_X-(\Delta\alpha_{YZ}-\Delta\alpha_X+\Delta\alpha_Y+\Delta\alpha_Z)l_Z \\ -(\Delta\alpha_{YZ}-\Delta\alpha_X+\Delta\alpha_Y)S_Z-\Delta y_X+\Delta y_Y+\Delta y_Z-\Delta\gamma_X S_X] \\ [-(-\Delta\beta_X+\Delta\beta_Y+\Delta\beta_Z+\Delta\beta_{XZ})l_X+(-\Delta\alpha_X+\Delta\alpha_Y+\Delta\alpha_Z+\Delta\alpha_{YZ})l_Y \\ -\Delta z_X+\Delta z_Y+\Delta z_Z-\Delta\alpha_x S_Y+\Delta\beta_x S_X] \\ 0 \end{pmatrix}
\end{aligned} \tag{5-11}$$

$$-\Delta l_X = -(\Delta\gamma_Y+\Delta\gamma_Z)l_Y+(\Delta\beta_Y+\Delta\beta_Z)l_Z+\Delta\beta_Y z+\Delta x_Y+\Delta x_Z \approx 0 \tag{5-12}$$

$$-\Delta l_Y = -(\Delta\alpha_{YZ}+\Delta\alpha_Y+\Delta\alpha_Z)l_Z-(\Delta\alpha_{YZ}+\Delta\alpha_Y)z+\Delta y_Y+\Delta y_Z \tag{5-13}$$

$$-\Delta l_Z = (\Delta\alpha_Y+\Delta\alpha_Z+\Delta\alpha_{YZ})l_Y+\Delta z_Y+\Delta z_Z \tag{5-14}$$

$$-\Delta l_X = (\Delta\beta_{XZ}-\Delta\beta_X+\Delta\beta_Z)l_Z+(\Delta\beta_{XZ}-\Delta\beta_X)z-\Delta x_X+\Delta x_Z \tag{5-15}$$

$$-\Delta l_Y = (-\Delta\gamma_X+\Delta\gamma_Z)l_X-(-\Delta\alpha_X+\Delta\alpha_Z)l_Z+\Delta\alpha_X z-\Delta y_X+\Delta y_Z-\Delta\gamma_X x \approx 0 \tag{5-16}$$

$$-\Delta l_Z = -(-\Delta\beta_X+\Delta\beta_Z+\Delta\beta_{xz})l_X-\Delta z_X+\Delta z_Z+\Delta\beta_X x \tag{5-17}$$

$$-\Delta l_{X} = -(-\Delta\gamma_{X} + \Delta\gamma_{Y} + \Delta\gamma_{XY})l_{Y} + (\Delta\gamma_{X} - \Delta\gamma_{XY})Y - \Delta x_{X} + \Delta x_{Y} \tag{5-18}$$

$$-\Delta l_{Y} = (-\Delta\gamma_{X} + \Delta\gamma_{Y} + \Delta\gamma_{XY})l_{X} - \Delta y_{X} + \Delta y_{Y} - \Delta\gamma_{X}x \tag{5-19}$$

$$-\Delta l_{Z} = -(-\Delta\beta_{X} + \Delta\beta_{Y})l_{X} + (-\Delta\alpha_{X} + \Delta\alpha_{Y})l_{Y} - \Delta z_{X} + \Delta z_{Y} - \Delta\alpha_{X}y + \Delta\beta_{X}x \approx 0 \tag{5-20}$$

5.3　五轴数控机床转动轴几何误差检测

目前，五轴数控机床转动轴几何误差参数的检测还没有统一的标准或公认的方法。本章在总结现有研究的基础上，介绍一种基于球杆仪的转动轴几何误差检测新方法，使用球杆仪在 3 个坐标轴方向分别进行 3 次简单的测量，由相应的辨识算法即可分离出每转动轴 6 项几何误差值。

根据机床转动轴运动形式的不同，球杆仪的安装方式及相应的辨识算法稍有差异，可分为以下 2 种情况[31-34]。

5.3.1　工作台转动轴几何误差的测量

本节以工作台转动 C 轴为例，对工作台转动轴的几何误差测量原理和方法进行说明。工作台转动 A、B 轴的测量原理和方法与之类似。

1. 测量原理

将测量坐标系 MECS 原点 O 设为工作台平面与 C 轴轴线的交点，坐标轴方向与机床坐标系平行，如图 5-3 所示。

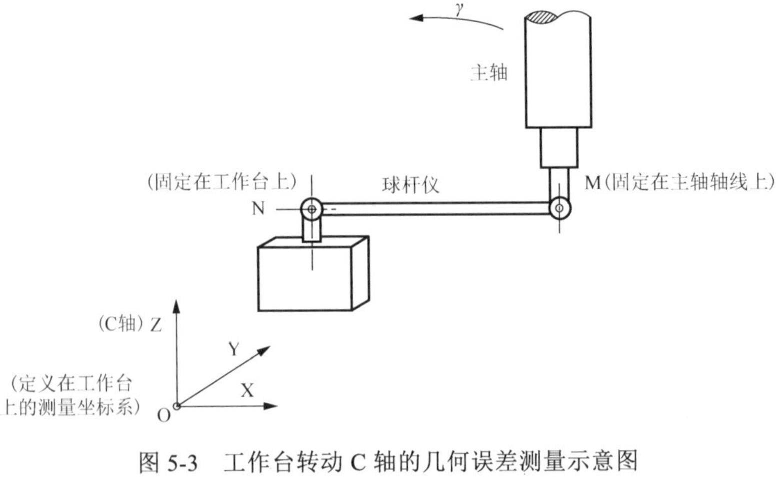

图 5-3　工作台转动 C 轴的几何误差测量示意图

设在工作台上固定一点 N 作为 C 轴几何误差的测量基准，并在主轴轴线上固定一点 M 作为被测量点，其在测量坐标系的初始位置为(x_M, y_M, z_M)。根据基于工作台的五轴机床运动学模型可知，当 C 轴转动时，实质是机床 C 轴绕工作台转动，即工作台、M 点及 N 点均相对测量坐标系静止，而只有主轴绕 C 轴转动。

绕工件原点转动编程（RPCP）是五轴机床的基本功能。当指令有效时，数控系统将直接应用工件坐标系的刀位点坐标进行机床运动控制。控制系统自动计算并保持刀位点始终在工件坐标系的位置上，转动轴的每一个转动都会被 X/Y/Z 轴的一个直线位移所补偿。在这种情况下，如果数控指令的 X/Y/Z 坐标保持不变，在理想无误差的情况下，对于任何工作台转动轴转动指令，刀位点在测量坐标系下的 X/Y/Z 坐标矢量将维持不变，即

$$\boldsymbol{M}_{理想}=\boldsymbol{M}_{初始}=\begin{pmatrix}x_{\mathrm{M}} & y_{\mathrm{M}} & z_{\mathrm{M}} & 1\end{pmatrix}^{\mathrm{T}} \tag{5-21}$$

因此当主轴绕工作台 C 轴线转动时，刀位点的实际位置变化将直接反映转动轴的几何误差。根据运动轴的综合几何误差模型式(4-9)，实际 M 点在测量坐标系的坐标矢量为

$$\begin{aligned}\boldsymbol{M}_{实际}&=\boldsymbol{M}_{理想}+\left(\Delta\boldsymbol{T}_{\mathrm{C}}(\gamma)\boldsymbol{T}_{\mathrm{C}}(\gamma)\boldsymbol{M}_{初始}-\boldsymbol{T}_{\mathrm{C}}(\gamma)\boldsymbol{M}_{初始}\right)\\&=\begin{pmatrix}1 & -\Delta\gamma_{\mathrm{C}} & \Delta\beta_{\mathrm{C}} & \Delta x_{\mathrm{C}}\\ \Delta\gamma_{\mathrm{C}} & 1 & -\Delta\alpha_{\mathrm{C}} & \Delta y_{\mathrm{C}}\\ -\Delta\beta_{\mathrm{C}} & \Delta\alpha_{\mathrm{C}} & 1 & \Delta z_{\mathrm{C}}\\ 0 & 0 & 0 & 1\end{pmatrix}\begin{pmatrix}\cos\gamma & -\sin\gamma & 0 & 0\\ \sin\gamma & \cos\gamma & 0 & 0\\ 0 & 0 & 1 & 0\\ 0 & 0 & 0 & 1\end{pmatrix}\begin{pmatrix}x_{\mathrm{M}}\\ y_{\mathrm{M}}\\ z_{\mathrm{M}}\\ 1\end{pmatrix}\\&\quad-\begin{pmatrix}\cos\gamma & -\sin\gamma & 0 & 0\\ \sin\gamma & \cos\gamma & 0 & 0\\ 0 & 0 & 1 & 0\\ 0 & 0 & 0 & 1\end{pmatrix}\begin{pmatrix}x_{\mathrm{M}}\\ y_{\mathrm{M}}\\ z_{\mathrm{M}}\\ 1\end{pmatrix}+\begin{pmatrix}x_{\mathrm{M}}\\ y_{\mathrm{M}}\\ z_{\mathrm{M}}\\ 1\end{pmatrix}\end{aligned} \tag{5-22}$$

M 点在测量坐标系下的相对位置误差可表达为

$$\begin{aligned}\Delta\boldsymbol{M}&=\boldsymbol{M}_{实际}-\boldsymbol{M}_{理想}\\&=\begin{pmatrix}-\Delta\gamma_{\mathrm{C}}\left(x_{\mathrm{M}}\sin\gamma+y_{\mathrm{M}}\cos\gamma\right)+z_{\mathrm{M}}\Delta\beta_{\mathrm{C}}+\Delta x_{\mathrm{C}}\\ \Delta\gamma_{\mathrm{C}}\left(x_{\mathrm{M}}\cos\gamma-y_{\mathrm{M}}\sin\gamma\right)-z_{\mathrm{M}}\Delta\alpha_{\mathrm{C}}+\Delta y_{\mathrm{C}}\\ -\Delta\beta_{\mathrm{C}}\left(x_{\mathrm{M}}\cos\gamma-y_{\mathrm{M}}\sin\gamma\right)+\Delta\alpha_{\mathrm{C}}\left(x_{\mathrm{M}}\sin\gamma+y_{\mathrm{M}}\cos\gamma\right)+\Delta z_{\mathrm{C}}\\ 0\end{pmatrix}=\begin{pmatrix}\Delta x_{\mathrm{M}}\\ \Delta y_{\mathrm{M}}\\ \Delta z_{\mathrm{M}}\\ 0\end{pmatrix}\end{aligned} \tag{5-23}$$

改变 M 点在测量坐标系下的初始位置，得到三组初始坐标 $(x_{\mathrm{M1}}, y_{\mathrm{M1}}, z_{\mathrm{M1}})$、$(x_{\mathrm{M2}}, y_{\mathrm{M2}}, z_{\mathrm{M2}})$ 和 $(x_{\mathrm{M3}}, y_{\mathrm{M3}}, z_{\mathrm{M3}})$。将 C 轴的转动行程分为若干等份，分别测量 M 点对应的三向位置误差 $\Delta x_{\mathrm{M1}}/\Delta y_{\mathrm{M1}}/\Delta z_{\mathrm{M1}}$、$\Delta x_{\mathrm{M2}}/\Delta y_{\mathrm{M2}}/\Delta z_{\mathrm{M2}}$ 和 $\Delta x_{\mathrm{M3}}/\Delta y_{\mathrm{M3}}/\Delta z_{\mathrm{M3}}$，组成 γ 角的位置误差数据组，并将其代入式(5-23)进行联立求解，即可辨识出 C 轴在该转角所对应的 6 项几何误差，其余转角的几何误差可以通过插值计算得到。

2. 测量方法

将一球杆仪放置在 N 和 M 点之间，用于测量 C 轴转动时的 M 点在测量坐标系

下的位置误差。通过调整 N 和 M 点之间的相对位置关系，使得球杆仪轴线分别平行于测量坐标系 X、Y、Z 轴。RPCP 功能开启后，当 M 点绕 C 轴转动时，理想情况下 N 和 M 点的相对位置和距离|NM|保持不变。如果其发生变化，即 M 点相对 N 点产生 X、Y、Z 向的位置误差，其误差值 Δx_{M}、Δy_{M} 和 Δz_{M} 可以通过球杆仪直接测量。

1) X 向位置误差的测量

球杆仪的 M 端借助刀柄夹具夹持在主轴端，N 端借助球杆仪磁力座吸附在工作台上。通过调整机床的主轴位置使其轴线与测量坐标系 X 轴平行，初始杆长为 L_{G}，如图 5-4 中的 NM 所示。在 RPCP 功能开启条件下转动 γ 角后，其矢量为 $\overrightarrow{\mathrm{NM}'}$，记录其杆长变化量为 ΔL_{G}。

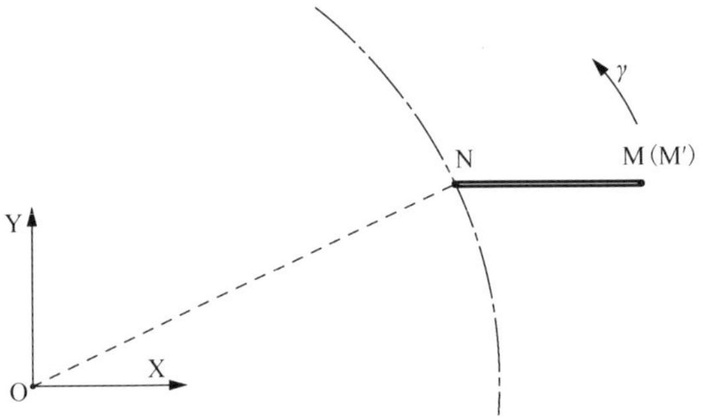

图 5-4　工作台转动 C 轴的 X 向位置误差测量示意图

设 M′相对于 M 点的位置变化量为 Δx_{M}、Δy_{M}、Δz_{M}，则

$$\Delta L_{\mathrm{G}} = \sqrt{\left(L_{\mathrm{G}} + \Delta x_{\mathrm{M}}\right)^2 + \Delta y_{\mathrm{M}}^2 + \Delta z_{\mathrm{M}}^2} - L_{\mathrm{G}} \tag{5-24}$$

由于 $\Delta x_{\mathrm{M}}/\Delta y_{\mathrm{M}}/\Delta z_{\mathrm{M}} << L_{\mathrm{G}}$，忽略高阶小量可得

$$\Delta L_{\mathrm{G}} \approx \sqrt{\left(L_{\mathrm{G}} + \Delta x_{\mathrm{M}}\right)^2} - L_{\mathrm{G}} \approx \Delta x_{\mathrm{M}} \tag{5-25}$$

2) Y 向位置误差的测量

球杆仪的 M 端借助刀柄夹具夹持在主轴端，N 端借助球杆仪磁力座吸附在工作台上。通过调整机床的主轴位置使其轴线与测量坐标系 Y 轴平行，其初始杆长为 L_{G}，如图 5-5 中的 NM 所示。在 RPCP 功能开启条件下转动 γ 角后，其矢量为 $\overrightarrow{\mathrm{NM}'}$，记录其杆长变化量为 ΔL_{G}。

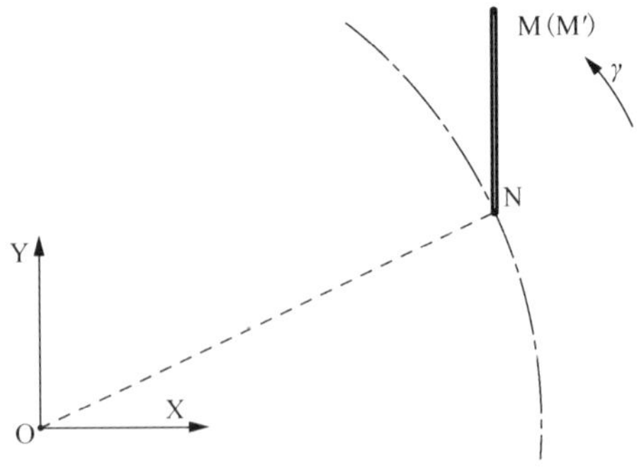

图 5-5　工作台转动 C 轴的 Y 向位置误差测量示意图

设 M′相对于 M 点的位置变化量

为 Δx_M、Δy_M、Δz_M，则

$$\Delta L_G = \sqrt{\Delta x_M^2 + \left(L_G + \Delta y_M\right)^2 + \Delta z_M^2} - L_G \tag{5-26}$$

由于 $\Delta x_M/\Delta y_M/\Delta z_M << L_G$，忽略高阶小量可得

$$\Delta L_G \approx \sqrt{\left(L_G + \Delta y_M\right)^2} - L_G \approx \Delta y_M \tag{5-27}$$

3) Z 向位置误差的测量

球杆仪的 M 端借助刀柄夹具夹持在主轴端，N 端借助球杆仪磁力座吸附在工作台上。通过调整机床的主轴位置使其轴线与测量坐标系 Z 轴平行，其初始杆长为 L_G，如图 5-6 中的 NM 所示。在 RPCP 功能开启条件下转动 γ 角后，其矢量为 $\overrightarrow{NM'}$，记录其杆长变化量为 ΔL_G。

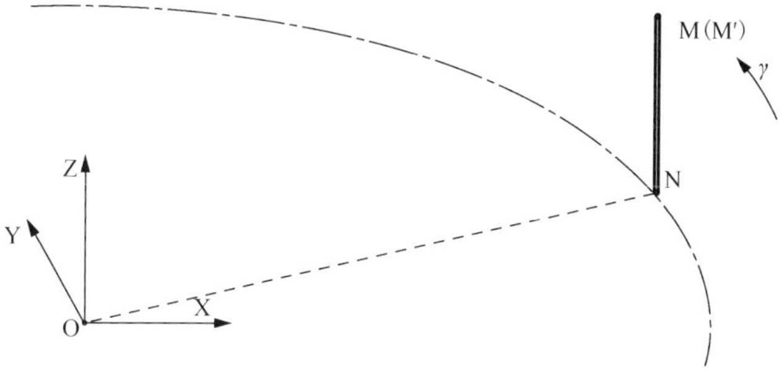

图 5-6　工作台转动 C 轴的 Z 向位置误差测量示意图

设 M′相对于 M 点的位置变化量为 Δx_M、Δy_M、Δz_M，则

$$\Delta L_G = \sqrt{\Delta x_M^2 + \Delta y_M^2 + \left(L_G + \Delta z_M\right)^2} - L_G \tag{5-28}$$

由于 $\Delta x_M/\Delta y_M/\Delta z_M << L_G$，忽略高阶小量可得

$$\Delta L_G \approx \sqrt{\left(L_G + \Delta z_M\right)^2} - L_G \approx \Delta z_M \tag{5-29}$$

3. 测量误差的消除

在测量过程中，由于安装和进给轴联动等，将不可避免地引入其他误差，如平动轴几何误差、M 点相对主轴轴线的偏心误差以及 RPCP 联动误差等，可采用以下方法进行消除。

1) 平动轴几何误差

在 C 轴转动的误差测量过程中，需要 X、Y 轴联动进行 RPCP 位置补偿。因此球杆仪测量数据将可能受到 X、Y 轴几何误差的影响。这些误差可以通过平动轴的几何误差测量得到，并从 Δx_M、Δy_M、Δz_M 中直接消除。

2) *M* 点相对主轴轴线的偏心误差

由于球杆仪 M 端是借助刀柄安装在主轴刀座上，理想情况下，M 点位于主轴轴

线上，但是安装过程将可能存在位置偏心。在测量 Δx_M、Δy_M 的过程中，球杆仪围绕 M 点在 XY 平面内转动，导致各个测量数据存在偏心误差。

偏心误差 Δr_C 可以通过千分表或球杆仪进行测量，如图 5-7 所示。在测量 X 向位置误差的初始位置时，反向(顺时针方向)手动旋转主轴并带动测量球头转动。通过测量主轴转动 γ 角时的杆长变化值，可获得偏心误差。

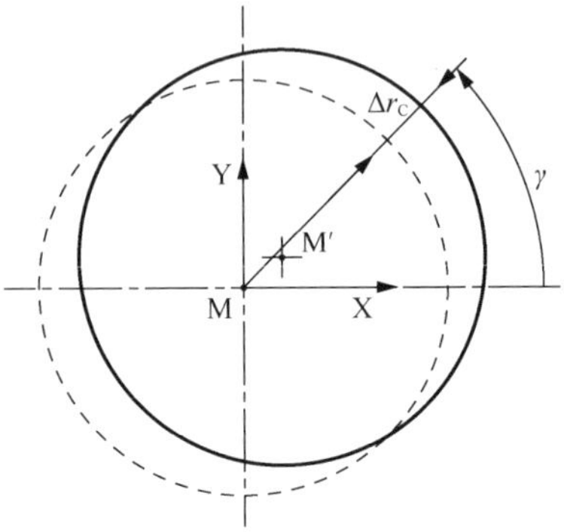

图 5-7　M 点在 XY 平面内的偏心误差

偏心误差 Δr_C 可以通过式(5-30)在位置误差测量数据中进行消除。

$$\begin{cases}\Delta x_M = \Delta x_{M测量} - \Delta r_C \cos\gamma \\ \Delta y_M = \Delta y_{M测量} - \Delta r_C \sin\gamma\end{cases} \tag{5-30}$$

3) RPCP 联动误差

RPCP 联动误差是五轴机床由于各进给轴的跟随误差不一致所造成的，因此在进行位置误差测量时可以采取间歇式测量的方式，在误差数据采集前暂停机床运动数秒。

5.3.2　刀具转动轴几何误差的测量

本节以刀具转动 B 轴为例，对刀具转动轴的几何误差测量原理和方法进行说明。刀具转动 A 轴的测量原理和方法与之类似，而刀具转动 C 轴的测量原理和方法与工作台转动 C 轴类似。

1. 测量原理

将测量坐标系 MECS 原点 O 设为工作台平面上任一点，并作为测量基准，坐标轴方向与机床坐标系平行，如图 5-8 所示。

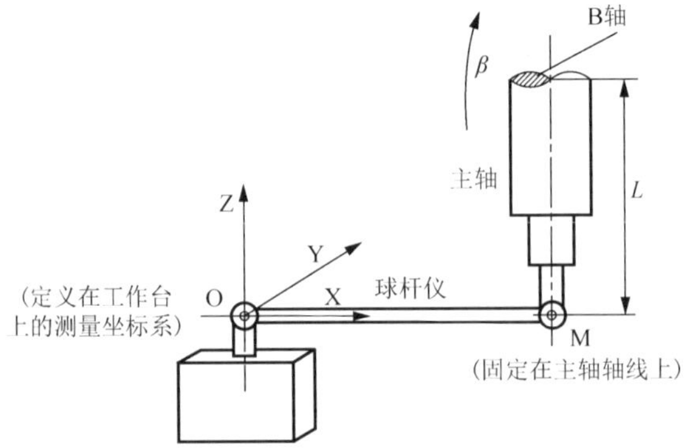

图 5-8　刀具转动 B 轴的几何误差测量示意图

设在主轴轴线上固定一点 M 作为被测量点，其到 B 轴轴线的距离为 L，其在测量坐标系的初始位置为(x_M, y_M, z_M)。

绕刀具原点转动编程(RTCP)是五轴机床的基本功能。当指令有效时，数控系统将直接应用工件坐标系的刀位点坐标进行机床运动控制。控制系统自动计算并保持刀具中心始终在工件坐标系的位置上，转动坐标的每一个运动都会被 X/Y/Z 坐标的一个直线位移所补偿。在这种情况下，如果数控指令的 X/Y/Z 坐标保持不变，在理想无误差的情况下，对于任何刀具转动轴转动指令，刀位点在测量坐标系下的 X/Y/Z 坐标矢量维持不变，即

$$\boldsymbol{M}_{理想}=\boldsymbol{M}_{初始}=\begin{pmatrix}x_M & y_M & z_M & 1\end{pmatrix}^T \tag{5-31}$$

因此当主轴绕过 M 点且平行于 B 轴的轴线进行转动时，刀位点的实际位置变化将直接反映转动轴的几何误差。根据运动轴的综合几何误差模型式(4-9)，M 点在测量坐标系下的实际坐标为

$$\begin{aligned}\boldsymbol{M}_{实际}=\boldsymbol{M}_{理想}&+\begin{pmatrix}1 & -\Delta\gamma_B & \Delta\beta_B & \Delta x_B\\ \Delta\gamma_B & 1 & -\Delta\alpha_B & \Delta y_B\\ -\Delta\beta_B & \Delta\alpha_B & 1 & \Delta z_B\\ 0 & 0 & 0 & 1\end{pmatrix}\begin{pmatrix}\cos\beta & 0 & \sin\beta & 0\\ 0 & 1 & 0 & 0\\ -\sin\beta & 0 & \cos\beta & 0\\ 0 & 0 & 0 & 1\end{pmatrix}\begin{pmatrix}0\\0\\-L\\1\end{pmatrix}\\ &-\begin{pmatrix}\cos\beta & 0 & \sin\beta & 0\\ 0 & 1 & 0 & 0\\ -\sin\beta & 0 & \cos\beta & 0\\ 0 & 0 & 0 & 1\end{pmatrix}\begin{pmatrix}0\\0\\-L\\1\end{pmatrix}\end{aligned} \tag{5-32}$$

则 M 点在测量坐标系下的相对位置误差可表达为

$$\begin{aligned}\Delta\boldsymbol{M}&=\boldsymbol{M}_{实际}-\boldsymbol{M}_{理想}\\ &=\begin{pmatrix}-L\cdot\Delta\beta_B\cdot\cos\beta+\Delta x_B\\ -L\cdot(\Delta\gamma_B\cdot\sin\beta-\Delta\alpha_B\cdot\cos\beta)+\Delta y_B\\ L\cdot\Delta\beta_B\cdot\sin\beta+\Delta z_B\\ 0\end{pmatrix}=\begin{pmatrix}\Delta x_M\\ \Delta y_M\\ \Delta z_M\\ 0\end{pmatrix}\end{aligned} \tag{5-33}$$

另外，Δy_M 与刀具转动 B 轴的其他几何误差项存在一定的几何关系，如图 5-9 所示。

其几何关系可以表达为

$$\begin{aligned}\Delta y_M=\Delta y_B&+\left(L\cos(\beta+\Delta\beta_B)-\Delta x_M\right)\tan(\Delta\alpha_B)\\ &+\left(L\sin(\beta+\Delta\beta_B)-\Delta z_M\right)\tan(\Delta\gamma_B)\end{aligned} \tag{5-34}$$

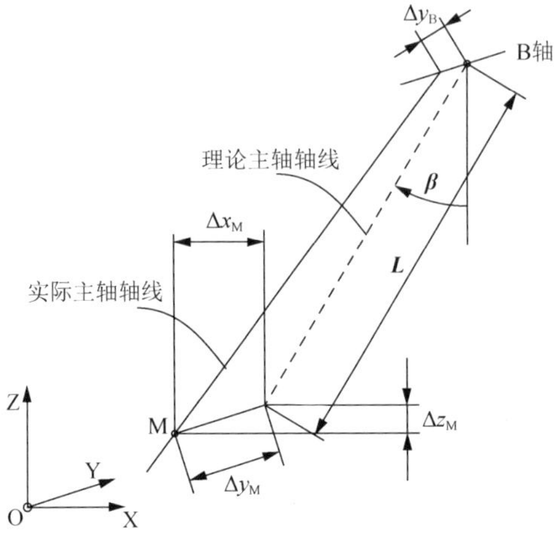

图 5-9　Δy_M 与刀具 B 轴其他几何误差项的几何关系示意图

改变 L 值，得到三组 L 值 L_1、L_2、L_3。将 B 轴的转动行程分为若干个等份，分别测量 M 点对应的三向位置误差 $\Delta x_{M1}/\Delta y_{M1}/\Delta z_{M1}$、$\Delta x_{M2}/\Delta y_{M2}/\Delta z_{M2}$ 和 $\Delta x_{M3}/\Delta y_{M3}/\Delta z_{M3}$，组成 β 角的位置误差数据组，并将其代入式(5-33)和式(5-34)进行联立求解，即可辨识出 β 角所对应的 6 项几何误差，其余转角的几何误差可以通过插值计算得到。

2. 测量方法

将一球杆仪放置在 N 和 M 点之间，用于测量 B 轴转动时的 M 点在测量坐标系下的位置误差。通过调整 N 和 M 点之间的相对位置关系，使得球杆仪轴线分别平行于测量坐标系 X、Y、Z 轴。PTCP 功能开启后，当 M 点绕 B 轴转动时，理想情况下 N 和 M 点的相对位置和距离 $|NM|$ 保持不变。如果距离发生变化，即 M 点相对 N 点产生 X、Y、Z 向的位置误差，其误差值 Δx_M、Δy_M 和 Δz_M 可以通过球杆仪直接测量。

1) X 向位置误差的测量

球杆仪的 M 端借助刀柄夹具夹持在主轴端，N 端借助球杆仪磁力座吸附在工作台上。调整机床的主轴位置使其轴线与测量坐标系 X 轴平行，其初始杆长为 L_G，如图 5-10 中的 NM 所示。在 PTCP 功能开启条件下转动 β 角后，其矢量为 $\overrightarrow{NM'}$，记录其杆长变化量为 ΔL_G。

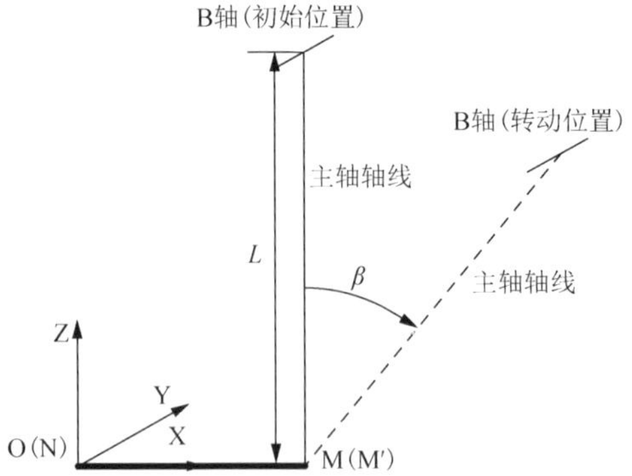

图 5-10　刀具转动 B 轴的 X 向位置误差测量示意图

设 M′相对于 M 点的位置变化量

为 Δx_M、Δy_M、Δz_M，则

$$\Delta L_G = \sqrt{\left(L_G + \Delta x_M\right)^2 + \Delta y_M^2 + \Delta z_M^2} - L_G \tag{5-35}$$

由于 $\Delta x_M/\Delta y_M/\Delta z_M << L_G$，忽略高阶小量可得

$$\Delta L_G \approx \sqrt{\left(L_G + \Delta x_E\right)^2} - L_E \approx \Delta x_M \tag{5-36}$$

2) Y 向位置误差的测量

球杆仪的 M 端借助刀柄夹具夹持在主轴端，N 端借助球杆仪磁力座吸附在工作台上。调整机床的主轴位置使其轴线与测量坐标系 Y 轴平行，其初始杆长为 L_G，如图 5-11 中的 NM 所示。在 PTCP 功能开启条件下转动 β 角后，其矢量为 $\overrightarrow{NM'}$，记录其杆长变化量为 ΔL_G。

设 M′相对于 M 点的位置变化量为 Δx_M、Δy_M、Δz_M，则

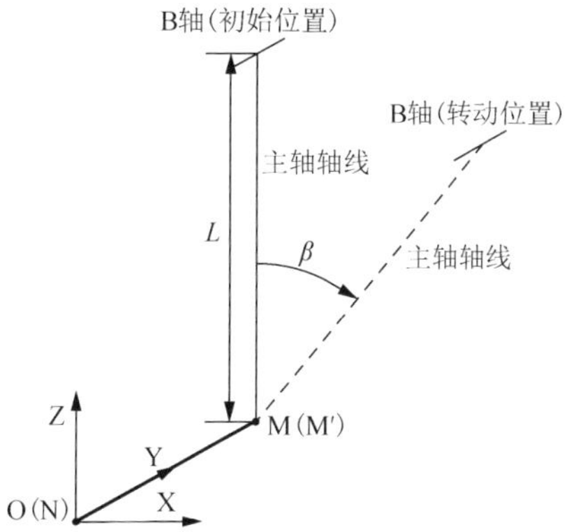

图 5-11　刀具转动 B 轴的 Y 向位置误差测量示意图

$$\Delta L_G = \sqrt{\Delta x_M^2 + \left(L_G + \Delta y_E\right)^2 + \Delta z_M^2} - L_G \tag{5-37}$$

由于 $\Delta x_M/\Delta y_M/\Delta z_M << L_G$，忽略高阶小量可得

$$\Delta L_G \approx \sqrt{\left(L_G + \Delta y_M\right)^2} - L_G \approx \Delta y_M \tag{5-38}$$

3) Z 向位置误差的测量

球杆仪的 M 端借助刀柄夹具夹持在主轴端，N 端借助球杆仪磁力座吸附在工作台上。调整机床的主轴位置使其轴线与测量坐标系 Z 轴平行，其初始杆长为 L_G，如图 5-12 中的 NM 所示。在 PTCP 功能开启条件下转动 β 角后，其矢量为 $\overrightarrow{NM'}$，记录其杆长变化量为 ΔL_G。

设 M'相对于 M 点的位置变化量为 Δx_M、Δy_M、Δz_M，则

$$\Delta L_G = \sqrt{\Delta x_M^2 + \Delta y_M^2 + \left(L_G + \Delta z_M\right)^2} - L_G \tag{5-39}$$

由于 $\Delta x_M/\Delta y_M/\Delta z_M << L_G$，忽略高阶小量可得

$$\Delta L_G \approx \sqrt{\left(L_G + \Delta z_M\right)^2} - L_G \approx \Delta z_M \tag{5-40}$$

3. 测量误差的消除

在测量过程中，由于安装和进给轴联动等，将不可避免地引入其他误差，如平动轴几何误差、M 点相对主轴轴线的偏心误差以及 RTCP 联动误差等，可采用以下方法进行消除。

1) 平动轴几何误差

方法和工作台转动轴几何误差测量方法一致。

2) M 点相对主轴轴线的偏心误差

由于 M 端是借助刀柄安装在主轴刀座上，理想情况下 M 点位于主轴轴线上，但是安装过程将可能存在位置偏心。在测量 Δx_M、Δz_M 的过程中，球杆仪围绕 M 点在 XZ 平面内转动，因此 B 轴转动所产生的偏心误差 Δr_B 将可能引入测量结果中。

在测量 X 向位置误差的初始状态时，手动旋转主轴并带动测量球头转动 180°，通过测量杆长变化值获得偏心误差，如图 5-13 所示。

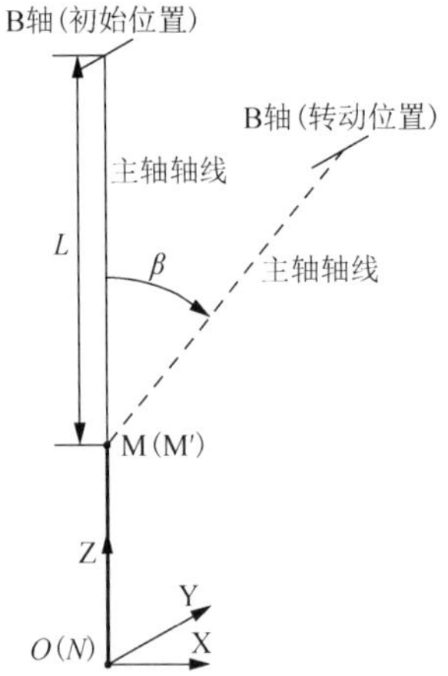

图 5-12　刀具转动 B 轴的 Z 向位置误差测量示意图

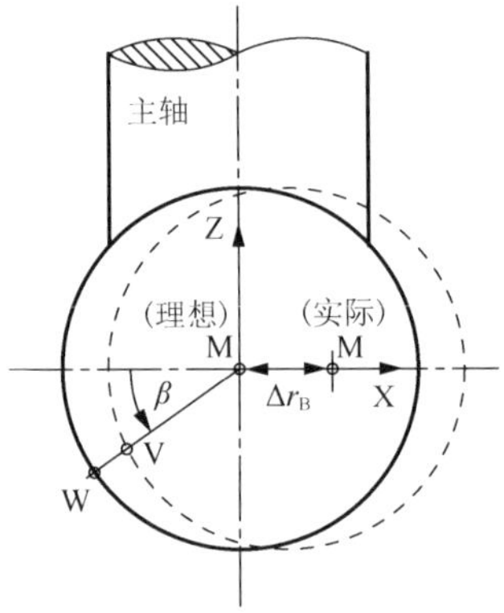

图 5-13　M 点在 XZ 平面内的偏心误差

偏心误差 Δr_B 可以通过式(5-41)进行补偿：

$$\begin{cases}\Delta x_M \approx \Delta x_{测量} + \Delta r_B \cos\beta \\ \Delta z_M \approx \Delta z_{测量} + \Delta r_B \sin\beta\end{cases} \tag{5-41}$$

3) RTCP 联动误差

消除方法与 RPCP 联动误差消除方法一致，采取间歇式测量的方式，在误差数据采集前暂停机床运动数秒。

5.4　工件位置误差测量与辨识

工件在装夹定位时，夹具的安装误差及定位元件的制造误差会造成工件在加工空间中的位置误差，从而影响零件的加工精度。针对复杂异形零件的多点定位，有学者利用雅可比矩阵等方法建立了零件位置误差与定位元件几何误差之间的关系模型。本书针对更为常见的“一面两销”定位方式，在传统设计计算的基础上，扩展了一种工件位置误差测量与辨识方法，加入了夹具安装误差及定位面几何误差，建立了更为完善的计算模型，通过简单的测量，即可使用该模型计算出零件六自由度方向的位置误差。

“一面两销”定位方式中，定位销通常采用“圆柱销+削边销”的组合，削边销以菱形销最为常用。如图 5-14 所示，定位面约束了工件三个自由度：沿 Z 方向的移动，绕 X 的转动和绕 Y 的转动；圆柱销约束了两个自由度：沿 X 方向的移动和沿 Y 方向的移动；圆柱销和菱形销一起约束了一个自由度：绕 Z 的转动。

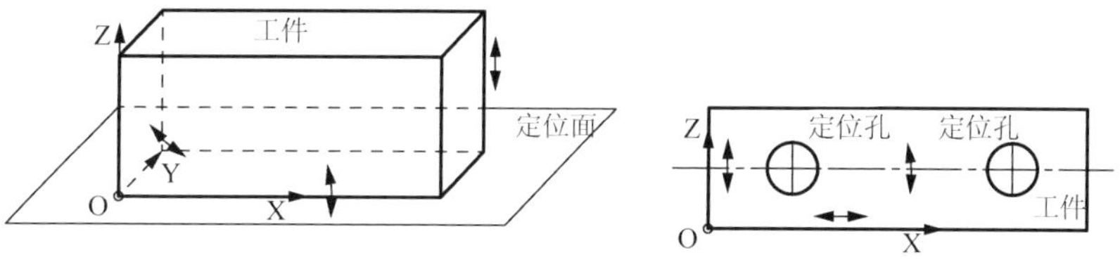

图 5-14　“一面两销”定位自由度约束示意图

1. 定位面定位误差计算

对于工件定位面，定位基准与工艺基准不重合时会产生误差，影响工件沿 Z 向的位移误差 Δz_w，可以通过解尺寸链的方法计算。

如图 5-15 所示，工件以 A 面定位，待加工尺寸 a_2 即为间接获得的尺寸，由图所示尺寸链知 a_2 为封闭环，根据解尺寸链的公式得

$$\begin{cases} \delta a_2 = \delta a_1 + \delta a_3 \\ \delta a_3 = \delta a_2 - \delta a_1 \end{cases} \tag{5-42}$$

显然 $\delta a_3 < \delta a_2$，即必须提高工序加工尺寸 a_3 的精度才能保证所要求的工序尺寸 δa_2，而公差缩小的部分即为基准不重合误差。因此，基准不重合误差为 δa_1，即工件沿 Z 向的位移误差 $\Delta z_w = \delta a_1$。

同理，图 5-16 所示工件已加工尺寸为 $a_1 + \delta a_1$ 和 $a_2 + \delta a_2$，待加工尺寸为 $a_3 + \delta a_3$，以 A 面定位时的基准不重合误差为 $\delta a_1 + \delta a_2$，工件沿 Z 向的位移误差为 $\Delta z_w = \delta a_1 + \delta a_2$。

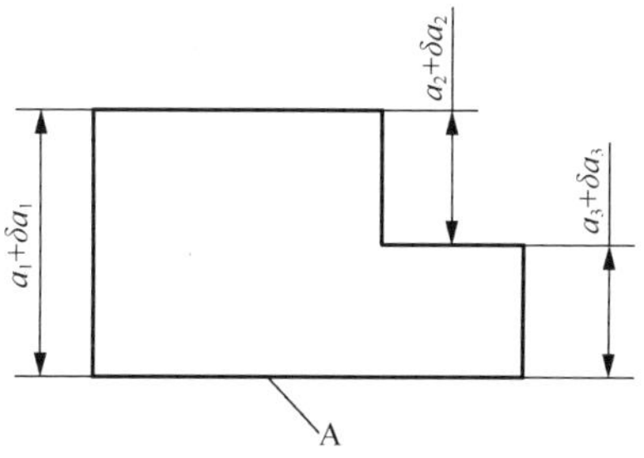

图 5-15　定位面定位误差示例一

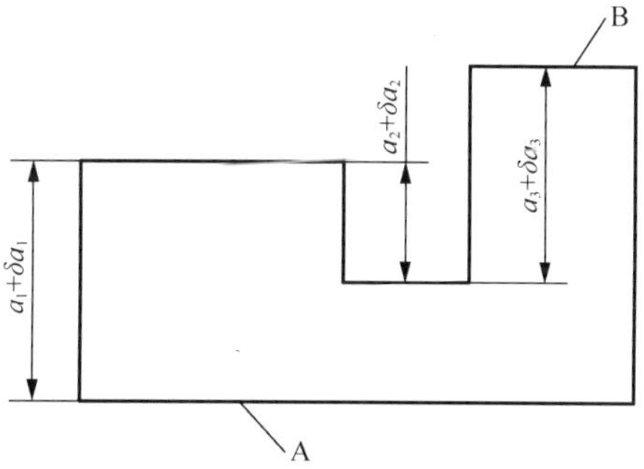

图 5-16　定位面定位误差示例二

夹具定位面的制造误差使得工件产生绕 X 和绕 Y 轴的转角误差。生产中通常对定位面有平面度要求，夹具安装到机床上后需要检测定位面的平面度，保证在允许范围内。

国标中定义平面度误差为实际平面对其理想平面的变动量，理想平面的位置应该符合最小条件，即用平面度最小包容区域的宽度 f 表示的数值，如图 5-17 所示。平面度最小包容区域即包容实际平面且具有最小宽度的两平行平面之间的区域，构成最小包容区域的两理想平面称为最小区域面 S_{MZ}。

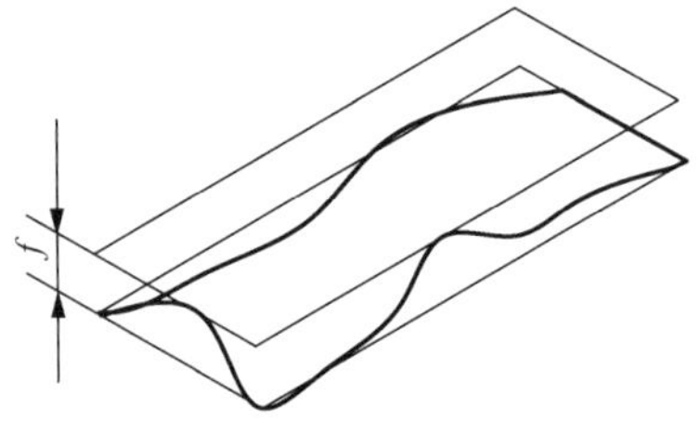

图 5-17　平面度误差示意图

假设工件定位面的平面度误差为 0，则工件定位面与最小区域面之一重合。因此，若能求出最小区域面的平面方程，即可进一步获得该平面与两竖直平面之间的夹角。

设最小区域面的平面方程为 $ax+by+cz+d=0$，各测量点坐标为 $p_i(x_i,y_i,z_i)$，$(i=1,2,\cdots,n)$，n 为测点数。根据平面度误差的定义可知，测点到最小区域面的最大距离与最小距离之差应满足最小条件，即

$$\min f(a,b,c,d)=d_{\max}-d_{\min} \tag{5-43}$$

$d_i(i=1,2,\cdots,n)$ 为测得点 i 到最小区域面的距离，即

$$d_i=\frac{ax_i+by_i+cz_i+d}{\sqrt{a^2+b^2+c^2}} \tag{5-44}$$

因此，求最小区域面平面方程可以转化为如下优化问题：

$$\min f(a,b,c,d)=\min\left(\left.\frac{dx_i+by_i+cz_i+d}{\sqrt{a^2+b^2+c^2}}\right|_{\max}-\left.\frac{ax_i+by_i+cz_i+d}{\sqrt{a^2+b^2+c^2}}\right|_{\min}\right) \tag{5-45}$$

简化为

$$\min f(a,b,c)=\min\left(\left.\frac{ax_i+by_i+cz_i}{\sqrt{a^2+b^2+c^2}}\right|_{\max}-\left.\frac{ax_i+by_i+cz_i}{\sqrt{a^2+b^2+c^2}}\right|_{\min}\right) \tag{5-46}$$

求解该优化问题获得最小区域面的平面方程参数，即可按式(5-47)计算最小区域面与两竖直平面的夹角 $\Delta\alpha_{\mathrm{w}}$ 与 $\Delta\beta_{\mathrm{w}}$。

$$\begin{cases}\Delta\alpha_{\mathrm{w}}=\arctan\dfrac{b}{c}\\ \Delta\beta_{\mathrm{w}}=\arctan\dfrac{a}{c}\end{cases} \tag{5-47}$$

另外，可考虑对最小区域面 S_M 做方向限制，如图 5-18 所示，分别以垂直于平面 YOZ 和平面 XOZ 的平面 S_{M1} 和 S_{M2} 包容被测平面，则最小包容区域的宽度分别

为 X 方向和 Y 方向的平面度，平面 S_{M1}、S_{M2} 与水平面之间的夹角即为被测平面绕 X、Y 的转角误差 $\Delta\alpha_w$ 、 $\Delta\beta_w$ 。

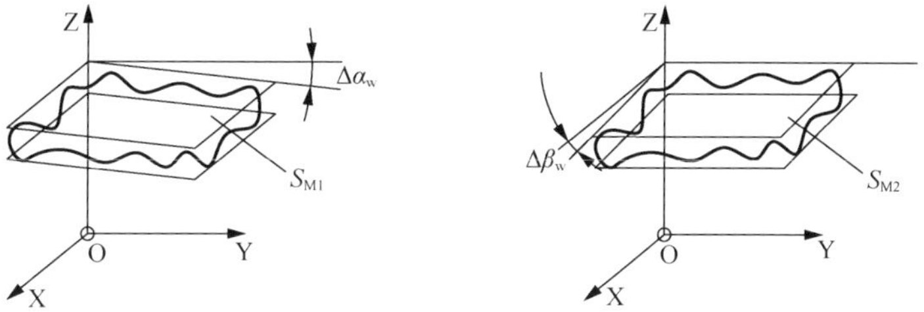

图 5-18　具有方向限制的最小区域面

综上所述，可得到定位面产生的工件三个自由度方向的位置误差 Δz_w 、$\Delta\alpha_w$ 、$\Delta\beta_w$ 。

2. 销-孔定位误差计算

对于销-孔，存在基准不重合误差、基准位移误差，其中基准位移误差由直线位移误差和转角误差组成。

1) 基准不重合误差

定位销基准不重合误差 ΔB 的计算与定位面基准不重合误差的计算类似，根据工艺尺寸容易获得。

2) 基准位移误差

工件以"一面两销"定位时，基准位移误差取决于销-孔的配合精度及最小安装间隙。

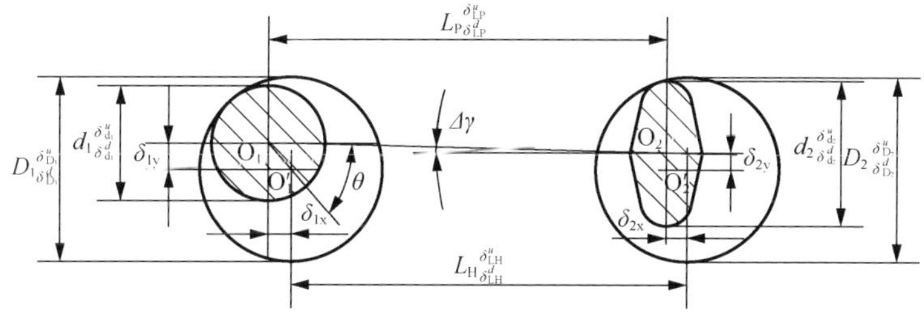

图 5-19　销-孔配合截面示意图

如图 5-19 所示，以圆柱销截面圆心为原点建立夹具的笛卡儿坐标系 O_1-$X_fY_fZ_f$，X_f 轴与两销中心连线重合，Z_f 轴与圆柱销中心轴线重合。对于圆柱销与圆柱孔，在夹具坐标系 O_1-$X_fY_fZ_f$ 中，截面圆心 O_1 与 O'_1 之间的偏差可表示为

$$\begin{cases}\delta_{1x}=\left|\overline{O_1O_1'}\right|\sin\theta=\left|(D_1+\Delta D_1)-(d_1+\Delta d_1)\right|\sin\theta=\left|\Delta D_1-\Delta d_1\right|\sin\theta/2\\ \delta_{1y}=\left|\overline{O_1O_1'}\right|\cos\theta=\left|(D_1+\Delta D_1)-(d_1+\Delta d_1)\right|\cos\theta=\left|\Delta D_1-\Delta d_1\right|\cos\theta/2\end{cases}\tag{5-48}$$

式中，$D_1+\Delta D_1$、$d_1+\Delta d_1$为圆柱孔、圆柱销的真实直径；ΔD_1、Δd_1为圆柱孔、圆柱销的尺寸误差；θ为$O_1O'_1$与X_f轴正向之间的夹角，夹角方向按右手定则，逆时针方向为正。

O_1与O'_1之间的偏差由配合精度决定。设圆柱孔直径的上下偏差为$\delta_{D_1}^u$、$\delta_{D_1}^d$，圆柱销直径的上下偏差为$\delta_{d_1}^u$、$\delta_{d_1}^d$，由二者是间隙配合，可知$\delta_{D_1}^u>\delta_{D_1}^d>\delta_{d_1}^u>\delta_{d_1}^d$，则：

$$(\delta_{D_1}^d-\delta_{d_1}^u)/2\leqslant\left|\overline{O_1O_1'}\right|\leqslant(\delta_{D_1}^u-\delta_{d_1}^d)/2 \tag{5-49}$$

又$0^\circ\leqslant\theta\leqslant360^\circ$，则

$$\begin{cases}(\delta_{D_1}^d-\delta_{d_1}^u)/2\leqslant|\delta_{1x}|\leqslant(\delta_{D_1}^u-\delta_{d_1}^d)/2\\(\delta_{D_1}^d-\delta_{d_1}^u)/2\leqslant|\delta_{1y}|\leqslant(\delta_{D_1}^u-\delta_{d_1}^d)/2\end{cases} \tag{5-50}$$

对于菱形销与其定位孔，截面圆心O_2与O'_2之间的X向偏差由夹具设计时的最小偏差minX决定，Y向偏差由配合精度决定，即

$$\begin{cases}|\delta_{2x}|\leqslant\min X\\(\delta_{D_2}^d-\delta_{d_2}^u)/2\leqslant|\delta_{2y}|\leqslant(\delta_{D_2}^u-\delta_{d_2}^d)/2\end{cases} \tag{5-51}$$

由直线基准位移误差可得工件绕Z轴转角误差为

$$\Delta\gamma=\arcsin\frac{\delta_{2y}-\delta_{1y}}{L_H} \tag{5-52}$$

转角方向按右手定则确定，则

$$|\Delta\gamma|\leqslant\arcsin\frac{(\delta_{D_2}^u-\delta_{d_2}^d)-[-(\delta_{D_1}^u-\delta_{d_1}^d)]}{2L_H} \tag{5-53}$$

另外，两销中线连线与机床X轴之间还存在平行度误差，可在夹具安装好后检测获得。该平行度误差可转化为绕Z轴的转角误差为

$$\Delta\gamma'=\frac{\Delta_{2-1}}{L_H} \tag{5-54}$$

式中，Δ_{2-1}为菱形销相对于圆柱销在Y向的偏差。

在进行误差计算时，关注的是可能产生的最大误差，因此，对上述误差均取正负方向的最大值，得到销-孔定位误差产生的最大工件位置误差为

$$\begin{cases}\Delta x_W=\Delta B_X\pm\Delta x_{max}=\Delta B_X\pm\delta_{1X\_max}=\Delta B_X\pm(\delta_{D_1}^u-\delta_{d_1}^d)/2\\\Delta y_W=\Delta B_X\pm\Delta y_{max}=\Delta B_X\pm\delta_{1Y\_max}=\Delta B_X\pm(\delta_{D_1}^u-\delta_{d_1}^d)/2\\\Delta\gamma_W=\Delta\gamma'\pm\Delta\gamma_{max}=\Delta_{2-1}/L_H\pm\arcsin[(\delta_{D_2}^u-\delta_{d_2}^d+\delta_{D_1}^u-\delta_{d_1}^d)/2L_H]\end{cases} \tag{5-55}$$

式中，ΔB_x、ΔB_y为X、Y向的基准不重合误差。

5.5　零件尺寸和形状精度预测

本节在综合误差模型基础上介绍零件轮廓法向误差、尺寸误差和形状误差的预测方法。将误差模型计算得到的各预测点空间误差投影到零件轮廓法向，得到轮廓法向误差，并分析各项误差因素所占的比重。

5.5.1　轮廓法向误差预测与误差比重分析

由误差模型可计算得出加工点和刀轴矢量在工件坐标系三个坐标方向的空间误差，然而实际生产中，曲面轮廓通常由坐标测量机检测轮廓表面关键点位的法向误差，以此评价其加工精度。为了符合实际生产过程，且便于将预测结果与坐标测量机检测结果进行直接对比，可将上述空间误差转换为轮廓点位法向误差，即将空间误差向轮廓法向投影。设某预测点处的轮廓法向矢量用齐次坐标表示为 $\boldsymbol{n}=\begin{pmatrix}n_{\mathrm{x}} & n_{\mathrm{y}} & n_{\mathrm{z}} & 0\end{pmatrix}^{\mathrm{T}}$，结合工件坐标系中切削点空间误差 $\boldsymbol{P_E}$，则该预测点处的轮廓法向误差 ε_n 可表示为[34]

$$\varepsilon_n=\boldsymbol{P}_{\mathrm{E}}{}^{\mathrm{T}}\boldsymbol{n}=\begin{bmatrix}e_{\mathrm{x}} & e_{\mathrm{y}} & e_{\mathrm{z}} & 1\end{bmatrix}\begin{bmatrix}n_{\mathrm{x}}\\ n_{\mathrm{y}}\\ n_{\mathrm{z}}\\ 0\end{bmatrix} \tag{5-56}$$

其中，零件表面轮廓误差可利用 UG、CATIA 等 CAD 软件，直接在零件数模上获得。

在加工前对零件加工精度进行预测，除了关注零件的最终加工精度、判断即将加工的零件是否满足精度要求外，还关注各单项误差因素对总误差的贡献大小，即所占比重，以指导工艺优化。基于各预测点轮廓法向误差，可采用如下方法分析各单项误差因素所占比重。

设综合所有误差项，得到预测点 $i(i=1,2,\cdots,n)$ 处的轮廓法向误差为 ε_i，则所有预测点的法向轮廓误差总和为 $\varepsilon=\sum_{i=1}^{n}\varepsilon_i$；若只考虑某一项误差因素 j(如机床几何误差)，该误差因素导致预测点 i 处的轮廓法向误差为 ε_i^j，则该误差因素导致的所有预测点的轮廓法向误差总和为 $\varepsilon^j=\sum_{i=1}^{n}\varepsilon_i^j$。由此可得某一加工位置 i 处，误差因素 j 所占比重为

$$\eta_i^j=\frac{\varepsilon_i^j}{\varepsilon_i} \tag{5-57}$$

综合所有加工位置，误差因素 j 所占比重为

$$\eta^{j}=\frac{\varepsilon^{j}}{\varepsilon} \tag{5-58}$$

5.5.2 尺寸精度与形状精度预测

对于零件尺寸和形状误差，为便于在计算机上自动计算，采用基于零件几何特征进行预测的方法。其总体思路是：根据零件精度要求和几何形状将零件划分为多个典型特征(如曲面、孔、平面等)，并制定各类特征的预测点选取规则；然后，利用误差模型计算各预测点空间误差并投影到轮廓法向得到轮廓法向误差；最后，综合所有预测点误差预测各个特征的尺寸误差和形状误差[35]。这里以某薄壁结构件为例说明尺寸精度的预测方法。

1. 薄壁结构件几何特征分析

薄壁结构件的主要特点如下：

(1) 结构形状复杂，具有各种形式的槽腔结构、加强筋、凸缘、连接孔和带有开闭角的直纹面等；

(2) 壁薄；

(3) 零件特征大部分集中在上下两面；

(4) 从横向剖面构形看，一般可分为 T 字形、工字型；从筋在腹板面上的分布情况看，一般可分为平行筋类、放射筋类、网络筋类、网格筋类、平行放射筋类和点辐射筋类；从搭接边位置看，可分为内搭接边、外搭接边和内外混合搭接边三类。

综合分析各类壁板类零件的外形结构，可将其划分为以下四类加工特征。

(1) 槽腔：周边封闭、有底的一种结构，侧壁和工作台平面垂直。

(2) 筋：可分为直顶、斜顶、曲顶；有约束、无约束；一端约束、两端约束等。

(3) 孔：包括圆孔、非圆孔(开口)、螺纹孔、精度孔等。

(4) 轮廓：由曲面、平面构成的零件外形。

框、梁及接头类零件结构与壁板类零件类似，均可以划分为以上四类特征。

2. 薄壁结构件尺寸精度预测

上述四类特征中，槽腔由筋围成，精度预测时可看作一种特征。因此，可将薄壁结构件分为曲面轮廓、孔和筋三大特征，分别对这三类特征进行精度预测。根据实际生产工艺中的精度要求，确定预测项目包括曲面轮廓点位法向误差、孔位、孔间距、筋厚、筋高、筋位等尺寸误差。预测方法详述如下，预测流程如图 5-20 所示。

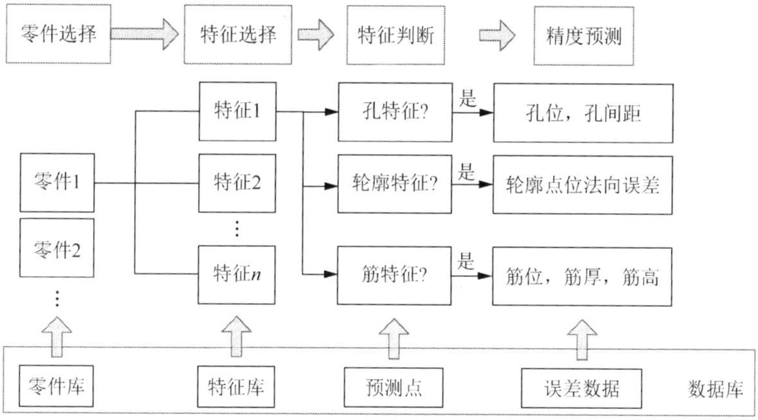

图 5-20　薄壁结构件尺寸精度预测流程

1) 轮廓特征预测

(1) 预测值：轮廓法向误差。

(2) 预测点选取：沿曲面 u 向和 v 向等间距取 $m \times n$ 个预测点。

(3) 预测方法：从误差数据库中提取误差数据，调用综合误差模型分别计算各预测点处的三向空间误差及轮廓法向误差。

2) 筋特征

(1) 预测值：筋位误差，筋厚误差，筋高误差。

(2) 预测点选取：两侧壁上沿横向和纵向等间距取 $m \times n$ 个预测点；顶面等间距取 s 个预测点。

(3) 预测方法如下。

① 筋厚：从误差数据库中提取误差数据，调用综合误差模型分别计算侧壁上各预测点处沿筋厚度方向(法向)的误差值，找出最大、最小误差，可获得两侧壁的误差带，综合两侧壁的误差带可获得筋厚的误差带，如图 5-21 所示。

② 筋位：筋位误差带为筋厚误差带的一半，如图 5-21 所示。

③ 筋高：从误差数据库中提取误差数据，调用综合误差模型分别计算各预测点处沿筋高度方向(法向)的误差值，找出最大、最小误差，获得其误差带。

3) 孔特征预测

(1) 预测值：孔位误差，孔距误差。

(2) 预测点选取：孔轴线与平面交点，即孔中心点。

(3) 预测方法如下。

① 孔位：从误差数据库中提取误差数据，调用综合误差模型分别计算图 5-22 所示孔中心点在横向及纵向上的误差 e_{x1}/e_{x2} 和 e_{y1}/e_{y2}。

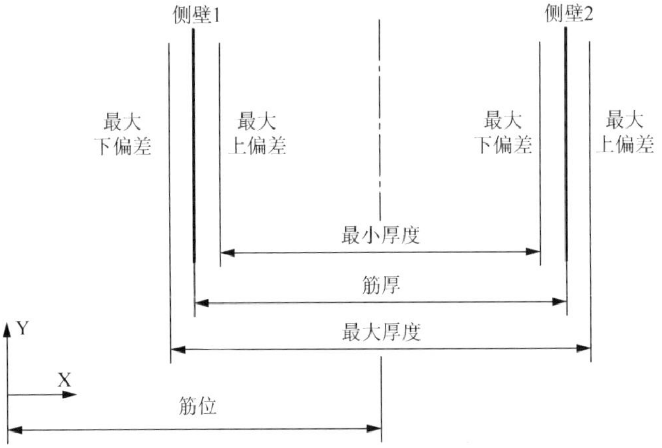

图 5-21　筋厚、筋位误差带示意图

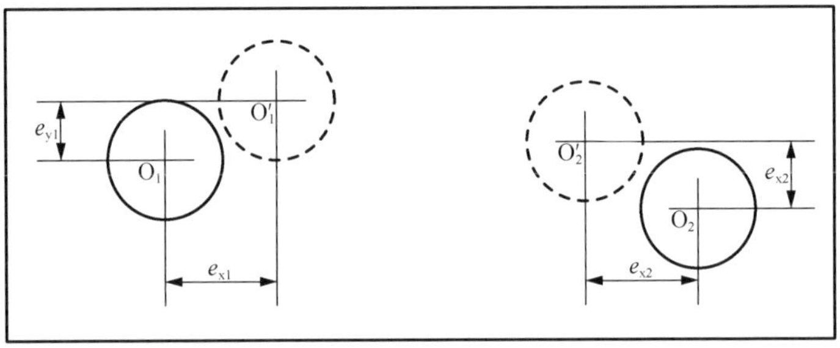

图 5-22　孔位及孔距误差示意图

② 孔间距：如图 5-22 所示，分别预测两孔位的横向误差 e_{x1}、e_{x2} 及纵向误差 e_{y1}、e_{y2}，实际孔间距误差为 $e_{x2}-e_{x1}$、$e_{y2}-e_{y1}$。

4) 形状精度预测

对于形状精度，国标及 ISO 标准中均有针对坐标测量机测量的平面度、圆度、圆柱度、圆锥度等形状误差的计算方法。本章所建立的综合误差模型所计算的轮廓法向误差与坐标测量机的测量结果在原理上是一致的，因此，根据所有预测点的轮廓法向误差预测结果，采用标准中所述方法即可算出相应的形状误差。具体计算方法参见相关标准，本书不再赘述。

5.6　几何误差补偿算法

5.6.1　补偿算法流程

由综合误差模型可算出各种误差因素综合作用导致的刀触点和刀轴矢量在工件坐标系中的空间误差，误差补偿方法是通过反向叠加一个相同大小的误差值来抵消加工误差。如图 5-23 所示，$\boldsymbol{P}_0$、$\boldsymbol{U}_0$ 为刀具坐标系中的理想刀位点和刀轴矢量，可根据 NC 代码按工艺系统运动模型算出；在各种误差因素影响下，刀具坐标系中的实际刀位点和刀轴矢量为 $\boldsymbol{P}_1$、$\boldsymbol{U}_1$，可通过综合误差模型算出；通过反向叠加一个相同大小的误差值，修改刀位点和刀轴矢量为 $\boldsymbol{P}_2$、$\boldsymbol{U}_2$，从而使实际刀位点和刀轴矢量趋近于理想的 $\boldsymbol{P}_0$、$\boldsymbol{U}_0$。要通过修改 NC 代码实现这一目的，需要反算出叠加这一误差值后机床各运动轴的运动量，详细算法如下[34]。

五轴数控加工一般按照 RTCP/RPCP 编程，NC 代码中的 X、Y、Z 坐标即为工件坐标系中的理想刀位点坐标。以 FXYZCA 结构机床为例，根据工艺系统运动模型，可算出工件坐标系中的理想刀轴矢量为

$$\begin{pmatrix} u_x \\ u_y \\ u_z \\ 0 \end{pmatrix} = \begin{pmatrix} \cos\gamma & -\sin\gamma & 0 & 0 \\ \sin\gamma & \cos\gamma & 0 & 0 \\ 0 & 0 & 1 & 0 \\ 0 & 0 & 0 & 1 \end{pmatrix} \begin{pmatrix} 1 & 0 & 0 & 0 \\ 0 & \cos\alpha & -\sin\alpha & 0 \\ 0 & \sin\alpha & \cos\alpha & 0 \\ 0 & 0 & 0 & 1 \end{pmatrix} \begin{pmatrix} 0 \\ 0 \\ 1 \\ 0 \end{pmatrix} = \begin{pmatrix} \sin\gamma\sin\alpha \\ -\cos\gamma\sin\alpha \\ \cos\alpha \\ 0 \end{pmatrix} \tag{5-59}$$

由于转动轴转角变化对刀位点空间位置有影响，而 X、Y、Z 轴的移动对转角无影响、只改变刀位点位置，为加快补偿计算的迭代收敛速度，将补偿过程分为两步：先对转动轴进行补偿计算，再对平动轴进行补偿计算。

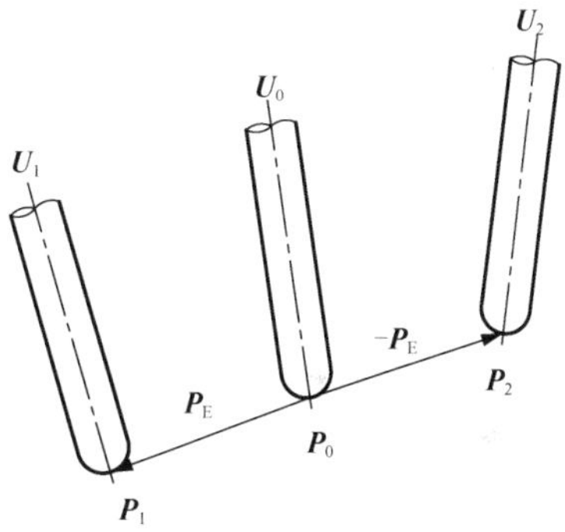

图 5-23　软件误差补偿思路

先对转角进行处理，代入各项误差到综合误差模型(4-18)，可算出工件坐标系中的实际刀轴矢量，并可以按照式(3-7)、式(3-8)反算出实际刀轴矢量对应的机床转动轴转角 $\alpha_{实际}$、$\gamma_{实际}$。

根据误差抵消的补偿思路，对转角进行如下反向修改：

$$\begin{cases} \alpha_{补偿} = -(\alpha_{实际} - \alpha) + \alpha \\ \gamma_{补偿} = -(\gamma_{实际} - \gamma) + \gamma \end{cases} \tag{5-60}$$

接下来对平动轴进行处理，根据加工运动模型，可由初始数控代码中的理想刀位点 x、y、z 轴反算出三平动轴的理想运动位置 S_X、S_Y、S_Z 为

$$\begin{cases} S_X = x + L_T \sin\alpha\sin\gamma \\ S_Y = y - L_T \sin\alpha\cos\gamma \\ S_Z = z - L_T(1-\cos\alpha) \end{cases} \tag{5-61}$$

代入各项误差以及上一步修改后的转角到综合误差模型式(4-17)，可算出工件坐标系中的实际刀具的刀位点坐标 $x_{实际}$、$y_{实际}$和 $z_{实际}$。根据误差抵消的补偿思路，对三平动轴的运动位置进行如下反向修改：

$$\begin{cases} S_{X补偿} = -(x_{实际} - x) + S_X \\ S_{Y补偿} = -(y_{实际} - y) + S_Y \\ S_{Z补偿} = -(z_{实际} - z) + S_Z \end{cases} \tag{5-62}$$

最后再按式(5-63)将修改后的机床平动轴运动位置还原为对应的刀位点坐标：

$$\begin{cases} x_{补偿} = S_{X补偿} - L_T \sin\alpha_{补偿} \sin\gamma_{补偿} \\ y_{补偿} = S_{Y补偿} + L_T \sin\alpha_{补偿} \cos\gamma_{补偿} \\ z_{补偿} = S_{Z补偿} + L_T \left(1 - \cos\alpha_{补偿}\right) \end{cases} \tag{5-63}$$

将修改后的转角和刀位点坐标替换原 NC 代码中的转角和刀位点坐标，得到补偿后的 NC 代码。在极限位置，上述修改后的转角可能超出机床行程，还需通过加工仿真进行检查、修改。

整个补偿算法流程如图 5-24 所示。

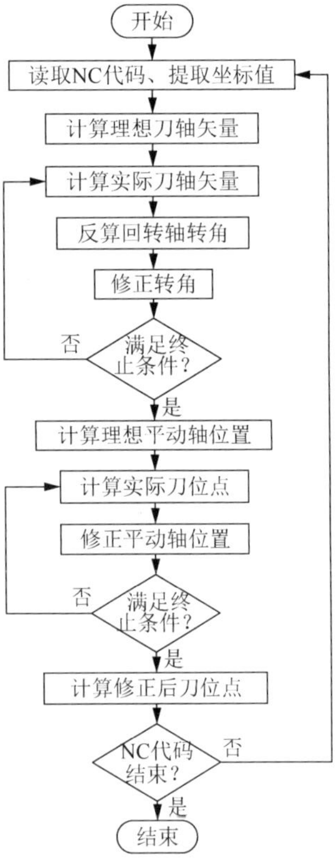

图 5-24　软件误差补偿算法流程

5.6.2　补偿中的转角突变

在几何误差的实际补偿过程中，当原始加工代码中一个转动轴的角度很小时，经过误差补偿后，另一个转动轴的角度修正量很大，刀轴矢量发生了突变，即出现了所谓的转角突变问题[36]。这在实际的误差补偿中是不允许的。下面将对这种误差补偿后转角突变的现象进行分析。

以某 CZFXYB 型五轴数控机床的 B 和 C 转动轴为例进行说明。在实际加工，为了保证加工的平稳性和刀轴矢量的平滑过渡，相邻的理论刀位点之间的刀轴矢量夹角 $\Delta\theta$ 和转角变化值 $\Delta\beta$ 、 $\Delta\gamma$ 均很小，而且在一定范围内，一般有 $\Delta\theta\in\left(0^\circ,0.3^\circ\right)$，$\Delta\beta$、 $\Delta\gamma\in\left(0^\circ,3^\circ\right)$。

根据工艺系统运动模型的转动轴转角的求解方法，可以得到第 i 个加工点的理想转动量 β_i、γ_i 与工件坐标系下的理论刀轴矢量 $\boldsymbol{U}_{\mathrm{W}(i)}$ 之间的关系：

$$\boldsymbol{U}_{\mathrm{W}(i)}=\begin{bmatrix}u_{\mathrm{x}(i)}\\u_{\mathrm{y}(i)}\\u_{\mathrm{z}(i)}\\0\end{bmatrix}=\begin{bmatrix}\sin\beta_i\cos\gamma_i\\\sin\beta_i\sin\gamma_i\\\cos\beta_i\\0\end{bmatrix}\tag{5-64}$$

由 $-90^\circ\leqslant\beta_i\leqslant0^\circ$，得到所有理论刀轴矢量 $\boldsymbol{U}_{\mathrm{W}(i)}$ 组成的空间区域是半径 r=1 的半球。而当 β_i 一定、γ_i 变化时，所有 $\boldsymbol{U}_{\mathrm{W}(i)}$ 形成一个矢量锥，其锥底半径 r_i 为

$$r_i=r\left|\sin\beta_i\right|=\sqrt{1-{u_{\mathrm{z}(i)}}^2}=\sqrt{{u_{\mathrm{x}(i)}}^2+{u_{\mathrm{y}(i)}}^2}\tag{5-65}$$

取相邻加工刀位点的两个刀轴矢量为 $\boldsymbol{U}_{\mathrm{W}(1)}=\left(\sin\beta_1\cos\gamma_1,\sin\beta_1\sin\gamma_1,\cos\beta_1\right)$，$\boldsymbol{U}_{\mathrm{W}(2)}=\left(\sin\beta_2\cos\gamma_2,\sin\beta_2\sin\gamma_2,\cos\beta_2\right)$，则 $\boldsymbol{U}_{\mathrm{W}(1)}$ 与 $\boldsymbol{U}_{\mathrm{W}(2)}$ 的夹角 $\Delta\theta$ 为

$$\cos\Delta\theta=\boldsymbol{U}_{\mathrm{W}(1)}\cdot\boldsymbol{U}_{\mathrm{W}(2)}=\sin\beta_1\sin\beta_2\cos\left(\gamma_2-\gamma_1\right)+\cos\beta_1\cos\beta_2\tag{5-66}$$

由实际加工时 $\Delta\gamma=\gamma_2-\gamma_1$、 $\Delta\beta=\beta_2-\beta_1$ 与 $\Delta\theta$ 均较小，可以将式(5-66)简化为

$$\frac{\Delta\theta}{\Delta\gamma}\approx\sqrt{\sin\beta_1\sin\beta_2}\,,\qquad\beta_1、\beta_2\in\left[-90^\circ,0^\circ\right]\tag{5-67}$$

由函数单调性可知，当 $-90^\circ<\beta_2<\beta_1<0^\circ$ 时，$r_{v1}<\Delta\theta/\Delta\gamma<r_{v2}$。因此，本书定义两矢量 $\boldsymbol{U}_1$ 、 $\boldsymbol{U}_2$ 之间的一个中间矢量 $\boldsymbol{U}_{\mathrm{W\_m}}$，且中间矢量锥底半径 r_{m} 与 $\Delta\theta/\Delta\gamma$ 相等，即

$$r_{\mathrm{m}}=\frac{\Delta\theta}{\Delta\gamma}\approx\sqrt{\sin\beta_1\sin\beta_2}\tag{5-68}$$

当 $-90^\circ < \beta_2 < \beta_1 < 0^\circ$，且 β_1、β_2 为接近 0° 时，中间矢量锥底半径 $r_m \in (|\sin\beta_1|, |\sin\beta_2|)$，并且 r_m 极小。此时，若运用补偿方法对刀轴矢量 $\boldsymbol{U}_{W(1)}$ 或 $\boldsymbol{U}_{W(2)}$ 进行修正，则极小的修正量都会导致γ转角的很大跳变。例如，分别取相邻两个刀位点的转角为：$\beta_1 = -0.023^\circ, \gamma_1 = 269.958^\circ$；$\beta_2 = -0.045^\circ, \gamma_2 = 269.915^\circ$。则得到理论刀轴矢量 $\boldsymbol{U}_{W(1)}$、$\boldsymbol{U}_{W(2)}$ 为

$$\begin{cases} u_{x(1)} = 2.94260393 \times 10^{-7} \\ u_{y(1)} = 0.00040142 \\ u_{z(1)} = 0.99999992 \end{cases}, \quad \begin{cases} u_{x(2)} = 1.165161083 \times 10^{-6} \\ u_{y(2)} = 0.000785397 \\ u_{z(2)} = 0.999999692 \end{cases} \tag{5-69}$$

如果对刀轴矢量 $\boldsymbol{U}_{W(1)}$ 进行修正，在叠加误差后得到实际刀轴矢量 $\boldsymbol{U}'_{W(1)}$ 为

$$\begin{cases} u'_{x(1)} = 7.61693967 \times 10^{-5} \\ u'_{y(1)} = 0.000471667 \\ u'_{z(1)} = 0.99999989 \end{cases} \tag{5-70}$$

可以看出实际刀轴矢量的三个坐标轴分量，相对理论值的变化量均很小。但对于 X 向分量，虽然修正的数值很小。通过 CB 型机床的转动角求解算法，可以得到实际的转动角度为 $\beta'_1 = -0.0267^\circ, \gamma'_1 = 260.82652^\circ$。

综上所述，可以得出转角突变问题产生的直接原因就是 β_i 接近 0°，表现为叠加误差后的实际矢量与理论矢量的中间矢量锥底半径 r'_m 极小。而其根本原因在于：

(1) B 轴角度过小使刀轴矢量很接近 Z 轴，而在 X、Y 方向的分量很小，接近于零，使得在软件补偿的迭代过程中，对微小量进行处理时产生了计算误差。

(2) 各运动轴的绕 C 轴转角误差辨识精度的影响。由于在补偿 C 轴角度的时候，绕 C 轴的转角误差是一个敏感因数，其辨识精度在很大程度上影响角度修正的精确性。

针对补偿过程中出现的转角突变问题，可以在软件补偿时进行程序控制。由于出现该问题时，γ 转角的较大修正量 $\Delta\gamma'$ 将导致实际矢量与理论矢量的中间矢量锥底半径 r'_m 极小。因此，可以设定一个刀轴矢量的锥底控制半径 r_{ec} 来对转角突变问题进行处理。在补偿过程中若出现 $r'_m < r_{ec}$，则说明该行代码若补偿则会出现γ转角修正量过大的情况，则不进行β、γ 角度的修正，直接输出理论转动角。而对于 r_{ec} 的取值，可以通过计算理论代码中相邻刀位点之间的中间矢量锥底半径，找出其中的最小值 r_{ms}，一般情况下如果 $r_{ms} \in (0.1 \sim 0.6)$，则可以将其直接作为 r_{ec}，否则需要用户输入一个合理的 r_{ec}，程序流程如图 5-25 所示。

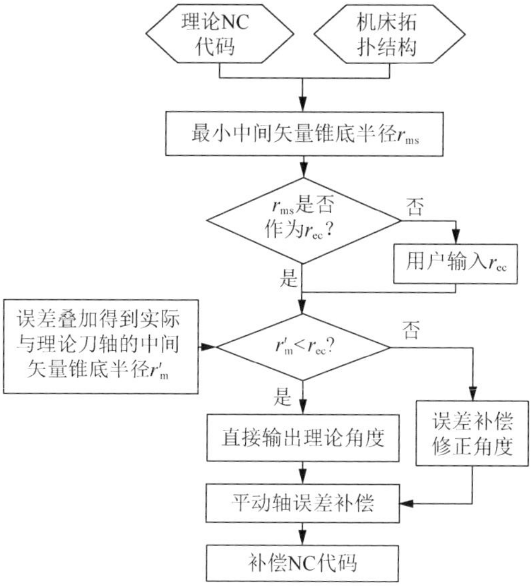

图 5-25　转角突变的处理流程

5.7 本章小结

本章介绍了基于激光干涉仪的五轴数控机床平动轴几何误差参数“十二线”辨识法，提出一种基于球杆仪的五轴数控机床转动轴几何误差参数辨识新方法。针对“一面两销”定位方式，描述了工件位置误差测量与预测方法。在此基础上，对零件点位轮廓法向误差及尺寸精度、形状精度预测方法进行了说明。为便于使用计算机进行预测，提出一种基于零件几何特征的尺寸精度和形状精度预测方法。此外，本章基于误差抵消的基本思想，推导了加工误差补偿改进算法。

参考文献

[1] Okafor A C, Ertekin Y M. Derivation of machine tool error models and error compensation procedure for three axes vertical machining center using rigid body kinematics[J]. International Journal of Machine Tools and Manufacture, 2002, 40(8): 1199-1213.

[2] Zhang G, Ouyang R, Lu B, et al. A displacement method for machine geometry calibration[J]. CIRP Annals - Manufacturing Technology, 1988, 37(1): 515-518.

[3] Zhang G X, Zang Y F. A method for machine geometry calibration using 1-D ball array[J]. CIRP Annals - Manufacturing Technology, 1991, 40(1): 519-522.

[4] 章青. 数控机床定位误差建模、参数辨识及补偿技术的研究[D]. 天津：天津大学博士学位论文, 1995.

[5] 刘又午, 刘丽冰, 赵晓松，等. 数控机床误差补偿技术研究[J]. 中国机械工程, 1998, 9(12):

48-52.

[6] Chen G Q, Yuan J X, Ni J. A displacement measurement approach for machine geometric error assessment [J]. International Journal of Machine Tools and Manufacture, 2001, 41(1): 149-161.

[7] 郭俊杰, 张琳, 皮彪. 坐标测量机的空间误差检测及21项几何误差分离的方法[J]. 中国机械工程, 2002, 13(13): 1081-1084.

[8] 粟时平, 李圣怡, 王贵林. 基于空间误差模型的加工中心几何误差辨识方法[J]. 机械工程学报, 2002, 38(7): 121-125.

[9] 李斌, 王明宇, 毛新勇. 基于三维步距规的数控机床误差辨识研究[J]. 中国机械工程, 2008,19(11): 1261-1264.

[10] 王金栋, 郭俊杰, 费致根, 等. 基于激光跟踪仪的数控机床几何误差辨识方法[J]. 机械工程学报, 2011, 47(14): 13-19.

[11] He J. Development of a Six Degree-of-Freedom Laser Measurement System for Machine Geometric Error Measurement [D]. Michigan:The University of Michigan, 1998.

[12] Chen J S, Kou T W, Chiou S H. Geometric error calibration of multi-axis machines using an auto-alignment laser interferometer[J]. Precision Engineering, 1999, 23 (4): 243-252.

[13] Fan K C, Chen M J. A 6-degree-of-freedom measurement system for the accuracy of X-Y stages[J]. Precision Engineering , 2000, 24(1): 15-23.

[14] Lee J H, Liu Y, Yang S H. Accuracy improvement of miniaturized machine tool: Geometric error modeling and compensation[J]. International Journal of Machine Tools and Manufacture, 2006, 46(12-13): 1508-1516.

[15] Tsutsumi M, Saito A. Identification of angular and positional deviations inherent to 5-axis machining centers with a tilting-rotary table by simultaneous four-axis control movements[J]. International Journal of Machine Tools and Manufacture, 2004, 44(12-13): 1333-1342.

[16] Dassanayake K M, Tsutsumi M, Saito A. A strategy for identifying static deviations in universal spindle head type multi-axis machining centers[J]. International Journal of Machine Tools and Manufacture, 2006, 46(10): 1097-1106.

[17] Bohez E L, Ariyajunya B, Sinlapeecheewa C, et al. Systematic geometric rigid body error identification of 5-axis milling machines[J]. Computer-Aided Design, 2007, 39(4): 229-244

[18] 张葳, 王娟. 五轴数控机床旋转轴几何误差测量与分离方法[J]. 机电工程技术, 2008, 37(9): 16-19.

[19] 张大卫, 商鹏, 田延岭, 等. 五轴数控机床转动轴误差元素的球杆仪检测方法[J]. 中国机械工程, 2008, 19(22): 2737-2741.

[20] 张为民, 杨玮玮, 褚宁, 等. 五轴头转动中心的几何误差检测与补偿[J]. 制造技术与机床, 2009, (2): 13-15.

[21] Zargarbashi S H, Mayer J R. Single setup estimation of a five-axis machine tool eight link errors by programmed end point constraint and on the fly measurement with Capball sensor[J].

International Journal of Machine Tools and Manufacture, 2009, 49(10): 759-766.
[22] 肖剑，郭宝安. 激光跟踪仪在机床误差测量与分析中的应用[J]. 制造业信息化，2011(10): 89-90.
[23] Chen J S. Computer-aided accuracy enhancement for multi-axis CNC machine tool[J]. International Journal of Machine Tools and Manufacture, 1995, 35(4): 593-605.
[24] 盛伯浩，唐华. 数控机床误差的综合动态补偿技术[J]. 制造技术与机床, 1997, (6): 19-21.
[25] Lei W T, Hsu Y Y. Accuracy enhancement of five-axis CNC machines through realtime error compensation[J]. lnternational Journal of Machine Tools and Manufacture, 2003,43(9)：871-877.
[26] SIEMENS. Function description VCS “volumetric compensation system” . 2009.
[27] 张虎，周云飞，唐小琦，等. 多轴数控机床几何误差的软件补偿技术[J]. 机械工程学报, 2001, 37(11): 58-61.
[28] Suh S H, Lee E S, Sohn J W. Enhancement of geometric accuracy via an intermediate geometrical feedback scheme[J]. Journal of Manufacturing Systems, 1999, 18(1): 12-21.
[29] Rahman M, Heikkala J, Lappalainen K. Modeling, measurement and error compensation of multi-axis machine tools. Part 1: theory[J]. International Journal of Machine Tools and Manufacture, 2000, 40(10): 1535-1546.
[30] Wang S M, Yu H J, Liao H W. A new high-efficiency error compensation system for CNC multi-axis machine tools[J]. The International Journal of Advanced Manufacturing Technology, 2006, 28(5-6): 518-526.
[31] Zhu S W, Ding G F, Qin S F, et al. Integrated geometric error modeling, identification and compensation of CNC machine tools[J]. International Journal of Machine Tools and Manufacture, 2012, 52(1): 24-29.
[32] Jiang L, Ding G F, Li Z, et al. Geometric error model and measuring method based on worktable for five-axis machine tools[J]. Proceedings of the Institution of Mechanical Engineers, Part B: Journal of Engineering Manufacture, 2013, 227(1): 32-44.
[33] Ding G F, Zhu S W, Yahya E, et al. Prediction of machining accuracy based on a geometric error model in five-axis peripheral milling process[J]. Proceedings of the Institution of Mechanical Engineers, Part B: Journal of Engineering Manufacture, 2014, 228(10): 1226-1236.
[34] Zhu S W, Ding G F, Jiang L, et al. Machining accuracy improvement of five-axis machine tools by geometric error compensation[C]. Proceedings of the International Conference on Advanced Technology of Design and Manufacturing. 2010: 327-331.
[35] 彭炼，丁国富，朱绍维，等. 五轴铣削加工精度预测系统开发研究[J]. 中国机械工程，2012, 25(5): 647-651.
[36] Xavier P, Yann L, Stephane S，et al. Optimisation of workpiece setup for continuous 5-axis machining[J]. International Journal of Applied Management and Technology, 2011, 11(16):67-79.

第 6 章　五轴数控机床的热误差补偿

数控机床在运行过程中受到内外热源的影响，使机床形成非均匀的温度场和温升，导致机床各部件产生不同的热变形，使机床各部件之间正确的位置关系遭到破坏，从而改变了工件和刀具之间正确的位置关系，形成所谓的热变形误差。一般情况下，机床的热误差占到机床中误差的 40%~70%，在精密加工机床中甚至达到 85%，所以研究机床热误差的规律并控制热误差成为提高数控机床加工精度的一个重要措施。本章将针对五轴数控机床的温度测量及测温点优化方法、热误差建模进行说明，在此基础上介绍热误差补偿技术。

本章将对五轴数控机床的五轴数控机床温度测量及测温点优化方法、热误差和温升关系的建模方法进行详细说明，并介绍热误差补偿技术。

6.1　国内外研究现状

当前对机床热变形和热误差的研究主要集中在机床热态特性研究、机床温度和热误差的测量、机床热误差建模和补偿等领域。

1. 机床热态特性研究

要控制或降低由于机床热变形而引起的误差，必须对各类热源的强度、机床温度场分布及机床热变形位移进行分析。

当前对于机床热源强度和机床热特性的研究可以分为两个方面，一是直接分析计算热源的强度，主要集中在主轴轴承的摩擦发热强度分析。1988 年日本 NSK 研究中心的 Hirotoshi 等对陶瓷球轴承在高速下的力学与发热数学模型进行了深入研究，并进行了实验验证[1]。1998 年，韩国学者 Jin 等用大型有限元软件 ANSYS 分析了五轴数控加工中心的主轴—轴承的热态特性，表明有限元仿真分析结果和实验所得数据比较接近[2]。2001 年美国普渡大学的 Bern 进一步提出了高速电主轴的能量流动模型，并分析了主轴发热的定量特性[3]。韩国的 Kim[4]、浙江大学的蒋兴奇[5]等对高速电主轴轴承的热态特性进行了详细的研究，研究了主轴轴承的预紧力和过盈量等的变化对热特性的影响，并对实际电主轴的发热与传递特性作了计算。广东工业大学在张伯霖领导下对高速电主轴的热态特性做了有限元分析，得出了电主轴的温度场分布及各种工况对轴承温升的影响曲线。南京航空航天大学的郭策等针对某数控车床的主轴系统建立了温度场的有限元模型，并分析计算了该主轴部件的温度场分布和主轴热变形[6]。总体上说，对于主轴系统的热态分析，当前的研究针对轴承单独建模，然后把轴承热源和电机热源等因素考虑进去，但还不能完整地、动态地考虑轴承发热、电机发热、预紧力变化、部件的变形等之间的相互影响。

另一种方法是通过热传导逆解问题分析热源强度。当前电气功耗散热、由切削热传递到机床部件的热量及外界通过辐射对流传来的热量都无法准确计算，针对主轴电机和主轴轴承摩擦热的发热模型，由于轴承的装配状态、机床的工作状态不同，在指导机床热误差补偿方面的精确程度也远远不够。为了避开各种不确定因素，可以通过测量机床部件上选定测温点的温度，间接估算热源的强度或分析机床的温度场，并以此来计算热变形，这种方法称为热传导逆解问题。

1985 年 Beck 指出热传导逆解问题存在严重的病态，测量温度的微小的误差将导致热源特性的巨大误差，产生病态的原因是由于逆解问题的不稳定性[7]。求解热传导逆解问题主要有三种方法：基于有限差分法描述的直接数值方法、顺序方程概算法和有限单元法。Attia 等利用拉普拉斯变换，将热源特性的时域特征转换到频域进行分析，并把热源强度看作阶跃函数进行分析，根据测温点的温度作为已知边界逆解热源强度[8]。Yang 指出可以由一系列测量温度和要计算的温度组成的未知量来描述热传导方程，并对非线性化的热传导方程线性化处理，然后确定迭代准则，通过迭代运算，由测量温度计算某点的温度[9]。Olson 等利用远离刀具切削点的测量温度来逆解切屑和刀具交界面处的温度，以达到监控机床状态的目的[10]。

当前应用热传导逆解方法分析热源的性质普遍存在以下问题[11]。

(1) 热源强度的当前值根据前一时刻的估计值计算得来，估计误差是累积的。

(2) 由于热传导逆解问题的病态，温度测量的随机误差将引起逆解问题的不稳定性，并且这些误差是很难过滤掉的。

(3) 由于温度一般滞后于热源变化，所以未来温度信息需要精确估计当前的热源特性。但是这些信息不能通过实时估计得来。

(4) 对于复杂机床结构和多热源问题，热传导逆问题的计算量将非常大，以至于不能用于实时的应用。

机床上的各种热源产生的热量通过热传导传递给机床的各个部件，由于各部件的热物性参数(如热传导系数和线膨胀系数等)存在差异，所以机床各部分的温度场分布和热变形量不一致。由于机床装配时各配合面的相互制约，机床各零部件除受载荷与装配应力外，还存在由于热变形而产生的热应力，限制了热变形的自由胀缩。要精确研究机床的热变形或热误差，必须利用热弹性力学理论，建立相关的热弹性力学方程和相关的边界条件进行求解。由于机床结构复杂，无法求解实际机床部件的解析解，因此现有的机床热特性分析都针对具体型号的机床，建立机床或机床部件的简化几何模型，应用有限元法求数值解。吉林大学的闫占辉等研究环境温度变化对机床基础热变形的影响规律，认为随着基础深度的增加，基础温度分布是呈负指数规律递减的简谐波，并且热变形主要集中在距基础两端某距离以内。并利用自准直原理提出双层基础结构，使上层基础处于非主要变形区，使机床自重变形能够自动补偿环境温度变化引起的热变形，从而提高机床的加工精度及其稳定性[12]。闫占辉等还利用有限元法研究了机床床身模拟件的弯曲刚度对热态几何精度的影响规律，结果表明弯曲刚度较小的床身模拟件的几何精度明显优于刚度较大的床身模拟件的热态几何精度。因而从改善机床床身的结构出发，应适当降低床身模拟件的弯曲刚度，并解除其他部件对床身模拟件变形的约束，使床身模拟件的重力变形能够自动补偿由于环境温度变化或其他热源产生的热变形[13]。浙江大学的应济等研究了外载荷条件下接触热阻的基本计算公式，并应用有限元对机床立柱与主轴箱的接触变形进行了研究[14]。

在分析机床热特性的基础上，可以采用适当措施来改进机床的热特性，减少机床的热变形，提高机床的加工精度。

1）降低机床主要热源的发热量

首先通过改进主轴轴承和其他传动轴承的润滑条件和装配质量来减少轴承的发热。如采用油-气润滑，一方面可以降低轴承的摩擦阻力，同时大量的压缩空气可以冷却轴承。据实验统计，使用油-气润滑的轴承比脂润滑降低温升 5~8℃，比油雾润滑降低 9~16℃[15]；通过改进主轴部件的设计和工艺，配置主轴轴承的合理配合间隙和预紧力，也可以在相当大的范围内降低主轴部件的温升。其次通过降低导轨面上的压力并改善导轨间的摩擦性能，从而降低导轨的摩擦热量。如采用静压导轨、贴塑导轨等措施。

2）合理布置热源，补偿机床的热变形

由于机床各热源的强度、分布位置和作用时间不同，机床各部件的热物性参数及散热条件不同，各部分的温升不同，导致热变形量分布不均匀，从而产生较大的热误差。因此在机床设计中可以采用附加的热源来均衡温度场，使机床整体或部件的热变形量趋于一致，降低热误差。如某立式平面磨床，采用热空气来加热温度较低的后壁，以均衡立柱后壁温升，减少立柱的弯曲变形[16]。

3）隔离热源和采用强制冷却措施

所有能够从机床分离出去的热源如电机、变速箱、液压系统和冷却系统均从机床主体移出，成为独立单元，并用隔热材料将其和机床主体隔离。对于发热量大的热源，可以采用强制式风冷（采用氢、氦气冷却）或大流量水冷却。对于大型数控机床和加工中心采用油冷机对主轴轴承进行强制冷却会收到比较满意的效果。

4）采用合理的机床结构设计减少热变形

机床大部件结构与布局对加工中心的热特性影响很大，如果采用单立柱式，容易产生扭曲变形，若采用双立柱式对称结构，仅产生垂直方向的平移，容易补偿。另外应将机床的各部件如床身、立柱、导轨、主轴箱、轴承、齿轮等尽量对称分布，使各部件温升均匀，减少由于热变形而产生的热误差。

2. 数控机床温度和热误差的测量

数控机床热误差测量包括温度测量和热误差测量。实现机床热误差的建模和补偿，必须以准确测量机床温度与热误差数值为前提。只有大量而准确地采集机床温度和热误差信息，找出影响机床热误差的各项误差源，才能够集中分析机床热变形的原理，从根本上把握热误差的规律，建立热误差模型实现热误差的预测和补偿。国内外学者提出了很多温度和热误差的检测手段用以测量机床的温度与热误差。如将热电偶、铂电阻或者数字式温度传感器封装到磁吸附式探头中，使用时将该磁吸附式探头吸在机床表面，用以测量机床的温度信息，并加长数据传输线，加强屏蔽，以便于温度传感器在机床各处的安置，增加温度信息传输的抗干扰能力。热误差的测量，实质为热位移的测量，激光干涉仪、电感测量仪、球杆仪等精密测量仪器都曾用来测量热误差，或者检测热误差的补偿效果。例如，Chen 等采用 5 个电容位移传感器和 23 个热电偶温度传感器采集数控机床的温度和热误差信息，对机床实施补偿后，采用激光干涉仪检测补偿效果[17]；浙江大学的白富友和傅建中采用激光位移传感器 LK-G150H 和数字式温度传感器采集 XHK-714F 型数控机床的热误差和温度值，获取测量数据并以此建模[18]；上海交通大学的杨建国利用激光干涉仪测量机床热误差，精度较高；天津大学的商鹏提出了一种基于球杆仪的三轴数控机床检测方法，能够简便快速地检测出机床三轴的热变形[19]。

3. 数控机床热误差与温度的关系模型研究

从改进机床结构设计、材料和装配工艺上可以降低数控机床的热变形误差，但对于精密和超精密加工仍然不能达到加工精度要求，必须采用热误差补偿措施进一步降低热误差。

1）数控机床测温点优化研究

影响机床热变形的因素很多，虽然很多学者应用有限元方法对机床整机或主要部件进行了定量分析，但这些分析都是在对热源、机床结构等进行简化的基础上进行的，因此还很难做到对机床热特性的准确掌控。在数控机床热误差补偿技术中，需要尽量做到对机床温度场分布的有效测量，从而能够反映机床的热态特性，需要在机床上布置尽可能多的测温点，但测温点数量的增多提高了温度测量的成本，也增加了热误差数学建模的难度和实时计算时间。因此必须对温度测点的数量和位置进行优化，既比较全面地反映机床的热特性，又方便、经济地进行热误差补偿。浙江大学陈子辰等提出的热敏感点理论认为机床表面一般存在若干个热敏感点，这些点的温升变化将引起机床热误差的明显变化，热敏感点又称为影响机床热误差的热关键点[20]。杨庆东等通过进一步研究认为：①温度传感器的数量应该多于内部热源的数量；②传感器应尽量靠近热源；③为了获取最佳的传感器个数和位置，初期的测量应该设置尽量多的测温点，以防止丢失重要信息；④最终的选择结果应来自测量数据的分析结果和建模预测实验[21]。

天津大学的张奕群等用模糊聚类和相关性分析的方法优化和辨识机床外部的温度测点[22]；华中理工大学的李小力等运用模式识别中的逐步回归分析法辨识反映机床热态特性的热敏感点[23]。上海交通大学的杨建国等从理论和实验证明了机床主轴上热敏感点的存在，并用黄金分割法优化了主轴最佳温度测点[24]。但是机床运行过程中，无法直接测量机床主轴上任何点的温度，而只能测量安装主轴部件的主轴箱的温度。杨建国等还应用相关性分析理论对测量所得的所有温度变量进行分组，再根据各变量与热误差之间的相关性选择典型变量并加以组合，最后根据回归平方和与总平方和的比值确定用于建模的温度变量[25]。沈阳航空工业学院的于金[26]和华中理工大学的张德贤[27]等用人工神经网络方法辨识数控机床的热关键点。热敏感点理论、模糊聚类分析、逐步回归分析和神经网络辨识在当前还不能解决温度测点数目最小以及测点温度与热误差的线性问题。当前的一般做法是在对机床进行热特性的定性或定量分析的基础上，在机床上选择多个可能的热敏感点作为初步温度测点，然后再通过聚类分析和相关性分析找出与热误差相关性大的点，通过拟合曲线的比较，选择能够保证数控机床加工精度的最少温度测点作为热敏感点，从而给补偿系统带来方便并尽可能降低测温成本。

2) 热误差补偿数学模型的研究

在数控机床工作过程中实现热误差补偿技术，需要事先测量热敏感点的温升和相关方向的热误差，对实验数据进行分析处理，建立热敏感点的温升和热误差的数学模型。把数学模型植入计算机或可编程控制器(PLC)，在机床运行过程中把测温点的温度数据传输给计算机或 PLC，并根据热误差模型计算机床的热误差，然后通过数控系统的补偿功能对热误差进行补偿。

第一种建立机床热误差模型的方法是利用统计理论，建立测温点温升和热误差的多元线性回归模型。上海交通大学的杨建国和天津大学的章青等在这方面做了很多的研究工作，并利用外部微机的帮助，实现了加工过程中的实时热误差补偿[28,29]。多元线性回归模型简单，机床对热误差的识别方便，补偿实现也相对简单，但实际上机床的各个热源交互作用，互相耦合，所以机床上各个测温点的温升和热变形及热误差之间的关系也不是简单的线性关系。Lee 应用独立元素分析法提取出影响热变形的主要热源并采用和主要热源相关的测温点温升作为热误差输入，建立了热误差和测温点温升的多元二次回归模型，据报道在实际机床上补偿结果表明可以将 Z 向热误差从 155.5μm 降低到 3.5μm[30]。Hong 应用热传导和热弹性力学理论分析数控机床的动态热变形特性，应用系统辨识方法建立了机床热误差与测温点温升的多元线性模型[31]。

机床热误差建模的第二种方法是建立热误差和输入信息的线性差分方程。张奕群等以测温点的温升为输入信息，建立了热误差与测温点温升的线性差分方程，结果证明比静态方程补偿效果要好[32]。数控机床主轴轴承摩擦生热是最大的内热源，对热误差起主要作用，主轴轴承的摩擦热与主轴转速有直接的关系，因此建立基于主轴转速的热误差线性差分方程模型，不用测量温度场就可以直接预测热误差进行补偿[33]。但由于忽略了很多其他影响发热和热误差的因素，因此该方法只能应用于中等精度的数控机床。为了进一步提高数控机床的精度可以同时输入测温点的温升和主轴转速，建立差分方程。张国雄利用灰色系统理论建立热变形误差的线性微分方程，通过求解微分方程建立热误差模型[34]，文献证明可以补偿 70%的热误差。

机床热误差建模的第三种方法是建立热误差和输入信息的人工神经网络模型。Narayan Srinivasa 和 Christopher D 应用模糊 ARTMAP（Adaptive Resonance theory modules map）神经网络算法通过两次热工作循环的训练学习来预测机床的动态热误差[35,36]。Chang 采用基因算法建立了基于前馈神经网络和自动回归的混合模型，据报道可以把 Y 和 Z 向的热误差减小到 2μm[37]。Nakayama 使用多层人工神经网络进行热误差的建模[38]，该模型在进行逆热传导分析的过程中进行了较多的简化，以及温度场和热变形之间在时间上的不同步，使该模型在使用过程中有待进一步改进。该模型的补偿精度也有待进一步提高。另外，Hong 等应用人工神经网络技术在热误差建模方面也做了大量的工作[31]。国内沈阳航空工业学院的于金[39]和华中理工大学的张德贤[27]等应用模糊人工神经网络技术和无限冲击响应网络建立了测温点温升和热误差之间的误差热预报模型。Baker 针对同一台立式加工中心分别用线性回归模型和人工神经网络模型对热误差进行建模，线性回归模型能实时计算热误差，但精度相对较低，而人工神经网络模型计算精度高但运算时间长，不能实现实时运算[40]。

Fraser 在应用热弹性理论对机床进行逆热传导分析的基础上，推导了机床热变形控制传递模型，该模型具有一定的稳定性和实时性[8]。天津大学的刘又午、章青、岳红新、张志飞等基于多体系统运动学理论，建立了五轴数控加工中心主轴热误差模型，并应用 RBF 神经网络方法对热误差进行参数辨识，并在四轴加工中心 MAKINO 上对热误差模型进行了仿真验证[41，42]。

线性回归模型是静态模型，线性差分方程和神经网络模型是动态模型，一般情况下动态模型的鲁棒性比静态模型的好，但由于模型复杂，计算和补偿的成本及实时性都要差一些。

3）机床热误差补偿技术研究

对于定常的几何误差补偿可以通过修改数控代码来进行补偿，这种离线的补偿方式不适用于机床热误差这样一个时变系统，热误差的补偿需要实时采集加工状态信号，利用热误差模型预测出机床的热误差量由数控系统控制各运动副实时补偿该误差。现阶段应用较多的为：反馈中断补偿和原点平移补偿。

Chen 利用各种传感器及转换器等硬件设备构建了一个基于 PC 的机床误差补偿控制器，同时应用激光干涉仪对补偿的效果进行了检验[17]。Liang 等以一台车削加工中心为研究对象，将 PC 与机床控制器相结合，开发了包含多种误差成分的机床误差综合补偿系统[43]。天津大学的章青开发了机床误差补偿在线检测软件系统，通过补偿机床加工中的各种误差成分实现了其加工水平的提升[44]。上海交通大学的任永强提出了基于外部机床坐标系偏移的误差补偿技术，自主设计了机床热误差实时补偿系统[45]。北京机床研究所研制开发了几何误差和热误差补偿单元，并在立式加工中心和龙门加工中心上进行了补偿实验[46]。浙江大学的傅建中等通过对 PMAC 多轴运动控制卡二次开发，构建了机床主轴热误差补偿系统，实现了热误差的实时补偿[47]。

6.2 五轴数控机床的主要热源及热误差机理

产生机床热变形的根本原因是在机床内部和外部环境中存在各种各样的热源，这些热源主要可以分为以下四类。

1）机床电器和液压元件的能量耗损转化成的热量

在机床运转过程中，驱动机床运动的各种电机、液压泵和液压系统的能量消耗，除一部分转换为所需要的动能外，还有一部分转化为热能，成为机床部件热源的一部分。特别是高速和超高速加工中，由于电机内置，高速电主轴的电机空转功耗所产生的热量是机床的主要热源之一。

2）切削过程产生的切削热

在工件加工过程中由于工件加工表面与刀具前面和后面的摩擦及切削材料的塑性变形产生了大量切削热，切削热通过热传导传入工件、刀具、机床和切屑，切削热量的多少与被切削材料的性质和切削用量有关。根据加工方法的不同，传入工件、刀具、机床和切屑的热量的比例也不同。传入机床的切削热将引起机床部件的温升和热变形。

3）机床运动部件的摩擦发热

机床运动部件摩擦发热是机床的主要热源，如主轴与轴承、齿轮运动副、丝杠与螺母、液压泵、阀等运动部件的摩擦，摩擦热导致机床部件的温度升高、同时摩擦热通过冷却润滑液散布和循环引起油池温度升高、造成机床局部变形，从而破坏机床的精度。

一般的数控机床，主轴轴承摩擦产生的热量是产生机床热变形的最主要热源。在高速和超高速加工，虽然对轴承配置设计、润滑等方面采取了许多措施，但轴承摩擦产生的热量仍然是主要的热源。

4）周围环境温度的变化和热辐射

周围环境温度随着气温及昼夜温差变化而变化，另外由于通风、空气对流及环境温度控制而发生变化。环境温度变化使机床温度场变化，产生一定的热变形，使机床的精度同时发生变化。

另外室内温度还由于阳光照射、灯光的辐射等传来热量，使机床部件温度场发生变化，导致机床误差增大。

以上的热源中机床电器发热、切削热和运动部件摩擦生热是机床的内热源，由于周围环境温度变化、热辐射和对流传来的热量称为外热源。如图 6-1、图 6-2 所示，内热源和外热源都会引起机床的温升变化，使机床产生热变形。

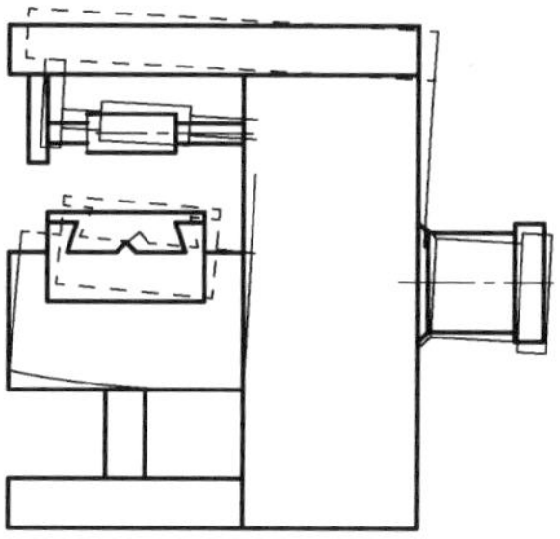

图 6-1　内热源引起的热变形

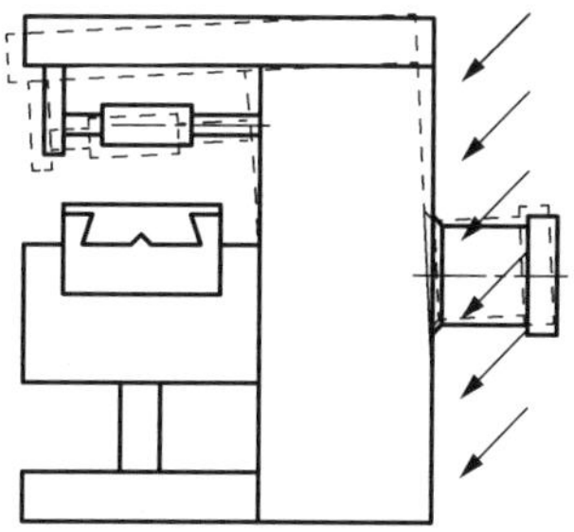

图 6-2　外热源引起的热变形

数控机床产生热变形误差的机理如图6-3所示。数控机床由于环境温度变化、主轴轴承及运动部件的摩擦发热，热量传导至机床的各零部件，由于组成机床的各零部件的材料不同，其热学性能也不同，具有不同的热传导率、热容，将使机床各部件产生不均匀的温度场和温升变化。同时由于各机床零件的热膨胀率不同，导致机床各零部件具有不同的热膨胀量。同时机床各零部件受到其他零部件的约束，不能自由膨胀和伸缩，各零部件的热位移量也不可能一致，破坏了机床部件之间原来正确的相互位置关系，特别是影响了刀具和工作台上的工件之间的相互正确位置关系，导致了数控机床的热变形误差，影响机床的加工精度。

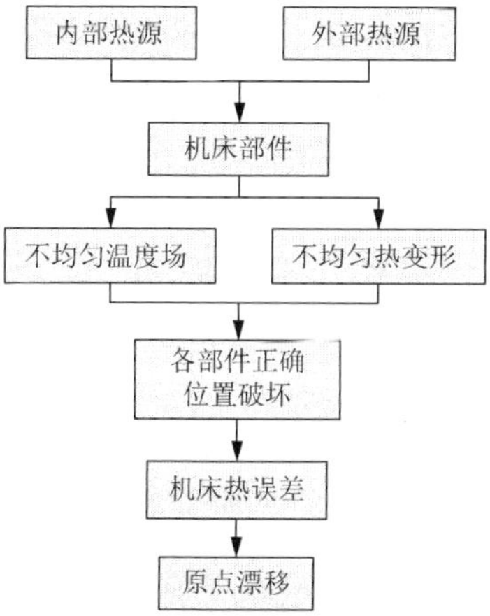

图 6-3　热误差产生的原理图

6.3　五轴数控机床温度的测量及测温点优化

在进行数控机床热误差建模与补偿的过程中，必须采集机床的相关温度数据及热误差试验数据，需要对机床相关部位的温度与热误差进行检测。

6.3.1　测温装置的选择

目前在机床热误差补偿中的温度测量方法主要有两种：接触式测温和非接触式测温两大类。接触式测温法是把测量温度用的传感器置于被测介质中，使两者直接接触，进行热交换。再根据热力学定律，当两者达到热平衡时，传感器所反映的温度就是被测物体的温度。接触式测温的常见形式有：膨胀式测温、压力式测温、热电阻测温、热电偶测温、热敏电阻测温。接触式测温直观易行，但温度元件的置入会影响被测物体的温度场分布，接触不良等情况都会带来测量误差。另外，温度太高和腐蚀性介质会对感温元件的性能和寿命产生不利影响。非接触式测温的常见形式有：光纤辐射测温、亮度测温、比色测温、激光测温、红外测温。其中红外测温又分为：红外辐射测温、红外热成像测温。这类方法具有测温上限高、动态响应好、不破坏温度场等优点。但是它也存在一些缺点，如需要提供有关物性参数(如辐射系数等)，测量得到的一般是被测温度场的平均温度，在大多数情况下，不如接触式测温法的精度高。

目前，机床热误差补偿过程中普遍采用接触式温度测量方法，常用热电阻或热电偶测量机床部件测温点的温度。把热电阻或热电偶埋入机床部件的测温点处，以测得的温度代表测温点的温度。当前一般把多个接触式温度传感器和虚拟仪器LabView相结合，开发一套基于微处理器系统和虚拟仪器LabView的多点温度测量系统，用于数控机床现场的温度测量和温度数据的采集。

另外对机床部件温度的测量可采用非接触式测温方法。非接触式测温方法不需要与被测对象接触，因而不会干扰温度场，动态响应特性一般也很好，但是会受到被测对象表面状态或测量介质物性参数的影响。在机床温度测量中的非接触测温方法主要是辐射式测温。辐射式测温方法是以热辐射定律为基础的，由于实际物体往往是非黑体，因此，引入了辐射温度、亮度温度和颜色温度等表观温度的概念，基于以上三种表观温度测量方法的高温计分别称为全辐射高温计、亮度式高温计和比色式高温计。全辐射高温计结构相对简单，但受被测对象发射率和中间介质影响比较大，测温偏差较大，不适合用于测量低发射率目标。亮度温度计结构也比较简单，灵敏度比较高，受被测对象发射率和中间介质影响相对较小，测量的亮度温度与真实温度偏差较小，但也不适用于测量低发射率物体的温度，并且测量时要避开中间介质的吸收带。比色测温法测量结果最接近真实温度，并且适用于低发射率物体的温度测量，但结构比较复杂，价格较贵。

红外热像仪是一种二维平面成像的红外系统，它通过光学系统将红外辐射能量聚集在红外探测器上，并转换为视频信号，经过处理形成红外热图像。热像仪除具有与红外测温仪相同的特点外，还具有如下优点：①可以采用伪彩色直观显示物体表面的温度场；②温度分辨率高，能准确区分的温度差甚至达 0.01℃以下。

6.3.2　关键测温点

影响机床热变形的因素很多，很多研究者对机床部件及整个机床的热特性进行了大量的定性分析，同时应用有限元方法对机床整机或主要部件进行了定量分析，这些分析都是在对热源、机床结构等进行简化的基础上进行的，很难做到对机床热特性的准确掌控。在数控机床热误差补偿技术中，需要对机床温度场分布准确把握，能够全面反映机床的热态特性，需要在机床上布置尽可能多的测温点，测温点数量的增多提高了温度测量的成本，同时增加了热误差数学建模的难度和实时计算时间。因此必须对温度测点的数量和位置进行优化，既全面反映机床的热特性，又方便、经济地进行热误差补偿。

热敏感点理论认为机床表面一般存在若干个热敏感点，这些点的温升变化将引起机床热误差的明显变化，热敏感点也称为影响机床热误差的热关键点。热关键点的数量和位置的确定对数控机床热误差的补偿起决定作用。当前确定热关键点的方法主要有：应用模糊聚类和相关性分析的方法优化和辨识机床外部的温度测点；运用模式识别中的逐步回归分析法辨识反映机床热态特性的热敏感点：用人工神经网络方法辨识数控机床的热关键点。

热敏感点理论、模糊聚类分析、逐步回归分析和神经网络辨识在当前还不能解决温度测点最小数目以及测点温度与热误差的线性问题。当前的一般做法是在对机床进行热特性的定性或定量分析的基础上，在机床上选择多个可能的热敏感点作为初步温度测点，然后再通过上述方法分析找出与热误差相关性大的点，通过拟合曲线的比较，选择能够保证数控机床加工精度的最少温度测点作为热敏感点，从而给补偿系统带来方便并尽可能降低测温成本。

热误差实时补偿过程中，所选温度测点的温升尽可能准确地表示出主轴及主轴箱的温度场分布，因此需要尽可能多的测温点。过多的测温点一方面增加了测温装置的成本，使机床的经济性降低，另一方面，过多的测温点增加了建立数学模型的难度和补偿系统运算热误差的时间，也使补偿硬件的操作困难。因此，确定最少的温度传感器个数和测量位置也就十分重要。下面以某实际三轴铣削加工中心主轴箱为例，采用模糊聚类结合相关性分析的方法来介绍优化测温点的数目和位置的方法。

1. 初始测温点的确定

对于选定的某加工中心，在初步实验和机床结构分析的基础上，认为机床主轴箱的热变形是导致机床热误差的主要原因。机床的总体结构如图 6-4 所示，其中机床主轴箱分为上箱和下箱，在下箱的 1、2 点分别有两对球轴承作为机床主轴的前端轴承，在上箱的 3 点有一个支承轴承，在初步实验中，下箱 1、2 和上箱 3 点的温度很高。在采用油冷机对下箱轴承和箱体采用油冷机冷却后，Y 向和 Z 向仍然不能满足用户对机床精度的要求。需要进一步进行热误差的实时在线补偿，通过实验建立关键点温升和热误差的数学模型，在误差补偿过程中，采集关键测温点的温升数据，作为热误差补偿的数据输入。根据对主轴箱结构、热源分布、热传导规律等进行的初步分析，在主轴箱上初步布置了八个热电偶传感器测量主轴箱的温度。

2. 测温点的模糊聚类分析

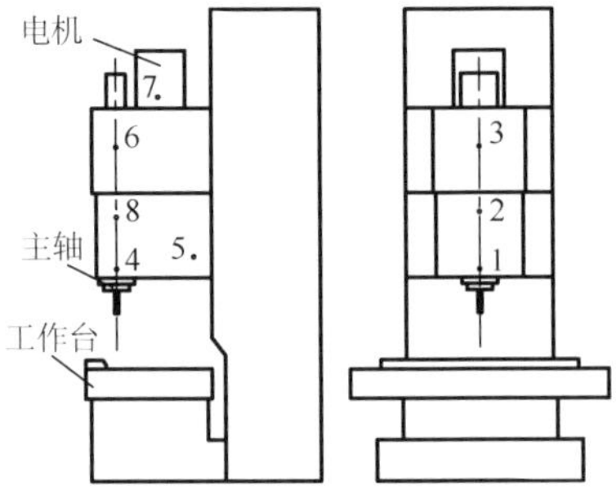

图 6-4　初选测温点的分布图

假定在机床主轴箱上选定了 N 个初步测温点，记录下机床在一个工作周期内的各时间段的温度数据，计算出每一个测温点的相应温升。以测温点的温升为基础，建立起测温点之间的相似关系。建立测温点相似关系的方法有许多种，如数量积法、相关系数法、最大最小法、算术平均最小法、几何平均最小法、绝对值指数法、绝对值减数法等。由于测温点之间的温升相互耦合，相互影响，在本书中选择了相关系数法来建立各测温点之间的相似关系[48-53]。

设 $\Delta t_i (i=1,\cdots,N)$ 为温升变量，则 $\Delta t_{ik} (i=1,\cdots,N;\ k=1,\cdots,n,n\text{为样本数目})$ 为 Δt_i 的 N 个温升变量的观测值，则 N 个测温点温升间相似程度的相关系数 $r_{ij}(1\leqslant i,j\leqslant N)$，可以表示为

$$r_{ij}=\frac{\sum_{k=1}^{n}(\Delta t_{ik}-\Delta\overline{t_i})(\Delta t_{jk}-\Delta\overline{t_j})}{\sqrt{\sum_{k=1}^{n}(\Delta t_{ik}-\Delta\overline{t_i})^2}\sqrt{\sum_{k=1}^{n}(\Delta t_{jk}-\Delta\overline{t_j})^2}} \tag{6-1}$$

式中，$\Delta\overline{t_i}=\frac{1}{n}(\sum_{k=1}^{n}\Delta t_{ik}),\Delta\overline{t_j}=\frac{1}{n}(\sum_{k=1}^{n}\Delta t_{jk})$。

根据相关系数可以确定出相似矩阵 $R=(r_{ij})_{N\times N}$。相似矩阵只满足自反性和对称性。为了进行分类，要进一步把它改造成模糊等价矩阵。

使用平方法求传递闭包(设 R 是测温点集合 X 上的模糊关系，称包含 R 的最小传递模糊关系为 R 的传递闭包)将相似矩阵改造成等价矩阵。即存在自然数 $k\leqslant N$，使 $t(R)=R^k$，对于一切大于 k 的自然数 l，有 $R^l=R^k$，当某一步出现 $R^{2k}=R^k$ 时，得到一个模糊等价矩阵：

$$t(R) = R^{2k} \tag{6-2}$$

根据等价模糊矩阵 $t(R)$，进行模糊聚类。生成模糊等价矩阵后，取水平数 $\lambda \in [0,1]$，计算出 $t(R)$ 的 λ 截矩阵 $\boldsymbol{P}$，就得到测温点结合的一个等价划分：当 $P_{ij}=1$ 时，第 i、j 两个测温点在同一个等价类中；否则第 i、j 两个测温点将不属于同一个等价类。同时如果依次将 λ 的值从 1 变成为 0，可以得到组数将从 N 个变为 1 个。

3. 测温点的相关性分析

为了选取用于补偿建模的关键测温点，在模糊聚类分析之后，从各组中选择温升与机床热变形的相关系数最大的测温点作为该组内的待选点，然后对待选点进行组合，计算每个组合经过修正后的复判定系数 $R_p'^2$，选择 $R_p'^2$ 最大的测温点的温升变量用于补偿建模。

在多元回归分析中，复判定系数 R_p^2 可表示为

$$R_p^2 = \frac{\text{SSR}}{\text{SST}} = 1 - \frac{\text{SSE}}{\text{SST}} \tag{6-3}$$

式中，$\text{SST} = \sum_{i=1}^{n}(y_i - \bar{y})^2$；$\text{SSR} = \sum_{i=1}^{n}(\hat{y}_i - \bar{y})^2$，$\text{SSE} = \sum_{i=1}^{n}(y_i - \hat{y}_i)^2 = \text{SST} - \text{SSR}$；$y_i$ 为热变形误差的实验观察值；$\hat{y}_i$ 为代入回归方程的热变形误差计算值；$\bar{y}$ 为热变形误差实验观察值 $y_i(i=1,2,\cdots,n)$ 的算术平均值。

虽然 R_p^2 反映了某个方向的热变形误差和多个温升变量 $x_j\ (j=1,2,\cdots,p)$ 之间的相关程度，但模型中引入的温升变量增加，SSE 不会变大，而 SST 不变，所以 R_p^2 将增大。R_p^2 越大，虽然模型拟合得越好，但测温点增加，测温仪器成本增加，并且误差补偿的软硬件将变得复杂。因此引入修正后的复判定系数 $R_p'^2$ 来选择关键测温点：

$$R_p'^2 = 1 - \frac{n-1}{n-p}\frac{\text{SSE}}{\text{SST}} = 1 - \frac{n-1}{n-p}(1 - R_p^2) \tag{6-4}$$

式中，p 为引入模型的自变量的个数。

6.3.3 关键测温点计算实例

机床 Z 向热误差比较大，针对 Z 向热误差，对图 6-4 所示主轴箱上的八个测温点进行模糊聚类分析，取水平数 λ=0.985 对所测数据进行处理，得到表 6-1 所示测温点分组结果。

表 6-1　测温点分组结果

分组号	1	2	3
温升变量	$\Delta t_1, \Delta t_4$	$\Delta t_2, \Delta t_3, \Delta t_6, \Delta t_7, \Delta t_8$	Δt_5

根据表 6-1 的聚类分组，对测温点的温升与机床位移的相关系数，对各组测

温点加以组合，并根据实验数据按照式(6-4)计算各个组合的复相关系数 R_p^2，见表 6-2。

表 6-2　测温点温升和热误差的相关系数

测温点	1	2	3	4	5	6	7	8
R_p^2	0.9825	0.9192	0.9237	0.9794	0.7180	0.8524	0.8118	0.9212
$R_p'^2$	0.9825	0.9192	0.9237	0.9794	0.7180	0.8524	0.8118	0.9212
测温点	1，2	1，3	1，5	1，6	1，7	1，8	4，2	4，3
R_p^2	0.9852	0.9854	0.9825	0.9834	0.9839	0.9837	0.9797	0.9798
$R_p'^2$	0.9849	0.9851	0.9821	0.9830	0.9835	0.9833	0.9791	0.9792
测温点	4，5	4，6，	4，7	4，8	1，2，5	1，3，5	1，6，5	1，7，5
R_p^2	0.9815	0.9795	0.9794	0.9794	0.9933	0.9940	0.9881	0.9894
$R_p'^2$	0.9811	0.9790	0.9789	0.9789	0.9929	0.9937	0.9875	0.9888
测温点	1，8，5	4，2，5	4，3，5	4，6，5	4，7，5	4，8，5		
R_p^2	0.9916	0.9894	0.9915	0.9865	0.9881	0.9900		
$R_p'^2$	0.9912	0.9888	0.9911	0.9858	0.9875	0.9895		

从表 6-2 可以看出，随着测温点数目的增加，复判定系数和修正后的复判定系数都随着增大，也就是说随着测温点的增加，用多元线性回归建立的热误差模型能更精确地描述加工中心的热误差值。当测温点组合为 1、2 和 1、3 时，判定系数 R_p^2 都达到最大为 0.9852 和 0.9854，修正后的复判定系数 $R_p'^2$ 为 0.9849 和 0.9851。而增加一个变量时，当测温点组合为 1、2、5 和 1、3、5 时，判定系数 R_p^2 为 0.9933 和 0.9940，修正后的复判定系数 $R_p'^2$ 为 0.9929 和 0.9937。新增加测温点 5 以后，虽然判定系数和复判定系数都有所增加，但增加量都不到 0.01 左右，根据回归分析理论，认为测温点 5 对机床热误差模型的影响不显著。并且随着测温点数目的增加，传感器数目增多，测温的成本也随着增加，因此在综合考虑用户对机床精度的要求和机床公司对测温仪器成本的要求，选择 1、3 点作为关键测温点测量温度对机床热误差进行补偿。

6.4　五轴数控机床热误差和温升的关系模型

6.4.1　热误差建模的多元线性回归模型

下面以主轴 Z 向的热位移误差为例，应用多元线性回归分析建立测温点温升和热误差的数学模型，可以表示为[50,51]

$$\Delta z = \alpha_0 + \alpha_1 \Delta t_1 + \alpha_2 \Delta t_2 + \cdots + \alpha_k \Delta t_k + \varepsilon \tag{6-5}$$

式中，$(\Delta t_1,\Delta t_2,\cdots,\Delta t_k)$ 是 k 个关键测温点的温升，$(\alpha_0,\alpha_1,\cdots,\alpha_k)$ 是待确定的系数；ε 是一个服从正态分布的随机变量，也就是随机误差。

一般情况下 ε 的数学期望满足：

$$E(\varepsilon)=0 \tag{6-6}$$

且假定误差的方差的平方为

$$\mathrm{Var}(\varepsilon)=\sigma^2 \tag{6-7}$$

为了建立回归方程模型，估计回归系数 $\alpha_0,\alpha_1,\cdots,\alpha_k$ 及误差的方差，把 n 组观测数据（$\Delta z_i,\Delta t_{i1},\Delta t_{i2},\cdots,\Delta t_{ik},i=1,2,\cdots,n,n>k$）代入回归关系式(6-5)，得到方程组：

$$\begin{cases}\Delta z_1=\alpha_0+\alpha_1\Delta t_{11}+\alpha_2\Delta t_{12}+\cdots+\alpha_n\Delta t_{1k}+\varepsilon_1\\ \Delta z_2=\alpha_0+\alpha_1\Delta t_{21}+\alpha_2\Delta t_{22}+\cdots+\alpha_n\Delta t_{2k}+\varepsilon_2\\ \cdots\\ \Delta z_n=\alpha_0+\alpha_1\Delta t_{n1}+\alpha_2\Delta t_{n2}+\cdots+\alpha_n\Delta t_{nk}+\varepsilon_n\end{cases} \tag{6-8}$$

为了表示方便简洁，可以用矩阵来表示方程式(6-8)，令

$$\Delta\boldsymbol{Z}=\begin{pmatrix}\Delta z_1\\ \Delta z_1\\ \vdots\\ \Delta z_1\end{pmatrix},\qquad \boldsymbol{\vartheta}=\begin{pmatrix}1 & \Delta t_{11} & \Delta t_{12}\cdots\Delta t_{1k}\\ 1 & \Delta t_{21} & \Delta t_{22}\cdots\Delta t_{2k}\\ \vdots & \vdots & \vdots\qquad\vdots\\ 1 & \Delta t_{n1} & \Delta t_{n2}\cdots\Delta t_{nk}\end{pmatrix}$$

$$\boldsymbol{\alpha}=\begin{pmatrix}\alpha_1\\ \alpha_2\\ \vdots\\ \alpha_k\end{pmatrix},\qquad \boldsymbol{\varepsilon}=\begin{pmatrix}\varepsilon_1\\ \varepsilon_2\\ \vdots\\ \varepsilon_n\end{pmatrix}$$

方程式(6-8)可以表示为

$$\Delta\boldsymbol{Z}=\boldsymbol{\vartheta}\boldsymbol{\alpha}+\boldsymbol{\varepsilon} \tag{6-9}$$

下面应用最小二乘法估计参数 $\alpha_0,\alpha_1,\cdots,\alpha_k$。令 $\Delta\hat{\boldsymbol{Z}}$ 为根据测温点的温升对 Z 向热误差 $\Delta\boldsymbol{Z}$ 的估计量，即

$$\Delta\hat{z}_i=\alpha_0+\alpha_1\Delta t_{11}+\alpha_2\Delta t_{12}+\cdots+\alpha_n\Delta t_{1n} \tag{6-10}$$

为 Δz_i（i=1，2，…，n）的估计量。假定：

$$Q(\alpha)=\sum_{i=1}^{n}(\Delta z_i-\Delta\hat{z}_i)^2=(\Delta\boldsymbol{Z}-\boldsymbol{\vartheta}\boldsymbol{\alpha})\cdot(\wedge\boldsymbol{Z}-\boldsymbol{\vartheta}\boldsymbol{\alpha}) \tag{6-11}$$

为求得最小二乘解，必须满足：

$$\frac{\partial Q(\alpha)}{\partial\alpha}=-2\boldsymbol{\vartheta}\cdot\Delta\boldsymbol{Z}+2\boldsymbol{\vartheta}\cdot\boldsymbol{\vartheta}\boldsymbol{\alpha}=0 \tag{6-12}$$

如果 $\boldsymbol{\vartheta}'\boldsymbol{\vartheta}$ 满秩，那么得到 α 的最小二乘估计：

$$\alpha=(\boldsymbol{\vartheta}'\boldsymbol{\vartheta})^{-1}\boldsymbol{\vartheta}'\Delta\boldsymbol{Z} \tag{6-13}$$

当关键测温点数目较少时，可以直接求解线性方程组(6-8)得到系数 $\alpha_0,\alpha_1,\cdots,\alpha_k$。

6.4.2　热误差补偿的径向基神经网络模型

1. 网络模型的结构

热变形补偿径向基人工神经网络的输入为加工中心主轴箱上测温点的温升。输入变量的增多，使神经网络模型的结构复杂，增加运算的时间，降低补偿的实时性。因此在人工神经网络建立机床的热误差模型时，仍然要对机床上的测温点进行优化，找出机床上的热关键点，剔除对热误差影响较小的点或信息重复的点。这样既简化系统结构、又缩短运算时间，且能保证相应系统的精度。

对于人工神经网络模型仍然采用主轴箱上的1、3点温升作为系统的输入。热误差补偿的径向基人工神经模型如图6-5所示，第一层为径向基层，第二层为线性层。

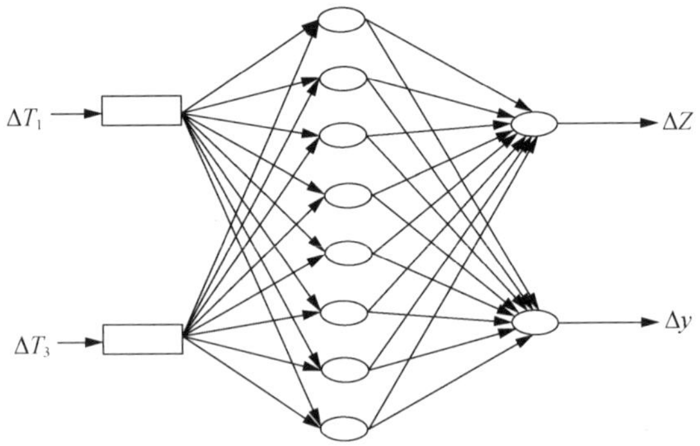

图 6-5　热误差径向基神经网络模型

2. 传递函数类型的确定

第一层径向基函数选用高斯函数，表达式如下：

$$f_i(\Delta T)=\mathrm{e}^{-\frac{\|\Delta T-t_i\|^2}{2\sigma_i^2}} \tag{6-14}$$

式中，t_i 为基函数的中心；σ_i 为高斯函数的方差。

第二层线性层选用线性传递函数，如Z向误差的传递函数可表示为

$$\Delta \boldsymbol{Z}=\sum_{i=1}^{q}a_1 w_{2zi}+b_z \tag{6-15}$$

式中，$a_1,a_2,\cdots,a_q$ 为隐层的输出值，线性层的输入值；$w_{2z1},a_{2z2},\cdots,a_{2zq}$ 为线性层的权值；b_z 为阈值。

3. 热误差神经网络模型隐层节点数的确定

在应用径向基神经网络求解热误差模型时，需要确定隐层神经元的个数。如果隐层神经元数目太少，网络不能具备必要的学习能力和信息处理能力，无法准确建立热误差模型；如果隐层神经元数目过多，在增加网络结构的复杂性和计算时间的同时，会使网络的泛化能力下降。对非训练的样本产生非期望的错误结果。本书应用模糊聚类方法确定隐层的神经元数目。

4. 根据训练样本数据建立新型的数据样本集

训练样本集中的数据由测温点温升和 Y、Z 向热误差的实验数据组成，输入部分为$\Delta T_{i,k}$，输出为$\Delta Y_{i,l}$ (i=1,2,…,n；k=1 表示测温点 1 的温升，k=3 表示测温点 3 的温升，l=1 表示 Y 向热误差，l=2 表示 Z 向热误差)。

把输入温升数据和输出热误差数据映射成一个 n 行 4 列的数据矩阵，前两列依次为测温点温升，后两列为 Y 向和 Z 向热误差值：

$$b=\begin{pmatrix} b_{1,1} & b_{1,2} & b_{1,3} & b_{1,4} \\ b_{2,1} & b_{2,2} & b_{2,3} & b_{2,4} \\ \vdots & \vdots & \vdots & \vdots \\ b_{n,1} & b_{n,2} & b_{n,3} & b_{n,4} \end{pmatrix} \tag{6-16}$$

5. 对数据样本规格化处理

对矩阵(6-16)的数据应用均值处理的方法进行规格化处理，得到如下矩阵：

$$b=\begin{pmatrix} c_{1,1} & c_{1,2} & c_{1,3} & c_{1,4} \\ c_{2,1} & c_{2,2} & c_{2,3} & c_{2,4} \\ \vdots & \vdots & \vdots & \vdots \\ c_{\mathrm{n},1} & c_{\mathrm{n},2} & c_{\mathrm{n},3} & c_{\mathrm{n},4} \end{pmatrix} \tag{6-17}$$

其中

$$c_{i,j}=\frac{b_{i,j}}{\dfrac{1}{n}\sum_{l=1}^{n} b_{l,j}} \quad (i=1,\cdots,n;\ j=1,2,3,4) \tag{6-18}$$

6. 计算相似性程度

计算相似程度的方法很多，仍然选用相似系数法度量任意两个训练样本之间的相似性，即

$$r_{ij}=\frac{\sum_{k=1}^{4}(c_{i,k}-\overline{c}_i)(c_{j,k}-\overline{c}_j)}{\sqrt{\sum_{k=1}^{4}(c_{i,k}-\overline{c}_i)^2}\sqrt{\sum_{k=1}^{4}(c_{j,k}-\overline{c}_j)^2}},\quad (i,j=1,2,\cdots,n) \tag{6-19}$$

式中，$\overline{c}_i=\frac{1}{4}\left(\sum_{k=1}^{4}c_{i,k}\right),\overline{c}_j=\frac{1}{4}\left(\sum_{k=1}^{4}c_{j,k}\right)$。

7. 构造相似矩阵并确定样本分类数

根据相关系数可以确定出相似矩阵 $R=(r_{ij})_{n\times n}$，根据相似矩阵，取 P 个阈值 $\lambda_i(i=1, 2, \cdots, n)$，$\lambda_i$ 为 R 中第 i 行中除对角线上的元素外的最大元素。然后对 λ_i 排序，根据 λ_i 发生显著变化的次数加 1 作为隐层神经元的个数。

8. 热误差神经网络模型的参数的确定

在建立热误差径向基神经网络模型过程中需要确定基函数的中心、高斯函数的方差和线性层的权值和阈值。这些参数的选取实际上就是神经网络的训练过程。

1) 中心点的确定

在应用模糊聚类原理对训练样本分类之后，基函数的中心点可以取为第 i 类训练样本的温升点的均值，即

$$t_i=\frac{1}{N_L}\sum_{\Delta T\in Z_L}\Delta T \tag{6-20}$$

式中，N_L 为属于 Z_L 的样本数目。

2) 方差的确定

高斯函数的方差 σ_i 可以取第 i 类训练样本的均方差，即

$$\sigma_i=\sqrt{\frac{1}{N_L}\sum_{\Delta T\in Z_L}\|\Delta T-t_i\|^2} \tag{6-21}$$

式中，$\|\ \|$为向量的欧氏模。

3) 权值和阈值的确定

在确定了中心点和方差后可以根据训练样本的输入向量和输出向量，利用最小二乘法计算线性层的线性传输函数的权值和阈值。

9. 热误差与温升之间的神经网络关系模型

根据径向基神经网络的结构图和参数，可以建立热误差神经网络的关系模型，如 Z 向热误差关系模型：

$$\Delta \boldsymbol{Z}=\sum_{i=1}^{q} w_{2zi}\mathrm{e}^{-\frac{\|\Delta T-t_i\|^2}{2\sigma_i^2}}+b_z \tag{6-22}$$

6.5　五轴数控机床热误差补偿技术

6.5.1　热误差补偿原理

如图 6-6 所示，数控机床热变形误差补偿主要由热误差建模模块和热误差补偿模块组成。

热误差建模模块通过温度传感器测量机床热关键点的温升和位移传感器测量主轴在三个方向的热误差数值，通过分析、归纳或计算建立热误差和温升之间的关系模型。

热误差补偿模块的原理是：温度传感器测量机床上热关键点的温度，通过模/数转换器把温度模拟量转换成数字量，输入单片机，单片机计算出各测温点的温升，通过植入单片机的热误差模型计算热变形的补偿值，并把补偿值传送到数控机床的 CNC 系统，CNC 系统综合机床导轨的几何误差补偿量计算刀位轨迹补偿量，向伺服系统发送脉冲信号，驱动机床工作台和主轴箱运动，实现热误差的补偿[52,53]。

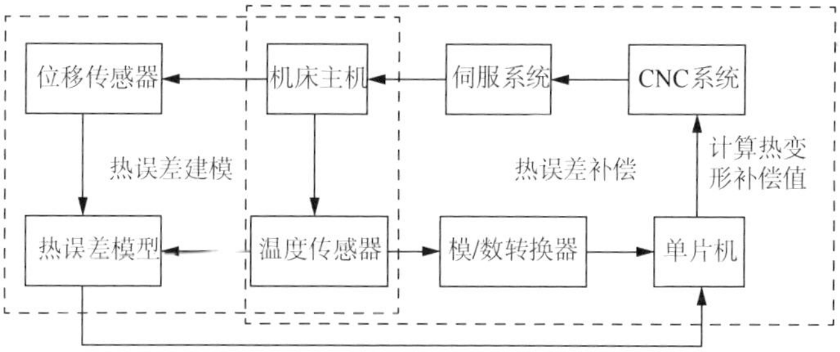

图 6-6　机床热误差补偿示意图

6.5.2　热误差补偿方式

1. 误差补偿系统的控制方式

五轴数控机床热误差补偿的实现就是通过控制机床各个运动轴执行相应的运动使刀具和工件之间的空间误差抵消。误差补偿控制系统的控制方式有闭环反馈补偿控制、开环前馈补偿控制和半闭环前馈补偿控制，控制原理及应用情况如图 6-7

所示。

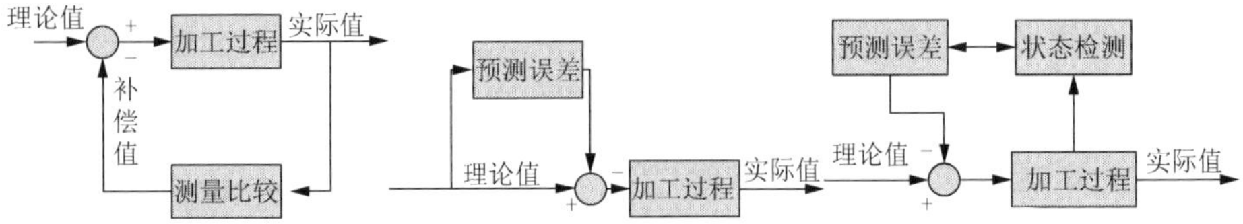

(a) 闭环反馈补偿控制　(b) 开环前馈补偿控制　(c) 半闭环前馈补偿控制

图 6-7　误差补偿控制方式

1) 闭环反馈补偿控制

在零件加工过程中，闭环反馈补偿控制直接补偿实测值和理论值之间的误差，补偿精度高。但是这种方式的实施需要像激光测微仪等高精度的尺寸检测装置，大大增加了补偿实施的成本，同时该方式很难在加工过程中检测具有复杂外形或内部结构的工件，因此无法应用于工厂实际生产。

2) 开环前反馈控制

利用预先求得的加工误差数学模型预测误差进行补偿，其实施的前提是具备一个符合要求的误差模型进行预测，同时要求系统不受外界因素的干扰，因此这种控制方式很难应用于实际生产。

3) 半闭环前反馈补偿控制

选择几项容易检测并且能够表征系统状态、环境条件的参量作为误差数学模型的变量，建立误差与上述变量的关系式，误差补偿控制系统的关键在于保证误差模型的准确性。

2. 热误差补偿的实施

由前面分析得出，机床热误差随机床加工状态变化而变化，适合采用半闭环反馈这种补偿控制方式，利用机床内部自带温度传感器获得机床各零部件的温升数据，经机床输入输出接口传送至预先建立的单项热误差模型预测该机床各项热误差分量，然后由热误差综合模型计算得到综合热误差，经过空间解耦得到热误差量与各轴补偿量之间的关系，控制机床运动轴执行相应的操作实现热误差补偿。误差补偿的实施分为：反馈中断补偿和原点平移补偿。

1) 反馈中断补偿

反馈中断补偿的原理如图 6-8 所示，机床外部用于执行补偿操作的 PC 读取编码器传送的信息，同时根据其内部热误差模型计算的机床热变形误差，将热误差转换为相应的脉冲信号与编码器反馈回来的信号进行运算，机床的伺服运动系统依据运算后的结果控制各运动轴的运动。该方法的缺点在于需要增加相应的硬件设备将对应信号导入机床伺服系统,容易与机床自身的反馈信息产生干涉而导致补偿失败。

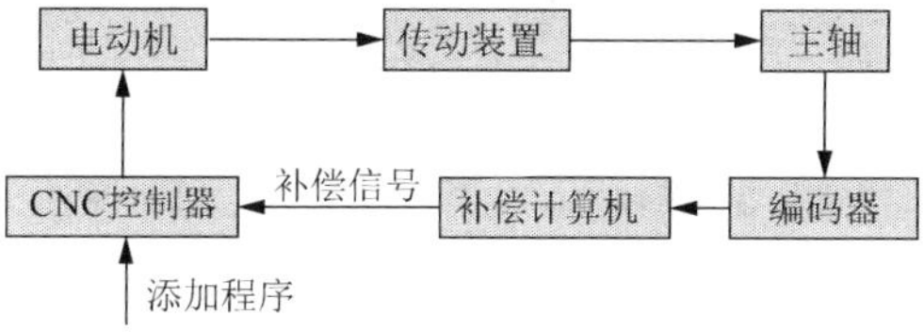

图 6-8 反馈中断补偿原理

2)原点平移补偿

原点平移补偿的原理如图 6-9 所示，补偿用 PC 通过其内置的热误差模型计算出五轴数控机床热误差，并将该热误差量转换成机床运动补偿量传送至机床控制器中，由机床控制器偏置系统的参考原点，将该操作产生的信号传入伺服系统与控制信号进行运算，实现热误差的补偿。原点平移补偿虽然不像反馈中断补偿那样需额外增加硬件装置，但需要修改数控机床控制器中的 PLC 程序，因此适用于部分具备此功能的机床。

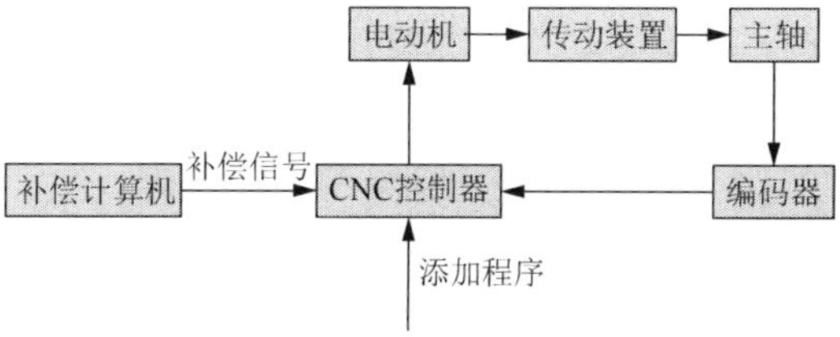

图 6-9 原点平移补偿原理

6.5.3 热误差补偿的实现技术

当前许多五轴数控机床采用 SIEMENS840D 数控系统,本章结合 SIEMENS840D 数控系统的外部机床坐标系偏置功能讨论五轴数控机床的热误差实时补偿的实现。通过修改 SIEMENS840D 数控系统内部的 PLC 程序实现热误差的实时补偿。根据已经建立的热误差综合模型预测机床热变形误差，并将结果与伺服系统控制信号执行相应运算共同偏移外部坐标系的原点，该操作仅需将部分程序导入 PLC 程序中，对系统本身没有影响。外部计算机采集温度传感器的测量信号，基于内部热误差模型预测机床单项热误差值，代入机床热误差综合模型得到机床综合热误差，通过空间解耦变换得到运动轴补偿量,经数控系统输入模块传送至 PLC 中进行数据处理后导入 NC 系统执行补偿操作，具体控制原理如图 6-10、图 6-11 所示。

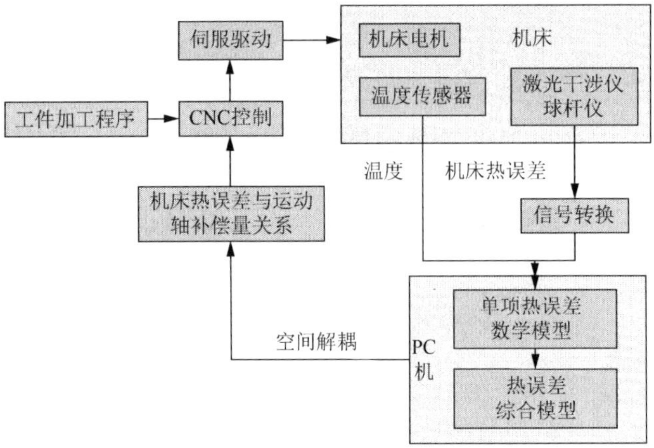

图 6-10　热误差补偿控制原理图

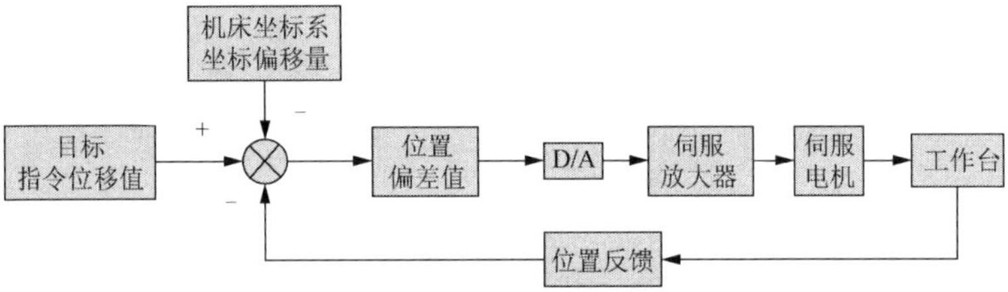

图 6-11　机床坐标系偏置控制原理

西门子 840D 数控系统的 CNC 模块用来控制五轴数控机床各个电动机工作，而辅助电气部分功能的执行则由 PLC 模块来完成。DSP(digital signal processing)模块控制模数转换器采集机床热关键点温度信号，并将热误差模型计算出热误差信号与控制信号输出至 I/O 接口，转换成开关信号后由 PLC 导入 CNC 系统执行热误差补偿。同时 DSP 与上位机通过串口连接，可以将采集数据传输至上位机实现数据采集，如图6-12 所示。

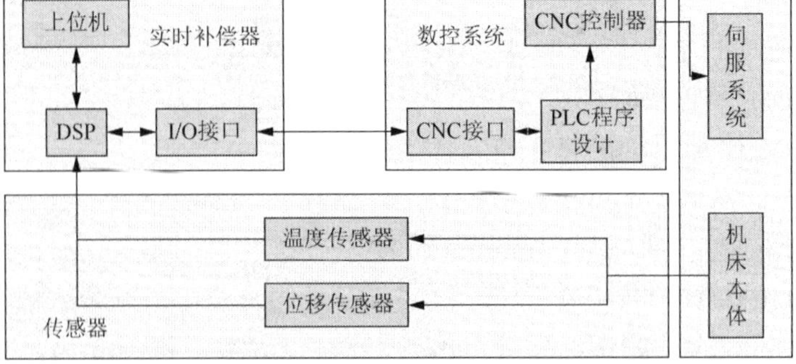

图 6-12　热误差补偿系统原理

五轴数控机床热误差补偿流程如图 6-13 所示，输入机床温度及热误差数据完成热误差数学模型的初始化后实时采集机床的温度信号，经数学模型计算得到单项热误差后代入综合模型得到五轴数控机床综合热误差，再利用空间解耦变换得到运动轴补偿量，最后将补偿值发送给 CNC 控制器实现补偿。

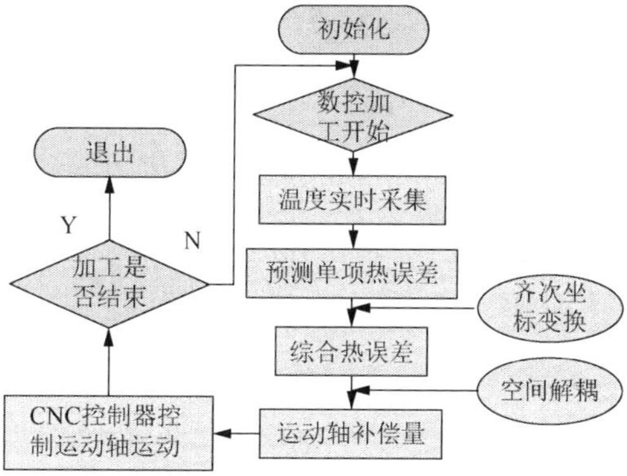

图 6-13　补偿系统流程框图

6.6　本 章 小 结

本章针对五轴数控机床热误差的实际特征，提出了五轴数控机床温度的测量及测温点优化方法，采用多元线性回归模型对热误差进行建模，利用网络建模实现热误差的补偿计算和仿真预测。基于西门子 840D 数控系统的结构及原理提出了基于 PLC 的五轴数控机床热误差补偿技术。

参 考 文 献

[1] Hirotoshi A, Yoshio S, Yuka M, et al. The Performance of ball bearings with silicon nitride ceramic ball in high speed spindles for machine tools[J]. Journal of Tribology, 1988,110: 693-698

[2] Jin K C, Dai G L. Thermal characteristic of the spindle bearing system with a great located on the bearing span[J]. International Journal of Machine Tools and Manufacture，1998, 38: 1017-1030

[3] Berd B, Jay F T. A power flow model for high speed motorized spindles-heat generation characterization[J]. ASME Journal of Manufacturing Science and Engineering，2001, 123: 494-505.

[4] Kim S M, Lee K J, Sun K L. Effect of bearing support structure on the high-speed spindle bearing compliance[J]. International Journal of Machine Tools and Manufacture, 2002, 42:365-373.

[5] 蒋兴奇. 主轴轴承热特性及对速度和动力学性能影响的研究[D]. 杭州：浙江大学博士学位论文, 2001.

[6] 郭策, 孙庆鸿. 高速高精度数控车床主轴系统的热特性分析及热变形计算[J]. 东南大学学报, 2005, 35(2): 231-234.

[7] Beck J V, Blackwell B, Clair C R. Inverse Heat Conclusion: III-Posed Problems[M]. New York：Wiley-Interscience Publication, 1985.

[8] Fraser S, Attia M H, Osman M O M. Control-orient modeling of thermal deformation of machine tools based on inverse solution of time-variant thermal loads with delayed response[J]. Journal of Manufacturing Science and Engineering, 2004, 26(1): 286-296.

[9] Yang C Y. Estimation of Temperature-dependent thermal Conductivity in Inverse heat conductive problems[J]. Applied Mathematical Modelling, (231999):469-478.

[10] Olson L, Throne R. Estimation of tool/chip interface temperatures for on-line tool monitoring: An inverse problem approach[J]. Inverse Probl. Eng. , 2001, 9: 367-388.

[11] Youji M. Sensor Placement Optimization for Thermal Error Compensation on Machine Tools[D]. Michigan：the University of Michigan, 2001.

[12] 闫占辉, 于骏一, 曹毅. 环境温度变化对机床基础热变形的影响规律[J]. 吉林大学学报, 2002, 32(1)：33-36.

[13] 闫占辉, 于骏一, 曾福胜，等. 机床床身模拟件的弯曲刚度对其热态几何精度影响规律的应用研究[J]. 光学精密工程, 2002, 10(2):214-219.

[14] 应济, 陈子辰. 机床关键部件热接触变形的有限元计算[J]. 浙江大学学报, 1999, 14(4): 451-454.

[15] 范梦吾. 高速电主轴热变形的有限元分析[D]. 广州：广东工业大学硕士论文, 2004.

[16] 邹济林. 机床热变形的控制与防止[J]. 机床与液压, 2001 (5): 109-111.

[17] Baker K, Rao B K, Hope A D, et al. Performance monitoring of a machining center[C]. IEEE Instumentation and Measurement Technology Conference. Brussels, 1996: 853-858.

[18] 白福友. 基于贝叶斯网络的数控机床热误差建模研究[D]. 杭州：浙江大学硕士论文, 2008.

[19] 商鹏. 基于球杆仪测量技术的三轴数控机床综合误差检测[C]. 天津：天津大学硕士论文, 2006.

[20] 陈子辰. 热敏感度和热耦合度研究[C]. 1992 年全国机床热误差控制和补偿研究会议论文集, 1992: 49-53.

[21] 杨庆东. 神经网络机床热变形误差的机器学习技术[J]. 机械工程学报, 2000, 36(1): 92~95.

[22] 张奕群, 李书和, 张国雄. 机床热误差建模中温度测点选择方法研究[J]. 航空精密制造技术, 1996, 32(6): 37-39.

[23] 李小力, 周云飞, 李作清，等. 数控机床热敏感点识别研究[J]. 机械与电子, 1998(6): 30-32.

[24] 窦小龙, 杨建国, 李晔. 温度测点优化在机床主轴热误差建模中的应用[J]. 机械制造，2002,

40(460): 57-59.

[25] 杨建国, 邓卫国, 任永强，等. 机床热补偿中温度变量分组优化建模[J]. 中国机械工程, 2004, 15(6): 478-481.

[26] 于金，李成山. 数控机床热变形关键点的辨识[J]. 组合机床与自动化加工技术，2000, (12):16-17.

[27] 张德贤, 刘筱连, 师汉民，等. 神经网络在数控机床热变形控制中的应用[J]. 制造技术与机床, 1995(1): 8-12.

[28] 杨建国, 潘志宏, 孙振勇. 回归正交设计在机床热误差建模中的应用[J]. 航空精密制造技术, 1999, 35(5): 33-37.

[29] 李书和, 杨世民, 张奕群，等. 机床热变形误差实时补偿技术[J]. 天津大学学报, 1998, 31(6): 800-814.

[30] Lee D S, Choi J Y, Choi D H. ICA based thermal source extraction and thermal distortion compensation method for a machine tool[J]. International Journal of Machine Tools and Manufacture, 2003, 43: 589-597.

[31] Hong Y. Dynamic Modeling for Machine Tool Thermal Error Compensation[D]. Michigan：The University of Michigan, 2002.

[32] 张奕群，李书和，张国雄. 机床热变形误差的动态模型[J]. 航空精密制造技术，1997, 33(2):5-7.

[33] Li S, Zhang Y, Zhang G. A study of pre-compensation for thermal errors of NC machine tools[J]. International Journal of Machine Tools and Manufacture, 1997, (37): 1715-1719.

[34] Yi D W, Guo X Z, Kee S. Compensation for the thermal error of a multi-axis machining center[J]. Journal of Materials Processing Technology, 1998(75): 45-53.

[35] Narayan S, Jhon C. Automated measurement and compensation of thermally induced error maps in machine tools[J]. Precision Engineering, 1996 (19):112-132.

[36] Christopher D. Evaluation of Thermal Models on a Machining Center[D]. Flrida: University of Florida, 1998.

[37] Chuan W C, Yuan K, Ming H C, et al. An Optimal Estimation for neural network by using genetic algorithm for the prediction of thermal deformation in machine tools[C]. 2005 International Conference on Control and Automation, 2005: 925-929.

[38] Kenji N, Akihiro H, Shinya K, et al. Cutting error prediction by multilayer neural networks for machine tools with thermal expansion and compensation[C]. IEEE, 2002: 1373-1378.

[39] 于金, 赵树国, 赵益华. 机床热误差的无限冲激响应网络动态模型[J]. 沈阳航空工业学院学报, 2002, 19(3): 33-35.

[40] Baker K, Rao B K N, Hope A D, et al. Performance monitoring of a machining center[C]. IEEE Instumentation and Measurement Technology Conference. Brussels, 1996: 853-858.

[41] 刘又午, 章青, 赵小松，等. 基于多体理论模型的加工中心热误差补偿技术[J]. 机械工程学报, 2002(1): 127-130.

[42] 岳红新, 章青, 王慧清. 基于多体理论的加工中心热误差建模及补偿技术研究[J]. 组合机床与自动化加工技术, 2005(1): 27-29.

[43] Liang J C, Li H F, Yuan J X. A comprehensive error compensation system for correcting geometric, thermal and cutting force-induced errors[J]. Advanced Manufacturing Technology, 1997, (13): 708-712.

[44] 邓三鹏, 章青, 幺子云. 能够进行热误差补偿的加工中心在线检测软件的研究[J]. 组合机床与自动化加工技术, 2003(9): 61-64.

[45] 任永强,杨建国,罗磊. 基于外部机床坐标系偏移的热误差实时补偿[J]. 中国机械工程, 2003, 14(14): 1243-1245.

[46] 盛伯浩, 唐华. 数控机床误差的综合动态补偿技术[J]. 制造技术与机床, 1997(6): 19-21.

[47] 潘淑微, 贺永, 傅建中. 基于PMAC的数控车床主轴热误差补偿系统研究[J]. 机械制造, 2007, 45(513): 40-42.

[48] 马术文. 数控机床热变形特性和热误差补偿研究[D]. 成都：西南交通大学博士论文, 2007.

[49] 马术文, 徐中行, 刘立新，等. XH718 加工中心的热误差补偿研究[J]. 机械科学与技术, 2007, 26(4): 511-514.

[50] 陈晨, 马术文, 丁国富. 五轴数控机床综合热误差建模与空间解耦补偿[J]. 组合机床与自动化加工技术, 2012(10):1-5.

[51] 陈晨, 马术文, 丁国富. 基于 GA-BP 网络的多轴机床热误差建模[J].机械科学与技术, 2013, 32(4): 616-619.

[52] 鲁远栋. 数控机床热误差检测及补偿技术研究[D]. 成都：西南交通大学硕士论文, 2007.

[53] 陈晨. 桥式五轴数控铣床热误差检测、建模及补偿研究[D]. 成都：西南交通大学硕士论文, 2012.

第 7 章　五轴数控加工表面质量控制

五轴侧铣加工在五轴数控加工中广泛应用，在实际加工中比较重要的一个问题就是加工完成的工件有很多都会出现表面质量较差甚至不合格的情况，这对零件的使用有着比较大的影响。造成五轴侧铣加工工件表面质量较差的原因有很多，其中比较重要的有两个方面。

(1)加工编程过程只考虑了几何因素，未能充分考虑动力学因素的影响。现代的切削加工过程中大量应用数控加工技术进行切削加工。数控程序的编制是数控加工中非常重要的一个技术环节，基本上由 CAM 商用软件实现。但这些软件在实现自动编程的过程中，只考虑了刀具、工件等的几何信息，并且只在整个切削过程中设定一个或几个进给速度，不能根据工件的具体结构和形状来调整切削加工中的进给速度，从而保证加工过程中的切削力稳定，使得加工过程平稳。

(2)未能充分考虑机床进给轴的运动特性对加工过程的影响。机床的进给系统主要由机械部件和电气部件构成，这些部件本身的性能决定了机床进给轴的性能，使得机床进给轴的传动刚性、抗冲击性等受到一定的限制。随着机床使用时间的增加，进给轴的性能会有所下降，如果不能够根据机床现有的使用性能对加工过程进行优化调整，则可能会使加工过程中机床进给轴的冲击过大，导致加工过程不稳定，加工工件的表面质量受到影响。

本章对五轴数控机床侧铣加工中的一些基础理论进行分析，从提高切削稳定性方面介绍一些适用于五轴数控机床侧铣加工过程的优化方法，以使得工件在加工过程的切削力、各轴转动过程等更加的稳定，减少加工过程中对机床进给轴的冲击，提高加工表面质量。

7.1　国内外研究现状

加工表面质量产生的根本原因是切削过程的稳定性受到了破坏。当前，针对切削过程稳定性控制研究主要通过工艺参数优化的方式实现，即把切削力、功率、转矩、加工稳定性、动静态变形、表面形貌等物理量作为约束条件，对刀具种类、刀具结构参数、夹紧方案、刀轴矢量和刀位轨迹等加工方案及主轴转速、径向切深、轴向切深、每齿进给量等切削参数进行优化。

1. 满足机床动力学条件

切削过程中，加工系统可能产生振动，即在刀具切削刃和工件上正在被切削的表面之间，除了名义上的切削运动，还会叠加上一种周期性的相对运动。一些研究者研究通过控制主轴转速达到抑制由于瞬态切削力所产生的切削振动，改善切削状态。瞬态切削力建模主要采用 Merchant[1]、Oxley[2]、Lee[3]等的金属切削理论，通过将铣削刀具沿刀具轴向进行微分简化，把刀具的整体切削看作每一个刀具轴向微分单元的叠加。这样只需要对一个微分单元进行研究，即可推广到整个刀具。每一个微分单元的切削力等于该微分单元前刀面与工件接触的表面积和切削力系数的乘积，该系数可以通过试验获得。基于 Floquet 理论和 Fourier 展开，1990 年 Minis 应用 Nyquist 判据来获得切削振动域的理论解[4]。1994 年，Weck 提出在加工过程动力学时域仿真的基础上获得轴向与径向切深的稳定图谱[5]。2003 年，Regib 提出了抑制切削振动的主轴转速控制方法[6]。Budak 研究通过使用不等距齿刀具抑制切削振动[7]。2005 年，Bravo 提出了采用类似的动力学参数解决颤振稳定域[8]。Budak 提出了无颤振最大材料去除率目标下的最优轴向与径向切深的计算方法[9]。唐委校提出基于高速切削动力学模型和动态切削力模型，据李雅普诺夫一次近似理论，利用模态正交性建立了多自由度系统高速切削稳定性判据和稳定性极限的分析预测方法，通过对主轴转速优化提高切削稳定性[10]。2006 年，刘志新通过动态高速铣削过程建模，针对球头铣刀推导了考虑再生颤振的铣削力模型，并根据动态切削力公式和基于人工智能方法系统地研究了高速铣削的切削稳定性问题[11]。2007 年，Gagnol 通过引入主轴转速频率的响应函数，提出了振动域预测模型[12]。Altintas 等提出了基于铣削过程仿真和颤振稳定性预报的主轴转速和进给速度优化方法[13]。李忠群研究了颤振稳定域时域解，分析了铣刀直径和安装悬伸长度对机床一刀具系统频响函数及工艺系统颤振稳定域的影响，并以此作为选择切削参数的依据[14]。2009 年，宋清华建立了立铣刀高速铣削系统的 4-DOF 动力学模型，并对影响系统稳定性的各项因素分别进行了研究，根据共振区理论对主轴转速进行了优化[15]。张小明考虑刀具系统模态参数的不确定性，以加工过程无颤振为约束条件建立鲁棒优化模型，优化后的主轴转速工艺参数改善了加工质量[16]。2010 年，Ahmadi 提出了一种预测五轴数控机床铣削曲面的动力学模型[17]。以上研究建立了切削振动和主轴转速的动力学关系，然而由于瞬态切削力所引起的切削振动主要集中在高频部分(>50Hz)，因此它主要控制加工表面的粗糙度，而对轮廓波纹缺陷的控制并不明显[18]。

2. 满足切削力稳定

刀具路径几何特性、进给速度、加速度与机床的运动特性具有密切的关系，如何保证加工的切削力稳定，满足进给运动与机床运动特性匹配是当前的研究重点。1991 年，Jung 提出了考虑三轴加工机床进给速度和刀具变形的一阶离散模型，以减少切削力的变化[19]。实验表明通过对进给速度的优化可以大大减少铣削过程的低频振动，并明显地减少三轴端铣加工轮廓波纹缺陷。2002 年，陈金成采用切削力解析的方法，计算了在各轴加速度和伺服电动机驱动力约束条件下，机床沿曲线加工时的最大安全进给速度[20]。2003 年，Cheng 从理论上研究了不同伺服控制模式、切削力和机床结构对加工轮廓误差的影响，建立了跟随误差计算、切削力计算和主轴工作台的传递函数，并进行了不同模式切削实验下的切削力和轮廓误差测量[21]。Bae 提出了基于二维切屑－负载的简化切削力模型，对凹曲面的刀位轨迹进行控制以保持端铣加工时进给速度和切削负载的稳定[22]。2004 年，李志忠等通过对刀位轨迹进行离散化处理来预测切削力，考虑各种约束条件优化进给速度[23]。2005 年，张臣等针对加工过程中切削用量变化较大的复杂零件铣削加工工艺参数优化问题，提出了基于仿真数据的数控铣削加工多目标变参数优化方法，求解时以切削力、主轴功率、转速为约束条件[24]。彭海涛等建立铣削力与单位时间切除材料体积之间的关系，根据机床和工件的实际加工状态设定峰值力，由峰值力计算出单位时间切除材料体积，再根据各数控程序段执行过程中刀具切除工件材料的体积，优化和调整该段轨迹的进给速度[25]。2006 年，Erdim 提出了基于材料去除率的进给速度优化方法和基于切削力的进给速度优化方法，用这两种优化方法对数控程序进行优化，并对结果进行对比，表明基于切削力的速度优化方法所生成的进给速度要小于基于材料去除率优化的进给速度，加工过程中稳定性和加工工件的质量更优，对机床的冲击更小[26,27]。2007 年，Dong 研究了在加速度和最小加工时间约束下的进给速度优化方法，减小切削力对加工过程的冲击[28]。2008 年，Sylvain 研究了五轴数控加工中的切削力预测模型，提出了通过逆时方法(inverse time)对平动轴和转动轴进行统一运动建模和比较，通过研究机床进给轴在逆间条件下的速度、加速度等信息预测方法，采用运动参数约束条件进行进给速度优化[29,30]。王建衡进行了大量的切削试验，试验中主要记录进给速度、切削深度和切削力这几个加工过程中的参数，在确定工件形状、切削参数等与切除材料体积之间的关系的基础上，应用模糊推理技术建立这些参数之间的关系模型，以此模型对加工中的进给速度进行了优化[31]。2009 年，石磊等为了使球头铣刀切削加工自由曲面过程中的切削力保持平稳，在建立切削力模型的基础上，优化每一数控程序段的进给速度，提高加工质量[32]。

对于五轴数控加工时的切削力变化情况非常复杂，即使切削参数在加工初始时已得到优化，但是由于加工过程中刀轴矢量的不断变化，其铣削状态也有可能发生恶化。目前对于五轴数控加工过程的切削力建模研究还不多见，主要针对端铣加工工艺。2002 年，Bailey 提出了基于切削力模型的五轴数控加工进给速度规划方法[33,34]。2005 年，Larue 提出了一种通过计算锥形、圆柱形和球头刀的扫掠体积进行五轴端铣铣削力预测的模型[35]。2009 年，Ozturk 研究了不同切削工艺参数对五轴切削加工过程稳定性的影响，得到了一些定性的分析结论[36-38]。2010 年，丁汉提出了基于机床各轴立方样条多项式插补格式，以各轴相邻位置点之间的运行时间序列之和极小为目标函数，同时以刀具切削过程中的最大切削力小于阈值为约束的五轴侧铣加工进给速度离线规划方法[39]。2011 年，Sun 研究了一种扫掠体积模型对刀具的运动状态进行分析，有效地对五轴端铣加工过程进行瞬态切削力建模和预测[40]。

总体来说，目前针对加工表面波纹缺陷的五轴数控加工表面质量控制研究还存在以下不足：

(1) 对加工过程的动力学分析主要针对工件—刀具的高频固有频率，通过优化主轴速度使实际振动频率避开固有频率范围，其影响结果主要是加工表面粗糙度，而对轮廓波纹缺陷的改善效果不明显。

(2) 通过对进给速度进行优化以改善切削力状态的方法，已经证明可以有效改善轮廓波纹缺陷，但当前的研究范围主要局限于三轴加工。对于五轴进给速度优化方法主要在理论层面进行分析和探讨，具体的优化方法和试验研究尚未成熟。

(3) 机床转动轴运动不稳定对切削状态的影响尚未引起足够的重视，对其控制方法尚不完整。

7.2　加工表面波纹缺陷控制策略

侧铣加工的典型轮廓波纹缺陷指加工过程中由于机床—工件系统的振动而在零件轮廓上形成的具有一定周期性的高低起伏，是间距大于粗糙度但小于几何形状误差的轮廓几何不平度，属于微观和宏观之间的几何误差，也称为表面波纹度[41]。

对于五轴侧铣加工工艺，常见轮廓波纹的周期性间距为 1~5mm，深度为 0.01~0.05mm，且平行于刀轴矢量[42]。将轮廓波纹的间距和刀具进给速度进行比较可知其产生因素主要是工件或刀具之间由于不稳定切削产生 1~20Hz 的低频振动[43]。为了改善切削状态，抑制工艺系统的低频振动，波纹缺陷控制策略的重点是可能导致切削力和机床转动轴转动的不稳定状态。

7.2.1　侧铣加工的切削力模型

五轴侧铣加工过程中，工件表面轮廓可以看成是半径为 r 的切削刃上任一点 R 切削产生的。当轴向切深 a_p 和径向切深 a_e 为一定值时，侧铣加工区域可以看成是具有均匀厚度的直纹面。由于刀具的连续旋转，刀具的瞬时切削力 $f(t)$ 随着刀具转动而变化。假设将刀具沿垂直于轴线的方向切分为若干厚度为 dz 的圆片，可将切削力从宏观转入微观进行分析。设作用在 dz 微切削刃上切削力为 df，并分解为微切向切削力 df_t、微径向切削力 df_r 和微轴向切削力 df_a。

建立切削力坐标系 FCS，设其坐标原点为刀位点，坐标 Z 轴与刀轴重合，X 轴与刀位轨迹相切，则侧铣加工切削力模型如图 7-1 所示。

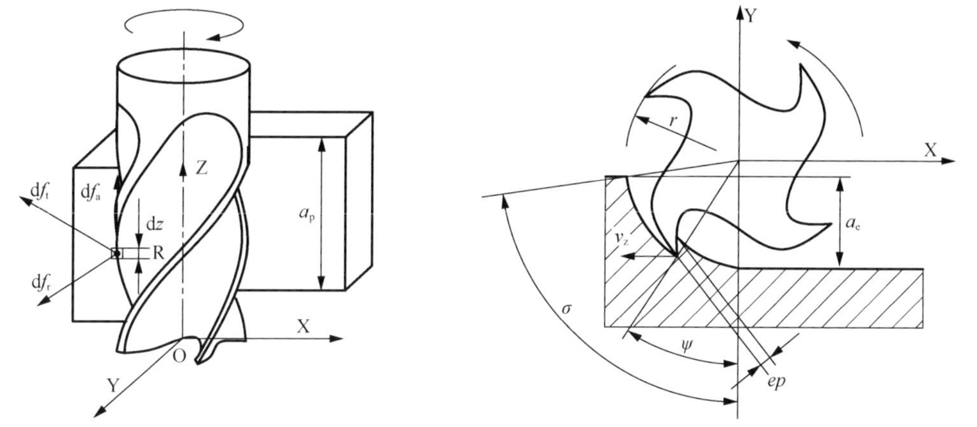

(a) 三维视图　　(b) 轴向视图

图 7-1　侧铣加工切削力模型

设刀具的转动状态由切削刃 R 和切削力坐标系 FCS 的 Y 轴在 XOY 平面上的投影决定，则 R 点的瞬时切削层厚度 ep 为[44]

$$ep = v_z \sin\psi \tag{7-1}$$

式中，v_z 为微切削刃 dz 的每转进给距离；ψ 为切削角。

可见 v_z 是影响切削状态的一个主要因素，但是其定义在刀具的切削刃上，而不是在刀具轴线或是刀位点上。因此随着加工轮廓的曲率变化，v_z 往往与对应刀位点运动速度 v 有所差距，并且大小随着切削角 ψ 的变化而变化。v_z、v 和曲率半径 ρ 的关系如图7-2 所示，其数学表达如下：

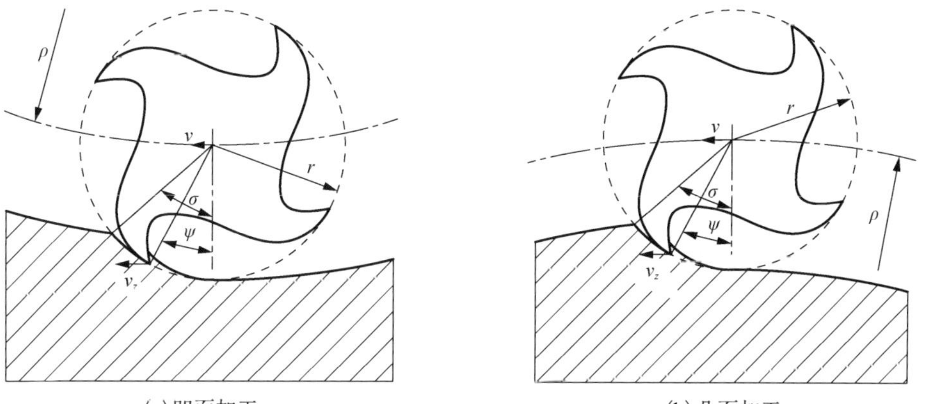

(a) 凹面加工　　(b) 凸面加工

图 7-2　刀位点运动速度与 v_z 的关系图

$$v_z=\begin{cases} v\dfrac{\sqrt{(\rho+r\cos\psi)^2+(r\sin\psi)^2}}{\rho}, & \text{凹面加工}\\ v, & \text{平面加工}\\ v\dfrac{\sqrt{(\rho-r\cos\psi)^2+(r\sin\psi)^2}}{\rho}, & \text{凸面加工}\end{cases} \tag{7-2}$$

当侧铣精加工时，一般 $a_e \ll \rho$，即 $\psi\approx 0$，则

$$v_z=\begin{cases} \dfrac{v\left(\rho+r-\dfrac{a_e}{2}\right)}{\rho}, & \text{凹面加工}\\ v, & \text{平面加工}\\ \dfrac{v\left(\rho-r+\dfrac{a_e}{2}\right)}{\rho}, & \text{凸面加工}\end{cases} \tag{7-3}$$

切削刃的切出角 σ 和刀具半径 r、加工轮廓曲率 ρ 具有以下关系：

$$\sigma=\begin{cases} \arccos\dfrac{(\rho+r-a_e)^2-\rho^2-r^2}{2\rho r}, & \text{凹面加工}\\ \arccos\dfrac{r-a_e}{r}, & \text{平面加工}\\ \arccos\dfrac{r^2+(\rho+r)^2-(\rho+a_e)^2}{2r(\rho+r)}, & \text{凸面加工}\end{cases} \tag{7-4}$$

微切削刃 dz 的切向切削力为[45，46]

$$\mathrm{d}f_t(\psi)=ep\cdot K_t g(\psi)\mathrm{d}z \tag{7-5}$$

式中，K_t 为切削力切向系数，$g(\psi)$ 为瞬时切削过程的窗口函数，且

$$g(\psi)=\begin{cases}1, & 0\leqslant\psi\leqslant\sigma\\ 0, & \text{其他}\end{cases} \tag{7-6}$$

虽然 K_t 随着瞬时切削层厚度 ep 的变化而变化，但是当 ep 很小的情况下 K_t 可以看成是一定值[47]，因此 $\mathrm{d}f_\mathrm{a}$、$\mathrm{d}f_\mathrm{r}$ 与 $\mathrm{d}f_\mathrm{t}$ 具有以下关系[48]：

$$\begin{cases}\mathrm{d}f_\mathrm{r}(\psi)=K_\mathrm{r}\mathrm{d}f_\mathrm{t}(\psi)\\ \mathrm{d}f_\mathrm{a}(\psi)=K_\mathrm{a}\mathrm{d}f_\mathrm{t}(\psi)\end{cases} \tag{7-7}$$

式中，K_r、K_a 为径向和轴向切削力系数。

因此作用在 dz 上的切削力在切削力坐标系 FCS 中可以表达为

$$\begin{pmatrix} \mathrm{d}f_{\mathrm{x}}(\psi) \\ \mathrm{d}f_{\mathrm{y}}(\psi) \\ \mathrm{d}f_{\mathrm{z}}(\psi) \end{pmatrix} = \begin{pmatrix} \cos\psi & \sin\psi & 0 \\ -\sin\psi & \cos\psi & 0 \\ 0 & 0 & 1 \end{pmatrix} \begin{pmatrix} \mathrm{d}f_{\mathrm{t}}(\psi) \\ \mathrm{d}f_{\mathrm{r}}(\psi) \\ \mathrm{d}f_{\mathrm{a}}(\psi) \end{pmatrix} = \begin{pmatrix} ep\cdot K_{\mathrm{t}} g(\psi)\left(\cos\psi + K_{\mathrm{r}}\sin\psi\right)\mathrm{d}z \\ ep\cdot K_{\mathrm{t}} g(\psi)\left(K_{\mathrm{r}}\cos\psi - \sin\psi\right)\mathrm{d}z \\ ep\cdot K_{\mathrm{t}} g(\psi) K_{\mathrm{a}}\mathrm{d}z \end{pmatrix} \quad (7\text{-}8)$$

在高速铣削加工中，机床主轴的转速一般大于 10000r/min，而采用高频瞬态切削力进行切削状态的描述并不十分准确。针对该问题，本书提出刀具周转平均切削力的概念进行切削状态描述，即刀具每旋转一周所承受的平均切削力。由式(7-1)、式(7-8)可得微切削刃 dz 上周转平均切削力的分量为

$$\begin{cases} \mathrm{d}f_{\mathrm{x-平均}} = \dfrac{1}{2\pi}\displaystyle\int_0^{2\pi} \mathrm{d}f_{\mathrm{x}}(\psi)d\psi = \dfrac{N'K_{\mathrm{t}}v_{\mathrm{z}}}{2\pi}\left(\dfrac{1}{4} - \dfrac{\sigma\cos(2\sigma)}{4} + \dfrac{K_{\mathrm{r}}\sigma}{2} - \dfrac{\sin(2\sigma)}{4}\right)\mathrm{d}z \\ \mathrm{d}f_{\mathrm{y-平均}} = \dfrac{1}{2\pi}\displaystyle\int_0^{2\pi} \mathrm{d}f_{\mathrm{y}}(\psi)d\psi = \dfrac{N'K_{\mathrm{t}}v_{\mathrm{z}}}{2\pi}\left(\dfrac{\sin(2\sigma)}{4} - \dfrac{\sigma}{2} + \dfrac{K_{\mathrm{r}}\left(1-\cos(2\sigma)\right)}{4}\right)\mathrm{d}z \\ \mathrm{d}f_{\mathrm{z-平均}} = \dfrac{1}{2\pi}\displaystyle\int_0^{2\pi} \mathrm{d}f_{\mathrm{z}}(\psi)d\psi = \dfrac{N'K_{\mathrm{t}}K_{\mathrm{a}}v_{\mathrm{z}}}{2\pi}\left(1-\cos\sigma\right)\mathrm{d}z \end{cases} \quad (7\text{-}9)$$

式中，N'为刀具刀齿的数量。

设 $S_{转}$为刀具每转的切削刃扫掠面积，由式(7-9)可得到作用在整个刀具切削刃上的周转平均切削力为

$$\begin{cases} f_{\mathrm{x-平均}} = \displaystyle\int_0^{a_p} \mathrm{d}f_{\mathrm{x-平均}} = S_{转}\dfrac{N'K_{\mathrm{t}}}{2\pi}\left(\dfrac{1}{4} - \dfrac{\sigma\cos(2\sigma)}{4} + \dfrac{K_{\mathrm{r}}\sigma}{2} - \dfrac{\sin(2\sigma)}{4}\right) \\ f_{\mathrm{y-平均}} = \displaystyle\int_0^{a_p} \mathrm{d}f_{\mathrm{y-平均}} = S_{转}\dfrac{N'K_{\mathrm{t}}}{2\pi}\left(\dfrac{\sin(2\sigma)}{4} - \dfrac{\sigma}{2} + \dfrac{K_{\mathrm{r}}\left(1-\cos(2\sigma)\right)}{4}\right) \\ f_{\mathrm{z-平均}} = \displaystyle\int_0^{a_p} \mathrm{d}f_{\mathrm{z-平均}} = S_{转}\dfrac{N'K_{\mathrm{t}}K_{\mathrm{a}}}{2\pi}\left(1-\cos\sigma\right) \end{cases} \quad (7\text{-}10)$$

其三向合成的周转平均切削力为

$$\begin{cases} f_{平均} = \sqrt{f_{\mathrm{x-平均}}^2 + f_{\mathrm{y-平均}}^2 + f_{\mathrm{z-平均}}^2} \\ \quad = S_{转}\dfrac{N'K_{\mathrm{t}}}{2\pi}\cdot \\ \sqrt{\left(\dfrac{1}{4} - \dfrac{\sigma\cos(2\sigma)}{4} + \dfrac{K_{\mathrm{r}}\sigma}{2} - \dfrac{\sin(2\sigma)}{4}\right)^2 + \left(\dfrac{\sin(2\sigma)}{4} - \dfrac{\sigma}{2} + \dfrac{K_{\mathrm{r}}\left(1-\cos(2\sigma)\right)}{4}\right)^2 + K_{\mathrm{a}}^2\left(1-\cos\sigma\right)^2} \end{cases} \quad (7\text{-}11)$$

由式(7-11)和式(7-4)可知，当被侧铣加工轮廓，整个刀具切削刃上的周转平均

切削力与其扫掠面积具有线性比例关系。因此对于五轴侧铣切削力，可以采用单位时间的切削刃扫掠面积进行控制，即切削刃扫掠面积率(sweep area rate，SAR)。

7.2.2　转动轴不稳定状态的定义

设五轴数控加工刀位轨迹是由直线进给指令描述，φ_{i-2}、φ_{i-1}、φ_i、φ_{i+1} 分别是转动轴在第$(i-2)$、第$(i-1)$、第 i 和第$(i+1)$段指令的角度值。进给过程中，如果刀位点靠近奇异点区域，即使刀轴矢量变化很小，转动轴将产生不连续并且急速的不稳定转动[49]。如不稳定转角较小时，可能导致转动轴振动。设不稳定转角限值为 ξ，根据其与转动轴指令角度的不同组合关系，转动轴不稳定转动状态可以划分为以下两种主要类型。

1. 小角度不连续转动

如果转角指令的转角满足以下条件：

$$\begin{cases} \varphi_{i-1} = \varphi_i \\ \left|\varphi_{i-1} - \varphi_{i-2}\right| + \left|\varphi_{i+1} - \varphi_i\right| \leqslant 2\xi \end{cases} \tag{7-12}$$

本书定义为小角度不连续转动，并且又分为单调不连续($(\varphi_{i-1}-\varphi_{i-2})\cdot(\varphi_{i+1}-\varphi_i)\geqslant 0$)和非单调不连续($(\varphi_{i-1}-\varphi_{i-2})\cdot(\varphi_{i+1}-\varphi_i)<0$)转动两类，如图 7-3 所示。

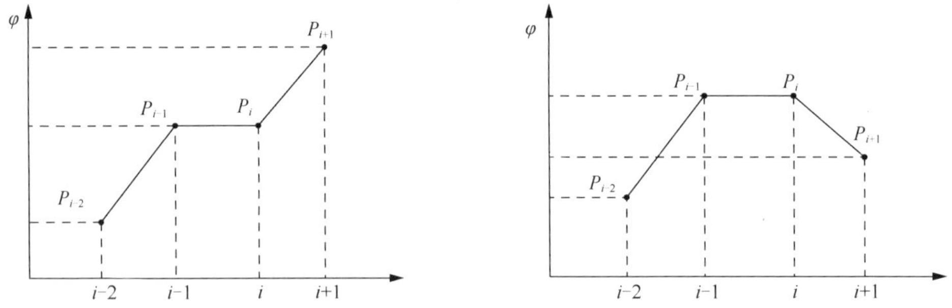

(a) 单调不连续　　(b) 非单调不连续

图 7-3　小角度不连续转动状态示意图

2. 小角度往复转动

如果转动指令的转角满足以下条件：

$$\begin{cases} \varphi_{i-1} \neq \varphi_i \\ \left|\varphi_{i-1} - \varphi_{i-2}\right| + \left|\varphi_{i+1} - \varphi_i\right| \leqslant 2\xi \\ \left(\varphi_{i-1} - \varphi_{i-2}\right)\cdot\left(\varphi_i - \varphi_{i-1}\right) < 0 \\ \left(\varphi_i - \varphi_{i-1}\right)\cdot\left(\varphi_{i+1} - \varphi_i\right) < 0 \end{cases} \tag{7-13}$$

本书定义为小角度往复转动，如图 7-4 所示。

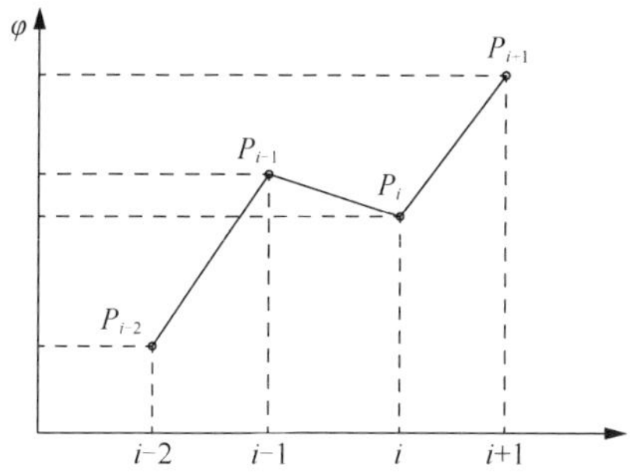

图 7-4　小角度往复转动状态示意图

7.2.3　波纹缺陷控制流程

波纹缺陷控制流程主要分为两个方面，分别是改善切削力不稳定状态和机床转动轴运动不稳定状态，如图 7-5 所示[50,51]。

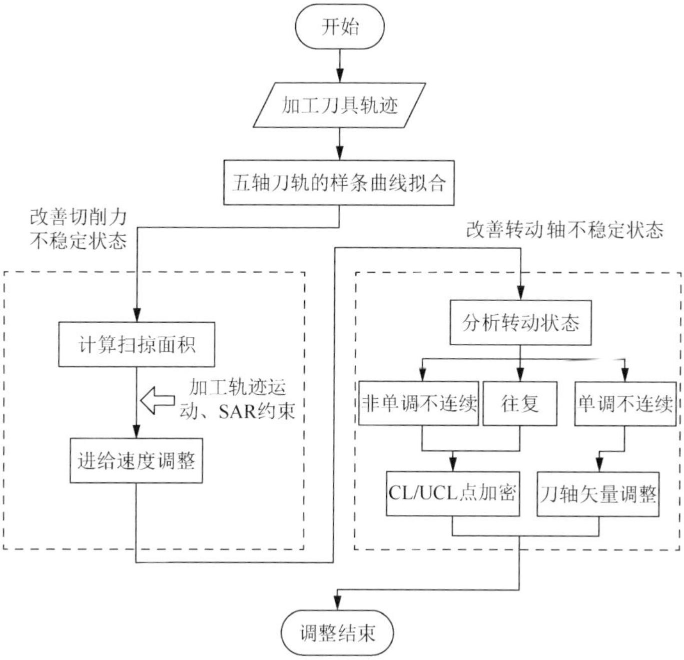

图 7-5　波纹缺陷控制流程图

当五轴刀位轨迹由直线进给指令描述时，因其刀位坐标为离散的，需要采用拟合的形式将其转换为参数曲线，便于后续扫掠面积和插值的计算。

改善切削力不稳定状态主要基于侧铣切削力模型，通过 SAR 调整进行切削力的控制。在精加工中，切削层轴向切深 a_p 和径向切深 a_e 通常由工艺参数设为定值，因此 SAR 可以通过进给速度实现调整。

通过将机床转动轴的不稳定转动分解为更微小的连续转动，可改善转动轴转动状态，如对小角度非单调不连续和往复转动进行刀位点加密。

7.3　切削力不稳定状态的调整

7.3.1　切削刃扫掠面积的计算

设 P_{i-1}、P_i 为第 i 段指令的起止刀位点，Q_{i-1} 和 Q_i 是对应的起止方位点。因此它们共同构成直纹面的 4 个角，且 $P_{i-1}Q_{i-1}$ 为母线，如图 7-6 所示。

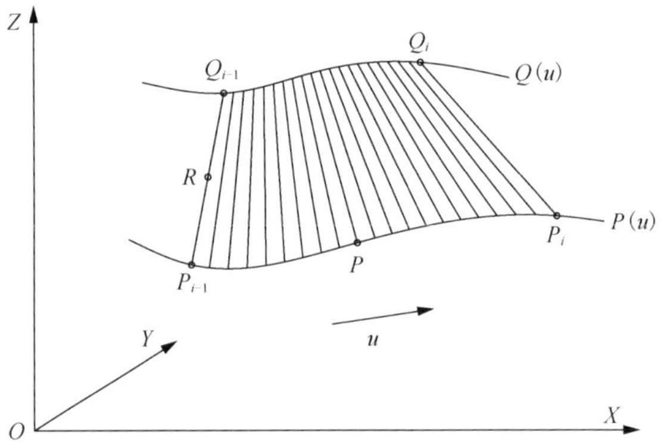

图 7-6　五轴侧铣刀轴扫掠面

设 P 点位于 $P_{i-1}P_i$ 轨迹上，R 点位于母线上，且定义：

$$\begin{cases} \mu = \dfrac{u - u_{(i+2)}}{u_{(i+3)} - u_{(i+2)}} \\ \eta = \dfrac{\left|P_{i-1}R\right|}{\left|P_{i-1}Q_{i-1}\right|} \end{cases} \tag{7-14}$$

通过以上的参数，直纹面的参数方程可以定义为

$$\vec{r}(\mu,\eta) = \begin{pmatrix} x_{P(u)} + \eta\left(x_{Q(u)} - x_{P(u)}\right) \\ y_{P(u)} + \eta\left(y_{Q(u)} - y_{P(u)}\right) \\ z_{P(u)} + \eta\left(z_{Q(u)} - z_{P(u)}\right) \end{pmatrix} \tag{7-15}$$

设从 P_{i-1} 到 P_i 的刀轴扫掠面积为 S'_i，则

$$S_i' = \iint\limits_{\substack{0\leqslant\mu\leqslant1\\0\leqslant\eta\leqslant1}} \left|\boldsymbol{r}_\mu'(\mu,\eta)\times\boldsymbol{r}_w'(\mu,\eta)\right|\mathrm{d}\mu\mathrm{d}\eta = \iint\limits_{\substack{0\leqslant\mu\leqslant1\\0\leqslant\eta\leqslant1}} \sqrt{\boldsymbol{r}_\mu'^2\boldsymbol{r}_\eta'^2-(\boldsymbol{r}_\mu'\cdot\boldsymbol{r}_\eta')^2}\,\mathrm{d}\mu\mathrm{d}\eta \tag{7-16}$$

其中[52,53]

$$\begin{cases}\boldsymbol{r}_\mu'^2 = x_\mu'^2+y_\mu'^2+z_\mu'^2\\ \boldsymbol{r}_\eta'^2 = x_\eta'^2+y_\eta'^2+z_\eta'^2\\ \boldsymbol{r}_\mu'\cdot\boldsymbol{r}_\eta' = x_\mu'x_\eta'+y_\mu'y_\eta'+z_\mu'z_\eta'\end{cases} \tag{7-17}$$

根据加工轮廓的凹凸特性，可以根据刀轴扫掠面积 S'_i，由式(7-3)计算出切削刃扫掠面积 S_i 为

$$S_i = \begin{cases}\dfrac{S_i'\left(\rho+r-\dfrac{a_\mathrm{e}}{2}\right)}{\rho}, & \text{凹面加工}\\ S_i', & \text{平面加工}\\ \dfrac{S_i'\left(\rho-r+\dfrac{a_\mathrm{e}}{2}\right)}{\rho}, & \text{凸面加工}\end{cases} \tag{7-18}$$

7.3.2　进给速度的调整

侧铣额定切削刃扫掠面积率 $\overline{S}$ 可以参照三轴侧铣的工艺参数进行确定，其值等于三轴加工进给速度与轴向切深之积。为了保持实际切削刃扫掠面积率的周转平均切削力的稳定，五轴侧铣第 i 段指令的进给速度可以调整为

$$F_i = \frac{\Delta S_i}{t_i} = \Delta S_i\frac{\overline{S}}{S_i} \tag{7-19}$$

结合进给速度限值条件，第 i 段指令进给速度应调整为

$$F_i = \min\left(\Delta S_i\frac{\overline{S}}{S_i},\ \min\begin{cases}\min\left(\dfrac{\Delta S_i}{\max\left(\dfrac{\Delta_{j(i)}}{v_{j\_\max}}\right)}, \dfrac{\Delta S_i}{\max\left(\dfrac{v_{j(i)}-v_{j(i\text{-}1)}}{a_{j\_\max}}\right)}\right), & j\in\{\mathrm{X,Y,Z}\}\\ \min\left(\dfrac{\Delta S_i}{\max\left(\dfrac{\Delta_{j(i)}}{\omega_{j\_\max}}\right)}, \dfrac{\Delta S_i}{\max\left(\dfrac{\omega_{j(i)}-\omega_{j(i\text{-}1)}}{\varepsilon_{j\text{-}\max}}\right)}\right), & j\in\{\mathrm{A,B,C}\}\end{cases}\right) \tag{7-20}$$

并且同时需要进行五轴数控加工运动约束条件的校验。

7.4　转动轴运动不稳定状态的调整

7.4.1　非单调不连续转动或往复转动

对于小角度非单调不连续或往复转动，可以通过对问题区间的刀位点和方位点加密实现连续转动，其加密的样条参数是

$$u_{\text{new}}=\frac{u_{i+2}+u_{i+3}}{2} \tag{7-21}$$

根据刀位轨迹的样条曲线方程，可以得到工件坐标系下的加密刀位点和方位点坐标，进而由矢量方程(7-22)可得加密刀轴矢量 $\boldsymbol{U}_{\text{W\_new}}$，再根据第 2 章的转角求解方法获得加密转角 β_{new}、γ_{new}，如图 7-7、图 7-8 所示。

$$\boldsymbol{U}_{\text{W\_new}}=\frac{Q(u_{\text{new}})-P(u_{\text{new}})}{a_p} \tag{7-22}$$

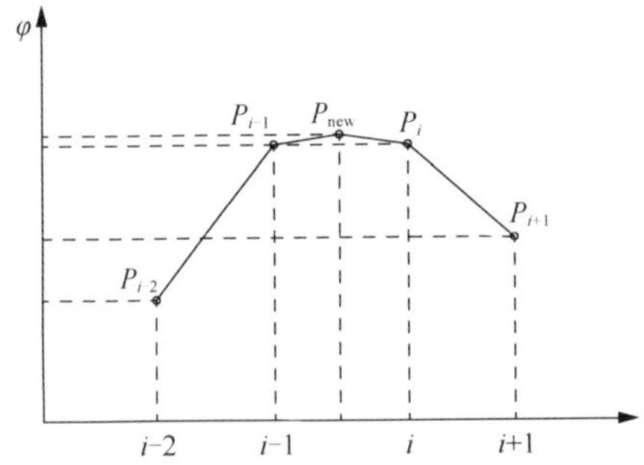

图 7-7　小角度非单调不连续转动状态调整示意图

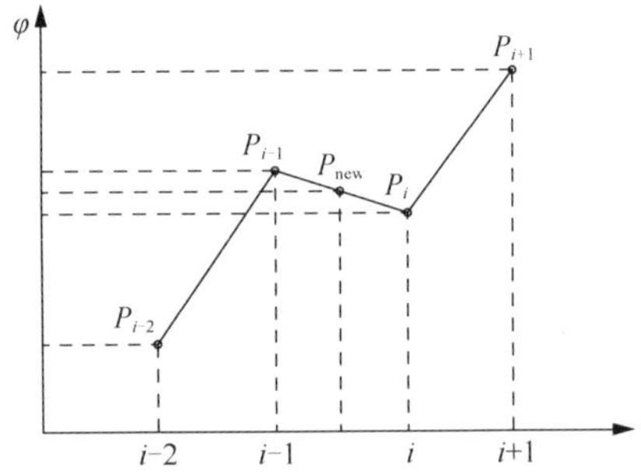

图 7-8　小角度往复转动状态调整示意图

7.4.2　单调不连续转动

对于小角度单调不连续转动，可以在加工允差范围内通过刀轴矢量调整进行调整实现连续转动，流程如图 7-9 所示。

通过插值获得两组刀位点/方位点：第一组的样条参数 $u_{\text{new}(i+2)}$ 从 u_{i+2} 开始向负方向插值，第二组的样条参数 $u_{\text{new}(i+3)}$ 从 u_{i+3} 开始向正方向插值。再通过上述两组点加密获得第三组刀位点/方位点参数为

$$\begin{cases} u_{\text{new}(i+2)}\in[u_{i+1},\ u_{i+2}) \\ u_{\text{new}}=\dfrac{u_{\text{new}(i+2)}+u_{\text{new}(i+3)}}{2} \\ u_{\text{new}(i+3)}\in(u_{i+3},\ u_{i+4}] \end{cases} \tag{7-23}$$

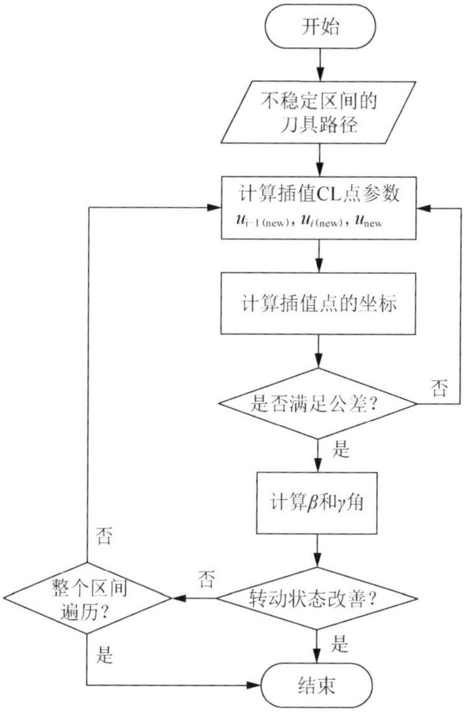

图 7-9 小角度单调不连续转动的调整流程图

以上三组刀位点/方位点在工件坐标系的坐标可以通过刀轨的样条曲线方程求得，并共同组成一个点群用于后续的调整计算。

每个刀位点和方位点均位于样条曲线上，但是由于实际加工轨迹仍然采用直线进给指令，可能存在弓高误差，如图 7-10 所示。因此插值后的刀位点和方位点需要满足以下条件：

$$\lambda_{\mathrm{CL/UCL}} \approx \rho_{\mathrm{CL/UCL}} - \sqrt{\rho_{\mathrm{CL/UCL}}{}^2 - \left(\frac{\Delta L}{2}\right)^2} \leqslant \lambda \tag{7-24}$$

式中，$\lambda_{\mathrm{CL/UCL}}$ 为弓高误差；λ 为加工允差；ΔL 为相邻刀位点或方位点的距离。

如果上述条件得到满足，则该组点群保留，否则将对另一点群进行校验，直至遍历整个问题区间。

判断通过校验所保留下来的点群中，哪些是可以改善转动状态的。其转角可以通过第 2 章的转角计算方法获得。如果状态得到改善，则新的点群坐标替换对应数控指令坐标，否则将对另一点群并进行判断，如图 7-11 所示。

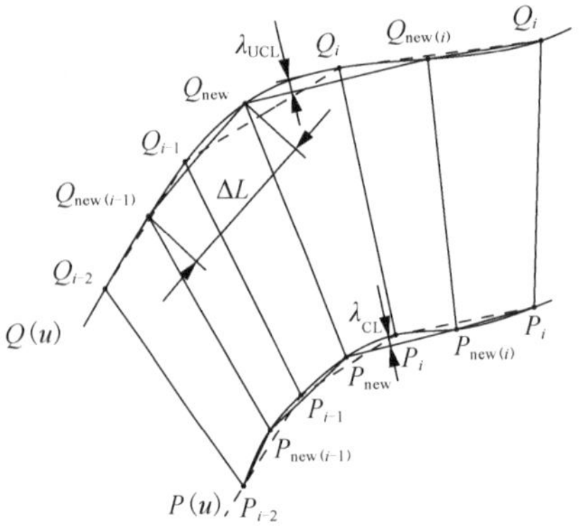

图 7-10　侧铣加工允差示意图

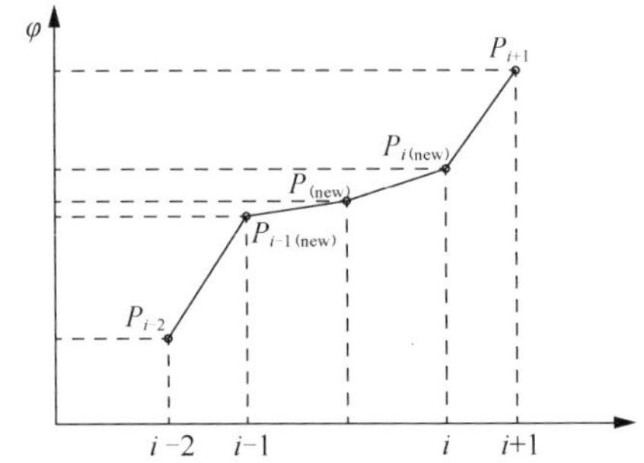

图 7-11　小角度单调不连续转动调整示意图

7.5　本 章 小 结

本章根据五轴侧铣工艺原理以及波纹缺陷形貌产生机理分析，从改善切削状态抑制工艺系统低频振动的目标出发，介绍了五轴数控加工表面波纹缺陷控制方法。在切削力状态优化方面，描述了周转平均切削力的概念，建立切削力与切削刃扫掠面积率的关系模型。采用 NURBS 曲线拟合刀位点轨迹和方位控制点轨迹计算扫掠面积，进行进给速度优化使加工过程中的切削刃扫掠面积率恒定，从而提高切削力的稳定性。另外，定义了转动轴不稳定状态，说明了将不稳定转动分解为更为微小连续转动的改善方法。对于转动轴小角度非单调不连续和往复转动，采用加密刀位点的方式；而对于转动轴小角度单调不连续转动，采用调整加工允差范围内矢量的方式。

参 考 文 献

[1] Merchant M E. Mechanics of the metal cutting process: Plasticity conditions in orthogonal cutting[J]. Journal of Applied Physics, 1945, 16(1): 18-324.

[2] Oxley P L B. Introducing strain-rate dependent work material properties into the analysis of orthogonal cutting[C]. Annals of the CIRP, 1966, 13(1): 127-138.

[3] Lee E H, Shaffer B W. Theory of plasticity applied to the problems of machining[J]. Journal of Applied Mechanics, 1951, 18(1): 405-413.

[4] Minis I, Yanushevsky R. Analysis of linear and nonlinear chatter in milling[C]. Manufacturing Technology, 1990, 39(1): 459-462.

[5] Weck M, Altintas Y, Beer C. Cad assisted chatter-free nc tool path generation in milling[J].

International Journal of Machine Tools and Manufacture, 1994, 34(6): 879-891.
[6] Al-Regib E, Ni J, Lee S H Programming spindle speed variation for machine tool chatter suppression[J]. International Journal of Machine Tools and Manufacture, 2003, 43(12): 1229-1240.
[7] Budak E. An analytical design method for milling cutters with non-constant pitch to increasestability[J]. Journal of Manufacturing Science and Engineering, 2003, 125(1): 29-38.
[8] Bravo U, Altuzarra O, Lacalle L, et al. Stability limits of milling considering the flexibility of the work-piece and the machine[J]. International Journal of Machine Tools and Manufacture, 2005, 45(15): 1669-1680.
[9] Budak E, Tekeli A. Maximizing chatter free material removal rate in milling through optimal selection of axial and radial depth of cut pairs[C]. Manufacturing Technology, 2005, 54(1): 353-356.
[10] 唐委校. 高速切削稳定性及其动态优化研究[D]. 济南：山东大学博士学位论文, 2006.
[11] 刘志新. 铣削过程动力学建模及其物理仿真研究[D]. 天津：天津大学博士学位论文, 2006.
[12] Gagnol V, Bouzgarrou B C, Ray P, et al. Model-based chatter stability prediction for high-speed spindles[J]. International Journal of Machine Tools and Manufacture, 2007, 47(7-8): 1176-1186.
[13] Altintas Y, Merdol S. Virtual high performance milling[C]. Manufacturing Technology, 2007, 56(1): 81-84.
[14] 李忠群. 复杂切削条件高速铣削加工动力学建模、仿真与切削参数优化研究[D]. 北京：北京航空航天大学博士学位论文, 2007.
[15] 宋清华. 高速铣削稳定性及加工精度研究[D]. 济南：山东大学博士学位论文, 2009.
[16] 张小明. 五轴数控铣削加工几何-动力学建模与工艺参数优化[D]. 上海：上海交通大学博士学位论文, 2009.
[17] Ahmadi K, Ismail F. Machining chatter in flank milling[J]. International Journal of Machine Tools and Manufacture, 2010, 50(1): 75-85.
[18] Liu X, Cheng K. Modelling the machining dynamics of peripheral milling[J]. International Journal of Machine Tools and Manufacture, 2005, 45(11): 1301-1320.
[19] Jung C Y, Oh J H. Improvement of surface waviness by cutting force control in milling[J]. International Journal of Machine Tools and Manufacture, 1991, 1(31): 9-21.
[20] 陈金成, 徐志明, 钟廷修. 机床沿曲线高速加工时的运动学与动力学特性分析[J]. 机械工程学报, 2002, 38(1): 31-34.
[21] Cheng Y M, Chin J H. Machining contour errors as ensembles of cutting, feeding and machine structure effects[J]. International Journal of Machine Tools and Manufacture, 2003, 43(10): 1001-1014.
[22] Bae S H, Ko K, Kim B H, et al. Automatic feedrate adjustment for pocket machining[J]. Computer-Aided Design, 2003, 35(5): 495-500.

[23] Li Z Z, Zhang Z H, Zheng L. Feedrate optimization for variant milling process based on cutting force prediction[J]. International Journal of Advanced Manufacturing Technology, 2004, 24(7-8): 541-552.

[24] 张臣, 周来水, 余湛悦，等. 基于仿真数据的数控铣削加工多目标变参数优化[J]. 计算机辅助设计与图形学学报, 2005, 17(5): 1039-1045.

[25] 彭海涛, 雷毅, 周丹.基于铣削力仿真模型的进给率优化方法[J]. 中国机械工程, 2005, 16(18): 1607-1609.

[26] Erdim H, Lazoglu I, Ozturk B. Feedrate scheduling strategies for free-form surfaces[J]. International Journal of Machine Tools and Manufacture, 2006, 46(7-8): 747-757.

[27] Erdim H, Lazoglu I, Kaymakci M. Free-form surface machining and comparing feedrate scheduling strategies[J]. Machining Science and Technology, 2007, 11(1): 117-133.

[28] Dong J Y, Ferreira P M, Stori J A. Feed-rate optimization with jerk constraints for generating minimum-time trajectories[J]. International Journal of Machine Tools and Manufacture, 2007, 47(12-13): 1941-1955.

[29] Sylvain L, Christophe T, Claire L. Kinematical performance prediction in multi-axis machining for process planning optimization[J]. International Journal Advanced Manufacture Technology, 2008, 37(5-6): 534-544.

[30] Sylvain L, Christophe T, Claire L. Optimization of 5-axis high-speed machining using a surface based approach[J]. Computer-Aided Design, 2008, 40(10-11): 1015-1023.

[31] 王建衡. 基于模糊逻辑技术的平面轮廓数控铣削加工进给速度优化[D]. 长沙：湖南大学硕士学位论文, 2008.

[32] 石磊, 张英杰, 李宗斌，等. 切削力基本恒定约束下球头铣刀加工自由曲面切削参数的优化[J]. 中国机械工程, 2009(23): 2772-2781.

[33] Bailey T, Elbestawi M A, El-Wardany T I, et al. Generic simulation approach for multi-axis machining, Part 1: Modeling methodology[J]. Journal of Manufacturing Science and Engineering, 2002, 124(3): 624-633.

[34] Bailey T, Elbestawi M A, El-Wardany T I, et al. Generic simulation approach for multi-axis machining, Part 2: Model calibration and feed rate schedulin[J]. Journal of Manufacturing Science and Engineering, 2002, 124(3): 634-642.

[35] Larue A, Altintas Y. Simulation of flank milling processes[J]. International Journal of Machine Tools and Manufacture, 2005, 45(4-5): 549-559.

[36] Ozturk E, Tunc L T, Budak E. Investigation of lead and tilt angle effects in 5-axis ball-end milling processes[J]. International Journal of Machine Tools and Manufacture, 2009, 49(14): 1053-1062.

[37] Budak E, Ozturk E, Tunc L T. Modeling and simulation of 5-axis milling processes[C]. Manufacturing Technology, 2009, 58(1): 347-350.

[38] Ozturk E, Budak E. Modeling of 5-axis milling processes[J]. Machining Science and Technology,

2007, 11(3): 287-311.

[39] 丁汉，毕庆贞，朱利民，等. 五轴数控加工的刀具路径规划与动力学仿真[J]. 科学通报, 2010, 55(25): 2510-2519.

[40] Sun Y W, Guo Q. Numerical simulation and prediction of cutting forces in five-axis milling processes with cutter run-out[J]. International Journal of Machine Tools and Manufacture, 2011, 51(10-11): 806-815.

[41] 国家机械工业局. 中华人民共和国机械行业标准-磨削表面波纹度(JB/T 9924—1999)[M]. 北京：机械科学研究院, 1999.

[42] Raja J, Muralikrishnan B, Shengyu Fu. Recent advances in separation of roughness, waviness and form[J]. Journal of the International Societies for Precision Engineering and Nanotechnology, 2002, 26: 222-235.

[43] Claryssea F, Vermeulena M. Characterizing the surface waviness of steel sheet: reducing the assessment length by robust filtering[J]. Wear, 2004, 257(12): 1219-1225.

[44] Larue A, Anselmetti B. Deviation of a machined surface in flank milling[J]. International Journal of Machine Tools and Manufacture, 2003, 43(2): 129-138.

[45] Tlusyt J, Macneil P. Dynamics of cutting forces in end milling[C]. Annrals of the CIRP, 1975, (24): 21-25.

[46] Kline W A, Devor R E, Lindbergn J R. The prediction of cutting forces in end milling with application to cornering cuts[J]. International Journal of Machining Tool Design Research, 1982, 22(1): 7-12.

[47] Bae S H, Kok, Kim B H, et al. Automatic feedrate adjustment for pocket machining [J]. Computer Aided Design, 2003,35(5): 495-500.

[48] Wu K, He N, Jiang C Y, et al. Study on mechanistic model of end milling[J]. Journal of Nanjing University of Aeronautics and Astronautics, 2002, 34(6): 553-556.

[49] So B S, Park D H, Cho Y, et al. An analytic model for tool trajectory error in 5-axis machining[J]. Journal of Achievements in Materials and Manufacturing Engineering, 2008, 31(2): 570-575.

[50] Jiang L, Yahya E, Ding G F, et al. The research of surface waviness control method for 5-axis flank milling[J]. International Journal of Advanced Manufacturing Technology, 2013, 69(1-4): 835-847.

[51] Jiang L, Ding G F, Zou Y S, et al. The research of surface waviness control technology for 5-axis flank milling[C]. Proceedings of the 18th International Conference on Automation and Computing. 2012: 198-203.

[52] 胡命华，江磊，丁国富，等. 一种五轴侧铣加工进给速度的优化方法[J]. 组合机床与自动化加工技术, 2013 (9): 77-84.

[53] 胡命华. 五轴数控侧铣加工进给参数优化技术研究[D]. 成都：西南交通大学硕士论文, 2013.

第 8 章　五轴数控加工样条插补

在常规 CAM 系统输出的加工程序中，复杂曲面加工的刀具路径是用小直线和圆弧近似逼近的。曲线在节点处的速度和加速度不连续会导致加工过程中的进给速度波动过大，降低加工精度和表面质量。样条曲线可以完整保留曲面几何特性，将刀具路径以样条插补指令表达是加工编程的发展方向。样条插补是指在数控程序编程时采用参数曲线描述加工轨迹曲线，将包含曲线信息的数控加工程序传送至数控系统的运动控制器单元，由控制器执行数据处理和曲线插补工作。相比于数控加工的直线、圆弧等插补方法，采用样条插补加工复杂形状零件可以显著减少 CAD/CAM 与 CNC 之间的数据传输量，减小轮廓逼近误差，改善零件的加工质量。

本章从提高插补平稳性方面出发，介绍改进的五轴数控加工样条插补算法。该算法主要包括刀位点预插补和加减速区间调整两个过程。其中预插补完成对刀位点速度的规划，并获得每个插补周期的关于速度和参数的插补前瞻信息。采用余弦函数加速度策略以及五轴数控加工运动约束条件进行加减速区间的速度调整和干涉调整，减少由于进给插补冲击造成的轮廓误差。

8.1　国内外研究现状

1. 样条插补方法

1993 年，Bedi 提出了等参数曲线插补算法[1]，这也是最早的 NURBS 曲线插补算法。其特点是将插补计算中的参数增量设为定值，其大小根据曲线复杂程度、插补精度要求决定。该方法计算简单，但因为没有在参数增量与时间域之间建立联系，因此无法控制实际进给速度，插补过程中会产生激烈的速度波动，影响加工件的表面质量。1999 年，Yeh[2]和 Farouki[3]分析了泰勒展开的截顶误差，提出了一种 NURBS 插补的补偿方法，在实现恒速加工的同时对精度进行控制，以进一步提高插补精度，但由于没有考虑机床的加减速特性，会出现过切现象。Lo 提出了五轴数控加工的刀具路径实时生成算法，在插补计算中通过设计闭环反馈控制环节，实现速度调整和插补误差补偿[4]。2001 年，Fleisig 对五轴刀具路径中的位置矢量采用五次参数样条插值，构造位于单位球面上的方位矢量插值曲线，对上述曲线进行实时插补，最后计算出插补周期结束时刻的机床目标位置[5]。2002 年，Zhi 提出了一种基于刀位轨迹曲率的插补算法[6]。2003 年，Tsai 和 Cheng 提出了在 NURBS 插补算法中增加反馈以进一步提高插补精度[7,8]。2004 年，Langeron 对位置矢量和刀位矢量用 B 样条曲线进行插值，提出了对应的 B 样条插补指令格式，并认为位置矢量和方位矢量插值曲线的参数相同[9]。2005 年，Feng 提出了通过几何误差控制五轴插补的方法，但未考虑刀轴转动产生的误差[10]。2006 年，So[11]、陈良骥[12]、马雄波[13]、徐志明[14]等对 CAM 和 CNC 间的双 NURBS 数据描述进行了定义，提出了应用于五轴数控加工的双 NURBS 插补指令格式，介绍了该插补功能的实现方法。2007 年，Lei 提出了一种快速 NURBS 插补方法，它采用弧长倒数算法离线计算插补参数[15]。Lavernhe 研究了采用五轴运动学模型对插补过程进行优化[16]。Li 提出了采用 NURBS 格式转换直线段或者圆弧段的五轴数控机床插补方法[17]。2008 年，Sun 提出了基于样条引导方式的进给速度规划方法，同时采用弓高误差和加速度进行约束[18]。2012 年，Qiao 对五轴数控机床 NURBS 插补方法以及如何控制插补误差进行了研究[19]。

2. 插补速度控制

插补过程中由于刀位轨迹曲率频繁变化造成进给速度的频繁变化，因此对数控系统的进给加减速控制也提出了更高的要求。为保证轮廓加工精度，五轴数控机床在进给过程中其刀位轨迹速度变化尽可能平稳，避免产生较大冲击引起机床振动。1994 年，Shpitalni 设计了一种基于泰勒一阶展开公式的插补算法，它可以在刀位轨迹的切向方向保持进给速度的稳定[20]。Yang 利用泰勒二阶展开设计了插补算法，可以进一步减少进给速度的波动[21]。2000 年，游有鹏提出基于误差控制的三轴机床加速度插补算法，由于加入了对加速度的控制，可以在一定程度上减少速度的波动情况[22]。但是当曲线曲率变化很快时，加速度仍会有较大波动，从而造成加工轮廓误差。2002 年，Yeh 研究了基于泰勒一阶展开方法的自适应 NURBS 插补方法，分析了插补误差、进给速度和刀位轨迹曲率的相互关系，并提出了在平坦刀位轨迹区间保持高的进给速度，在转角处等特殊区间降低进给速度的理论[23]，然而这将不可避免地在进给过程中产生加减速问题。Yong 提出了基于加速度控制的 NURBS 插补方法[24]，它将在机床的特性范围内进行切向进给加速度的控制，但是忽略了对于加加速度的控制。2004 年，刘可照[25]、彭芳瑜[26]等提出了基于三轴机床动力学特性的 NURBS 曲线直接插补算法，采用机床动力学特性对插补过程中速度、加速度进行了约束。2007 年，Zhang[27]和 Liu[28]提出了进给速度自适应控制的插补方法，包括对加速度和加加速度的控制约束，但是其约束条件均为事先定义，而不是在插补过程中根据机床加工轨迹运动约束条件计算得到。Lai 提出了一种更复杂的插补过程以识别加速度正负变化的特征点作为进给速度控制的基础[29]。该算法集成了前瞻模块，以规划加加速度限制条件下的进给速度，并保持进给速度的连续。徐荣珍推导了三轴联动加工时进给速度、加速度与各进给轴驱动能力以及加工路径几何特性之间的约束关系，使得在 NURBS 插补过程中机床各运动轴的加减速始终处于其加工能力范围内[30]。2008 年，姚哲提出了面向五轴数控加工的双 NURBS 曲线插补算法，并给出了恒定速度插补方法[31]。

实验表明，速度曲线至少需要二阶连续性(即加速度具有连续性)，同时能够满足一定的边界条件，这样才能够保持工艺系统的平稳，具有好的运动平滑性[32]。按照加减速策略的不同，常用的加减速控制方法有直线型[33]、指数型[34]、S 形[35]、高次函数曲线[36]等。直线型加减速方法最为简单，容易实现，但是在加减速开始和结束阶段进给线速度都有突变，容易引起工艺系统振动，影响加工质量。虽然 S 型、高次函数曲线加减速可以实现进给速度的平滑，但加加速度仍存在突变，未能完全避免进给冲击。

五轴数控机床的运动平稳性插补除了需要考虑插补器本身的算法外，还必须结合机床的动态特性进行研究。目前许多学者多从控制理论角度出发研究机床动力学性能，通过计算机床本体在特定条件下表现出来的静态及动态特性，在机床结构或控制部件设计中采取相应措施，以消除或补偿机床本体带来的对加工的不利影响。而在进行插补算法设计阶段就引入对机床运动特征研究分析，相关研究文献比较少。大多数插补算法把机床本体作为理想情况忽略，仅限于对所要插补对象的形状进行几何特征分析。

总体来说，目前五轴数控机床插补研究还存在以下不足：

(1) 五轴数控机床插补方法多采用类似于三轴机床的刀位点与矢量插补方法，由于只考虑刀位点的插补误差，因此刀轴转动可能导致轮廓精度超差。

(2) 现有加减速方法虽然满足速度的一阶连续，但大多数尚未满足二阶连续，即存在加加速度的突变，可能导致刀具运动轨迹的加减速冲击而造成轮廓误差。

(3) 插补速度的自适应控制方法未对五轴数控加工运动学约束条件进行校验，加工过程中的刀具运动平稳性难以保证。加工运动轨迹可能超出机床运动特性而造成加工冲击，影响加工轮廓精度。

8.2 五轴数控加工的样条曲线格式

现行数控加工 NC 程序的样条插补方法尚未完善，主要以 NURBS 样条为表达基础，且指令还没有统一的标准格式。比较典型的 G 代码格式采用 G06.2 作为 NURBS 插补开始的标志，数控装置读入其后的三组刀位点数据从而实现 NURBS 三轴联动插补。由于三轴加工中的刀具轴向固定，不必考虑刀轴的方位问题，所以这种格式的代码所提供的信息量明显不足以进行五轴数控加工。五轴数控加工中每个插补周期刀具轴向方位必须实时确定出来，这就要求必须在 NURBS 插补代码中加入可以确定刀轴方位矢量的数据信息。在用 CAM 系统进行五轴数控编程阶段，根据所选取的刀具路径生成方法、初始给定的刀具侧倾角和前倾角并进干涉检验修正后，可以分别计算出刀位点坐标和刀轴单位矢量。

五轴数控加工轨迹可以由工件坐标系下的两条样条曲线 $P(u)$ 和 $Q(u_Q)$ 描述[9,37]，其中 $P(u)$ 描述刀位点(CL)的运动轨迹，称为刀位点样条曲线；$Q(u_Q)$ 描述方位点(UCL)的运动轨迹，称为方位点样条曲线，其相邻距离为切削深度 a_p，如图 8-1 所示。

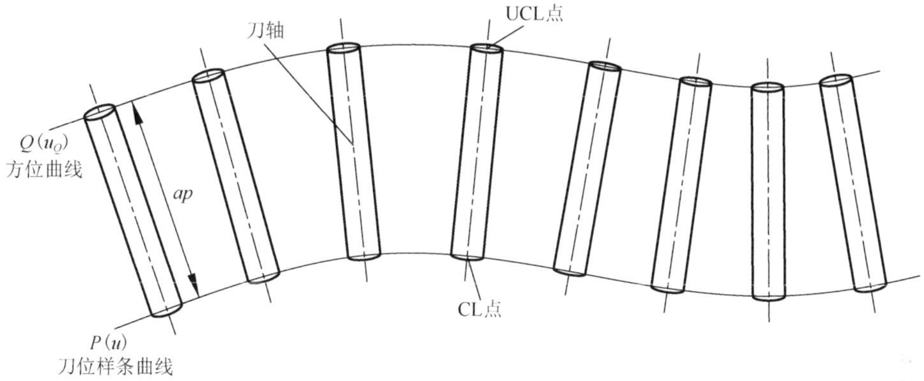

图 8-1　五轴数控加工轨迹的样条曲线

本章所描述的五轴数控加工样条插补格式是在现行使用的三坐标 NURBS 指令格式的基础上进行扩充，加入一个表示方位的 NURBS 样条曲线，加上原有的刀位点样条曲线，插补格式中就有两个样条曲线，如图 8-2 所示。

其中 K 表示曲线阶次，X、Y、Z 表示工件坐标系下刀位样条曲线 P(u) 的控制点坐标，XH、YH、ZH 表示方位样条曲线 Q(u) 的控制点坐标，U 表示节点矢量，F 表示进给速度，样条权因子均设为 1。

```
G642 BSPLINE K3
        X_ Y_ Z_ XH_ YH_ ZH_ U0 F_
        X_ Y_ Z_ XH_ YH_ ZH_ U0
        X_ Y_ Z_ XH_ YH_ ZH_ U0
        ....
        X_ Y_ Z_ XH_ YH_ ZH_ U_
        U1
        U1
        U1
        U1
```

图 8-2　五轴样条轨迹指令格式

8.3　五轴数控加工的样条曲线构造方法

8.3.1　样条曲线的矩阵表示

三次 NURBS 曲线可以表达成分段有理多项式函数[38]：

$$P(u)=\frac{\sum_{i=0}^{n}N_{i,3}(u)w_iV_i}{\sum_{i=0}^{n}N_{i,3}(u)w_i} \tag{8-1}$$

式中，V_i为控制点；w_i为各控制点权因子；$N_{i,3}(u)$为 3 次 B 样条基函数；u为曲线参数。

对于三次 NURBS 开曲线，常将节点矢量U两端节点的重复度取为 4，且在大多数实际应用中，端点值分别取为 0 与 1，因此有曲线定义域$u\in[u_3, u_{n+1}]=[0, 1]$。

设轨迹的刀位点为$\{P_0, P_1,\cdots, P_n\}$，因此刀位样条曲线$P(u)$可以通过型值点矢量$P_i\in P(u)$，$(i=0, 1,\cdots, n)$进行计算。设三次 NURBS 曲线$P(u)$控制顶点为V_i $(i=0, 1, 2,\cdots, n+2)$，并设对应的权因子均为 1，节点矢量为$\boldsymbol{U}=[0, 0, 0, 0, u_4, u_5, \cdots, u_{n+2}, 1, 1, 1, 1]$。为方便计算，引入算子$\boldsymbol{\Delta}$，并规定$\boldsymbol{\Delta}_i=u_{i+1}-u_i$ $(i=0, 1, \cdots, n+5)$；$\boldsymbol{\Delta}^2_i=\boldsymbol{\Delta}_i+\boldsymbol{\Delta}_{i+1}=u_{i+2}-u_i$ $(i=0, 1, \cdots, n+5)$。同理，$\boldsymbol{\Delta}^k_i=\boldsymbol{\Delta}_i+\boldsymbol{\Delta}_{i+1}+\cdots+\boldsymbol{\Delta}_{i+k-1}=u_{i+k}-u_i$。特别地，$\boldsymbol{\Delta}^k=0$。

任取一节点参数$u\in[u_{i+3,}\ u_{i+4}]$ $(i=0, 1, 2, \cdots, n)$，将其变换为局部参数$t_u\in[0, 1]$，作如下参数变化：

$$t_u=\frac{u-u_{i+3}}{u_{i+4}-u_{i+3}}=\frac{u-u_{i+3}}{\boldsymbol{\Delta}_{i+3}} \tag{8-2}$$

通过对区间$u[u_{i+3}, u_{i+4}]$内插入重节点的方法就可得到第i段三次 NURBS 曲线的矩阵[40]：

$$\boldsymbol{P}_i(t_u)=\frac{\boldsymbol{T}_3\cdot\boldsymbol{M}_i\cdot\boldsymbol{V}_w}{\boldsymbol{T}_3\cdot\boldsymbol{M}_i\cdot\boldsymbol{W}_i},\quad 0\leqslant t_u\leqslant 1 \tag{8-3}$$

式中，

$$\boldsymbol{T}_3=\left[1,\ t_u,\ t_u^2,\ t_u^3\right]$$

$$\boldsymbol{M}_i=\begin{bmatrix}\dfrac{\left(\boldsymbol{\Delta}_{i+3}\right)^2}{\boldsymbol{\Delta}^2_{i+2}\cdot\boldsymbol{\Delta}^3_{i+1}} & \left(1-m_{11}-m_{13}\right) & \dfrac{\left(\boldsymbol{\Delta}_{i+2}\right)^2}{\boldsymbol{\Delta}^3_{i+2}\cdot\boldsymbol{\Delta}^2_{i+2}} & 0\\ -3m_{11} & \left(3m_{11}-m_{23}\right) & \dfrac{3\boldsymbol{\Delta}_{i+2}\cdot\boldsymbol{\Delta}_{i+3}}{\boldsymbol{\Delta}^3_{i+2}\cdot\boldsymbol{\Delta}^2_{i+2}} & 0\\ 3m_{11} & -\left(3m_{11}+m_{33}\right) & \dfrac{3\left(\boldsymbol{\Delta}_{i+3}\right)^2}{\boldsymbol{\Delta}^3_{i+2}\cdot\boldsymbol{\Delta}^2_{i+2}} & 0\\ -m_{11} & \left(m_{11}-m_{43}-m_{44}\right) & -\left(\dfrac{1}{3}m_{33}+m_{44}+\dfrac{\left(\boldsymbol{\Delta}_{i+3}\right)^2}{\boldsymbol{\Delta}^2_{i+3}\cdot\boldsymbol{\Delta}^3_{i+2}}\right) & \dfrac{\left(\boldsymbol{\Delta}_{i+3}\right)^2}{\boldsymbol{\Delta}^3_{i+3}\cdot\boldsymbol{\Delta}^2_{i+3}}\end{bmatrix}$$

$$\boldsymbol{V}_w=\left[w_iV_i,\ w_{i+1}V_{i+1},\ w_{i+2}V_{i+2},\ w_{i+3}V_{i+3}\right]^{\mathrm{T}}$$

$$\boldsymbol{W}_i=\left[w_i,\ w_{i+1},\ w_{i+2},\ w_{i+3}\right]^{\mathrm{T}}$$

8.3.2　样条曲线的节点矢量

三次 NURBS 曲线一般使曲线的首末端点分别与首末型值点一致，型值点依次与定义域内的节点一一对应，均为刀具路径的刀位点和方位点坐标。为确定节点矢量 $\boldsymbol{U}$，可采用累积弦长参数法，则三次 NURBS 曲线的节点矢量[38]为

$$\boldsymbol{U}=\left(u_0=u_1=u_2=u_3=0,\ \frac{|P_0P_1|}{\Sigma l},\ \frac{|P_0P_1|+|P_1P_2|}{\Sigma l},\ \frac{|P_0P_1|+|P_1P_2|+|P_2P_3|}{\Sigma l},\ \cdots,\right.$$
$$\left.\frac{|P_0P_1|+|P_1P_2|+\cdots+|P_{n+1}P_{n+2}|}{\Sigma l},\ u_{n+3}=u_{n+4}=u_{n+5}=u_{n+6}=1\right) \tag{8-4}$$

式中，Σl 为各型值点连线弦长折线总长，即

$$\Sigma l=\sum_{i=0}^{n+1}|P_iP_{i+1}| \tag{8-5}$$

8.3.3　样条曲线的控制点

已知 n 个型值点 P_i，对于 NURBS 曲线 $P(u)$ 的控制顶点 V_i (i=0, 1, 2, ⋯, n+1) 有以下要求[39]：

$$\begin{cases}P_0(0)=P_0\\ P_i(1)=P_{i+1}(0)=P_{i+1}, & (i=0,\ 1,\ 2,\cdots,n-1)\\ P_{n-2}(1)=P_{n-1}\end{cases} \tag{8-6}$$

由于 $[1,\ 0,\ 0,\ 0]\boldsymbol{M}_i=\left[\dfrac{(\varDelta_{i+3})^2}{\varDelta_{i+2}^2\varDelta_{i+1}^3},\ \left(1-\dfrac{(\varDelta_{i+3})^2}{\varDelta_{i+2}^2\varDelta_{i+1}^3}-\dfrac{(\varDelta_{i+2})^2}{\varDelta_{i+2}^3\varDelta_{i+2}^2}\right),\ \dfrac{(\varDelta_{i+2})^2}{\varDelta_{i+2}^3\varDelta_{i+2}^2},\ 0\right]$，为方便计算，以下 $P_i(0)$ 记为 P_i，故

$$P_i=\frac{\dfrac{(\varDelta_{i+3})^2}{\varDelta_{i+2}^2\varDelta_{i+1}^3}V_i+\left(1-\dfrac{(\varDelta_{i+3})^2}{\varDelta_{i+2}^2\varDelta_{i+1}^3}-\dfrac{(\varDelta_{i+2})^2}{\varDelta_{i+2}^3\varDelta_{i+2}^2}\right)V_{i+1}+\dfrac{(\varDelta_{i+2})^2}{\varDelta_{i+2}^3\varDelta_{i+2}^2}V_{i+2}}{\dfrac{(\varDelta_{i+3})^2}{\varDelta_{i+2}^2\varDelta_{i+1}^3}+\left(1-\dfrac{(\varDelta_{i+3})^2}{\varDelta_{i+2}^2\varDelta_{i+1}^3}-\dfrac{(\varDelta_{i+2})^2}{\varDelta_{i+2}^3\varDelta_{i+2}^2}\right)+\dfrac{(\varDelta_{i+2})^2}{\varDelta_{i+2}^3\varDelta_{i+2}^2}} \tag{8-7}$$

令 $a_i=\dfrac{(\varDelta_{i+3})^2}{\varDelta_{i+2}^2\varDelta_{i+1}^3}$、$b_i=1-\dfrac{(\varDelta_{i+3})^2}{\varDelta_{i+2}^2\varDelta_{i+1}^3}-\dfrac{(\varDelta_{i+2})^2}{\varDelta_{i+2}^3\varDelta_{i+2}^2}$、$c_i=\dfrac{(\varDelta_{i+2})^2}{\varDelta_{i+2}^3\varDelta_{i+2}^2}$，可得

$$a_iV_i+b_iV_{i+1}+c_iV_{i+2}=(a_i+b_i+c_i)P_i,\ (i=1,\ 2,\ \cdots,\ n-2) \tag{8-8}$$

给定端点切矢条件时，由 NURBS 曲线的插值性及对其矩阵表示形式求导，可得边界条件：

$$
\begin{cases}
P_0' = 3\left(V_1 - V\right) = \dfrac{3w_1}{w_0}\left(P_1 - P_0\right) \\
P_{n\text{-}1}' = 3\left(V_{n+1} - V_n\right) = 3\left(P_{n\text{-}1} - V_n\right)
\end{cases}
\tag{8-9}
$$

综合式(8-8)和式(8-9)，可得到由型值点计算控制顶点的方程：

$$
\begin{bmatrix}
3 & 0 & & & & & \\
a_1 & b_1 & c_1 & & & & \\
 & a_2 & b_2 & c_2 & & & \\
 & & \cdots & \cdots & & & \\
 & & & a_{n\text{-}3} & b_{n\text{-}3} & c_{n\text{-}3} & \\
 & & & & a_{n\text{-}2} & b_{n\text{-}2} & c_{n\text{-}2} \\
 & & & & & 0 & 3
\end{bmatrix}
\begin{bmatrix} V_1 \\ V_2 \\ V_3 \\ \cdots \\ V_{n\text{-}2} \\ V_{n\text{-}1} \\ V_n \end{bmatrix}
=
\begin{bmatrix} P_0' + 3P_0 \\ P_1 \\ P_2 \\ \cdots \\ P_{n\text{-}3} \\ P_{n\text{-}2} \\ 3P_{n\text{-}1} - P_{n\text{-}1}' \end{bmatrix}
\tag{8-10}
$$

解方程组可得 V_1, V_2,…, V_n，因已知 V_0=P_0，$V_{n\text{-}1}$=$P_{n\text{-}1}$，从而可求得全部的控制顶点。

同样的方法，可构造 $Q(u_Q)$ 样条曲线。

8.3.4　样条曲线的参数

由于刀位样条曲线 $P(u)$ 和方位样条曲线 $Q(u_Q)$ 的参数分别由 u 和 u_Q 定义，并不具有相同的节点矢量，为了后续计算的方便，可采用统一的样条参数 u 进行表达。

因为 $P(u)$ 的各型值点、控制点分别与 $Q(u_Q)$ 的型值点、控制点相互对应，可以采用参数矢量在对应节点空间内同比的原理进行计算，即

$$
u_{Q(m)} = \frac{\sum\limits_{i=0}^{m}\left|Q_iQ_{i+1}\right|}{\sum\limits_{i=0}^{n\text{-}2}\left|Q_iQ_{i+1}\right|} + \left(\frac{\sum\limits_{i=0}^{m+1}\left|Q_iQ_{i+1}\right|}{\sum\limits_{i=0}^{n\text{-}2}\left|Q_iQ_{i+1}\right|} - \frac{\sum\limits_{i=0}^{m}\left|Q_iQ_{i+1}\right|}{\sum\limits_{i=0}^{n\text{-}2}\left|Q_iQ_{i+1}\right|}\right) \cdot \frac{u - \dfrac{\sum\limits_{i=0}^{m}\left|P_iP_{i+1}\right|}{\sum\limits_{i=0}^{n\text{-}2}\left|P_iP_{i+1}\right|}}{\dfrac{\sum\limits_{i=0}^{m+1}\left|P_iP_{i+1}\right|}{\sum\limits_{i=0}^{n\text{-}2}\left|P_iP_{i+1}\right|} - \dfrac{\sum\limits_{i=0}^{m}\left|P_iP_{i+1}\right|}{\sum\limits_{i=0}^{n\text{-}2}\left|P_iP_{i+1}\right|}}
\tag{8-11}
$$

$$
\frac{\sum\limits_{i=0}^{m}\left|P_iP_{i+1}\right|}{\sum\limits_{i=0}^{n\text{-}2}\left|P_iP_{i+1}\right|} \leqslant u \leqslant \frac{\sum\limits_{i=0}^{m+1}\left|P_iP_{i+1}\right|}{\sum\limits_{i=0}^{n\text{-}2}\left|P_iP_{i+1}\right|}
$$

8.4　五轴数控加工的样条插补算法

五轴数控加工样条插补的主要任务是在当前插补周期内计算出下一插补周期的刀位点数据，对刀位点进行机床运动逆变化，获取机床各轴的实际运动坐标。插补过程包括两个过程：刀位点预插补和加减速区间调整，流程如图 8-3 所示。

刀位点预插补使用刀位轨迹指令运动速度 v_c 对刀位插补点的坐标进行初步规划。采用阿当姆斯递推法，结合加工允差和指令进给速度，以获得刀位点的插补前瞻信息，如加减速区间和相应轨迹参数等。

加减速调整过程采用五轴数控加工运动约束条件和余弦函数加减速策略进行加减速区间和干涉区间的调整，达到刀位运动轨迹 3 阶连续可导的要求。

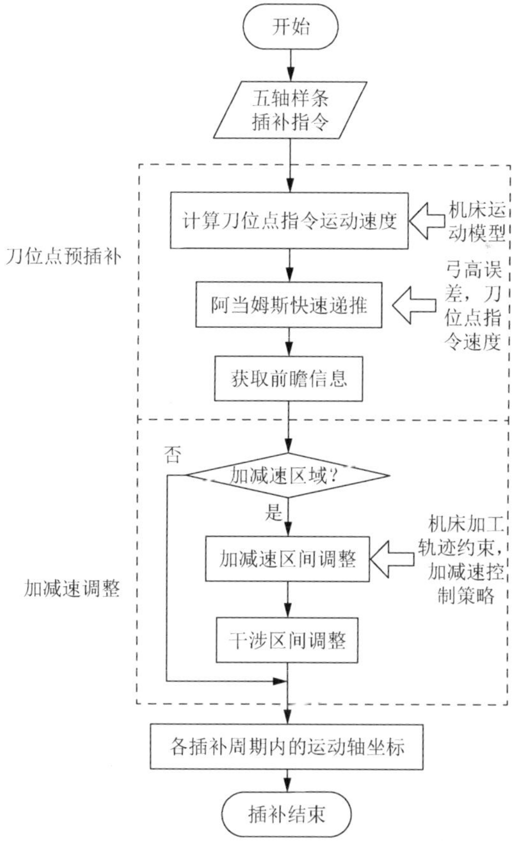

图 8-3　五轴数控加工样条插补算法流程

8.4.1 刀位点预插补

将五轴样条指令的控制点参数代入方程式(8-1)可得到各控制点对应的型值点坐标，利用式(8-12)求解出各型值点的刀轴单位矢量：

$$V_i = \frac{Q(u_{i+1}) - P(u_{i+1})}{\left\| Q(u_{i+1}) - P(u_{i+1}) \right\|} \tag{8-12}$$

利用第 2 章后置算法中的转动轴转角求解方法和式(2-35)可以计算得到的刀位轨迹指令运动速度 v_c。根据泰勒展开公式，下一插补点的计算公式为

$$\begin{aligned} u_{k+1} &= f(t_{k+1}) = \sum_{n=0}^{\infty} \frac{f^{(n)}(t_k)}{n!} \cdot (t_{k+1} - t_i)^n \\ &= f(t_k) + (t_{k+1} - t_k) \cdot f'(t_k) + \frac{(t_{k+1} - t_k)^2}{2} \cdot f''(t_k) + \cdots \\ &= u_k + T\dot{u}_k + \frac{T^2}{2}\ddot{u}_k + O(T^3) \end{aligned} \tag{8-13}$$

其中 $\dot{u}_k = \left.\frac{\mathrm{d}u}{\mathrm{d}t}\right|_{t=t_k}$，$\ddot{u}_k = \left.\frac{\mathrm{d}^2u}{\mathrm{d}t^2}\right|_{t=t_j}$，插补周期 $T=t_{k+1}-t_k$。

由 $v_c = \left\| \frac{\mathrm{d}P(u)}{\mathrm{d}t} \right\| = \left\| \frac{\mathrm{d}P(u)}{\mathrm{d}u} \right\| \frac{\mathrm{d}u}{\mathrm{d}t}$，可得

$$\begin{cases} \dot{u} = \dfrac{v_c}{\left\| \dfrac{\mathrm{d}P(u)}{\mathrm{d}u} \right\|} = \dfrac{v_c}{\sqrt{x'^2 + y'^2 + z'^2}} \\ \ddot{u} = -\dfrac{v_c^2 \left(\dfrac{\mathrm{d}P(u)}{\mathrm{d}u} \dfrac{\mathrm{d}P^2(u)}{\mathrm{d}u^2} \right)}{\left\| \dfrac{\mathrm{d}P(u)}{\mathrm{d}u} \right\|^4} = -\dfrac{v_c^2 (x'x'' + y'y'' + z'z'')}{\left((x')^2 + (y')^2 + (z')^2 \right)^2} \end{cases} \tag{8-14}$$

因此关于 u 的二阶泰勒展开公式如下：

$$u_{k+1} \approx u_k + \frac{\Delta l_i}{\sqrt{x'^2 + y'^2 + z'^2}} - \frac{\Delta l_i^2 \cdot (x'x'' + y'y'' + z'z'')}{\left(x'^2 + y'^2 + z'^2 \right)^2} \tag{8-15}$$

其中 Δl_i 为第 i 段插补周期的进给量，且

$$\Delta l_i = v_c T \tag{8-16}$$

对 $P(u)$ 直接进行二阶求导十分烦琐，不适合高速插补计算。为提高插补的计算速度，采用改进阿当姆斯递推法求解微分方程的方法进行插补求解。

三阶阿当姆斯显式公式为

$$y_{n+3} = y_{n+2} + \frac{h}{12}(23f_{n+2} - 16f_{n+1} + 5f_n) + \mathrm{O}(h^4) \tag{8-17}$$

其中 h 为节点间距，$\dfrac{\mathrm{d}y}{\mathrm{d}x}=f(x,y)$。

令 $y_{n+3}=u_{i+1}$，$h=T$，$f_{n+2}=\dot{u}_j$，则

$$u_{i+1}=u_i+\frac{T}{12}\left(23\dot{u}_i-16\dot{u}_{i\text{-}1}+5\dot{u}_{i\text{-}2}\right)+\mathrm{O}(T^4) \tag{8-18}$$

一般 T=0.005ms，所以截断误差 $\mathrm{O}(T^4)$ 很小，可以忽略。

通过式(8-18)，将求 $P(u)$ 的二阶导转化为求一阶导。为了进一步简化一阶求导计算，同时保证较高的计算精度，充分利用节点 u_i 时间等间距特性，采用 5 点等距节点向后差分法计算 $\dot{u}$：

$$\dot{u}_{i+1}=\frac{3u_i-16u_{i\text{-}1}+36u_{i\text{-}2}-48u_{i\text{-}3}+25u_{i\text{-}4}}{12T}+\frac{T^4}{5}u^{(5)}(\zeta) \tag{8-19}$$

可见截断误差 $\dfrac{T^4}{5}u^{(5)}(\zeta)$ 至多为 10^{-12}mm，不会影响插补计算精度。

将式(8-19)代入式(8-18)得预估插补参数：

$$\tilde{u}_{i+1}=\frac{81u_i-416u_{i\text{-}1}+1099u_{i\text{-}2}-1760u_{i\text{-}3}+1523u_{i\text{-}4}-640u_{i\text{-}5}+125u_{i\text{-}6}}{12} \tag{8-20}$$

将由阿当姆斯递推式(8-20)得到的参数值 $\tilde{u}$ 作为此次参数插补的预估值，将之代入 NURBS 方程式中，即得相应预估插补点：

$$\tilde{P}_{i+1}=P(\tilde{u}_{i+1}) \tag{8-21}$$

则求解的预估进给步长为

$$\Delta\tilde{l}_i=\left|\tilde{P}_{i+1}P_i\right| \tag{8-22}$$

每个插补点都在 NURBS 曲线上，但是由于在插补周期内采用弦线代替曲线，因此仍然存在插补弓高误差 λ_i，如图 8-4 所示。

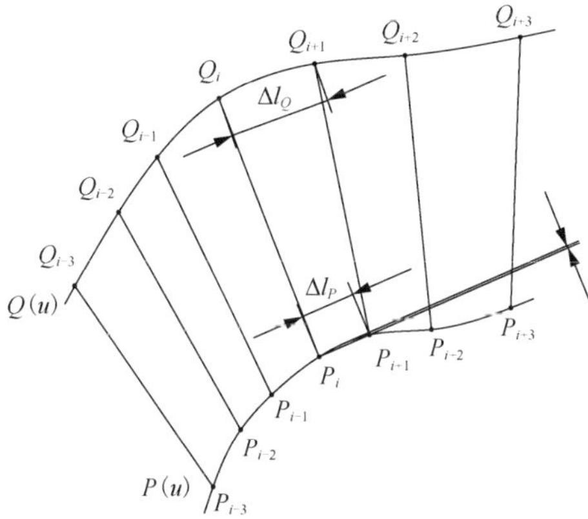

图 8-4　插补弓高误差

插补弓高误差为

$$\lambda_i \approx \rho_i - \sqrt{\rho_i^2 - \left(\frac{\min(\Delta l_Q, \Delta l_P)}{2}\right)^2} \tag{8-23}$$

式中，ρ_i 为 $P(u_i)$ 点的曲率半径。

满足加工允差 λ 的刀位点运动速度 $v_{\lambda(i)}$ 可表示为

$$v_{\lambda(i)} \leqslant \frac{2\sqrt{2\rho_{(i)}\lambda - \lambda^2}}{T} \tag{8-24}$$

则通过预插补获得满足弓高误差的刀位点运动速度为

$$v = \min\left\{v_{\lambda(i)},\ v_c\right\} \tag{8-25}$$

将 v 代入式(8-26)，则可以得到下一插补点参数 u_{i+1} 为

$$u_{i+1} = u_i + \frac{\Delta l_i}{\Delta \tilde{l}_i}\left(\tilde{u}_{i+1} - u_i\right) = u_i + \frac{T_c v}{\Delta \tilde{l}_i}\left(\tilde{u}_{i+1} - u_i\right) \tag{8-26}$$

通过刀位点预插补，可以获得满足加工允差的速度初始规划，得到每个插补周期关于刀位点运动速度 v 和样条参数 u 的关系链表，将其作为插补前瞻信息。

8.4.2　加减速区间调整

五轴数控加工刀位点运动速度随着轨迹曲率、转动轴转角的变化而可能存在加减速。在加减速区间的某些插补周期内，其加速度和加加速度可能存在剧烈变化或者超出机床运动特性允许，因此可以按照余弦函数加减速策略和五轴数控加工运动约束条件进行加减速区间调整[40-42]。

1. 余弦函数加减速策略

余弦函数可以求任意阶导数，因此相对其他加减速策略而言，采用余弦函数构造的加减速函数可以容易获得运动速度的三阶以上连续。本书构造的加速度函数如下：

$$a_t(t) = \frac{1}{2}\left\{\cos\left[\left(\frac{2t}{t_m} - 1\right)\pi\right] + 1\right\}a_{t\_\max},\quad 0 \leqslant t \leqslant t_m \tag{8-27}$$

式中，t 为时间变量；$a_{t\_\max}$ 为切向加速度的最大绝对值；t_m 为加减速周期。

定义 v_s、v_e 分别是加减速周期的起止速度。对式(8-27)进行时间积分，可以获得速度函数：

$$v(t)=v_s+\int_0^t a(t)\mathrm{d}t=v_s+\left\{\frac{t_m}{2\pi}\sin\left[\left(\frac{2t}{t_m}-1\right)\pi\right]+t\right\}\frac{a_{t\_max}}{2},\quad 0\leqslant t\leqslant t_m \tag{8-28}$$

其中 $v(0)=v_s$，$v(t_m)=v_e$，并可得加减速周期为

$$t_m=\frac{2(v_e-v_s)}{a_{t\_max}} \tag{8-29}$$

对式(8-27)进行 t 求导，可得加加速度函数为

$$J(t)=-\frac{a_{t\_max}\pi}{t_m}\sin\left(\frac{2t}{t_m}-1\right)\pi \tag{8-30}$$

同理，在式(8-28)中对 t 进行积分，可得加减速区间的位移函数：

$$D(t)=\int_0^t v(t)\mathrm{d}t=v_s t+\frac{a_{t\_max}}{2}\left[\frac{t^2}{2}+\frac{t_m^2}{4\pi^2}\cos\left(\frac{2t}{t_m}-1\right)\pi\right],\quad 0\leqslant t\leqslant t_m \tag{8-31}$$

以上加减速运动特性如图 8-5 所示。对于 $a_{t\_max}>0$ 的加速区间，可以分为 T_0T_1 加加速区间(加速度由 0 至 a_{t_max})和 T_1T_2 减加速区间(加速度由 a_{t_max} 至 0)，如图(a)所示。同理，对于 $a_{t\_max}<0$ 的减速区间，可以分为 T_0T_1 加减速区间(加速度由 0 至 a_{t_max})和 T_1T_2 减减速区间(加速度由 a_{t_max} 至 0)，如图 8-5(b)所示。

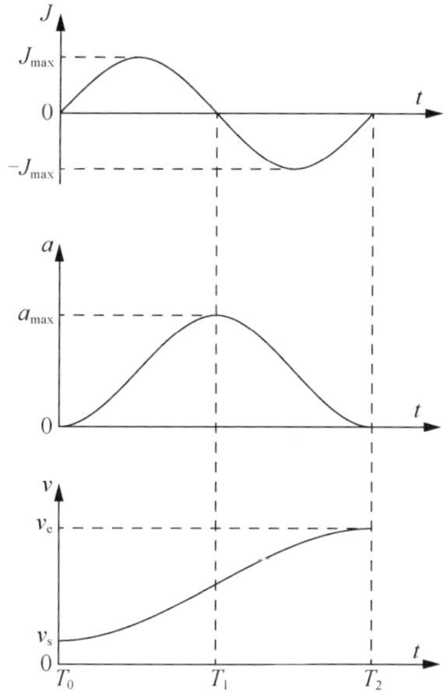

(a)加速区间

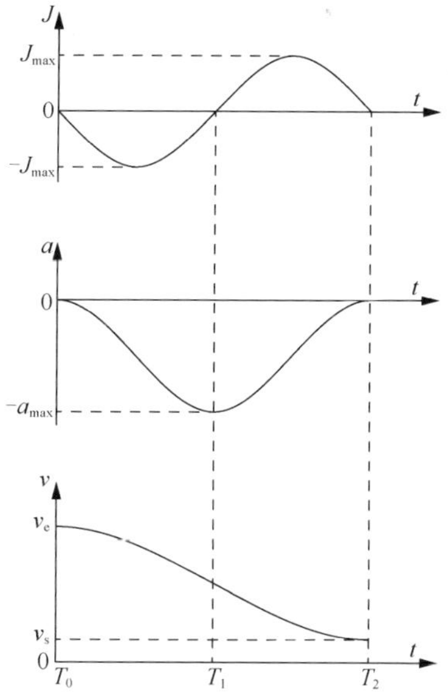

(b)减速区间

图 8-5　余弦函数加减速区间的运动特征

2. 加减速区间插补参数调整

在每个加减速区间中，需要将预插补刀位点运动速度转换成式(8-28)的余弦函数类型。将从刀位点预插补前瞻信息提取到的加减速周期 v_s、v_e 和 t_m 代入式(8-29)，可获得各加减速区间的 a_{t_max}，进而每个插补点的 v、a_t 和加减速距离信息也可以得到更新。

将更新后各加减速区间插补点的 v、a_t、ρ、$\boldsymbol{\tau}$、n 逐一代入式(2-58)，可以对插补运动速度进行五轴数控加工运动约束条件的校验。如果校验失败，加减速区间的速度 v 由式(2-50)进行重新调整，并再次代入公式(8-29)进行计算，则加减速区间的 t_m 和 a_{t_max} 将被再次更新。

重复以上过程，以满足每个插补周期的加速度和运动速度完全满足五轴数控加工运动约束条件和余弦函数加减速策略。通过校验和调整，各加减速区间的 a_{t_max} 将会有降低的可能，使得加减速区间的位移量增长。

加减速区间插补参数的调整算法可以用图 8-6 所示流程图进行说明。

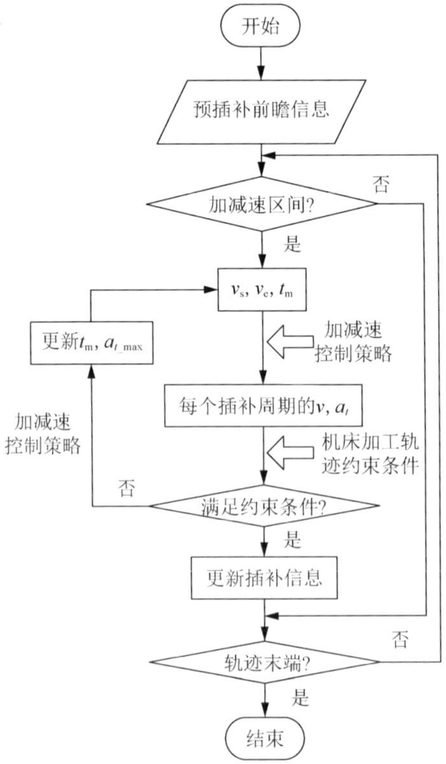

图 8-6　加减速区间插补参数调整流程图

3. 干涉区间调整

加减速区间插补参数的调整是相互独立进行的，并且可能分别以各自的最小运动速度插补点为中心向外扩展，这将可能导致加速-匀速、匀速-减速、加速-加速、减速-减速或者加速-减速区间发生干涉，因此还需要进行干涉区间调整。

定义 F 和 B 分别代表前后相邻的加/减/匀速干涉区间。设其起止插补点分别为 F_s、F_e、B_s 和 B_e，起止刀位点运动速度为 v_{Fs}、v_{Fe}、v_{Bs} 和 v_{Be}，对应的插补参数为$[u_{Fs}, u_{Fe}]$和$[u_{Bs}, u_{Be}]$，切向加速度分别为 a_{t_F} 和 a_{t_B}。干涉区间的调整方法可以分为以下四种类型。

1) 类型 1 ($u_{Fe}=u_{Bs}$)

类型 1 是指 F/B 区间相互不产生干涉，运动速度满足实际加工需要，不需要任何调整，如图 8-7 所示。

2) 类型 2 ($u_{Bs}<u_{Fe}<u_{Be}$)

类型 2 是指 F/B 区间部分干涉，需要采用加减速区间插补参数调整的方法构建一个新的加减速区间去合并原有干涉区间，其参数区间为$[u_{Fs}, u_{Be}]$，且新加减速区间的起止运动速度分别为 v_{Fs} 和 v_{Be}，如图 8-8 所示。

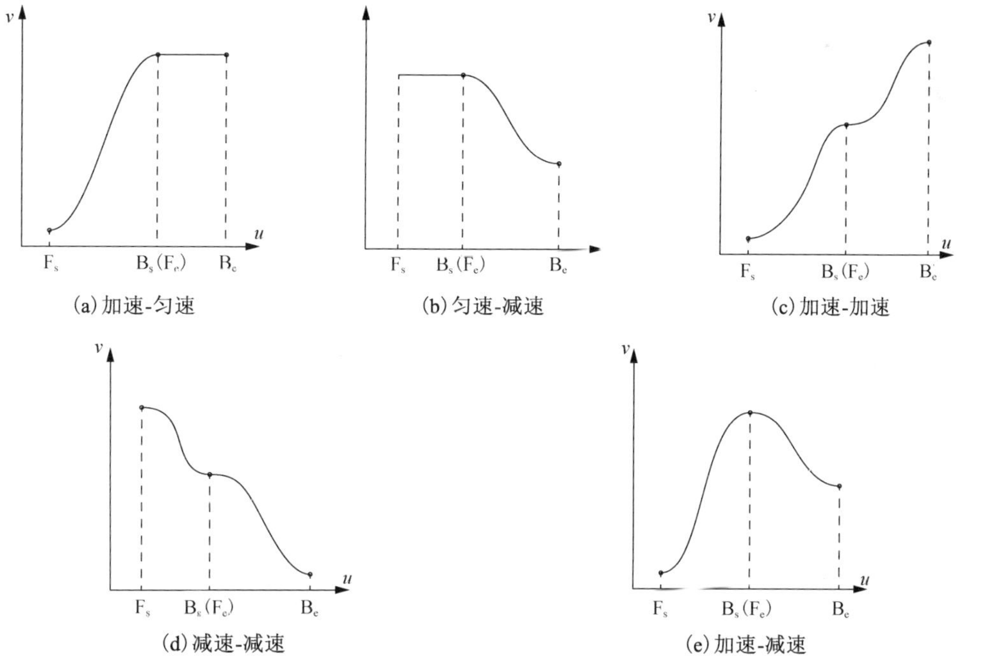

(a) 加速-匀速　(b) 匀速-减速　(c) 加速-加速　(d) 减速-减速　(e) 加速-减速

图 8-7　类型 1 的 F/B 区间调整示意图

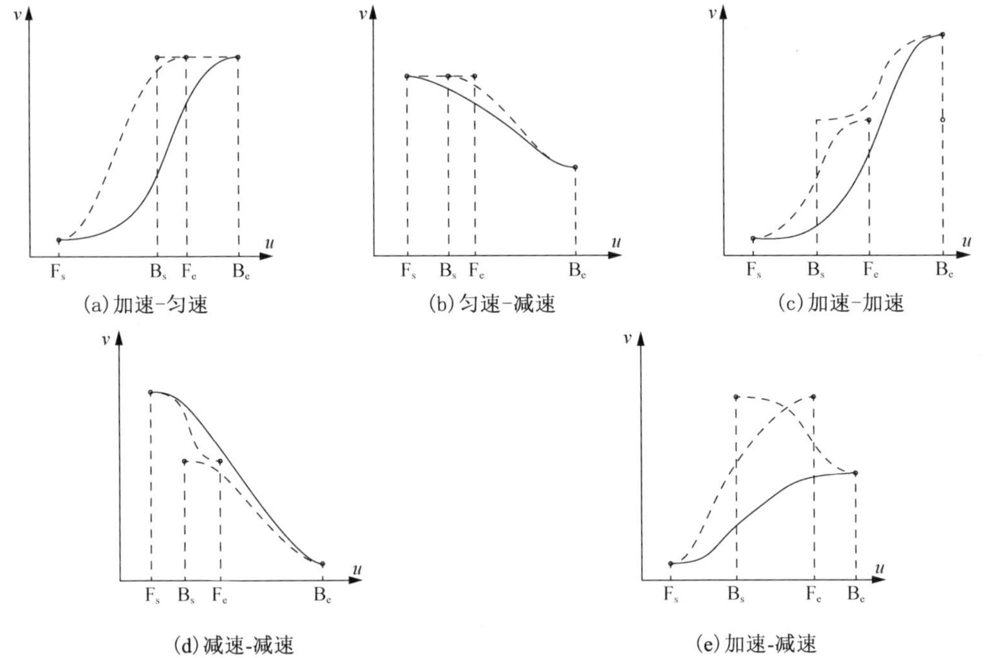

(a)加速-匀速　(b)匀速-减速　(c)加速-加速

(d)减速-减速　(e)加速-减速

图 8-8　类型 2 的 F/B 区间调整示意图

3）类型 3（$u_{Be} \leqslant u_{Fe}$，$a_F > 0$）

类型 3 是指 F/B 区间完全干涉，且 $u_{Be} \leqslant u_{Fe}$ 和 $a_F > 0$，需要采用加减速区间插补参数调整的方法构建一个新的加减速区间，其起止刀位点运动速度分别为 v_{Fs} 和 v_{Be}。对于加速-匀速、加速-加速区间，其插补参数为$[u_{Fs}, u_{Fe}]$，否则为$[u_{Fs}, u_{Be}]$，如图 8-9 所示。

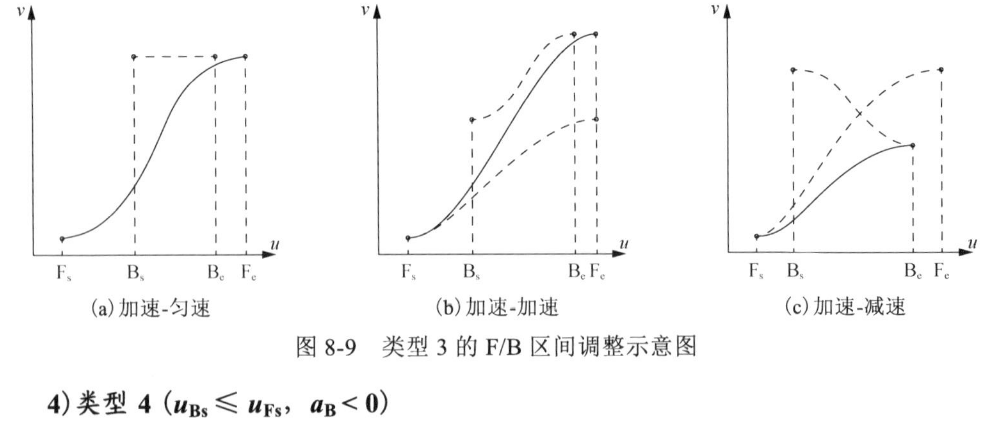

(a)加速-匀速　(b)加速-加速　(c)加速-减速

图 8-9　类型 3 的 F/B 区间调整示意图

4）类型 4（$u_{Bs} \leqslant u_{Fs}$，$a_B < 0$）

类型 4 是指 F/B 区间完全干涉，且 $u_{Bs} \leqslant u_{Fs}$ 和 $a_B < 0$，需要采用加减速区间插补参数调整的方法构建一个新的加减速区间，其起止刀位点运动速度为 v_{Fs} 和 v_{Be}。对于匀速-减速区间，其插补参数为$[u_{Bs}, u_{Be}]$，否则为$[u_{Fs}, u_{Be}]$，如图 8-10 所示。

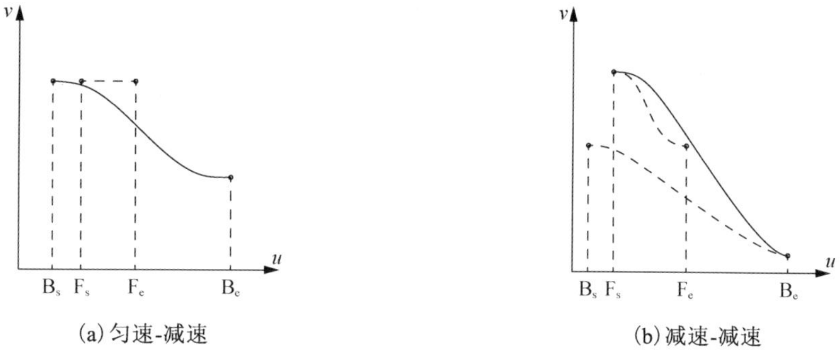

图 8-10　类型 4 的 F/B 区间调整示意图

逐一对干涉区间进行调整，将使得整个刀位运动轨迹达到 3 阶连续光滑。调整流程见图 8-11。

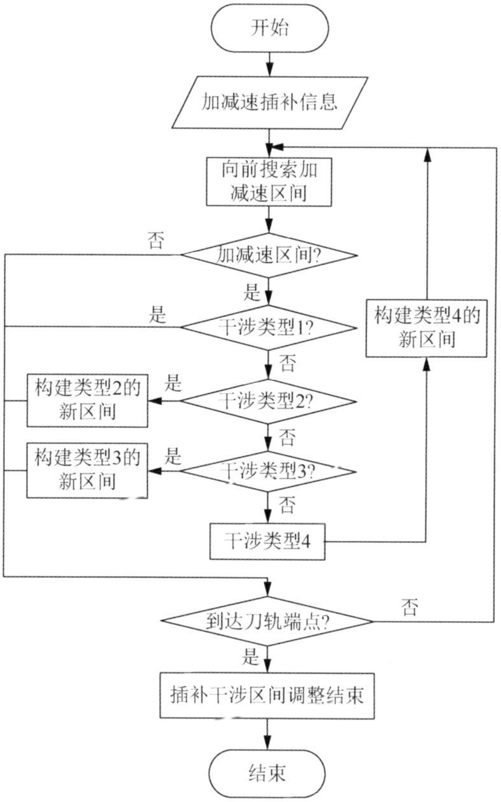

图 8-11　干涉区间的调整流程

8.5 本 章 小 结

本章从提高插补平稳性方面出发，介绍改进的五轴数控加工样条插补算法。该算法主要包括刀位点预插补和加减速区间调整两个过程。其中预插补利用阿当姆斯递推法、刀位点指令速度和加工允差条件进行插补点参数的初步计算，完成对刀位点速度的规划，并获得每个插补周期的关于速度和参数的插补前瞻信息。在此基础上，描述采用余弦函数加速度策略以及五轴数控加工运动约束条件进行加减速区间的速度和干涉调整，保证刀位运动轨迹具有 3 阶导数，减少由于进给插补冲击造成的轮廓误差。

参 考 文 献

[1] Bedi S, Ali I, Quan N. Advanced interpolation techniques for CNC machines[J]. Journal of Engineering for Industry, 1993, 115(3): 329-336.

[2] Yeh S S, Hsu P L. The speed-controlled interpolator for machining Parametric curves[J]. Computer-Aided Design, 1999, 31(5): 349-357.

[3] Farouki R T, Tsai Y F. Exact Taylor series coefficient for variable-feedrate CNC curve interpolators[J]. Computer-Aided Design, 2001, 33(5): 155-165.

[4] Lo C C. Real-time Generation and control of cutter path for 5-axis CNC machining[J]. International Journal of Machine Tools and Manufacture, 1999, 39(3): 471-488.

[5] Fleisig R V, Spence A D. A constant feed and reduced angular acceleration interpolation algorithm for multi-axis machining[J]. Computer-Aided Design, 2001, 33(1): 1-15.

[6] Zhi M X, Jin C C, Zheng J F. Performance evaluation of a real-time interpolation algorithm for NURBS curves[J]. International Journal of Advanced Manufacturing Technology, 2002, 20(4): 270-276.

[7] Cheng M Y, Tsai M C, Kuo J C. Real-time NURBS command generators for CNC servo controllers[J]. International Journal of Machine Tools and Manufacture, 2002, 42(7): 801-813.

[8] Tsai M C, Cheng C W. A real-time predictor-corrector interpolator for CNC machining[C]. Journal of Manufacturing Science and Engineering, 2003, 125(3): 449-460.

[9] Langeron J M, Duc E, Lartigue C. A new format for 5-axis tool path computation using bspline curves[J]. Computer-Aided Design, 2004, 36(12): 1219-1229.

[10] Tutunea-Fatan O R, Feng H Y. Determination of geometry-based errors for interpolated tool paths in five-axis surface machining[J]. Journal of Manufacturing Science and Engineering, 2005,

127(1): 60-67.

[11] So B S, Park D H, Cho Y, et al. An analytic model for tool trajectory error in 5-axis machining[J]. Journal of Achievements in Materials and Manufacturing Engineering, 2008, 31(2): 570-575.

[12] 陈良骥. 复杂曲面加工中刀具路径生成方法及实时插补技术研究[D]. 哈尔滨：哈尔滨工业大学博士学位论文, 2006.

[13] 马雄波. 基于 PC 机的开放式多轴软数控系统关键技术研究与实现[D]. 哈尔滨：哈尔滨工业大学博士学位论文, 2007.

[14] 徐志明, 王宇晗. 五轴联动 NURBS 曲线插补方法的研究[J]. 上海电机学院学报, 2008, 11(1): 76-80.

[15] Lei W T, Sung M P, Lin L Y, et al. Fast real-time NURBS path interpolation for CNC machine tools[J]. International Journal of Machine Tools and Manufacture, 2007, 47(10): 1530-1541.

[16] Lavernhe S C, Tournier C, Lartigue L. Kinematical performance prediction in multi-axis machining for process planning optimization[J]. International Journal of Advanced Manufacture Technology, 2007, 37(5-6): 534-544.

[17] Li W, Liu Y, Yamazaki K, et al. The design of a NURBS pre-interpolator for five-axis machining[J]. International Journalof Advanced Manufacture Technology, 2007, 36(9-10): 927-935.

[18] Sun Y, Jia Z, Ren F, et al. Adaptive feedrate scheduling for NC machining along curvilinear paths with improved kinematic and geometric properties[J]. International Journal of Advanced Manufacturing Technology, 2008, 16(1-2): 60-68.

[19] Qiao Z F, Wang T Y, Wang Y F, et al. Bézier polygons for the linearization of dual NURBS curve in five-axis sculptured surface machining[J]. International Journal of Machine Tools Manufature, 2012, 53(1): 107-117.

[20] Shpitalni M, Koren Y, Lo C C. Realtime curve interpolators[J]. Computer-Aided Design, 1994, 26(11): 832-838.

[21] Yang C H, Kong T. Parametric interpolator versus linear interpolator for precision CNC machining[J]. Computer-Aided Design, 1994, 26(3): 225-234.

[22] 游有鹏, 王珉, 朱剑英. 参数曲线的自适应插补算法[J]. 南京航空航天大学学报, 2000, 32(6): 667-671.

[23] Yeh S S, Hsu P L. Adaptive-feedrate interpolation for parametric curves with a confined chord error[J]. Computer-Aided Design, 2002, 34(3): 229-237.

[24] Yong T, Narayanaswami R. A parametric interpolator with confined chord errors, acceleration and deceleration for NC machining[J]. Computer-Aided Design, 2003, 35(13): 1249-1259.

[25] 刘可照, 彭芳瑜, 吴昊，等. 基于机床动力学特性的 NURBS 曲线直接插补[J]. 机床与液压, 2004, 19(11): 19-22.

[26] 彭芳瑜, 任莹, 罗忠诚，等. NURBS 曲线机床动力学特性自适应直接插补[J]. 华中科技大学学报(自然科学版), 2005, 33(7): 80-83.

[27] Zhang D L, Zhou L S. Intelligent NURBS interpolator based on the adaptive feedrate control[J]. Chinese Journal of Aeronautics, 2007, 20(5): 469-474.

[28] Liu X B, Ahmada F, Yamazaki K, et al. Adaptive interpolation scheme for NURBS curves with the integration of machining dynamics[J]. International Journal of Machine Tools and Manufacture, 2005, 45(4-5): 433-444.

[29] Lai J Y, Lin K Y, Tseng S J, et al. On the development of a parametric interpolator with confined chord error, feedrate, acceleration and jerk[J]. International Journal of Advanced Manufacturing Technology, 2008, 37(1-2): 104-210.

[30] 徐荣珍. 面向高速加工的 NURBS 曲线插补及直线电机鲁棒控制技术研究[D]. 上海：上海交通大学博士学位论文, 2012.

[31] 姚哲, 冯景春, 王宇晗. 面向五轴加工的双 NURBS 曲线插补算法[J]. 上海交通大学学报, 2008, 42(2): 235-238.

[32] 孙建仁. CNC 系统运动平滑处理与轮廓误差研究[D]. 兰州：兰州理工大学博士学位论文, 2012.

[33] Hwang P S. Interference-free tool-Path generation in the NC machining of parametric compound surfaces[J]. Computer-Aided Design, 1992, 24(12): 657-676.

[34] Yu D Y, Duan Z C. Automatic generation of cutting tool path upon freeform surfaces[J]. Journal of Materials Processing Technology, 1993, 36(4): 415-425.

[35] Jeon J W, Park S H, Kim D I. An efficient trajectory generation for industrial rotors[C]. Industry Applications Society Annual Meeting Conference Record of the 1993, 1993, 10: 2137-2143.

[36] Lee A C, Lin M T, Pana Y R, et al. The feedrate scheduling of NURBS interpolator for CNC machine tools[J]. Computer-Aided Design, 2011, 43(6): 612-628.

[37] Affouard A, Duc E, Lartigue C, et al. Avoiding 5-axis singularities using tool path deformation[J]. International Journal of Machine Tools and Manufacture, 2004, 44(4): 415-425.

[38] 朱心雄. 自由曲线曲面造型技术[M]. 北京: 科学出版社, 2000.

[39] 吕丹, 童创明, 邓升发，等. 三次 NURBS 曲线控制点的计算[J]. 弹箭与制导学报, 2006, 26(4): 357-360.

[40] 谢斌斌. 基于机床动力学和曲线特性的 NURBS 插补算法研究[D]. 成都：西南交通大学硕士论文, 2010.

[41] 江磊. 复杂零件五轴加工轮廓误差控制技术研究[D]. 成都：西南交通大学博士论文, 2014.

[42] Jiang L, Ding G F, Xie B B, et al. The interpolation algorithm of feed rate control Based on trigonometric acceleration-deceleration and machine dynamics conditions[C]. Advanced Materials Research. 2011, 201-203: 9-14.

第 9 章 数控加工仿真技术

数控加工仿真利用计算机图形学技术建立虚拟的加工仿真环境(包括虚拟机床、刀具、工件、夹具等)，在计算机中模拟实际的切削加工过程，从而实现对 NC 代码正确性、可靠性的检验。由于五轴数控加工的复杂性，其生成的数控代码或刀位数据往往不容易识别和检验，所以很有可能产生错误，从而导致零件与刀具、刀具与夹具、刀具与工作台之间的干涉碰撞。数控加工仿真系统能够对 NC 代码控制下的加工过程提供在几何形状、碰撞检测及加工效率方面的评估。目前，主要的 CAD/CAM 系统都带有三维仿真的功能，但它的设计并非针对某一种零件，其功能繁多、界面复杂，且目前五轴数控加工中心的模拟功能都比较弱，在使用上面存在着一定的复杂性。

根据仿真环境的对象特征及其目的来看，数控仿真分为几何仿真和物理仿真。加工仿真几何模型是实际加工环境在虚拟环境中的完全映射，包括机床、刀具及毛坯等模型的几何信息在计算机内部的表示与处理方式，又称三维几何造型。

本章针对数控机床、刀具和毛坯模型的具体结构特征，介绍相应的机床、刀具与毛坯模型的建模方法。在此基础上，对加工仿真算法进行介绍，包括机床运动仿真算法与材料去除算法等，同时采用 CSG 结构表达仿真过程中工件模型，实现仿真过程的动态显示。

9.1 国内外研究现状

国外对于数控加工仿真的研究大约始于 20 世纪 70 年代初，早期多数 CAD/CAM 系统采用线框图来实现数控加工过程的仿真和验证。在仿真时，通过显示刀位点之间的矢量来模拟刀具轨迹、刀具和工件的线框显示，能够比较清楚地展示刀具加工部位和加工方式。如美国 Missouri-Rolla 大学提出的 CNC 车床图形仿真，用 Pascal 语言编写，在 IBM-PC 微机上进行 CNC 车床的加工图形仿真，采用二维图形显示刀具轨迹以及加工过程中毛坯的变化，同时在屏幕上显示[1]。美国 Houston 大学提出一个 NC 车床仿真器建立二维车床模型，模拟 NC 车床运动，可训练学生学习零件编程技术，包括操作错误、语法检查，并能进行动画显示[2]。美国 Maryland 大学开发了用于培训数控操作人员的虚拟数控机床仿真器。韩国 Turbo-TEK 公司开发出了面向培训的虚拟数控车削及铣削加工环境，能够实现数控加工的几何仿真并配有声音信息[3]。意大利 Bologna 大学用 B 样条曲线建立了端铣刀与工作台模型，并采用真实感图形显示铣床精加工过程[4]。

线框图表示方法并未对刀具和待加工毛坯进行可视化处理，难以实现真实的铣削仿真，该方法只能用于检测刀位轨迹有无明显错误，无法给出过切、欠切等信息，同时也无法进行干涉检查。对于结构复杂的零件，表示零件、刀具以及刀位轨迹的线框图会相互重叠，提高了辨认工件实际形状和刀具加工轨迹的难度[5,6]。

实体造型技术的发展使得其运用于数控加工仿真中[7]。数控加工几何仿真是通过刀具扫描体模型和工件模型的布尔减运算来完成的，不仅能够仿真工件材料的切除，还能够进行干涉检查。实体造型方法分为边界表示法(B-rep)和构造实体几何法(CSG)，B-rep 模型精确地表示了零件的各种几何信息和拓扑信息，CSG 结构树详细地记录零件的造型过程，利用实体模型的布尔运算进行加工仿真，能够获得物理仿真所需的精确几何信息，属于精确仿真方法[8]。

Voelcker 和 Hunt 最早将实体造型技术应用到数控加工仿真中，并利用 PADL(CSG)模型做了一个实验系统[9]。1982 年 Fredshal 在 GE 公司改进了 TIPS 实体模型软件包并将其用于实体数控加工仿真[10]。

Wang 开发了一套五轴数控铣削验证系统[11]。该系统利用整体布尔运算方法，材料的切除只需一次布尔减运算，节省了大量运算时间，该方法的难点是如何精确地描述刀具扫描体。Fleisig 提出了一种基于 B-rep 法建模的并行加工仿真方法[12]。该方法可以提供精确的加工仿真和验证，精度较高，真实感较强，但仍涉及大量的布尔运算，计算代价大，仿真效率不高。

实体造型法具有良好的布尔运算能力，能够得到精确的仿真结果，但其模型数据量庞大，刀具扫描体和毛坯之间的布尔运算复杂，计算复杂度为 $O(n^4)$ (n 为走刀求交次数) [13]，其运算量庞大且运行速度很慢。因此，虽然利用实体造型进行数控加工仿真可获得精确的工件和切屑数据，但难以实现仿真系统的通用化。

针对实体造型法所带来的数据量庞大、仿真效率低等问题，后续有学者提出通过数据离散、空间分割的思想在保证仿真精度的同时提高仿真效率。离散矢量求交法通过一系列的离散点来近似表示曲面，每个离散点都有对应的矢量，加工仿真中的毛坯动态显示则是通过曲面离散点处的矢量与刀具运动形成的刀具扫描体包络面之间的求交运算实现[14]。Chappe[15]提出了一种点矢量法，它的原理是将设计零件的曲面法矢量和刀具扫描体在一系列离散的位置上求交。该方法计算简单、效率高，且能够得到加工误差，但其加工精度不高，实用性不强，未能得到普遍认可。Jerard 提出了一种基于曲面建模技术的数控加工仿真方法，通过将曲面离散成一系列网格点，根据计算机图形学中的图像消隐原理实现最终的加工仿真[16]。该方法用 Z 向深度代替了曲面法矢，对于复杂曲面其表达的精度不够准确，同时不能用于轮廓铣削仿真。

空间分割法是针对直接实体建模法的计算代价大而提出的。它的基本思想是把物体的实体模型分解为一组基本元素的集合，然后用这些基本元素近似表示物体[14]。空间分割法使复杂的三维布尔运算简化为一维运算，提高了运算速度。目前该方法应用最广，按其模型表达方式主要分为 Dexel 表达法、Voxel 表达法、任意光线法、基于 Z-Map 模型等方法。

1. Dexel 表达法

该方法的主体是 Dexel 模型单元(长方体)，毛坯和刀具均由一系列 Dexel 模型表示，通过判断毛坯和刀具 Dexel 模型的 Z 向值，动态修改毛坯 Dexle 模型的 Z 向深度，实现加工仿真的目的。该方法最早由 Hook 提出的，他利用 Z-buffer 思想，将刀具和工件实体沿视线方向按屏幕像素(pixel)离散为 Dexel 结构[17]。模型的布尔运算被简化为视线方向上的一维线性形式，从而大大降低了计算复杂度，得到了较高的实时性，但该方法不能动态改变观察方向。Huang 在此基础上进行了改进，通过建立一个独立的 Dexel 坐标来实现仿真过程中的动态视向转换[18]。

2. Voxel 表达法

该方法将毛坯模型用一系列沿 X、Y、Z 方向均匀分布的小正方体表示，这些小正方体称为 Voxel。模型的精度取决于小正方体的尺寸，尺寸越小模型精度越高，但是其存储量大大增加。文献[19]和[20]对该方法进行了相应的介绍。

3. 任意光线法[21]

任意光线法将 CSG 模型或 B-rep 模型表示为一组平行线段的集合，将三维布尔运算简化为关于光线的一维运算。该方法不受屏幕像素的束缚，可实现多角度观察，但是光线的密度与方向直接影响加工仿真精度。

4. 基于 Z-Map 模型[21]

Z-Map 模型由 Hsu 提出[22]，用一个二维数组表示三维模型，其存储了一系列小立柱的高度，数组下标表示 x、y 坐标，小立柱高度表示 z 坐标。该方法大幅度降低了数据的存储量。Lee 等在该方面进行了相关的研究[23]。

空间分割法在一定程度上提高计算效率，可以获得较高的仿真速度，但是其仿真精度受到网格精度影响。对于复杂曲面加工，划分的网格精度要求较高，其仿真速度会大幅度下降，同时需要很大的存储空间，一般适用于三轴加工仿真。

空间分割法中，数据存储有以下几种方法。

1) 八叉树表达法

八叉树表达法将毛坯模型表示为若干六面体的集合，原理与 Voxel 表达法相似，只是通过八叉树的存储方式减小了其存储量。Karunakaran[24]和 Yau[25]利用该方法在数控加工仿真方面做了大量研究。

2)四叉树表达法

四叉树表达法原理与八叉树相似，只是采用了四叉树的数据结构进行数据存储，其数据结构相对于八叉树更简单，有利于数控代码的验证。文献[26]和[27]利用四叉树表达法对三轴铣削加工仿真进行了相关研究工作。

随着计算机硬件的发展，特别是图形显卡技术的发展，计算机对图像处理能力大大提高。利用图像法进行数控加工仿真成为了可能。该技术将毛坯模型采用 CSG 结构表达，然后采用消隐技术，通过对显卡的深度、模板缓存等进行 CSG 结构模型的动态渲染。

Bohez 等提出了基于模板缓存扫描平面的算法，并开发了一套五轴数控加工刀位轨迹验证系统，该系统不但能进行过切与欠切判断，而且能够进行碰撞检测[28]。

国内在数控加工仿真领域的研究起步较晚，虽然还未形成商品化的数控加工仿真系统，但也取得了一定的成果，研制了一些很有价值的数控加工仿真原型系统。

最早是清华大学的 CIMS 课题组研制的加工过程仿真器 GPMS，它能够支持三轴到五轴的镗铣类数控加工仿真[29]。清华大学与华中科技大学合作，采用光线跟踪算法开发了一套 HMPS 系统，对加工中心进行加工仿真的同时实现碰撞检测。哈尔滨工业大学 FMS 研究中心采用实体造型为基础，研制了三维动态图形仿真器 NCMPS 系统，实现加工仿真与碰撞检验。此外，华中理工大学开发的 NCPVSS 系统，南京航空航天大学开发的 Superman 2000 CAD/CAM 系统等。清华大学的韩向利、肖田元等采用直线与刀具扫描体求交算法进行了虚拟加工和仿真技术的研究，开发出了虚拟机床的加工环境[30,31]。南京航空航天大学的盛亮等研究了基于实体的数控铣削仿真关键技术，提出了一种近似实体仿真模型[32]。北京航空航天大学的罗堃通过三角片离散法实现了三轴数控铣削加工仿真[33]。西北工业大学的汤幼宁等基于 Dexel 算法，使用独立坐标系构造刀具扫描体和毛坯的 Dexel 模型，并通过“移动实例”的方式来近似描述刀具扫描体，该方法在一定程度上提高了加工仿真的计算效率[34]；乔永梅等对数控加工仿真中图形动态显示的实现方法进行了研究[35]。哈尔滨工业大学的刘华明等提出了一种用于刀具扫描体与矢量的求交算法，该算法首先对刀具扫描体和曲面法矢进行预处理，将刀具扫描体和曲面法矢之间的求交问题转化为三角网格和有向线段之间的求交运算，提高了算法的效率[36]。

此外，西南交通大学也在数控加工仿真方面做了一些研究，高照学采用空间分割法，以二叉树方式分割毛坯，实现三轴数控加工仿真[37]；王建采用了多体系统结构进行虚拟机床建模以及基于 Dexel 模型实现刀具与工件的切削运算，实现五轴数控机床的数控加工仿真[38]，但在仿真速度上有待提高。

虽然国内对数控加工仿真技术进行了大量的研究，提出了各种仿真算法，但是同样存在以下难点和不足。

(1)机床模型通用化。通常数控加工仿真系统无法针对各种不同的加工方式、不同类型机床以及不同刀具进行加工仿真，系统缺乏通用性。目前大多数数控加工仿真系统都针对某类加工方式(车削、铣削)进行加工仿真，如李国良针对车削加工开发车削加工仿真系统[39]，高照学对于三轴铣削加工进行加工仿真[37]。一些仿真系统只针对某类型机床进行仿真，如陈国彦对 THS650 铣削加工中心进行加工仿真[40]。

(2) 仿真速度与精度的保障。实体建模法能够得到较高的仿真精度，但计算量太大，仿真速度低；数据离散和空间分割法在降低仿真精度的基础上提高仿真速度，对于简单模型通过适当的分割能够减少计算量提高仿真速度，对于复杂曲面而言，空间分割需要很高的分割精度，其仿真速度也大大降低。对于图像法，随着仿真的进行需要渲染的数据量越来越大，仿真速度也随之降低。

9.2　刀具扫描体创建

通用铣刀模型可以看作一条边界曲线绕 Z 轴旋转形成的转动体，该边界曲线主要通过 7 个参数描述，具体定义如下：

(1) 刀具长度 l_c；

(2) 刀头长度 l_{ctr}；

(3) 上圆锥母线与刀轴矢量夹角 β_c；

(4) 下圆锥母线与刀轴矢量夹角 α_c；

(5) 刀具圆角半径 r；

(6) 圆角中心点到刀轴径向距离 e_c；

(7) 圆角中心点到刀尖点的竖直高度 h'_c。

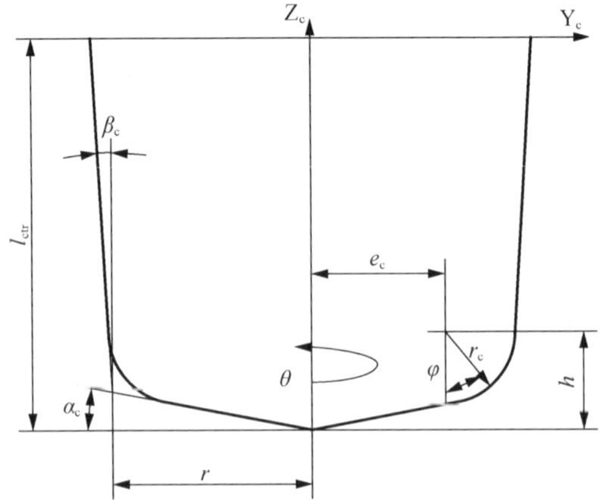

图 9-1　通用铣刀模型截面参数

由图 9-1 可以看出，通用铣刀模型(M_c)主要分为圆柱(M_{cy})、上圆锥(M_{uc})、圆环(M_{ct})以及下圆锥(M_{lc})四部分组成，同时保证上、下圆锥部分与圆环部分相切。以刀尖点作为刀具模型的局部坐标系原点，则各部分的数学模型如下：

$$\boldsymbol{M}_{\rm lc}(s)=k_{\rm lc}\begin{bmatrix}(e_{\rm c}+r\sin\alpha_{\rm c})\cos\theta\\(e_{\rm c}+r\sin\alpha_{\rm c})\sin\theta\\(e_{\rm c}+r\sin\alpha_{\rm c})tsn\alpha_{\rm c}\end{bmatrix},\qquad k_{\rm lc}\in[0,\ 1] \tag{9-1}$$

$$\boldsymbol{M}_{\rm ct}(s)=\begin{bmatrix}(e_{\rm c}+r_{\rm c}\sin\varphi)\cos\theta\\(e_{\rm c}+r_{\rm c}\sin\varphi)\sin\theta\\e_{\rm c}\tan\alpha_{\rm c}+\dfrac{r_{\rm c}}{\cos\alpha}-r_{\rm c}\cos\varphi\end{bmatrix},\qquad \varphi\in[\alpha,\ \frac{\pi}{2}-\beta_{\rm c}] \tag{9-2}$$

$$\boldsymbol{M}_{\rm cy}(s)=\begin{bmatrix}(e_{\rm c}+\cos\beta_{\rm c})\cos\theta+k_{\rm uc}(l_{\rm ctr}+r\sin\beta_{\rm c}-h)\tan\beta_{\rm c}\cos\theta\\(e_{\rm c}+\cos\beta_{\rm c})\sin\theta+k_{\rm uc}(l_{\rm ctr}+r\sin\beta_{\rm c}-h)\tan\beta_{\rm c}\sin\theta\\h-r\sin\beta_{\rm c}+k_{\rm uc}(l_{\rm ctr}+r\sin\beta_{\rm c}-h)\end{bmatrix} \tag{9-3}$$

$$k_{\rm uc}\in[0,1],\quad h=e_{\rm c}\tan\alpha_{\rm c}+\frac{r}{\cos\alpha_{\rm c}}$$

$$\boldsymbol{M}_{\rm cy}(s)=\begin{bmatrix}\left(e_{\rm c}+(l_{\rm c}-h_{\rm c})\tan\beta_{\rm c}+\dfrac{r}{\cos\beta_{\rm c}}\right)\cos\theta\\\left(e_{\rm c}+(l_{\rm c}-h_{\rm c})\tan\beta_{\rm c}+\dfrac{r}{\cos\beta_{\rm c}}\right)\sin\theta\\z\end{bmatrix},\qquad z\in[l_{\rm ctr},\ l_{\rm c}] \tag{9-4}$$

$$\boldsymbol{M}_{\rm c}(\mathrm{s})=\boldsymbol{M}_{\rm cy}(s)\cup\boldsymbol{M}_{\rm uc}(s)\cup\boldsymbol{M}_{\rm ct}(\mathrm{s})\cup\boldsymbol{M}_{\rm lc}(s) \tag{9-5}$$

式中，s 为截面几何参数，下圆锥为(θ，k_{lc})，圆环为(θ，φ)，上圆锥为(θ，k_{uc})，圆柱为(θ，z)，其中 θ 取值范围为[0，2π]。

将上述 7 个参数的某些参数取特定值，则可得到各类型常用铣刀模型，如：

(1) 当α_c=β_c=0，h_c=$r\neq 0$，e=$r-r_c$时，刀具为圆角刀；

(2) 当α_c=β_c=h_c=r_c=e_c=0 时，刀具为平底刀；

(3) 当α_c=β_c=e_c= 0，r_c=r=$h_c\neq 0$ 时，刀具为球头刀；

(4) 当α_c=h_c=r=e_c=0，β_c>0 时，刀具为锥形刀。

9.2.1　包络面

基于包络理论，刀具扫描体即是刀具在运动过程中所形成的包络体，对于包络体可由包络面进行描述。根据微分几何的理论，存在一个曲面 Σ，对于曲面上任一点，在单参数曲面族{S_t}中都存在唯一曲面 S_t 在该点处与之相切，同时该点也是曲

面 S_t 上唯一点，则称曲面 Σ 为曲面族 $\{S_t\}$ 的包络面。

9.2.2 临界轮廓线

曲面 S_t 上的点在包络面 Σ 上的充要条件是 Σ 和 S_t 在该点相切，对于大多数曲面其相切的不是一个点而是一条曲线，这条曲线则称为包络面 Σ 与 S_t 的接触线，也叫临界线。

假设曲面族 $\{S_t\}$ 方程为

$$u = u(u,v,t) \tag{9-6}$$

式中，u，v 为曲面 S_t 上的两个独立参数，描述了曲面的形状；t 为曲面族参数，给定一个 t 值代表一个曲面 S_t，不同的 t 则构成了曲面族。

则临界线方程为

$$(\boldsymbol{r}_u, \boldsymbol{r}_v, \boldsymbol{r}_t) = 0 \tag{9-7}$$

式中，$\boldsymbol{r_u}$，$\boldsymbol{r_v}$，$\boldsymbol{r_t}$ 为曲面 $\boldsymbol{r}$ 在 $\boldsymbol{u}$，$\boldsymbol{v}$ 方向和 t 处的切向量。

刀具扫描体是刀具依次从一个位置移动到另一个位置所形成的包络体，那么刀具在每个特定位置上，其临界线上的点满足如下切函数：

$$f_{\mathrm{c}} = \boldsymbol{N}_{Pi} \cdot \boldsymbol{U}_{Pi} = 0 \tag{9-8}$$

式中，$\boldsymbol{N}_{Pi}$ 为表示刀具表面某点的法矢；$\boldsymbol{U}_{Pi}$ 为表示刀具表面某点的运动矢量。

通过切函数 f_c 可将刀具表面分为三部分，即前表面 $\boldsymbol{M}_{\mathrm{c}}^{\mathrm{F}}(s,t)$ $(f_c>0)$，临界轮廓线 $\boldsymbol{M}_{\mathrm{c}}^{0}(s,t)$ $(f_c=0)$ 及后表面 $\boldsymbol{M}_{\mathrm{c}}^{\mathrm{B}}(s,t)$ $(f_c<0)$。

因此，刀具扫描体 $\boldsymbol{SE}(s,t)$ 便可看作由起始位置刀具后表面 $\boldsymbol{M}_{\mathrm{c}}^{\mathrm{B}}(s,t_0)$、中间位置临界轮廓线 $\boldsymbol{M}_{\mathrm{c}}^{0}(s,t)$、终点位置前表面 $\boldsymbol{M}_{\mathrm{c}}^{\mathrm{F}}(s,t_1)$ 组成，具体如图 9-2 所示。

$$\boldsymbol{SE}(s,t) = \boldsymbol{M}_{\mathrm{c}}^{B}(s,t_0) \cup \boldsymbol{M}_{\mathrm{c}}^{0}(s,t) \cup \boldsymbol{M}_{\mathrm{c}}^{F}(s,\ t_1), \quad t_0 \leqslant t \leqslant t_1 \tag{9-9}$$

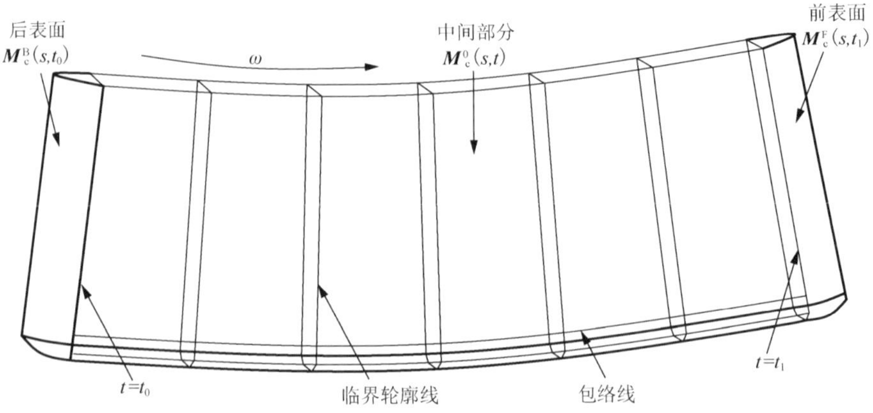

图 9-2　扫描体组成

扫描体中起始位置的后表面和终点位置的前表面均可由整个刀具表面代替，那么刀具扫描体的计算主要是针对中间位置临界轮廓线。对于通用刀具模型，其临界轮廓线的计算过程如下。

1. 圆柱部分

根据式(9-4)可知圆柱部分的法线方程 $\boldsymbol{N}_{\text{cy}}$ 为

$$\boldsymbol{N}_{\text{cy}}(s)=\begin{bmatrix}\cos\theta\\ \sin\theta\\ 0\end{bmatrix},\qquad \theta\in[0,2\pi] \tag{9-10}$$

式中，θ 为刀具圆柱体的曲面方程参数。

已知在刀具局部坐标系下的运动方向矢量 $\boldsymbol{V}(v_x, v_y, v_z)$，则根据式(9-8)有

$$\boldsymbol{V}\cdot\boldsymbol{N}_{\text{cy}}(s)=0 \tag{9-11}$$

可得

$$\theta_1=-\arctan^{-1}\left(\frac{v_x}{v_y}\right),\qquad \theta_2=\pi-\arctan^{-1}\left(\frac{v_x}{v_y}\right)$$

将计算的角度 θ_1、θ_2 代入式(9-4)可得圆柱部分的临界轮廓线 $\boldsymbol{SP}_{\text{cy}}$。若 v_x、v_y 均为 0，则刀具沿刀轴方向运动(属特殊运动方式)，可直接采用刀具圆截面进行扫描体计算，无需进行复杂临界轮廓线计算。

2. 上圆锥部分

根据式(9-3)可知上圆锥部分的法线方程 $\boldsymbol{N}_{\text{uc}}$ 为

$$\boldsymbol{N}_{\text{uc}}(s)=\begin{bmatrix}\cos\theta\cos\beta_{\text{c}}\\ \sin\theta\cos\beta_{\text{c}}\\ -\sin\beta_{\text{c}}\end{bmatrix},\qquad \theta\in[0,2\pi] \tag{9-12}$$

已知在刀具局部坐标系下的运动矢量 $\boldsymbol{V}(v_x, v_y, v_z)$，根据式(9-8)可得

$$v_x\cos\theta+v_y\sin\theta=v_z\tan\beta_{\text{c}} \tag{9-13}$$

变换可得

$$\sin(\theta+\omega)=\frac{v_z\tan\beta_{\text{c}}}{\sqrt{{v_x}^2+{v_y}^2}},\qquad \tan\omega=\frac{v_x}{v_y} \tag{9-14}$$

进而可得

$$\theta_1=\arcsin\left(\frac{v_z\tan\beta_{\text{c}}}{\sqrt{v_x^2+v_y^2}}\right)-\omega,\qquad \theta_2=\pi-\arcsin\left(\frac{v_z\tan\beta_{\text{c}}}{\sqrt{v_x^2+v_y^2}}\right)-\omega$$

将计算的角度 θ_1、θ_2 代入式(9-3)可得上圆锥部分的临界轮廓线 $\boldsymbol{SP}_{\text{uc}}$。根据式(9-2)可知圆环部分的法线方程 $\boldsymbol{N}_{\text{ct}}$ 为

$$\boldsymbol{N}_{\mathrm{ct}}(s)=\begin{bmatrix}\cos\theta\cos\varphi\\ \sin\theta\cos\varphi\\ -\sin\varphi\end{bmatrix},\qquad \theta\in[0,\ 2\pi],\ \ \varphi\in[\alpha,\ \frac{\pi}{2}-\beta_c] \tag{9-15}$$

已知在刀具局部坐标系下的运动矢量 $\boldsymbol{V}$，根据式(9-6)可得

$$v_x\cos\theta\cos\varphi+v_y\sin\theta\cos\varphi=v_z\sin\varphi \tag{9-16}$$

由式(9-16)可以看出，该式存在 θ、φ两个变量，根据 v_z 取值不同，采用两种不同的求解顺序。

1) 当 $v_z=0$ 时

该情况下，运动方向与刀轴矢量方向始终保持垂直，此时将φ作为已知量来表达 θ 角度值，可得如下表达式：

$$v_x\cos\theta+v_y\sin\theta=0 \tag{9-17}$$

即

$$\theta_1=-\arctan\left(\frac{v_x}{v_y}\right),\qquad \theta_2=\pi-\arctan\left(\frac{v_x}{v_y}\right)$$

将计算所得角度代入式(9-2)可得圆环临界轮廓线 $\boldsymbol{SP}_{\mathrm{ct}}$ 为

$$\boldsymbol{SP}_{\mathrm{ct}}(s)=\begin{bmatrix}(e_{\mathrm{c}}+r\sin\varphi)\cos\theta^*\\ (e_{\mathrm{c}}+r\sin\varphi)\sin\theta^*\\ e_{\mathrm{c}}\tan\alpha+\dfrac{r}{\cos\alpha}-r\cos\varphi\end{bmatrix},\qquad \varphi\in[\alpha,\ \frac{\pi}{2}-\beta_{\mathrm{c}}] \tag{9-18}$$

式中，θ^*分别取 θ_1 与 θ_2。

2) 当 $v_z\neq 0$ 时

此时将以 θ 作为已知量来表达φ角度值，可得如下表达式：

$$\varphi=\arctan\left(\frac{v_x\cos\theta+v_y\sin\theta}{v_z}\right),\qquad v_z\neq 0 \tag{9-19}$$

对于每个 $\theta(0\leqslant\theta\leqslant 2\pi)$都能确定出一个$\varphi$值，然后判定所计算出的$\varphi$值是否属于$[\alpha，\pi/2-\beta_{\mathrm{c}}]$范围内，是则将计算所得的 θ 与φ代入式(9-2)计算临界点，反之则取下一 θ 值继续，最终得到整个圆环部分临界轮廓线 $\boldsymbol{SP}_{\mathrm{ct}}$。

3. 下圆锥部分

根据式(9-1)可知下圆锥部分的法线方程 $\boldsymbol{N}_{\mathrm{lc}}$ 为

$$\boldsymbol{N}_{\mathrm{lc}}=\begin{bmatrix}\cos\theta\sin\alpha\\ \sin\theta\sin\alpha\\ -\cos\alpha\end{bmatrix},\qquad \theta\in[0,\ 2\pi] \tag{9-20}$$

已知在刀具局部坐标系下的运动矢量 $\boldsymbol{V}(v_x, v_y, v_z)$，根据式(9-9)可得

$$\tan\alpha(v_x\cos\alpha\theta + v_y\sin\theta) = v_z \tag{9-21}$$

1) 当 $\alpha = 0$ 时

下锥面为圆形平面，当 v_z=0 时，运动方向与刀轴矢量垂直，θ 角度的求解方法同圆环部分 v_z=0 时；当 $v_z \neq 0$ 时，此时式(9-21)无解，临界轮廓线取下圆锥的锥面截圆。

2) 当 $\alpha \neq 0$ 时

式(9-21)变换可得

$$\sin(\theta+\omega) = \frac{v_z}{\tan\alpha\sqrt{{v_x}^2+{v_y}^2}},\quad \tan\omega = \frac{v_x}{v_y}$$

进而可得

$$\theta_1 = \arcsin\left(\frac{v_z}{\tan\alpha\sqrt{{v_x}^2+{v_y}^2}}\right) - \omega,\qquad \theta_2 = \pi - \arcsin\left(\frac{v_z}{\tan\alpha\sqrt{{v_x}^2+{v_y}^2}}\right) - \omega$$

将计算的角度 θ_1、θ_2 代入式(9-1)可得下圆锥部分的临界轮廓线 $\boldsymbol{SP}_{\mathrm{lc}}$。

对于五轴数控机床，其运动包含了平移和旋转，因此刀具也存在平移和旋转运动。针对平移运动，刀具表面各个点的移动位移相同(所建刀具模型视为刚体模型)，表面各点的运动位移直接为平移位移。但是对于旋转运动，刀具表面各个点距离旋转中心的位移不同，其旋转线速度也各不相同，此时各点的运动方向为平移矢量方向与旋转线速度方向的叠加，具体如图 9-3 所示。

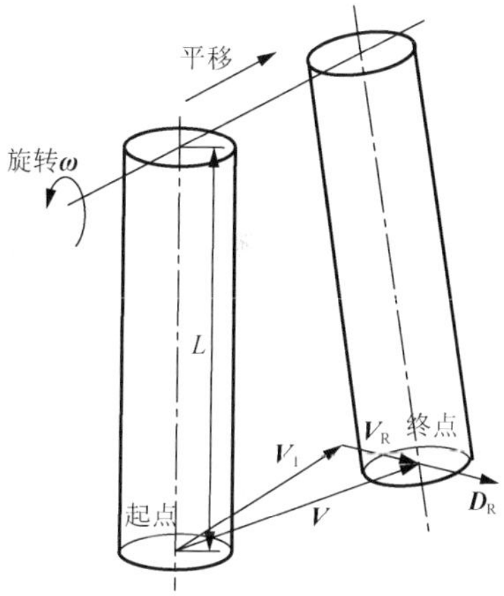

图 9-3　刀具表面各点运动合成

图中 $\boldsymbol{V}_{\mathrm{T}}$ 为刀具平移运动量，$\boldsymbol{V}_{\mathrm{R}}$ 为刀具旋转运动量，其根据当前旋转角度 ω 与该点距旋转中心距离 L 以及旋转切矢 $\boldsymbol{D}_{\mathrm{R}}$ 决定，即 $\boldsymbol{V}_{\mathrm{R}}=L\times\omega\times\boldsymbol{D}_{\mathrm{R}}$，则运动量 $\boldsymbol{V}$ 为

$$\boldsymbol{V} = \boldsymbol{V}_{\mathrm{T}} + \boldsymbol{V}_{\mathrm{R}} \tag{9-22}$$

将综合运动量 $\boldsymbol{V}$ 进行坐标变换，将其变换到刀具局部坐标系下，然后进行扫描体临界轮廓线的计算，进而可构建刀具扫描体。

9.2.3　扫描体模型构建

上面介绍了扫描体由三部分组成，其中起始位置的后表面和终点位置的前表面

均可由整个刀具模型代替，因此扫描体模型构建主要是对中间部分模型进行构建。可采用实体造型法中的边界表示法对此进行实体建模。

根据刀具结构计算其分别在起始位置和终止位置时的闭环临界轮廓线 $\boldsymbol{A}_S$、$\boldsymbol{A}_E$，以首尾相连的方式在 $\boldsymbol{A}_S$、$\boldsymbol{A}_E$ 中逐次取点构建周围轮廓，再取 $\boldsymbol{A}_S$ 各点构建起始端面，$\boldsymbol{A}_E$ 各点构建终止端面，从而构成整个扫描体中间部分实体模型。中间部分加上起始和终止位置的前后表面部分，一起构成了整个扫描体实体模型。整个扫描体的创建过程可通过图 9-4 来描述[41]。

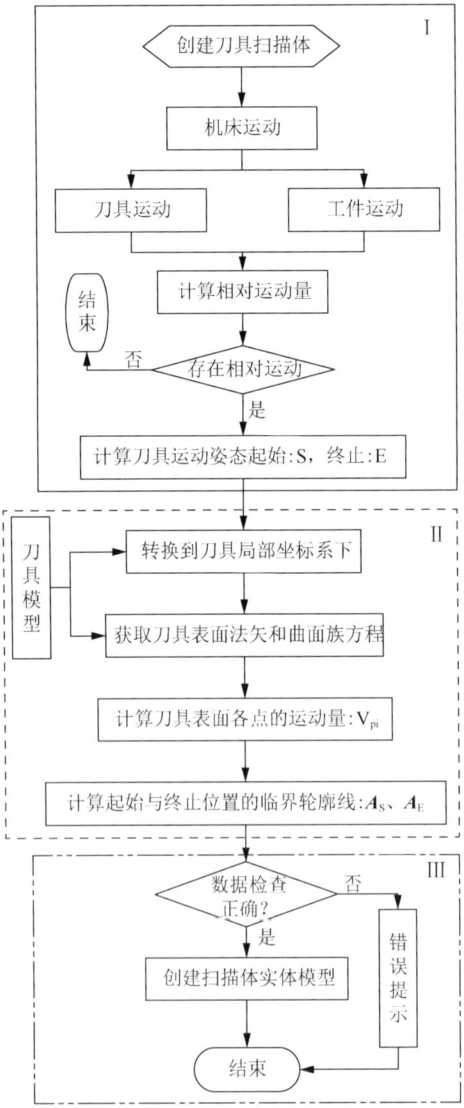

图 9-4　扫描体创建流程图

从图9-4 中可以看出，扫描体的创建主要分为三部分：

(1)通过运动变换计算刀具与工件之间的相对运动量，得到刀具的起始姿态与终止姿态；

(2)在局部坐标系下，计算扫描体起始与终止位置的临界轮廓线；

(3)根据临界轮廓线和当前刀具模型创建扫描体实体模型。刀具扫描体模型如图 9-5 所示。

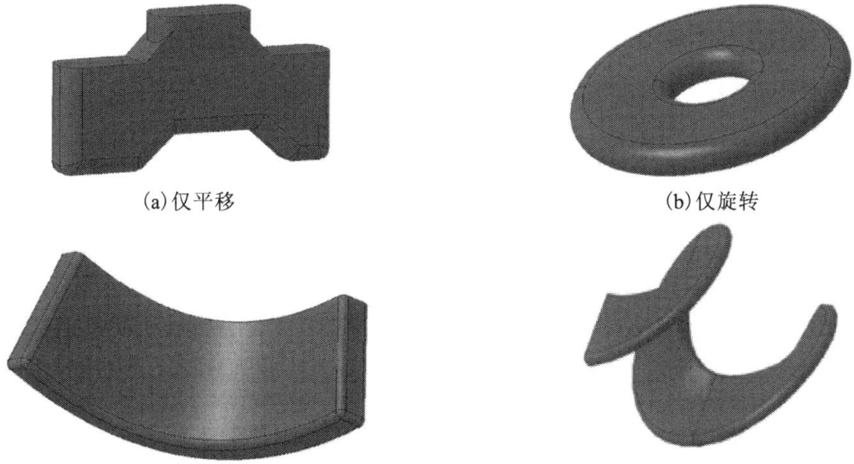

(a)仅平移　(b)仅旋转　(c)平移旋转　(d)旋转平移

图 9-5　刀具扫描体实体模型

9.3　工件模型 CSG 表达

数控加工仿真实际上是从毛坯模型上不断减除刀具运动过程中形成的扫描体的过程。合理的工件模型表达方式在保证仿真精度的同时提高仿真效率，常用的模型表达方法主要分为离散模型表达法和实体模型表达法。离散模型表达法支持快速布尔运算，仿真算法易实现，但其仿真精度很难保证，真实感较差，提高精度则会大幅度提高布尔运算复杂度；实体模型表达法其仿真精度高，真实感较强，但仿真算法实现较复杂。

实体模型表达法主要分为边界表示法(B-Rep)和构造实体几何法(CSG)。

1. 边界表示法

通过一系列边界面表示实体模型，数据结构主要存储实体的边界信息，采用 B-Rep 结构存储组成边界的顶点、边、面以及它们之间的链接信息。面表存储了组成面的边，其存储顺序体现了面的正反面，逆时针存储表示该面为正面，顺时针则为反面；线表存储了组成该边的顶点信息；顶点表存储了该顶点的坐标位置及法线、纹理等。

边界表示法其数据结构简单紧凑，但其组织结构复杂，一旦模型发生改变，其相应的数据结构需重新生成，计算量大，不适应于结构动态改变的模型。

2. 构造实体几何法

通过一系列指定的实体对象进行相应的布尔运算操作以生成新的实体。新实体的各个对象采用 CSG 结构树进行存储，CSG 结构实体模型如图 9-6 所示。

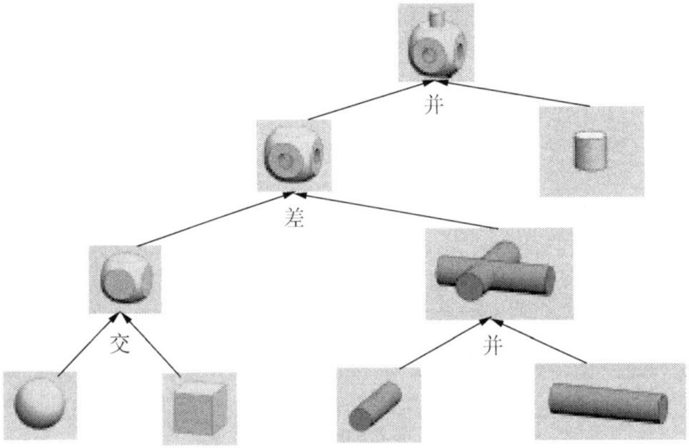

图 9-6　CSG 结构模型

CSG 结构树中存储的是已生成的实体模型，新实体的构造通过各实体间的布尔运算完成，实体的动态改变只需添加相应的实体对象进行布尔运算，操作简单无需进行大量计算。该方法能直观、高效地表达由规则实体构成的模犁，适用于机械加工过程仿真。

为此，本书对工件模型的表达方式采用 CSG 表达法，将工件模型看作由初始毛坯模型与刀具扫描体模型进行布尔差运算的结果。工件模型的组织关系如图 9-7 所示。

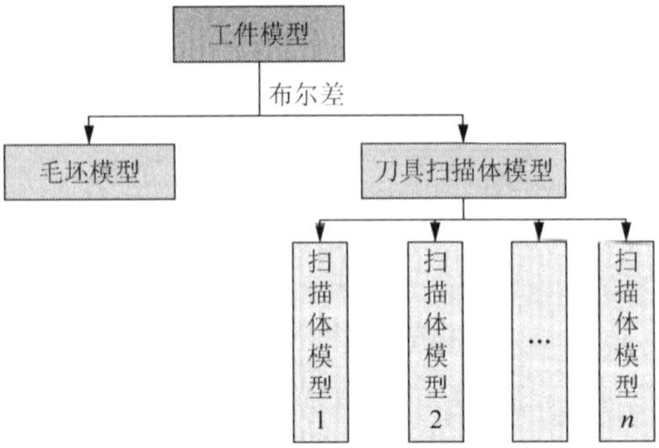

图 9-7　工件模型组织关系

在加工仿真过程中，刀具每次只在毛坯模型的局部区域进行切削，对于毛坯模型只有局部范围发生结构改变，其他区域保持不变。如果每次切削过程对整个毛坯模型进行全部的结构更新，更新数据量大，对不参与切削的区域进行了不必要的计算，浪费计算机资源，严重影响仿真速度。为此考虑将毛坯模型进行空间分割，将其分割为大小相同的若干网格区域，在刀具切削毛坯时，首先判断发生切削的网格区域，对该区域进行局部结构更新，其他区域保持不变。由此，采用局部更新的方式更新数据量小，花费时间较少，保证了仿真效率。

毛坯模型的空间分割以 XY 平面为基准面，沿 X、Y 轴方向以一定间距进行分割，将其分割为 $m \times n$ 个网格区域，对分割的网格单元采用一个 $m \times n$ 的二维数组进行存储，数组的下标标识了其所在的空间位置。由此毛坯模型可表示为

$$W[m][n]=\sum_{i=0}^{m}\sum_{j=0}^{n}A_{ij} \tag{9-23}$$

式中，$W[m][n]$为表示毛坯模型二维数组；A_{ij}为表示分割的网格单元。

毛坯模型的空间分割如图 9-8 所示。根据毛坯模型尺寸可得 X、Y 方向的分割间距 d_x、d_y 为

$$d_x=\frac{X_{\max}-X_{\min}}{m}, \quad d_y=\frac{Y_{\max}-Y_{\min}}{n} \tag{9-24}$$

式中，$X_{\max}$、$X_{\min}$为表示毛坯 X 方向的极限尺寸；$Y_{\max}$、$Y_{\min}$为表示毛坯 Y 方向的极限尺寸。

网格单元 A_{ij} 所表达的区域大小为

$$\begin{cases} A_{ijx}\in\left[id_x,\ (i+1)d_x\right], & i\in[0,\ m] \\ A_{ijy}\in\left[jd_y,\ (j+1)d_y\right], & j\in[0,\ n] \end{cases} \tag{9-25}$$

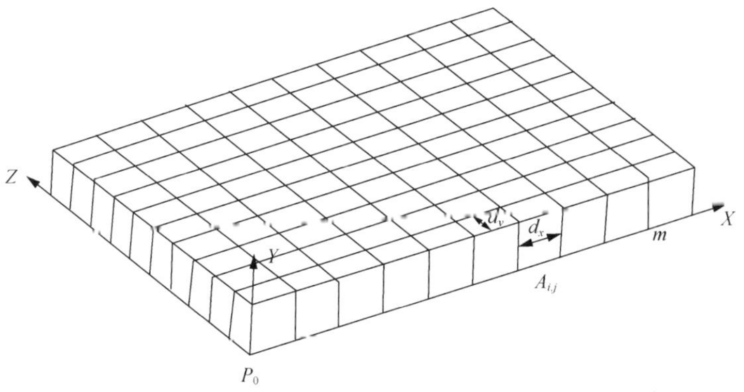

图 9-8　毛坯模型空间分割示意图

刀具切削过程中形成的刀具扫描体也将按其所在的位置放置于相应的网格单元中，刀具扫描体所在网格选择按照扫描体包围盒在 XY 平面投影的中心位置确定。

扫描体包围盒采用的是 AABB 包围盒(Axis Aligned Bounding Box)，即平行于坐标轴并且包含对象模型的最小六面体，包围盒内记录了该模型在 X、Y、Z 三轴方向的最大值与最小值以及中心点。通过包围盒在 XY 平面投影的中心点 P，确定其所在网格单元的编号 i、j 过程如下：

$$i = \text{int}\left(\frac{P_x - P_{A_{00x}}}{d_x}\right), \qquad j = \text{int}\left(\frac{P_y - P_{A_{00y}}}{d_y}\right) \tag{9-26}$$

式中，$P_{A_{00}}$ 表示起始网格单元的起始位置。

如果扫描体模型中心点位于毛坯模型尺寸范围外，但又与毛坯模型相交，此时将出现 $i<0$(最左侧)、$i\geqslant m$(最右侧)、$j<0$(最近端)或 $j\geqslant n$(最远端)4 种情况，为避免出现错误，规定：

(1)当 $i<0$ 时：取 $i=0$；当 $i\geqslant m$ 时：取 $i=m$；

(2)当 $j<0$ 时：取 $j=0$；当 $j\geqslant n$ 时：取 $j=n$。

根据计算的编号值，将其加入网格单元 A_{ij} 中。对于划分的网格单元，不仅包含相应的位置信息，同时还要存储所在的扫描体模型以便进行 CSG 结构动态显示，为此网格单元内需存在一个扫描体模型链表,用于对该区域内的扫描体模型进行存储。综上所述，工件 CSG 结构模型中的刀具扫描体模型存储结构如图 9-9 所示。

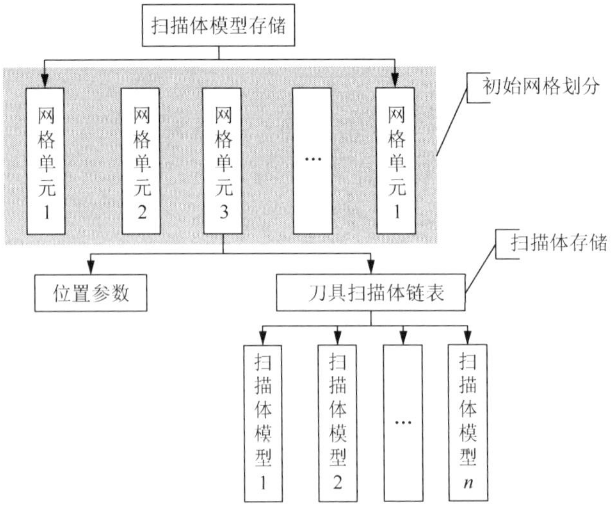

图 9-9　刀具扫描体存储结构

通过该方式对毛坯模型与刀具扫描体模型进行存储，为后续进行加工仿真模型的动态显示做好准备。

9.4　工件模型 CSG 渲染

9.4.1　渲染算法

CSG 渲染即对当前 CSG 结构的工件模型进行渲染，并显示输出，实现加工过程可视化。对于 CSG 结构的工件模型，通常方法是先对 CSG 结构模型进行布尔运算，然后对运算结果进行显示，该方法布尔运算复杂，计算量大且不稳定，严重影响仿真效率。为此，本书利用图像消隐技术实现工件模型的图形显示，即渲染过程中并不修改每个基本实体的模型，而是计算每一帧哪些面可见，哪些面不可见，然后根据 Z 缓存进行消隐显示。该方法主要利用图形显卡的深度缓存与模板缓存在图像渲染时对各个像素点进行判定，通过判定的像素点输出，反之则不输出，由此以图像的方式显示被加工模型的形状。

深度其实就是像素点在三维场景中距离观察点的距离，深度缓存即在图像显示适配器上设置的用来存储每个像素点深度值的缓存区。深度测试即对所绘制的像素点的深度值与对应深度缓存中的深度值进行比较，其比较方式有 GL_NEVER(总不通过)、GL_ALWAYS(总通过)、GL_LESS(小于)、GL_LEQUAL(小于等于)、GL_EQUAL(等于)、GL_GEQUAL(大于等于)、GL_GREATER(大于)或 GL_NOTEQUAL(不等于)，其中默认为 GL_LESS，根据比较结果判定是否绘制该像素点。在 OpenGL 中对于深度测试主要运用到以下几个功能函数：

```
glDisable (GL_DEPTH);                  //开启深度测试，默认开启
glClear (GL_DEPTH_BUFFER_BIT);         //初始化深度缓存
glDepthFunc (func);                    //深度比较，func 为上述比较方式中一种
glDepthMask (GL_TRUE);                 //允许写入深度值
```

随着显卡技术发展，现在显卡设备中会为每一个显示单元(像素)设定一个标记，渲染时根据标记进行相应的处理，这些标记所在的显存单元集合称为模板缓存区。如在分辨率为 1024×768 像素的显示模式时，屏幕显示区的单元数应为 1024×768，由于屏幕每个像素点都应有一个标记，所以模板缓存区单元数也应为 1024×768。模板缓存区与深度缓存区的一个单元共用一个 32 位的二进制数，其中 24 位深度缓存、8 位为模板缓存，针对不同的显卡有所差异。模板测试即将对应像素点的模板缓存区值与参考值进行比较，比较方式与深度测试相同，根据比较结果判定该像素点是否写入。对于一个像素点是否写入，需根据深度测试与模板测试综合结果进行判定。在 OpenGL 中关于模板测试主要功能函数为：

```
glEnable (GL_STENCIL_TEST);                        //开启模板测试
glClear (GL_STENCIL_BUFFER_BIT);                   //清除模板缓存值
glStencilMask (~0u);                               //设置模板测试比较掩码
glColorMask (GL_FALSE, GL_FALSE, GL_FALSE, GL_FALSE);
                                                   //是否进行颜色写入
glStencilFunc (func,参考值,掩码值);                 //模板比较函数,
glStencilOp (GL_KEEP, GL_KEEP, GL_REPLACE);        //模板操作
```

通过对深度缓存与模板缓存的综合运用,可实现对 CSG 结构模型的正确可视化显示,目前常用的显示方法有 Goldfeather 算法、SCS 算法等。两种算法都是基于像素平面(Pixel-Planes)的图形硬件的 CSG 渲染算法。Goldfeather[42, 43]算法是较早出现的一种基于 CSG 造型的方法,它论证了动态 CSG 渲染算法的可行性,后续出现大量文章对该算法进行讨论改进,SCS 算法属于其中较为高效的一种。SCS 算法与 Goldfeather 算法的区别在于 SCS 算法最大程度上减少了 Z 缓存的复制次数,不足在于只能进行凸体模型显示[44]。本书在此基础上实现对 CSG 模型的渲染。

假设有模型 A、B,则 A-B 其可见面包含以下两部分。

(1) A 正面部分,并需满足以下条件:

$$h_{A_f} < h_{B_f} \bigcup h_{A_f} > h_{B_b} \tag{9-27}$$

式中,h、f、b 表示深度、相应模型的正面、反面。

(2) B 背面部分,并需满足以下条件:

$$h_{A_f} < h_{B_b} < h_{A_b} \bigcup h_{B_f} < h_{A_f} \tag{9-28}$$

其动态渲染过程如图 9-10 所示。

从图 9-10 中可以看出动态渲染大致分为 3 个过程。

(1) 初始化阶段,Z_{Sub}(A)。清空已有的深度、模板及颜色缓存值,并将 A 模型的正面深度值写入深度缓存。

(2) 写入 B 背面深度,Z_{Sub}(B)。通过模板测试写入满足式(9-28)条件的 B 模型背面深度,并将 $h_{Bb}>h_{Ab}$ 条件下的 B 模型背面深度缓存用 A 背面深度覆盖(B 模型超出 A 模型范围时显示背景色)。

(3) 写入颜色缓存,Draw()。根据深度值写入 A 模型正面可见部分与 B 模型背面可见部分,完成渲染。A-B 模型渲染显示结果如图 9-11 所示。

由此上述渲染过程可概括为 Z_{Sub}(A)→Z_{Sub}(B)→Draw() 过程。对于多个模型相减,如 A-B-C,如果按照 Z_{Sub}(A)→Z_{Sub}(B)→Z_{Sub}(C)→Draw() 的过程进行渲染,此时将出现 B 的可见背面部分被 C 的背面遮挡,如图 9-12(a) 所示。如果采用 Z_{Sub}(A)→Z_{Sub}(C)→Z_{Sub}(B)→Draw() 的顺序进行渲染,则显示正确的结果如图 9-12(b) 所示。

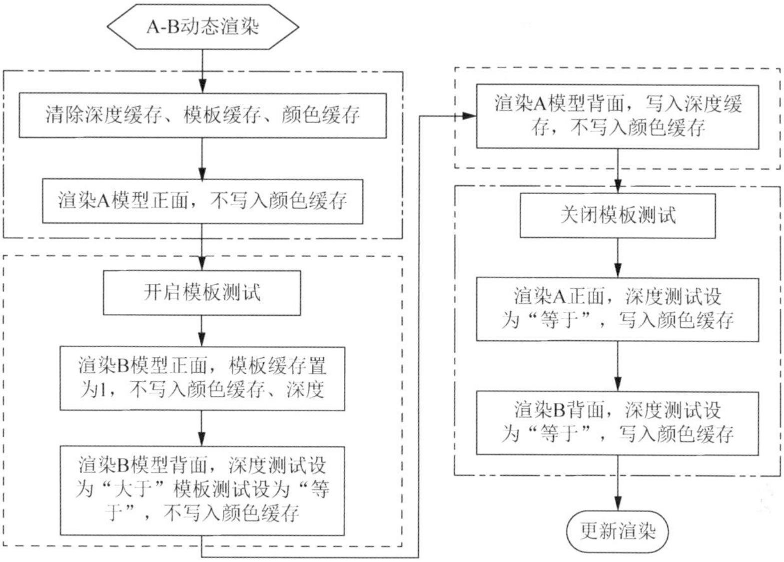

图 9-10　CSG 动态渲染基本过程

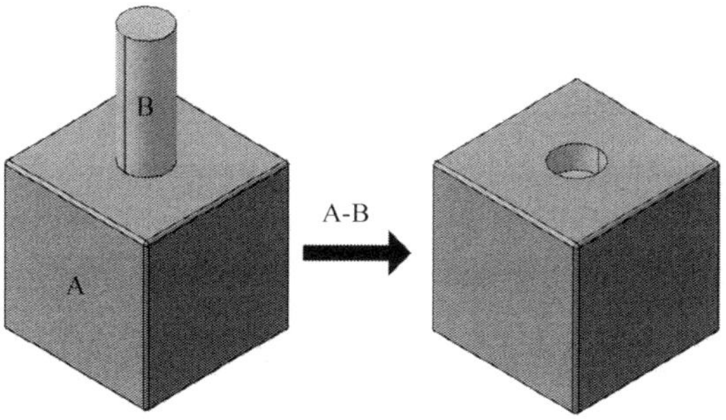

图 9-11　A-B 渲染结果

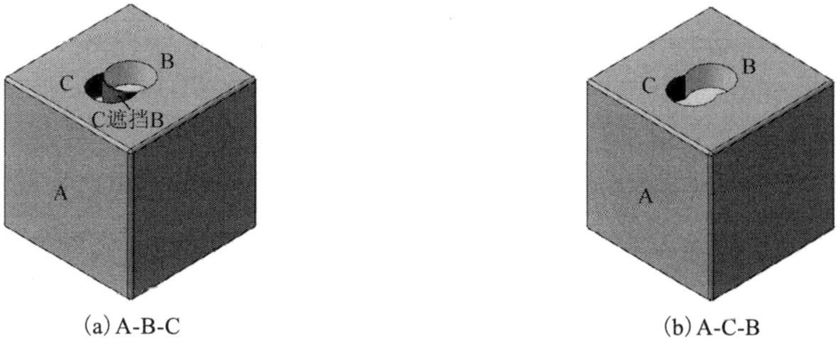

图 9-12　ABC 不同渲染顺序的渲染结果对比

出现上述结果的原因在于 B、C 模型之间存在遮挡关系，如果先写入 B 的深度，此时因未写入 C 的深度，B、C 遮挡区域仍保持 A 正面深度值，B 将不对该区域缓存区写入深度值，进而出现错误的渲染结果。由此可知，在进行多个模型相减的 CSG 动态渲染时需先对相减模型按照遮挡关系进行排序，然后按照顺序进行渲染。然而模型越多，彼此的遮挡关系越复杂，获取其序列越困难。为此，可采用嵌入式排列的顺序对相减模型进行渲染。所谓嵌入式排列即包含给定单元的任意排列，如有一排列 A_{n}，其嵌入式排列 $\mathrm{PES}_{A_{\mathrm{n}}}$ 构造如下：

$$\begin{aligned} A_{\mathrm{n}} &= \{a_1, a_2, a_3, \cdots, a_n\} \\ \mathrm{PES}_{A_{\mathrm{n}}} &= \{N_1, N_2, N_3, \cdots, N_n\} \end{aligned} \tag{9-29}$$

其中

$$\begin{cases} N_1 = \{a_1, a_2, a_3, \cdots, a_n\} \\ N_2 = \{a_{n-1}, a_{n-2}, a_{n-3}, \cdots, a_n\} \\ N_3 = \{a_2, a_2, a_3, \cdots, a_n\} \\ N_4 = \{a_{n-1}, a_{n-2}, a_{n-3}, \cdots, a_n\} \\ N_5 = \{a_2, a_2, a_3, \cdots, a_n\} \\ \qquad\qquad \cdots \\ N_n \end{cases}$$

那么对于 B、C 的嵌入式排列为 B-C-B，其中包含了 B-C 和 C-B 顺序。

根据以上理论，在加工仿真的动态渲染过程中，首先应对所有的刀具扫描体模型进行嵌入式排列，然后按照 $Z_{毛坯}$→扫描体嵌入式序列 $Z_{扫描体}$→Draw() 的顺序进行动态渲染。从式(9-29)可知一个长度为 n 的序列，其嵌入式排列元素的个数 N_{PES} 为

$$N_{\mathrm{PES}} = n^2 - n + 1 \tag{9-30}$$

9.4.2　渲染效率

如果刀具扫描体模型个数为 1000 个，则根据式(9-30)可知其嵌入式排列元素为 999001 个，也就是说渲染过程将执行 999001 次的刀具扫描体渲染，如此多次的重复渲染将花费大量的时间，严重影响仿真效率。为此，减少刀具扫描体的重复渲染次数成为提高加工仿真速度的关键问题。可采用毛坯区域空间分割、刀具扫描体局部合并以及空间遮挡查询等方法减少扫描体的重复渲染次数，进而提高仿真效率。

1. 空间分割

先将毛坯所在的空间区域进行空间分割，刀具扫描体根据其所在的空间位置放置于相应的网格单元中。渲染时，先将分割的网格单元进行深度排序，按深度关系由近到远逐个渲染，对网格单元内部的刀具扫描体则采用嵌入式排序的方式渲染。由于刀具扫描体被放置到各个不同的网格单元中，每个单元扫描体个数相应减少，嵌入式排列元素个数相应减少，整个重复渲染次数将减少。例如，将毛坯空间区域划分为10×10的网格单元，则每个网格单元的刀具扫描体个数为10(假设均匀分布)，则总的渲染次数 N_t 为

$$N_t = \sum_{i=1}^{10}\sum_{j=1}^{10} N_{\text{PES}ij} = 10\times 10\times(10^2-10+1) = 9100\ (\text{个}) \tag{9-31}$$

由此可见，刀具扫描体重复渲染次数将大幅度减少。对于空间分割的方法已进行过详细的介绍，这里不再重复。这里主要探讨网格单元的深度排序方法。

网格单元深度排序是根据网格单元中心点距视点的距离进行排序，某网格单元 A_{ij} 距视点中心距离 d_{ij} 的计算如下：

$$\begin{aligned} \boldsymbol{P}_{c_{ij}} &= \left(\left[(i+0.5)d_x\,(j+0.5)d_y h_{\text{W}}\,/\,2.0\right]+\boldsymbol{P}_{A_{00}}\right)\times \boldsymbol{M}_{T_{\text{W}\to\text{WCS}}} \\ d_{ij} &= \sqrt{\left(\boldsymbol{P}_{c_{ij}\_\text{x}}-\boldsymbol{P}_{v\_\text{x}}\right)^2+\left(\boldsymbol{P}_{c_{ij}\_\text{y}}-\boldsymbol{P}_{v\_\text{y}}\right)^2+\left(\boldsymbol{P}_{c_{ij}\_\text{z}}-\boldsymbol{P}_{v\_\text{z}}\right)^2} \end{aligned} \tag{9-32}$$

式中，$\boldsymbol{M}_{T_{\text{W}\to\text{WCS}}}$ 为毛坯到绝对坐标系的平移矩阵；$\boldsymbol{P}_{c_{ij}}$ 为网格单元 A_{ij} 中心点在绝对坐标系下的位置；d_x、d_y、h_{W} 为网格单元 X、Y 方向的间距、毛坯厚度；$\boldsymbol{P}_{A_{00}}$ 为起始网格单元的起始位置；$\boldsymbol{P}_v$ 为视点中心在绝对坐标系中的位置。

通过 d_{ij} 对网格单元进行深度排序，网格单元采用的是数组的方式进行存储，每个网格单元包含大量的位置坐标、刀具扫描体等数据信息，如果直接对网格单元进行排序，频繁的数据复制与移动将花费大量时间，为此根据各网格单元的索引号建立一个索引链表，采用快速排序法对索引链表进行排序。渲染过程中逐次读取索引链表中的索引号，然后根据索引号读取相应数组中的网格单元。

2. 刀具扫描体合并

如果有两个或多个连续的刀具扫描体，其运动方向保持一致且刀具形状不发生改变，此时可用一个新的刀具扫描体进行替代，从而达到减少扫描体个数的目的。所谓连续指上一个扫描体的终点、刀轴矢量与下一个扫描体的起点、刀轴矢量重合且运动方向保存一致。运动方向保持一致分为平移方向与旋转方向。由于刀具扫描体是采用三部分组合而成，因此根据合并的部分分为全部合并和局部合并两种情况。

1)全部合并

当各扫描体之间的平移方向一致且无相对旋转运动时，可通过首尾扫描体的临界轮廓线构成的多面体直接代替各扫描体。合并的过程如图9-13 所示。

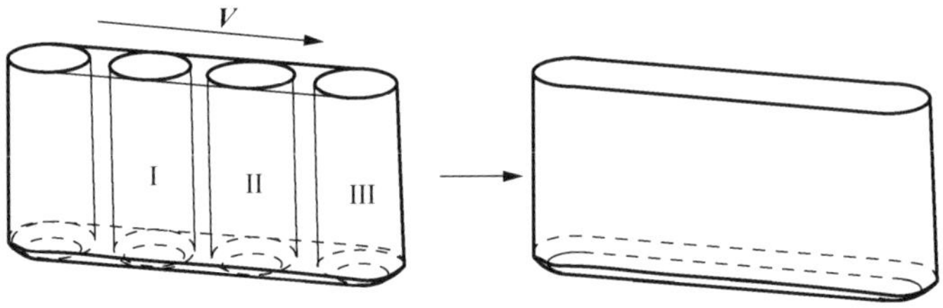

图 9-13　全部合并示意图

2)局部合并

当各扫描体之间存在相对旋转运动，但其起点切向量和上一扫描体的终点切向量相同，此时可移除该扫描体的前表面和上一扫描体的后表面的刀具模型。当运动为连续运动时，可移除非起始扫描体的前表面刀具模型。合并过程如图 9-14 所示。

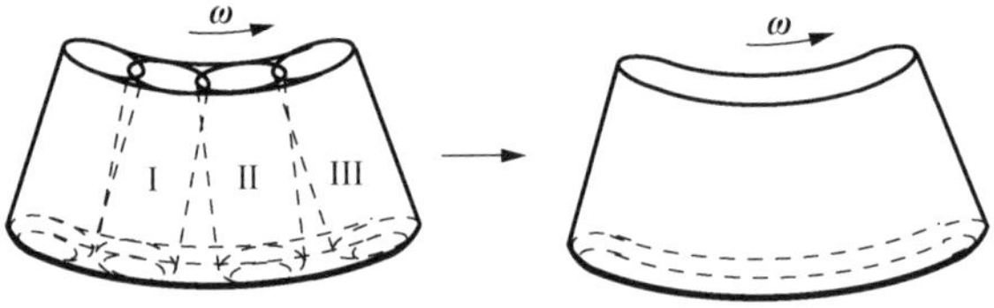

图 9-14　局部合并示意图

3. 遮挡查询

GPU 遮挡查询指在渲染一个物体时，向 GPU 发出遮挡查询命令，再渲染物体且不写颜色缓存和深度缓存，然后等待查询结果返回，如果查询结果为渲染的像素数量大于 0 则表示该物体应该被渲染，否则不被渲染。在查询过程中为了不进行等待，将遮挡查询命令保存到一个队列中，而对于帧渲染是直接从查询队列中获取上一帧的查询结果。为此可在刀具扫描体深度写入时执行遮挡查询，以减少渲染次数，主要实现函数如下：

```
glGenQueriesARB;        //创建查询，并保存到队列
glBeginQueryARB;        //发送查询命令
glEndQueryARB;          //结束查询
glGetQueryivARB;        //获取查询结果，更新状态
```

基于上述方法，工件模型动态渲染过程如图 9-15 所示。从图中可以看出，动态渲染的过程主要分为两个阶段：网格深度排序和基于 SCS 的动态渲染。

1) 网格深度排序

网格深度排序作为预处理阶段，先将所划分的网格单元按照深度关系由近到远进行排序，然后逐次进行渲染，避免因未按照各网格单元的遮挡关系进行渲染而造成错误的渲染结果。

2)基于 SCS 的动态渲染

强调在渲染刀具扫描体的正反面时采用刀具扫描体的嵌入式序列进行依次渲染，保证其能够按照遮挡关系由近到远进行渲染。另外加入遮挡查询，根据遮挡查询的结果判定是否已按照正确的遮挡关系完成渲染，以便提前结束对扫描体嵌入式序列的渲染。最后根据当前深度缓存对毛坯正面和所有刀具扫描体的背面执行渲染，并写入相应像素颜色值，结束当前帧渲染，执行场景更新。

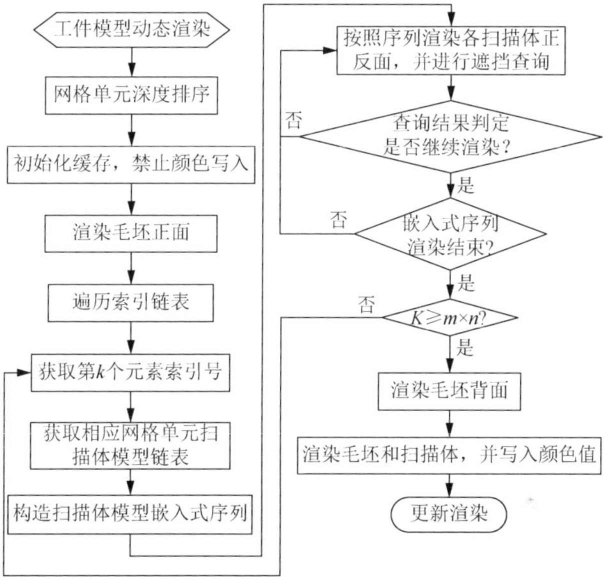

图 9-15　工件模型动态渲染流程图

9.4.3　渲染流程

在渲染执行过程中，本节介绍双线渲染模式，即通过渲染线程与计算线程双线程实现加工仿真动态显示。渲染线程负责对工件模型进行渲染，计算线程负责刀具扫描体的创建，同时通过一个刀具扫描体动态存储器实现刀具扫描体的动态存储与加载，并保证其存储、读取的一致性，具体流程如图 9-16 所示。

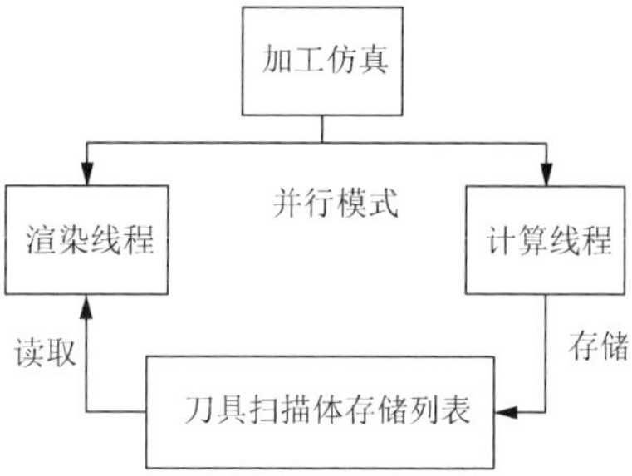

图 9-16　加工仿真执行流程

1. 渲染线程

实现对 CSG 结构工件模型的可视化渲染，其过程如图 9-15 所示。其独立的渲染线程保证了渲染的流畅性。在构造刀具扫描体嵌入式排列时，动态读取扫描体存储列表中的刀具扫描体。

2. 计算线程

进行刀具扫描体的创建，通过机床运动计算刀具与毛坯的相对运动，创建刀具扫描体并存储于动态列表中。

通过双线渲染方式，一方面可以提高加工仿真速度，另一方面其渲染过程在一个独立的线程中，其渲染不受 NC 代码分析、扫描体计算等因素干扰，保证渲染的流畅性与稳定性。从图 9-16 可知，仿真速度包括计算速度与渲染速度，由于计算过程中不进行实体布尔运算，因此计算线程的速度快，能够满足仿真需求。针对渲染线程，通过毛坯区域空间分割、刀具扫描体合并以及模型遮挡查询等方法提高其渲染速度，从而保证仿真速度。

针对刀具扫描体的动态存储与读取，采用互斥方式，避免同时对同一个刀具扫描体进行存储或读取，以至于发生数据错误甚至系统崩溃。线程对某个刀具扫描体进行存储或读取时，标定该刀具扫描体状态为“占用”。当另一个线程也将对该刀具扫描体进行读取时，首先检测该刀具扫描体状态，如果为“占用”，则进行等待，直到其状态变为“空闲”，然后对其进行存储或读取，并标定状态为“占用”。另一线程执行同样的判定进而避免发生错误，保证一致性。

9.5 本章小结

本章主要对仿真算法进行说明，包括刀具扫描体创建和工件模型的 CSG 结构表达与动态渲染。刀具扫描体创建介绍了当前刀具扫描体创建的基本方法，运用包络理论实现对刀具扫描体的创建并生成可视化模型；最后重点阐述了加工过程中工件模型的 CSG 显示原理，利用 CSG 树对工件模型进行存储，将工件模型看作由毛坯模型和刀具扫描体模型构成的 CSG 结构模型。描述基于 SCS 算法的工件模型的动态渲染过程，同时融合了空间分割、刀具扫描体合并以及遮挡查询等方法以提高渲染效率，最终实现了加工仿真的动态显示。采用双线程模式提高仿真速度同时保证渲染过程的流畅性与稳定性。

参考文献

[1] 冯海文. 异形螺杆加工过程三维动态仿真系统研究与实现[D]. 沈阳：沈阳工业大学, 2003.

[2] 赵红显. 数控加工运动仿真及材料去除的研究与实现[D]. 西安：西北工业大学, 2005.

[3] 谢波. 多轴数控编程及其仿真技术的研究[D]. 广州：广东工业大学, 2010.

[4] 韩向利, 袁哲俊, 焦建斌，等. 五坐标机床后置处理方法的研究[J]. 组合机床与自动化加工技术, 1995(3): 34-37.

[5] 李光耀，张燕平．一种适用于微机的三轴加工仿真算法[J]．计算机辅助工程，1998，7(1)：18-22.

[6] 李吉平，张文铭，黄田．NC 图形验证与仿真技术的研究概况[J]．计算机仿真，2001，18(5)：52-55.

[7] 刘晓强，唐荣锡．实体造型技术的现状与发展趋势[J]．计算机辅助设计与图形学学报，1997，9(3)：284-287.

[8] 张玮，郑力．数控加工仿真系统的研究现状与发展趋势[J]．机械制造，2007，45(9)：7-8.

[9] Voelcker H B, Hunte W A. The role of solid modeling in machining-process modeling and NC verification[J]. Training, 1981, 2014: 04-07.

[10] 汪辰．基于实体布尔运算的数控车削仿真系统的研究与实现[D]．南京：南京航空航天大学，2001.

[11] Wang W P, Wang K K. Geometric modeling for swept volume of moving solids[J]. Computer Graphics and Applications, IEEE, 1986, 6(12): 8-17.

[12] Fleisig R V, Spence A D. Techniques for accelerating B-rep based parallel machining simulation[J]. Computer-Aided Design, 2005, 37(12): 1229-1240.

[13] Jerard R B, Drysdale R L, Hauck K E, et al. Methods for detecting errors in numerically controlled machining of sculptured surfaces[J]. Computer Graphics and Applications, IEEE, 1989, 9(1): 26-39.

[14] 邵志香．面向自由曲面数控加工的适应性实时仿真关键技术研究[D]．北京：中国科学院研究生院，2012.

[15] Chappel I T. The use of vectors to simulate material removed by numerically controlled milling[J]. Computer-Aided Design, 1983, 15(3): 156-158.

[16] Jerard R B, Hussaini S Z, Drysdale R L, et al. Approximate methods for simulation and verification of numerically controlled machining programs[J]. The Visual Computer, 1989, 5(6): 329-348.

[17] Van Hook T. Real-time shaded NC milling display[C]. ACM SIGGRAPH Computer Graphics. ACM, 1986, 20(4): 15-20.

[18] Huang Y, Oliver J H. Integrated simulation, error assessment, and tool path correction for five-axis NC milling[J]. Journal of Manufacturing Systems, 1995, 14(5): 331-344.

[19] Jang D, Kim K, Jung J. Voxel-based virtual multi-axis machining[J]. The International Journal of Advanced Manufacturing Technology, 2000, 16(10): 709-713.

[20] Hauth S, Murtezaoglu Y, Linsen L. Extended linked voxel structure for point-to-mesh distance computation and its application to NC collision detection[J]. Computer-Aided Design, 2009, 41(12): 896-906.

[21] 刘春孝，勒孝峰．NC 加工过程几何建模与仿真研究[J]．安阳工学院学报，2009 (6)：11-12.

[22] Hsu P L, Yang W T. Realtime 3D simulation of 3-axis milling using isometric projection[J]. Computer-Aided Design, 1993, 25(4): 215-224.

[23] Maeng S R, Baek N, Shin S Y, et al. A fast NC simulation method for circularly moving tools in the Z-map environment[C]. Geometric Modeling and Processing, 2004. Proceedings. IEEE, 2004: 319-328.

[24] Karunakaran K P, Shringi R, Ramamurthi D, et al. Octree-based NC simulation system for optimization of feed rate in milling using instantaneous force model[J]. The International Journal of Advanced Manufacturing Technology, 2010, 46(5-8): 465-490.

[25] Yau H T, Tsou L S. Efficient NC simulation for multi-axis solid machining with a universal APT cutter[J]. Journal of Computing and Information Science in Engineering, 2009, 9(2): 021001.

[26] Liu S Q, Ong S K, Chen Y P, et al. Real-time, dynamic level-of-detail management for three-axis NC milling simulation[J]. Computer-Aided Design, 2006, 38(4): 378-391.

[27] Li J G, Ding J, Gao D, et al. Quadtree-array-based workpiece geometric representation on three-axis milling process simulation[J]. The International Journal of Advanced Manufacturing Technology, 2010, 50(5-8): 677-687.

[28] Bohez E L J, Minh N T H, Kiatsrithanakorn B, et al. The stencil buffer sweep plane algorithm for 5-axis CNC tool path verification[J]. Computer-Aided Design, 2003, 35(12): 1129-1142.

[29] 马立新. 基于虚拟环境的数控仿真系统的开发[D]. 北京：华北电力大学, 2007.

[30] 韩向利, 袁哲俊. 直线与刀具扫描体求交算法及其应用研究[J]. 计算机辅助设计与图形学学报, 1997, 9(2): 123-129.

[31] 韩向利，肖田元，古月，等. 虚拟加工环境的开发与研究[J]. 计算机应用，2000, 20(8):234-237.

[32] 盛亮, 廖文和. 支持实体数控铣削仿真验证的 Cuboid-Array 模型的研究[J]. 计算机辅助设计与图形学学报, 2004, 16(4): 598-600.

[33] 罗堃. 三角片离散法实现数控铣床加工仿真[J]. 计算机辅助设计与图形学学报, 2001, 13(11): 1024-1028.

[34] 乔咏梅, 张定华. 数控仿真技术的回顾与评述[J]. 计算机辅助设计与图形学学报, 1995, 7(4): 311-315.

[35] 汤幼宁, 魏生民. 基于 Dexel 模型的 NC 加工仿真和验证研究[J]. 西北工业大学学报, 1997, 15(4): 629-633.

[36] 李吉平, 刘华明. 复杂曲面加工精度检验中曲面法矢与刀具扫描体求交算法的研究[J]. 计算机辅助设计与图形学学报, 2000, 12(12): 931-935.

[37] 高照学. 开放式三轴联动数控铣系统研制[D]. 成都：西南交通大学, 2006.

[38] 王建. 通用五轴联动机床加工后处理及加工仿真系统研究[D]. 成都：西南交通大学, 2010.

[39] 李国良, 王培俊, 侯磊，等. 基于 OpenGL 的虚拟数控车床加工仿真系统研究[J]. 机械设计

与制造, 2011 (11): 168-170.

[40] 陈国彦. 铣削加工中心数字化样机开发与仿真研究[D]. 沈阳：东北大学, 2008.

[41] 陈建. 通用五轴数控加工仿真系统研发[D]. 成都：西南交通大学, 2014.

[42] Stewart N, Leach G, Sabu J. Linear-time CSG rendering of intersected convex objects. http://wscg.zcu.cz/wscg2002/Papers_2002/B79.pdf

[43] Stewart N, Leach G, John S. An improved z-buffer CSG rendering algorithm[C]. Proceedings of the ACM SIGGRAPH/EUROGRAPHICS workshop on Graphics hardware. ACM, 1998: 25-30.

[44] 谢黎明, 蔡善乐, 靳岚，等. 螺栓节点球加工过程的可视化仿真[J]. 中国制造业信息化: 学术版, 2004, 32(8): 113-116.

第 10 章　五轴数控加工仿真系统 MSIM 开发

数控加工仿真系统是基于虚拟现实的仿真软件。20 世纪 90 年代初源自美国的虚拟现实技术是一种富有价值的工具，可以提升传统产业层次、挖掘其潜力。

在数控加工仿真系统的开发方面，应用比较广泛的有 UG、CATIA、Pro/E 的仿真模块等。此外，市场上还有独立的加工仿真系统，如美国 CGTECH 公司的 Vericut 等。

针对大多数控加工仿真软件无法实现几何模型通用建模的不足，本书利用 VS2008 与 Open Scene Graph(OSG) 开发数控加工仿真系统，采用实例模型库的方式实现不同结构机床、刀具的加工仿真。

10.1　系统框架搭建

1. 系统构架的设计

系统构架是系统功能实现的基础。本系统采用三次结构模型进行设计，即表示层(UI)、业务逻辑层(BLL)、数据访问层(DAL)，系统总体框架如图 10-1 所示。

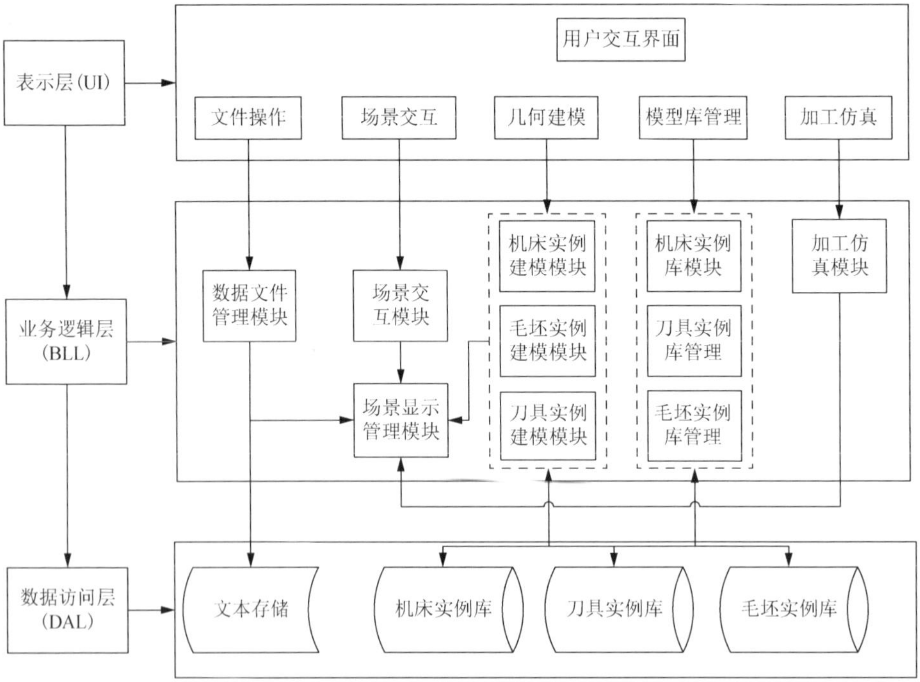

图 10-1　系统总体框架图

1）表示层（UI）

人机交互界面，用于人机交互输入，该层主要用于界面设计。

2）业务逻辑层（BLL）

执行系统相关功能，处理相关数据。数据文件管理模块用于处理场景文件数据，实现保存与加载；场景交互模块用于实现场景交互；几何建模模块用于建立虚拟机床、刀具以及毛坯模型；实例库管理模块实现对实例库的查看、修改以及删除；加工仿真模块实现数控加工仿真；场景显示管理模块实现对所建立的虚拟模型以及加工仿真过程进行实时显示。

3）数据访问层（DAL）

系统数据支撑层，数据文本实现对加工工况进行保存，方便直接加载；各实例库实现对机床、刀具以及毛坯的存储。

2. 系统界面的开发

本书采用 MFC 开发整个系统界面，采用 OSG 实现虚拟场景渲染，其界面如图 10-2 所示。

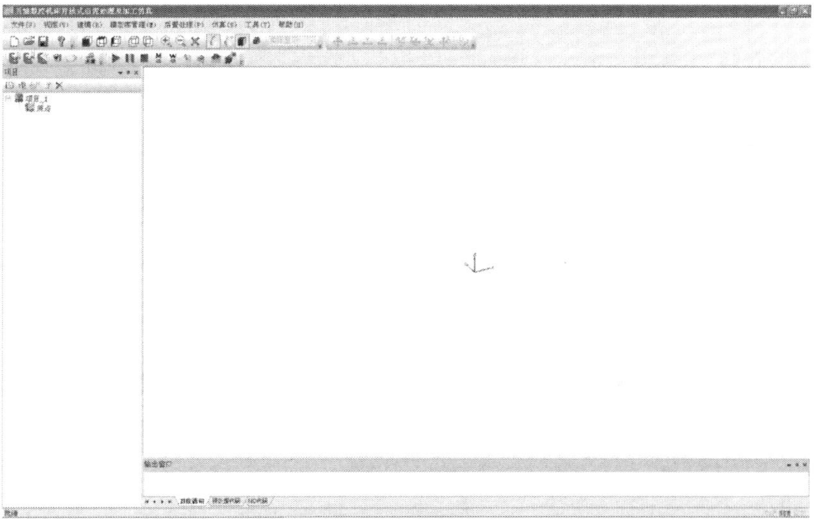

图 10-2　系统界面

1）菜单栏与工具栏

包含了系统的所有交互指令，实现系统交互操作。文件操作包括新建、保存与修改；视图操作包括场景视图选择（主视图、俯视图、左视图、轴测图）、视图操作（平移、旋转、缩放）、显示模式、光照、纹理等设置；建模包括机床、刀具与毛坯的建立；模型库管理包括机床、刀具、毛坯实例库的管理；仿真实现机床运动仿真与加工仿真；工具包括界面风格设定、场景背景设置以及节点距离测量等辅助功能；帮助用于查看帮助文档与系统信息。

2) 场景树

对虚拟场景中的节点模型进行树状结构显示，方便实现对各节点模型进行隐藏\显示、删除、属性查看等。

3) 虚拟场景显示区域

显示系统所建立的虚拟模型，并根据相应的操作指令实时更新。

4) 数据输出窗口

用于对当前所处理的刀位语句、NC 代码等进行显示。

10.2 加工仿真系统几何建模

虚拟加工仿真环境的几何模型主要包括机床模型、刀具模型以及毛坯模型，本节将分别介绍机床、刀具与毛坯模型及其实例库的建立过程。

10.2.1 机床建模

数控机床包括床体本身、运动部件、主轴以及冷却系统、液压系统等附属结构。然而对于几何仿真而言，其主要考虑的是机床的形体特征与功能特征。因此对于虚拟机床模型只需表达出主体几何特征与完整的运动功能特征即可，对于其附属结构则不予考虑。

在加工仿真过程中，机床模型的各个部件形状、大小不发生变化，为此对于虚拟机床采用简化的 CSG 方法构造，即机床模型由各部件模型简单组合而成，不进行布尔操作。采用该方法，通过各部件的有序组合也体现出了机床的运动特征。对于每个机床部件，都存在自己的局部坐标系，根据相应的位置变换将该机床部件变换到其上级部件的局部坐标系下进行组合、叠加形成一个新的部件模型，将该部件与其他部件继续进行组合、叠加，进而形成整个机床模型。在加工仿真运动控制过程中，根据相应的运动指令对各运动部件进行相应的位置变换即可。

为了能实现加工仿真并保证虚拟场景的可视化效果，虚拟机床的建立需要考虑以下几个问题。

(1) 零部件的层次结构。一台虚拟机床可以由若干零部件构成。在机床的创建过程中要明确各零部件之间的层次结构关系。

(2) 零部件的定位与装配。表达出各零部件之间的相对位置关系，确定各零部件的空间位置。

(3) 零部件的运动约束。明确机床各零部件之间的相对运动关系，确定各零部件的运动自由度。

(4) 零部件的模型生成。为保证机床可视化效果，需准确地表达出各零部件的三维形状，通过对各零部件进行三维实体造型，然后组装构建虚拟机床模型。

为此，可将虚拟机床模型看作一个装配体，运动模型是建立在装配模型基础上的。装配模型中各模型层次节点由机床拓扑结构决定，实体模型依附于相应的拓扑节点。机床模型主要由拓扑结构链、三维实体模型以及属性参数三部分统一表达，其相互关系如图 10-3 所示。

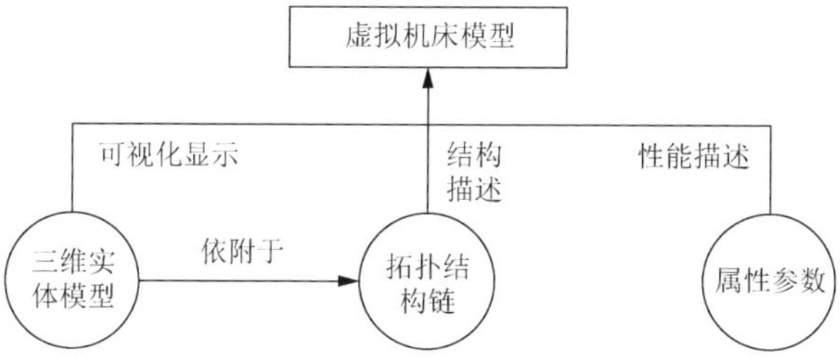

图 10-3　虚拟机床模型组织关系

1. 拓扑链

机床拓扑结构链是从床身部件开始，按照机床的运动层次关系将平动轴、旋转轴、刀架以及工作台进行顺次连接，相邻的部件之间最多存在一个自由度的运动变换(平动或转动)，五轴运动则是通过各个部件的联动完成。另外，为了能够体现各部件之间的相对位置关系，对每个运动部件存在一个局部坐标系，记录了该部件相对于上级部件的位置和角度关系。

通过拓扑链表进行机床装配体模型的建立，保证正确的运动关系。在本系统中，虚拟场景中的模型采用树状层次结构进行存储，即场景中存在一个根节点(Root)，根节点下可包含多个枝节点(Group)，同时每个枝节点也可包含多个枝节点。一个节点包含另一个节点则构成一对父子关系，由此，整个场景树可看作由多个不同层次的父子关系组成，父节点运动，其所有子节点随之运动，子节点的运动则是相对于其父节点进行的。对于机床装配体模型，其树状层次结构如图 10-4 所示。

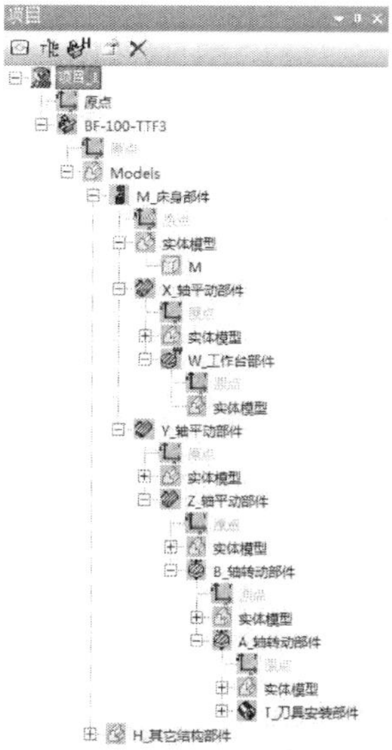

图 10-4　机床装配体模型树状层次结构图

从图中可以看出，该装配体模型的层次关系与机床拓扑结构一一对应，能够实现机床的运动模拟。另外各个部件均包含一个局部坐标节点，便于设定其相对于上级部件间的局部坐标位置。局部坐标系的位置主要通过手动输入和从机床实体模型中自动获取两种方式获得。

2. 三维实体模型

通过拓扑结构链表所建立的机床装配体模型，只体现了机床的层次结构关系与运动关系，是抽象的机床模型，无法表达机床的几何形状特征，进而无法进行可视化显示。为此需要对所建立的装配体模型添加三维实体模型，以表达机床几何形状。

对于机床实体模型的建模，其模型的复杂程度直接决定了机床几何形状的准确性以及可视化效果，为此机床实体模型采用 CAD 软件进行建立，建立完成后将其转换为通用模型文件格式，然后通过相应的导入接口导入，以保证机床几何形状准确性与可视化效果。在机床实体模型建模过程中，针对每一种具体结构的机床可简化去掉与几何仿真无关的部件(如刀库、排屑箱、控制面板、外壳等)，以减少实体模型的建模时间与虚拟机床模型的数据量。

通用模型文件格式很多，包括 igs、stl、step、3ds 等，本书开发的系统支持的通用文件格式为 stl 和 3ds。由于 3ds 文件由许多不同层次的块(本书称为节点)组成，在读入 3ds 格式模型后能够很好地获取模型的层次结构关系(特别针对装配体模型尤为重要)。为此本系统优先考虑 3ds 格式模型。同样，采用树状结构对导入的 3ds 模型各块的层次结构进行存储，同时在 3ds 模型的解析过程中采用深度优先遍历(Depth-First Traversal)的方式，尽可能从纵深进行搜索，直至末端节点，再逐步返回到上一级尚未访问的节点。

1) 3ds 模型文件解析过程

(1) 读入 3ds 模型；

(2) 遍历当前节点 a(a 为节点编号)，获取其子节点数量 n；

(3) 如果 $n\neq0$，且 $i<n$(i 为子节点编号，范围 0~n)，则遍历子节点 i，同时将该子节点作为当前节点返回步骤②)；

(4) 如果 $i\geqslant n$(表示遍历到某个节点的最末子节点)，则绘制该节点模型，记录该节点位置等相关信息并将其子节点添加到该节点中，同时 a=a+1，返回步骤(2))，直到所有节点已遍历则结束；

(5) 如果 $n=0$(表示该节点无子节点)，则绘制该节点模型，并记录该节点位置等相关信息，同时 $a=a+1$，返回步骤(2))，直到所有节点已遍历则结束。

2) 机床模型的导入

机床模型的导入分为装配体模型导入和单体模型导入两种方式。

(1) 单体模型。针对单体模型，导入后直接设置其依附的机床装配体(根据机床拓扑链表所建立)的层次节点，然后输入其相对于所依附的层次节点间的相对位置关系以及依附节点相对于上级节点间的相对位置关系，然后导入下一单体模型重复上述操作。

(2)装配体模型。对于装配体模型，采用的是一次性导入，导入后依次对其子模型进行依附层次节点的设置。由于装配体模型各子模型的位置关系已经确定，完成子模型的依附节点设置后需重新计算并更新该子模型的局部坐标系，以保证子模型的绝对位置不变，否则机床模型将发生错乱。另外根据装配体模型中各运动子模型间的运动位置关系，设置对应的依附节点的相对运动位置关系，X、Y、Z 平动轴可直接默认相对于原点进行平动，A、B、C 旋转轴则必须确定各旋转轴的旋转中心位置。

如果各实体模型之间存在错误的位置关系也可像单体模型一样手动输入其相对于依附节点间的位置关系，同时也可调整各依附节点间的相对位置关系。

对于导入的机床模型，其依附节点的设置则是通过手动指定各实体模型在拓扑结构链表中的拓扑名称实现。设置完成后，遍历机床装配体层次结构树，找到对应拓扑结构名称的层次节点，将相应的实体模型添加到该层次节点下，并更新其局部位置关系。针对辅助部件模型(如刀库、排屑箱、控制面板、外壳等)，其在拓扑链中无法获取拓扑结构名称，则将其统一放置到辅助部件模型层次节点下。

机床实体模型的添加过程如图 10-5 所示。

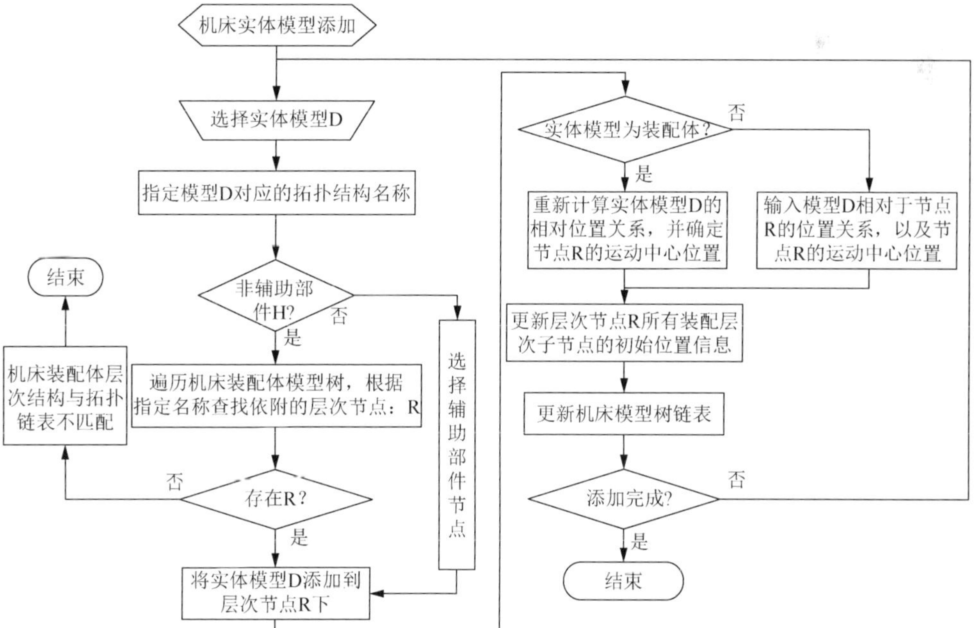

图 10-5　机床实体模型添加逻辑流程图

图 10-6 表示的是完成实体模型添加后，机床装配体模型的可视化显示。从图中可以看出机床的各个实体模型均依附于相应的层次节点，跟随节点进行运动，同时机床各实体模型保持原有的相对位置关系。

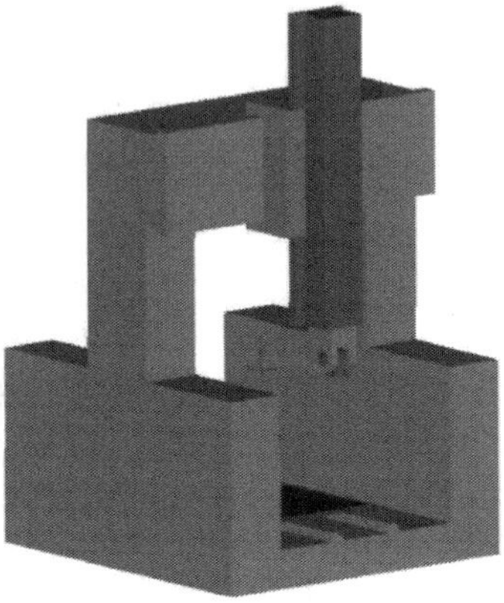

图 10-6　机床模型可视化

3. 属性参数

完整的数控机床不仅有完整的实体模型，还有许多描述其性能的属性参数。对于几何仿真，考虑的属性参数主要有机床结构类型、数控系统类型、轴数、机床坐标系、机床零点、行程等，具体见表 10-1 所示。

表 10-1　机床主要属性参数

参数	数据类型	取值	单位	功能描述
名称	字符串	——	——	机床名称
类型	整形	1，2，…	——	车床、铣床、钻床、刨床、磨床等
数控系统	整形	1，2，…	——	FANUC、SIEMENS、HEIDENHAIN 等
轴数	整形	2，3，…	——	2 轴、3 轴、4 轴、5 轴等
机床坐标系	浮点数	——	mm	机床坐标系在场景绝对坐标系中的姿态
机床零点	浮点数	——	mm	机床零点位置
行程限定	浮点数	——	mm	各运动轴的运动范围

10.2.2　刀具建模

在数控加工中，刀具直接参与工件的切削，刀具的形状、精度也直接决定了工件加工的精度。由此，建立准确的刀具模型也是数控加工仿真中重要的一步。针对铣刀而言，其每个刀齿截面复杂多变，几何参数众多，准确的描述其几何形状需要大量的数据信息，同时建模也十分困难。另外考虑到几何仿真过程中，与毛坯进行布尔运算的是刀具运动所形成的包络体，因此仿真系统中所建立的刀具模型(通用刀具模型)只需能够表达出刀具运动过程中参与扫略的截面形状即可，无需建立真实的刀具模型。

对于通用刀具模型，其结构进行了简化，模型易于表达，提高了建模效率。但是相比实体刀具模型而言，其降低了仿真过程中可视化效果。为此，本节针对实体刀具和通用刀具，介绍外部实体导入和直接建模两种建模方式，可根据当前计算机环境和仿真需求，选择建立相应的刀具模型。

1. 外部实体导入

对于实体刀具模型，首先采用 CAD 软件(如 CATIA)进行三维实体造型，然后转换为系统能够读取的文件格式(3ds、stl 等)载入系统。

2. 直接建模

直接建模的方式主要用于建立结构简单的刀具模型或者进行结构简化的通用刀具模型。另外，五轴数控加工大多采用铣削加工，由此通用刀具建模主要针对铣刀建模。

根据数学模型即可进行通用铣刀模型的建立，建立过程主要分为两步。

(1) 计算初始截面。

初始取旋转角度 $\theta=0$，计算刀具旋转截面，同时通过离散采样的方式计算截面离散点 $\boldsymbol{A}_0$。对于上、下圆锥与圆柱部分，由于其旋转母线为直线，因此取其起始点；对于圆环部分则将圆环角度 φ 按照一定精度进行离散，根据式（9-2）计算相应离散点。

(2) 旋转生成刀具模型

将初始截面 $\boldsymbol{A}_0$ 绕刀轴矢量 $\boldsymbol{N}$ 进行旋转，以 $\Delta\mu$ 作为旋转离散精度计算各旋转截面 $\boldsymbol{A}_i$。

$$\boldsymbol{A}_i = \boldsymbol{A}_0 \cdot \boldsymbol{M}_{\mathrm{Rot}i}(\Delta\mu \times i, \boldsymbol{N}), \qquad (\Delta\mu \times i) \in [0,\ 2\pi] \tag{10-1}$$

式中，$\boldsymbol{M}_{\mathrm{Rot}i}(\Delta\mu\times i,\ \boldsymbol{N})$ 为绕刀轴矢量 $\boldsymbol{N}$ 旋转角度 $\Delta\mu\times i$ 的旋转矩阵。

将各截面 $\boldsymbol{A}_i$ 首尾相连，对于侧面通过四面体(QUAD_STRIP)的方式创建，上下端面则通过三角面片(TRIANGLE_FAN)方式创建，进而构成一个多面体即刀具模型，过程如图 10-7 所示。

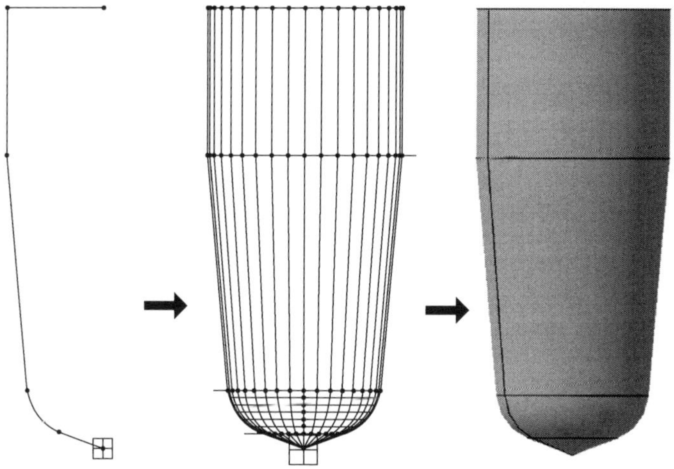

图 10-7　刀具建模过程

外部实体导入和直接建模两种方式组合，可建立的刀具的类型和结构得到了大大地扩展，增加系统的适应性。

10.2.3　毛坯建模

在数控加工中，毛坯的形状大多都是简单的规则几何形体，如长方体、柱体。对于此类简单的几何形体，通过参数化的建模方式(直接建模法)即可完成。首先，根据输入的几何参数，计算该几何形体的各个顶点位置；然后，根据几何形体的边界构成，构建几何形体的各个侧面；最后，设定各个侧面的法矢方向，确定正反面，从而构建几何形体。

然而，对于多道工序的数控加工(精加工)过程中，其被加工模型的几何形状由上道工序(粗加工)的加工结果决定，被加工模型的几何形状复杂多变，不再是简单的规则几何体，直接建模的方式已无法建立该模型。对此，同样采用外部导入的方式构建该毛坯模型，其过程不再叙述。

直接建模和外部导入的方式构建毛坯模型，扩大了毛坯的建模范围，使得系统能够对任意形状的毛坯模型进行加工仿真，不再局限于规则的几何体，提高了系统的通用性。

10.3　五轴数控加工仿真流程

数控加工仿真在完成虚拟加工仿真环境搭建的基础上经历 NC 代码解析、机床运动控制、刀具扫描体创建、工件 CSG 模型创建与动态渲染几大过程。其中 NC 代码解析、机床运动控制统称为机床运动仿真，其过程实现机床运动模拟，刀具扫描体创建、工件 CSG 模型创建以及动态渲染属于加工仿真过程。仿真流程也主要从以上几个方面进行，如图 10-8 所示。

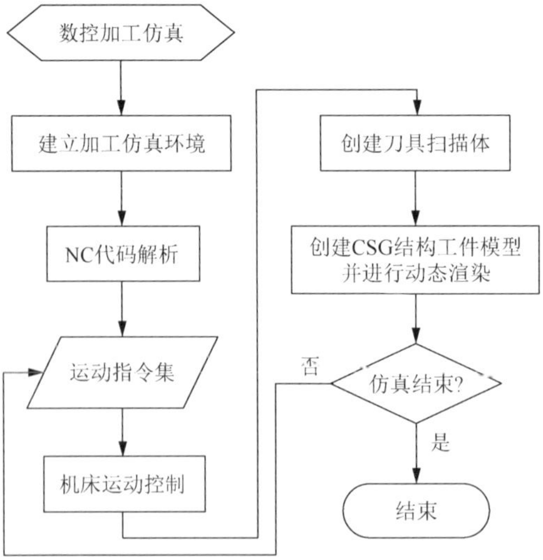

图 10-8　数控加工仿真基本过程

(1) 建立加工仿真环境。该模块主要建立加工仿真所用的机床、刀具以及毛坯模型，同时设置相应的加工仿真参数。

(2) NC 代码解析。NC 代码解析流程实现运动信息等提取，对 NC 代码进行分析、处理，提取运动信息形成运动指令集，并将运动指令逐条传递给机床运动控制模块。

(3) 机床运动控制。获取相应的运动指令，并对运动指令进行分析，根据当前机床结构以及坐标系统驱动机床相应部件进行相应运动。

(4) 刀具扫描体创建。通过机床带动刀具、毛坯进行运动，根据刀具与毛坯的相对运动关系创建切削过程中的刀具扫描体。

(5) 工件 CSG 结构模型创建与动态渲染。判断所形成的刀具扫描体是否与当前毛坯模型相交，如果相交则将其加入到 CSG 结构的工件模型中，同时动态渲染当前 CSG 结构工件模型。

10.3.1　NC 代码解析

在数控加工过程中，机床的运动主要通过 NC 代码驱动完成。NC 代码是由统一格式的控制数控机床运动的一组离散数字信息组成的。针对不同的数控系统，它能够识别相应的 NC 代码，并驱动机床运动。然而对于数控加工仿真，虚拟机床无法直接识别 NC 代码的运动信息，因此需要对 NC 代码进行解析，形成运动指令集，然后驱动虚拟机床进行加工仿真，又称为仿真预处理。

NC 指令种类很多，包括准备功能指令、辅助功能指令、T、F、S 指令等。然而对于加工仿真，其主要目的是获取机床运动信息，无需对所有指令进行解析。系统 NC 代码解析主要包含以下几个过程。

(1) NC 代码编译：用于解析代码是否存在语法错误，主要针对手动编程。

(2) 提取运动信息：提取代码中的运动信息，包括运动位置、坐标系参考、刀具补偿等。

(3) 提取功能信息：对一些辅助功能信息进行处理，包括主轴启停、冷却液开关等。

(4) 提取其他信息：主要针对主轴转速、换刀、进给速度等信息进行提取。

(5) 生成运动指令：对上述所提取的信息进行处理，生成统一格式的运动指令，驱动虚拟机床进行运动仿真。

表 10-2 列出了数控加工仿真系统解析的主要 NC 指令。

表 10-2　主要 NC 指令

类别	指令	格式	功能	指令	格式	功能
准备功能指令(G)	G00	G00 X Y Z A C	快速进给	G01	G00 X Y Z A C	直线插补
	G02	G02 X Y Z R	顺圆插补	G03	G03 X Y Z R	逆圆插补
	G04	G04	暂停	G40	G40	取消刀补(半径)
	G41	G41 %s	刀具半径补偿(左)	G42	G42 %s	刀具半径补偿(右)
	G90	G90	绝对命令	G91	G91	增量命令
	G94	G94 %s	每分钟进刀	G95	G95 %s	每转进刀
辅助功能指令(M)	M00	M00	程序强制停止	M01	M01	程序可选停止
	M02	M02	程序结束	M03	M03	主轴正转
	M04	M04	主轴反转	M05	M05	主轴停止
	M06	M06 T%s	换刀	M07	M07	冷却雾开
	M08	M08	冷却液开	M09	M09	冷却液关
	M30	M30	程序停止			
其他	S	S%s	主轴转速	F	F%s	进给速度
	T	T%s	选择刀具			

一个完整的数控加工程序由若干程序段组成；一个程序段由若干代码字组成；每个代码字则由文字(地址符)和数字(有些数字还带有符号)组成，其中字母、数字、符号统称为字符[1]。下面是一段刀具转动型 C-A 数控机床的 NC 代码：

```
N00001 G90
N00002 G94
N00003 T02 M06
N00004 G00 X-40.000 Y328.030 Z-213.787 A90.000 C180.000
N00005 Y325.240
……
N00015 Y318.900 Z-186.667 A84.369
N00016 Y315.609 Z-164.511 A78.738
……
N00945 G00 X40.000 Y-328.030 Z-212.194A90.000 C0.000
N00946 M05 M30
```

上述代码由 946 个程序段组成，程序段均以“N”开头，“M30”作为整个程序的结束。不同的数控系统有一定的差别，如有的数控系统整个程序以符号“%”开头，以符号“LF”结尾。针对这种情况，系统将通过相应的转换文件将其转换为对应的系统默认格式。

对于每个程序段主要包含以下全部或部分内容：

① 程序段顺序号，由字母“N”和数字表示；

② 准备功能指令，由字母“G”和数字组成，用于指定机床动作；

③ 运动位置，由字母 X、Y、Z、U、V、W、P、Q、R、I、J、K、A、B、C、D、E 中的一个和数字组成；

④ 辅助功能指令，由字母“M”和数字组成，用于指定机床辅助功能和状态；

⑤ 工艺性指令，包括 F、S、T 等，由对应的字母和数字组成，用于指定进给速度、主轴转速、刀具号等信息。

NC 代码将按程序段逐行解析，将读入的程序段按照运动信息、功能信息、工艺信息等进行提取，然后生成统一格式的运动指令，其解析过程如图 10-9 所示[2,3]。

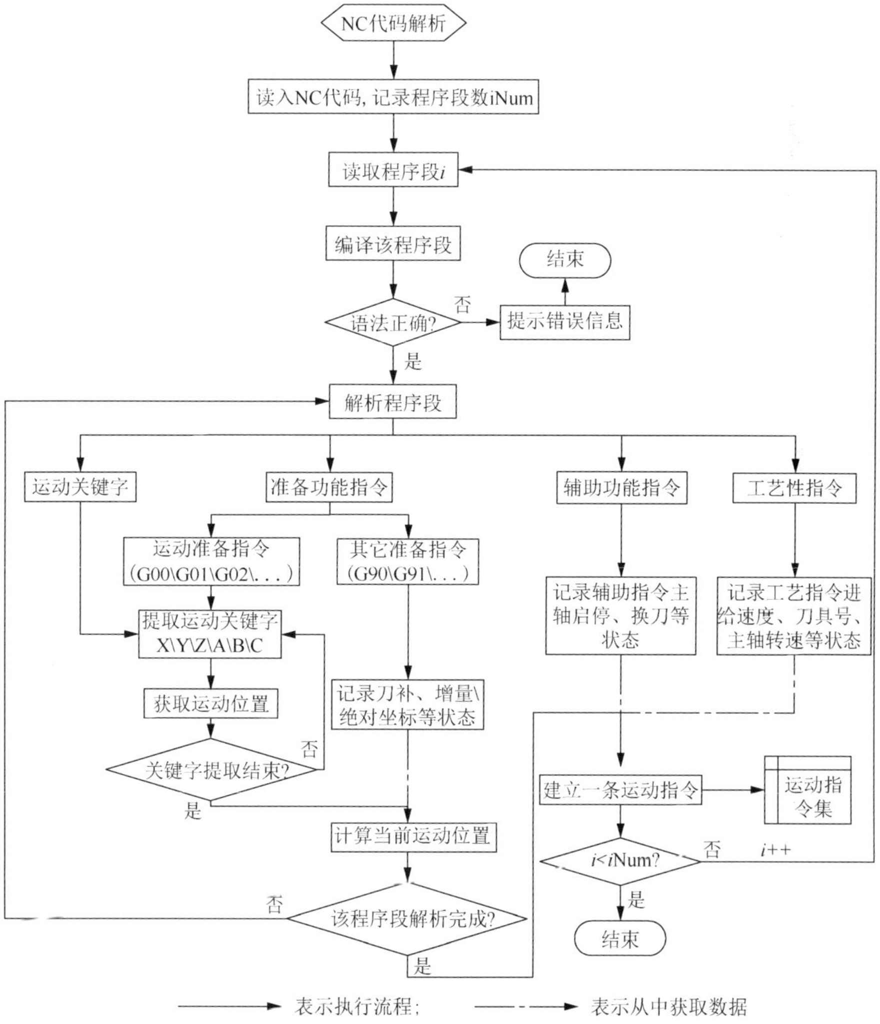

图 10-9　NC 代码解析流程

① 读入 NC 代码，记录代码的总段数。

② 按程序段逐行解析，判定语法是否错误，如果错误则提示错误信息并返回。

③ 将程序段按字符“空格”进行分割，分割为由功能指令、运动位置以及工艺性指令组成的字符串数组。

④ 解析分割的字符串数组。如果为辅助功能指令或工艺性指令，则记录相应的主轴启停、换刀、冷却液开关以及刀具号、进给速度、主轴转速等辅助功能与工艺性信息。如果为准备功能指令，当为运动准备指令(G00、G01、G02、G03 等)时，按运动位置关键字(X、Y、Z、U、V、W、P、Q、R、I、J、K、A、B、C、D、E)进行运动信息提取，直到提取结束。反之，进行刀具补偿、增量坐标\绝对坐标转换等信息提取。另外，当以模态方式输出 NC 代码时，对运动指令不重复指定，直接给出运动关键字。

⑤ 生成统一的运动指令。根据该程序段所解析的相关运动信息以及记录的当前辅助功能和工艺性信息，生成一条运动指令，并将其加入运动指令集中，以便用于控制机床运动。

运动指令采取了统一的格式，其格式如下：

```
结构体
{
编号;
平移位置[X,Y,Z];
旋转位置[A,B,C];
平移速度[Vx,Vy,Vz];
转动角速度[ωA,ωB,ωC];
主轴转速;
刀具号;
冷却液形式(开\关);
}
```

10.3.2 机床运动控制

1. 运动分析

虚拟机床的几何模型反映了其静态结构，拓扑链反映了其层次关系，然而在加工仿真过程中机床各部件还要根据运动指令进行相应的平移或旋转运动。要实现正确的运动则需对虚拟机床进行运动分析，建立运动模型。机床运动模型具有以下特点：

(1) 机床的各部件都具有一定的运动范围，即行程；

(2) 每个运动部件最多存在一个方向的自由度，即单一的平移或旋转，通过各个部件的联动实现五轴数控加工；

(3)机床各运动部件之间具有严格的子父关系，即某一部件运动时其下的所有子部件将跟随一起运动。

2. 坐标系

虚拟机床的运动结果是由多种坐标系综合变换的结果，主要包括：绝对坐标系、机床坐标系、工件坐标系以及各部件的局部坐标系。

(1)绝对坐标系。绝对坐标系也称世界坐标系，是系统虚拟场景的默认坐标系，也是唯一不变的坐标系，主要用于进行视图变换。

(2)机床坐标系。机床坐标系是以机床原点 O 为原点建立的右手笛卡尔坐标系。机床坐标系是用来确定工件坐标系的基本坐标系，是机床上固有的坐标系，并设有固定的坐标原点。ISO 对机床坐标轴和运动方向作了统一规定，不论何种形式结构的机床，其运动统一按工件静止而刀具相对于工件的运动来描述，同时规定主轴方向为 Z 轴方向。

(3)工件坐标系。工件坐标系是固定于工件上的笛卡尔坐标系，是编程人员在编制程序时根据具体情况设定的坐标系，其与机床坐标系之间有相对确定的位置关系。

(4)局部坐标系。机床上的各个部件有自身的坐标系，它反映了各零部件的相对位置与方向。

根据以上特点，机床运动过程可以理解为将工件坐标系下的运动指令通过一系列姿态变换，最终得到其在自身局部坐标系下的运动量(平移或旋转)，然后更新相应部件模型的姿态位置，实现机床运动。

3. 运动实现

机床运动是根据运动指令中的运动位置，进行一系列的坐标位置变换，对机床相应部件的姿态位置进行更新，同时更新当前刀具的姿态位置。

10.4　几何模型建模及实例库模块

10.4.1　几何建模模块

1. 机床建模模块

机床实例包含机床拓扑、三维实体模型以及属性参数，机床建模模块也相应包含机床拓扑选择、三维实体模型导入以及属性参数设置三个模块。本系统所设计的机床实例建模界面如图 10-10 所示。

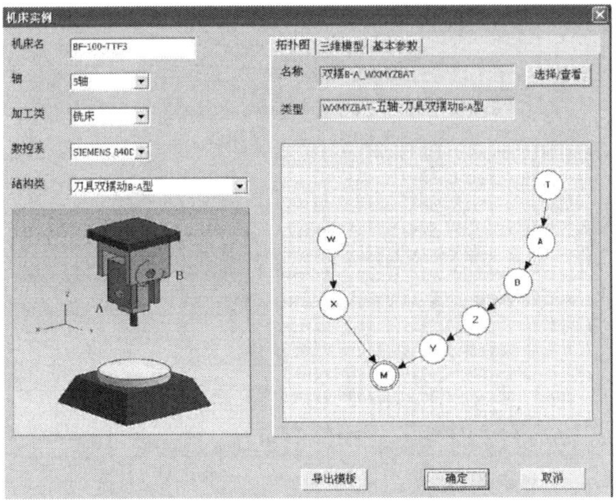

图 10-10　机床实例建模界面

1) 基本类型选择区

选择所建立的机床的轴数、加工类型、数控系统以及结构类型。另外也可通过载入模板的方式直接载入模板文件，文件中存储了该机床的基本类型、所选拓扑链、三维实体模型以及基本参数。

2) 机床结构预览区

根据选择的机床轴数、加工类型以及结构类型，显示相应的机床结构简图，用于对所选择机床的结构进行形象化展示。

3) 拓扑选择区

根据选择的机床轴数、结构对拓扑链表库进行筛选，列出当前库中满足要求的拓扑链表供用户选择，同时显示所选拓扑的具体结构及相关参数信息。图 10-11 为根据筛选条件列出拓扑库中满足要求的拓扑链表。

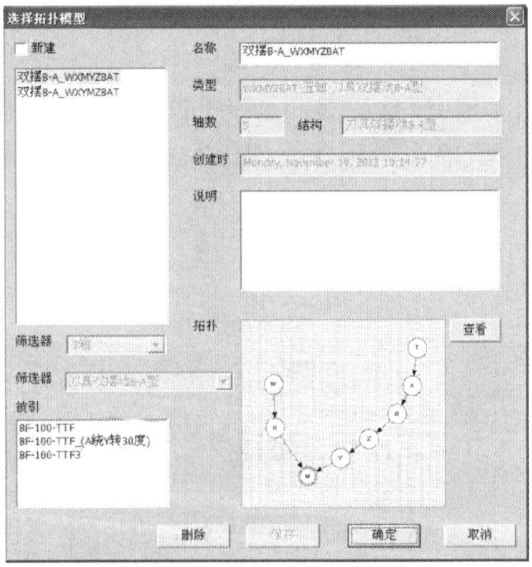

图 10-11　拓扑链表选择界面

4) 三维模型导入区

用于从外部导入该机床模型的三维实体模型，并设置其初始姿态位置，界面如图 10-12(a) 所示。通过一个模型列表，可实现多个三维实体模型的添加，用于通过单个模型导入进行机床装配的过程。另外，可选择“自绘简易模型”建立基本几何体(方体、柱体、椎体、球等)进行简易机床的创建。

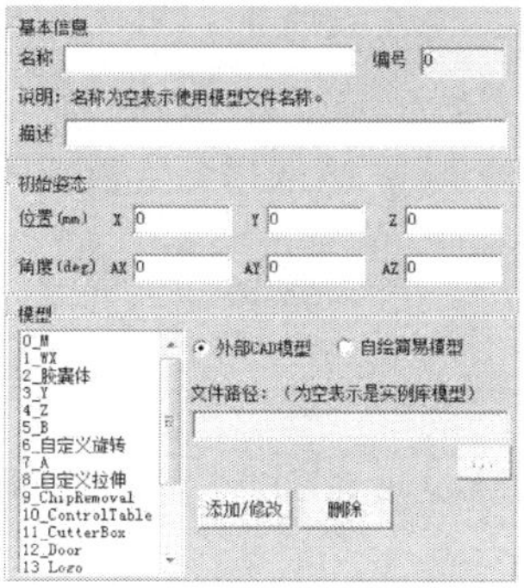

(a) 实体模型导入界面

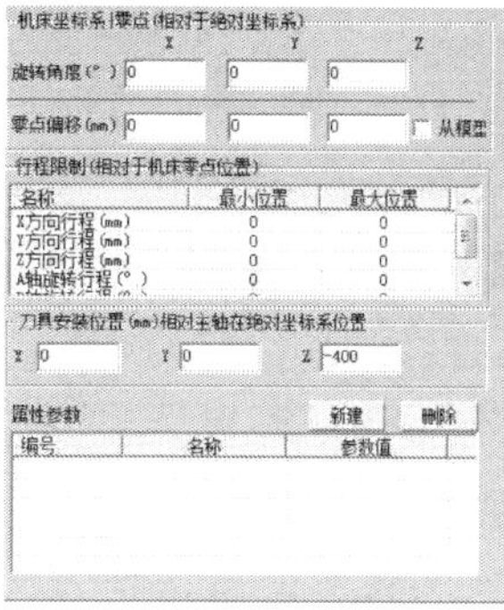

(b) 机床参数输入界面

图 10-12　部件模型与机床参数设计界面

5) 基本参数输入区

其界面如图 10-12(b)所示，对该机床的基本参数进行设置。首先进行机床坐标系和机床零点的设置，可直接获取装配体中各运动部件的默认位置作为机床零点；机床行程设置设定机床各运动轴(平动轴、旋转轴)的最小与最大运动范围；刀具安装位置设置用于设定该机床刀具装夹位置(相对于主轴)；可通过“新建”“删除”对机床属性参数进行新建或删除。

系统所建立的机床实例模型如图 10-13、图 10-14、图 10-15 所示。

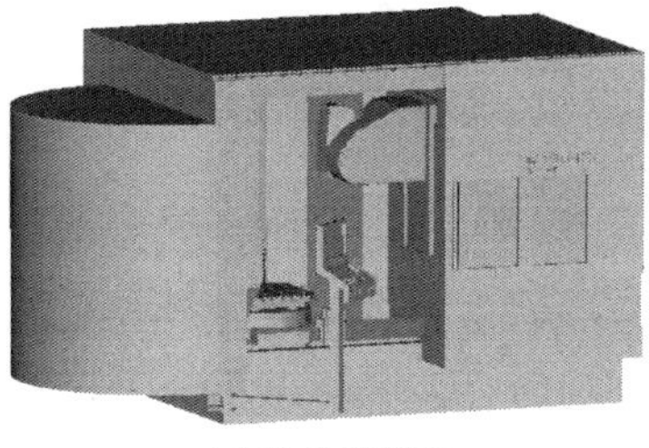

(a) 整体模型图

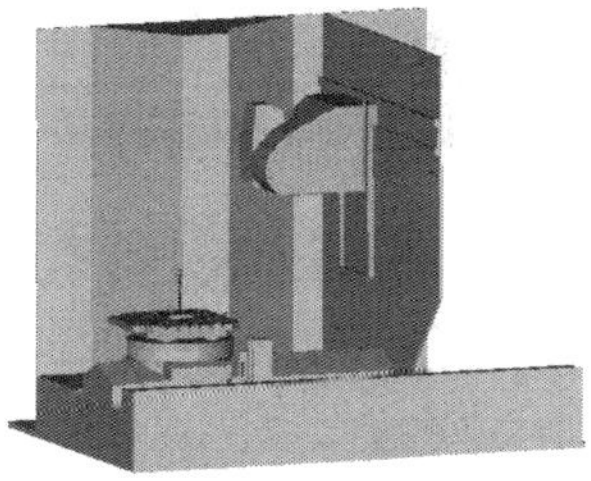

(b) 移除辅助设备模型图

图 10-13　刀具/工作台转动型 C′-A 机床(DMC125U)

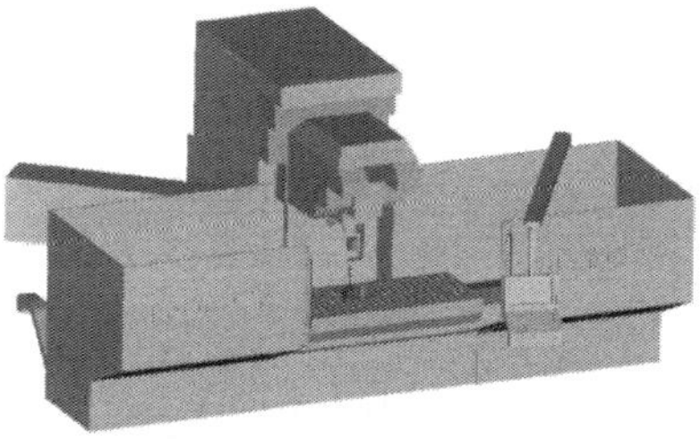

(a) 整体模型

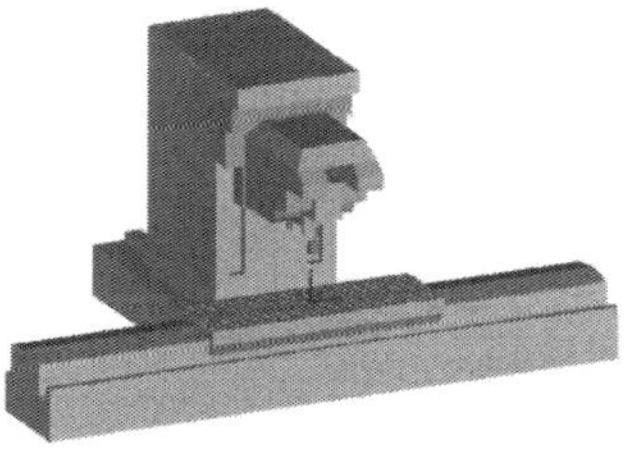

(b) 移除辅助设备模型图

图 10-14　刀具转动型 B-A 机床(BF-100-TTF)

所建立机床的实体模型均采用 CAD 软件建模后导入系统进行机床创建，其模型逼真，可视化效果强。另外，如果在创建机床时只需表达机床的运动特性，不考虑其可视化效果，可采用系统自身的建模功能建立拉伸/旋转基本体，然后通过对各个基本体的组装实现机床模型建模。

2. 刀具建模模块

该模块主要进行刀具模型的建模，包含实体模型的建立和通用模型的建立，实体模型建模则设计了相应的模型导入接口直接导入刀具 CAD 模型即可，通用模型的建立主要对车刀、铣刀、钻头、砂轮等简易刀具进行建模，刀具建模的设计界面如图 10-15 所示。

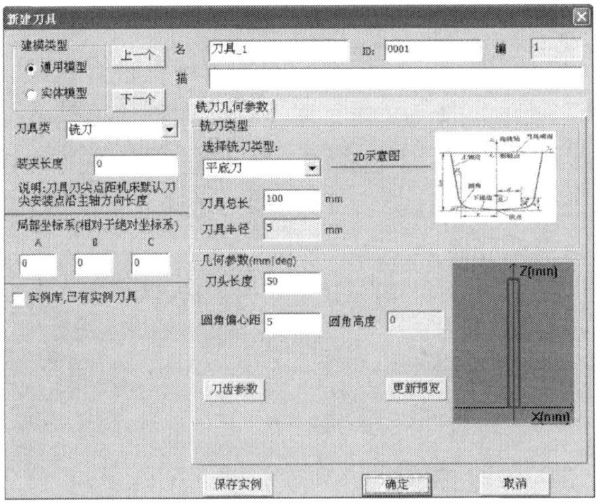

图 10-15　刀具实例建模界面

1) 类型选择区

类型选择区包含了建模类型与刀具类型的选择，根据“建模类型”的选择实现通用与实体两种刀具模型的建立。“刀具类型”包含了车刀、铣刀、钻头、砂轮等刀具类型，根据选择实现各种不同类型刀具的建模。

2) 坐标系设定区

设定该刀具的局部坐标系，包括其相对于场景绝对坐标系的旋转姿态，其位置由机床的刀具装夹位置与刀具自身装夹长度决定。

3) 实例显示区

根据当前所选择的刀具建模类型和刀具类型，对刀具实例库进行筛选，列出当前符合条件的刀具实例模型供用户选择。

4)基本参数输入区

实现刀具名称、ID、编号以及简要描述信息的输入。

5)几何参数输入区

根据所选刀具类型显示相应的参数输入界面，同时显示相应的示意图。“更新预览”用于当几何参数发生改变时更新示意图，实时绘制所建刀具的截面形状。如果选择“实体模型”则显示实体刀具模型的导入接口。

6)操作执行区

“保存实例”，可将所建立的刀具模型直接保存为实例模型，并存储于刀具实例库中，方便用户后续直接从实例库中载入。“确定”实现对刀具模型的建立，并关闭界面。“取消”则不执行操作直接关闭界面。

系统所建立的各种类型通用铣刀模型如图 10-16 所示。

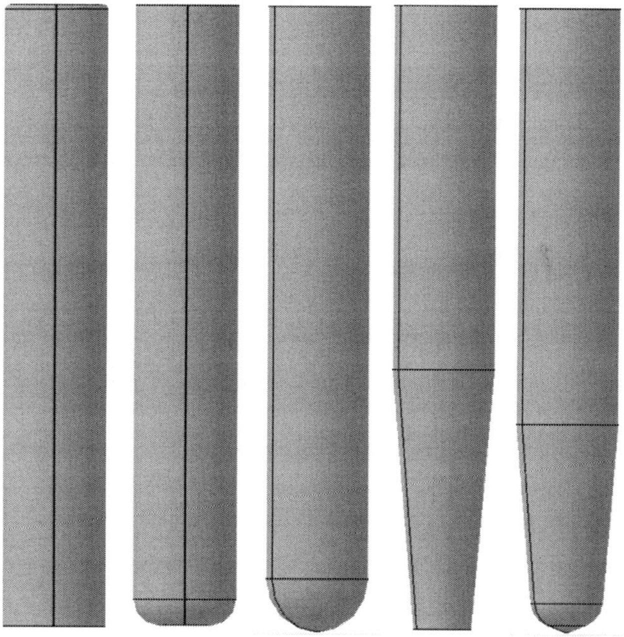

(a)平底刀　(b)圆角刀　(c)球头刀　(d)锥形刀　(e)自定义刀具

图 10-16　系统所建通用铣刀模型

3. 毛坯建模模块

毛坯模型的建立同样分为直接建模和外部导入两种方式，设计界面如图 10-17 所示。

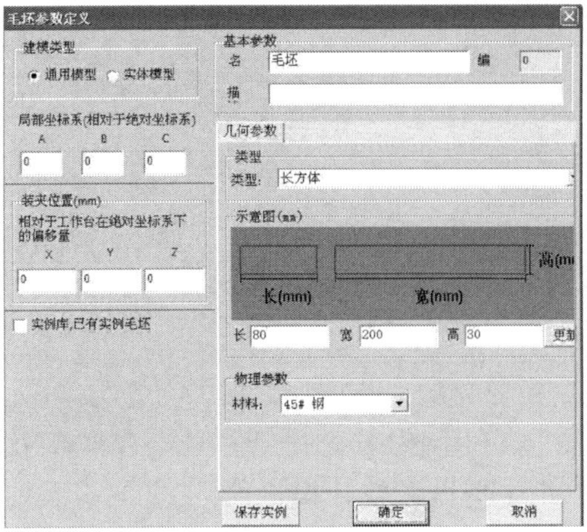

图 10-17　毛坯实例建模界面

1) 模型类型选择区

根据选择“简易模型”或“实体模型”实现两种毛坯模型的建立，如果选择“实体模型”则显示实体模型导入接口，选择“简易模型”则显示毛坯模型参数输入界面。

2) 坐标系设定区

设定该毛坯的局部坐标系，包括相对于绝对坐标系的旋转姿态，位置则通过毛坯模型的装夹位置进行确定。

3) 实例显示区

根据当前所选择的毛坯建模类型，对毛坯实例库进行筛选，列出当前符合条件的毛坯实例模型供用户选择。

4) 参数输入区

包括毛坯名称、编号、简易描述信息等基本参数与毛坯模型几何参数的输入。

5) 操作执行区

“保存实例”可将所建立的毛坯模型直接保存为实例模型，并存储于毛坯实例库中，方便用户后续直接从实例库中载入。“确定”用于建立毛坯模型，并关闭界面，“取消”则不执行操作直接关闭界面。

10.4.2　实例库模块

1. 机床实例库

机床实例库用于对所建立的机床实例模型进行有效的存储与管理，实现对机床实例的快速查看、筛选、修改、导入等操作。机床实例库管理界面如图 10-18 所示。

1) 条件筛选区

根据机床加工类型、轴数、结构类型以及数控系统等条件对机床实例模型进行筛选，方便用户快速查找已知条件下的机床实例模型。

2) 机床实例显示列表区

根据当前条件对机床实例库进行筛选，列出符合条件下的机床实例模型供用户选择。

3) 参数预览区

对所选择的机床相关结构参数、数控系统等信息进行显示，方便用户对该机床进行全面了解，同时显示该机床的预览图，直观展示机床几何形状。

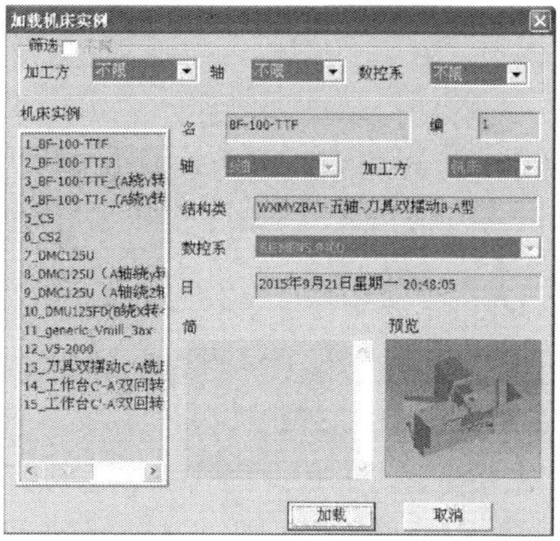

图 10-18　机床实例库管理界面

4) 操作执行区

“删除”实现对选中机床实例进行删除，“确定”则根据情况进行机床实例模型的保存与导入并关闭界面，“取消”则不执行操作直接关闭界面。

2. 刀具实例库

刀具实例库用于对所建立的刀具实例模型进行有效的存储与管理，实现对刀具实例模型的快速查看、筛选、修改、导入等操作。刀具实例库管理界面如图 10-19 所示。

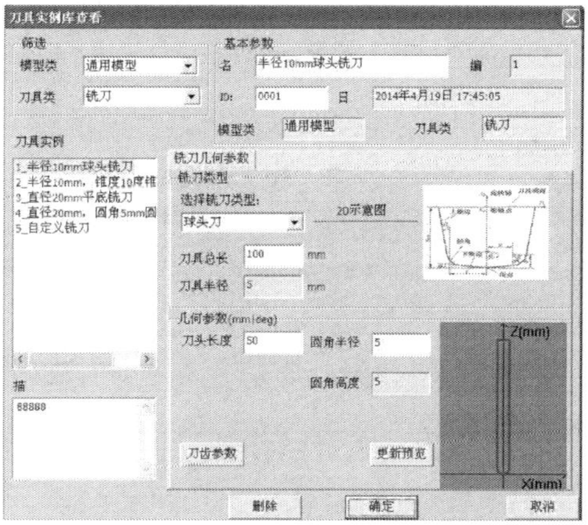

图 10-19　刀具实例库管理界面

同样，刀具实例库管理界面分为条件筛选区、实例显示列表区、参数预览区以及操作执行区，其功能与机床实例库管理界面类似，这里不再赘述。

3. 毛坯实例库

同样，毛坯实例库用于对所建立的毛坯实例模型进行有效的存储与管理，实现对毛坯实例模型的快速查看、筛选、修改、导入等操作。其界面功能与机床实例库、刀具实例库管理界面类似，不再重复叙述。

10.4.3 加工仿真模块

该模块主要实现数控加工仿真功能，通过 NC 代码驱动虚拟机床进行运动，实现机床运动仿真，同时根据刀具路径对毛坯模型进行动态切除，实现加工仿真以验证 NC 代码的正确性。加工仿真数据处理模块包括 NC 代码解析数据处理、CSG 结构工件模型数据处理。对于模块界面主要设计了机床运动操作界面与 NC 代码输入解析界面，以实现对机床的运动控制。

10.5 本 章 小 结

本章主要介绍五轴数控仿真系统的开发方法。首先对虚拟仿真环境中的几何模型的建模方法进行了介绍，采用实例库对机床、刀具以及毛坯实例模型进行有效的存储与管理。在此基础上，利用 MFC 和 OSG 进行系统界面设计，完成机床、刀具、毛坯几何模型建模模块及实例库模块的开发，最后进行加工仿真模块开发。利用该系统对典型五轴数控机床进行加工仿真，结果表明系统能够实现机床加工仿真并显示正确的仿真结果，其功能满足设计要求。

参 考 文 献

[1] 高照学. 开放式三轴联动数控铣系统研制[D]. 成都: 西南交通大学, 2006.
[2] 王建. 通用五轴联动机床加工后处理及加工仿真系统研究[D]. 成都: 西南交通大学, 2010.
[3] 陈建. 通用五轴数控加工仿真系统研发[D]. 成都: 西南交通大学, 2014.

第 11 章　五轴数控加工通用后置处理系统 MPOST 开发

通用后置处理系统重点要处理不同类型刀位文件、不同数控系统、不同机床类型的统一问题，因此关注三个主要问题：刀位文件的解析、数控系统的解析、机床运动学求解。

目前各个 CAD/CAM 软件的刀位文件格式都是基于 APT 语言而发展起来的，但是各个软件的刀位文件格式都在 APT 标准上进行了扩充，并根据自身系统的特点对刀位文件代码进行了优化，导致不同的 CAD/CAM 软件生成的刀位文件格式均有一定差异。此外，不同的数控系统、数控机床在功能、数控指令方面差别很大，需要由专业的后置处理系统完成刀位文件到机床数控程序的转化过程。

在后置处理系统的开发方面，围绕运动学求解方法，不少 CAD/CAM 软件都有商业性的后置处理系统。其中比较好的有 UG 的 NX/POST、Pro/E 的 Pro/NCPOST、CATIA 的后置处理模块等，这些后置处理系统主要是与 CAM 系统进行捆绑。除此之外，市场上还有独立的后置处理系统，如加拿大 ICAM Technology Corporation 公司的 Cam-Post、美国 Software Magic 公司的 iPost、CAD/CAM Resources 公司的 NC Post Plus 等。商业的后置处理系统会带来经济上和操作上的不便。

纵观后置处理系统的发展历程，可以得出以下结论。

(1) 专用后置处理系统种类繁多、针对性强，后置处理系统朝着通用化方向发展，但要实现真正完全通用还需要一段很长的探索之路。

(2) 商业的后置处理系统具有一定的通用性和稳定性，但是其商业性导致其代码封闭、价格昂贵，没有自主扩展性。因此，业内学者对通用后置处理系统的原理、设计思路和实现做了许多研究。

(3) 通用后置处理系统的基本流程是解析刀位文件、后置处理运算和转换成 NC 代码，但是如何使系统适应多种刀位文件格式和多种数控系统 NC 代码格式的问题没有良好的解决方案。

(4) 通用后置处理系统大多采用列举法选择机床结构的类型，从而决定适用的后置处理算法，不直观，可扩展性不强，没有一种可视化的机床结构开放式构建方案。

在仔细研究和分析通用后置处理以上几个关键问题的基础上，本章介绍一套通用的后置处理系统 MPOST 的开发方法。

11.1　通用后置处理系统设计方案

1. 总体方案设计

后置处理系统的业务流程为：刀位文件通过刀位预处理生成预处理文件，预处理文件经过运动求解生成 NC 文件。系统的总体方案如图 11-1 所示[1-3]。

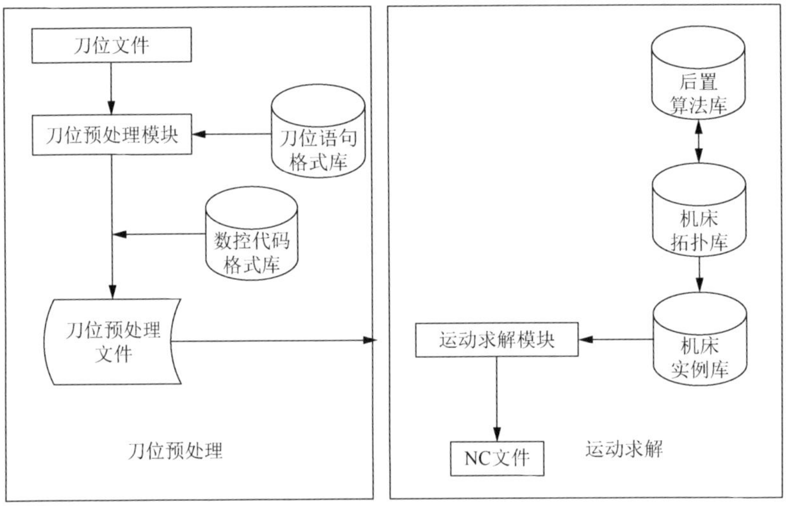

图 11-1　后置系统总体方案

2. 功能模块描述

根据业务流程，系统具有刀位预处理和运动求解两个业务模块。

刀位预处理需要刀位语句格式、数控代码格式的支撑，为了使系统使用各种 CAD/CAM 的刀位文件，需要构建刀位语句格式库和数控代码格式库并提供开放式接口。

运动求解需要机床拓扑结构的支撑，为了使系统适应各种形式的五轴数控机床，需要构建机床拓扑库并提供开放式机床拓扑图构建接口。运动学分析和求解是系统的理论核心功能，根据分析和求解建立后置算法库。后置算法需要实际机床的参数支持，机床参数体现在机床实例中，建立机床实例库是后置系统的功能之一。

综述可知系统具有两大业务模块：刀位预处理模块和运动求解模块、一个分析功能模块、后置算法模块、四个数据库模块（刀位语句模块、数控代码模块、机床拓扑模块、机床实例模块）。具体说明如下。

1) 刀位预处理模块

负责刀位文件语法分析、词法分析、语义分析，结合刀位语句格式库、数控代码格式库，将刀位文件转换成刀位预处理文件，使得该文件能够区分哪些是需要运动学解算的语句、哪些是可以直接生成数控代码的语句、哪些是需要人工交互处理的语句。

2) 运动求解模块

根据输入的刀位文件，形成预处理文件后，对需要进行运动学求解的代码，根据指定的机床类型，采用机床运动学算法库中的某种算法进行运动学解算，形成机床的运动坐标。

3) 后置算法模块

以机床拓扑库的唯一编码为原则，对应出不同类型的五轴数控机床进行运动学分析，建立运动学求解模型，并对应出相应的算法，形成算法库。

4) 刀位语句模块

以 APT III 为基础，遵从 ISO ISO-4343 2000 标准，对刀位文件的语句进行归纳总结，形成相应的语句格式库，规定出每个语句的具体含义、格式、数控代码的对应索引等，增添扩展刀位语句，使得用户可以增加语句格式，从而可以扩展 APT III 的描述功能，适应不同 CAM 系统对刀位文件定义相对特殊的定义。

5) 数控代码模块

以 ISO-6983 1982 为基础，对数控代码进行归纳总结，制定出相应的数控代码格式，确定每个数控代码语句的含义、格式等，增添扩展数控代码语句，以适应不同数控系统的机床，有相应的数控代码索引与刀位文件格式库进行对应。

6) 机床拓扑模块

定义五轴数控机床的拓扑结构，并能够唯一确定指定机床的类型，形成相应的拓扑库，该拓扑库既相对固定，又能拓展，具有开放式接口。

7) 机床实例模块

定义不同规格、类型，指定机床结构参数、机床特性参数、运动参数、使用的数控系统等，也能够根据机床拓扑库定义出机床的运动类型、唯一的拓扑结构编码，可以对参数进行扩展，形成各种类型的机床实例库。

11.2 数据库设计

系统定义 4 个数据库为刀位预处理和运动求解服务，其中刀位语句格式库和数控代码格式库使后置系统适应多种刀位文件和多种数控系统，机床拓扑库使后置系统适应各种形式的五轴数控机床，机床实例库存储了后置算法所需的机床参数。

11.2.1　刀位语句格式库

刀位文件记录了刀具运动过程中经过各点的坐标以及各种工艺参数，由于后置处理程序是按照刀位文件的顺序逐条记录读入，逐字处理，因此在刀位文件中，专用词汇、符号、数值必须以一种稳定的形式进行组合，才能被后置处理程序识别处理。

国际上通用的刀位文件为 APT-III 格式，它由一系列语句所构成，每个语句由一些关键词汇和基本符号组成，也就是说 APT 语言由基本符号、命令字和语句组成。

刀位文件命令已由 ISO（ISO-4343 2000）标准化，部分刀位命令关键字及其命令格式如表 11-1 所示。

表 11-1　标准刀位命令关键字及其命令格式

关键字	命令格式	属性	说明
GOTO	GOTO/x，y，z{，i，j，k}	x，y，z —— 刀具控制点的坐标 i，j，k ——刀轴向量	线性插补刀具运动语句，当五轴数控加工时为 GOTO/x，y，z，i，j，k，否则为 GOTO /x，y，z
MOVARC	MOVEARC/x1，y1，z1，i，j，k，r，ANGLE，a	x1，y1，z1：圆心坐标 i，j，k：圆弧轴向适量 r：圆弧半径 a：弧度	圆弧插补刀具运动的输出
GOHOME	GOHOME		刀具回零
RAPID	RAPID		表示下一直线插补运动为快速进给
FROM	FROM/x，y，z{，i，j，k}	同 GOTO	指定刀具零点
MULTAX	MULTAX/[ON，OFF]	ON：表示五轴开 OFF：表示五轴关	机床五轴运动开关语句
CUTTER	CUTTER/d，r，e，f，a，b，h	d：刀具直径 r：刀具圆角半径 e：刀心到圆角中心的距离 f：刀尖到刀心的距离 a：刀尖角 b：刀具侧边倾角 h：刀具长度	刀具形状
ORIGIN	ORIGIN/x，y，z{，i，j，k}	x，y，z：工件原点在机床原点中的坐标 i，j，k：刀具在机床坐标系中的轴向量	仅用于铣床，表示工件坐标和机床坐标的关系主要用来支持夹具偏移的使用和局部刀位输出

续表

关键字	命令格式	属性	说明
CYCLE	CYCLE/type，d，feedunits，f，c{RAPTO，r，}{，DWELL，[q|REV，p]}	type：钻孔类型，可为 BRKCHP，BORE，DEEP，DRILL，FACE，REAM，TAP d：钻孔深度 feedunits：IPM，IPR，MMPM，MMPR f：进给速度 c：间隙距离 r：安全距离 q：孔底驻留时间(以秒计) p：孔底驻留时间(以主轴转数计)	通用格式钻孔循环
	CYCLE/OFF	结束循环指令	结束循环指令
UNITS	UNITS/[INCHES|MM]	INCHES：英寸 MM：毫米	这是在刀位文件中的第二个命令字，紧跟 PARTNO 命令，指定刀位文件的单位
AUXFUN	AUXFUN/m~[，m]	m~[，m]：为整数，表示 M 代码的值	由用户添加入刀位文件，用于输出 M 代码
COOLNT	COOLNT/[ON|OFF|MIST|FLOOD|TAP|THRU]		冷却液开关及冷却类型语句
CUTCOM	CUTCOM/[ON，OFF，LEFT，RIGHT]{，d}	[ON，OFF，LEFT，RIGHT]：刀补指令开关及左右刀补 d：刀具半径补偿寄存器号	刀补开关及刀补类型语句
DELAY	DELAY/[s|REV，r]	s：驻留时间 r：主轴驻留转数	在数控程序中插入暂停时间
END	END		程序结束，并输出 NC 程序结束代码，是刀位文件的倒数第二个代码
FEDRAT	FEDRAT/f，[IPR|IPM|MMPR|MMPM]	f：进给速度值 [IPR|IPM|MMPR|MMPM]：进给速度单位	确定加工程序进给速度
FINI	FINI		刀位文件结束代码
LOADTL	LOADTL/t，LENGTH，l，OSETNO，o	t：刀具号 LENGTH，l：刀具的规格长度值。OSETNO，o：刀具偏置寄存器号。	换刀指令
MACHIN	MACHIN/text	text：用户指定的文本	描述机床信息
OFSTNO	OFSTNO/o	o：偏移寄存器的编号	用于改变当前刀具偏移寄存器编号或指定一固定偏移寄存器的编号
OPSKIP	OPSKIP/[ON|OFF]		表明在 ON 和 OFF 间的程序语句都被忽略
OPSTOP	OPSTOP		产生一个可选择性停止代码的输出，在该处程序将按操作人员的选择决定是否停止

续表

关键字	命令格式	属性	说明
PARTNO	PARTNO 'text'	text 最多为 72 个字符，包括(.，)/-+*=and 空格	列出零件程序标志符，是刀位文件的第一个命令字
PRINT	PRINT/'text'	同 PARTNO	打印出程序员的注释
ROTABLE	ROTABLE/a[， AAXIS| ， BAXIS|，CAXIS]	a：旋转角度 [，AAXIS|，BAXIS|，CAXIS]：旋转轴	工作台旋转语句，仅适用于旋转工作台机床
SPINDL	SPINDL/s， RPM[， CLW|，CCLW]{，RANGE，r} SPINDL/[ON，OFF]	s：主轴转速 [，CLW|，CCLW]：旋转方向 {，RANGE，r}：主轴范围	通常的加工并不输出 RANGE，也不输出 ON(ON 可以由用户自行添加)
STOP	STOP		该语句使机床停止

虽然目前 CAD/CAM 生成的刀位文件代码格式大多依据 ISO 规定的刀位规范，但某些代码格式依然有所不同。对于同一 CAD/CAM 系统，参数设置不同，其刀位原文件格式也有不同。

后置处理系统的难点在于使系统能够适应多种类型的刀位文件。本书以构建刀位语句格式库为解决方案，具体方法是：分解刀位语句格式，抽象出属性，采用面向对象的思想构建语句格式类及其相关类。

1. 刀位语句格式

刀位文件由一系列刀位语句组成，刀位语句由关键字和基本符号组成。关键字表达该刀位语句的意义，如 FEDRAT 表示进给语句、SPINDLE 表示主轴转速语句等，部分关键词含义如表 11-2 所示。

表 11-2　刀位语句部分关键字

分类	关键字	含义
几何元素词汇	POINT	点
	LINE	线
	PLANE	面
几何位置关系状况词汇	PARLEL	平行
	PERPTO	垂直
加工工艺词汇	FEDRAT	进给速度
	SPINDLE	主轴转速
	COOLNT	冷却液
刀具名称词汇	MILTL	铣刀
	DRITL	钻头
运动相关词汇	RAPID	快速进给
	GOTO	直线插补

基本符号如“/”“,”等在刀位语句中起辅助作用，部分基本符号含义如表 11-3 所示。

表 11-3　刀位语句基本符号含义

符号	含义	符号	含义
/	分隔语句的主部与辅部	,	分隔语句内词汇、标识符和数据
+	正数	-	负数
$	单个$语句未结束，延续至下一行。两个$表示注释语句	.	小数点

完整的刀位语句由主部和副部组成，主部即为刀位语句的关键字，副部包含辅助信息，如单位、状态、参数等。主部和副部由符号“/”隔开，副部内词汇之间由符号“,”隔开，如图 11-2 所示为 UG 刀位文件进给速度语句格式。

并非所有刀位语句都有副部，也不是所有的刀位语句都含有参数。表 11-4 列举了三种形式的刀位语句格式。

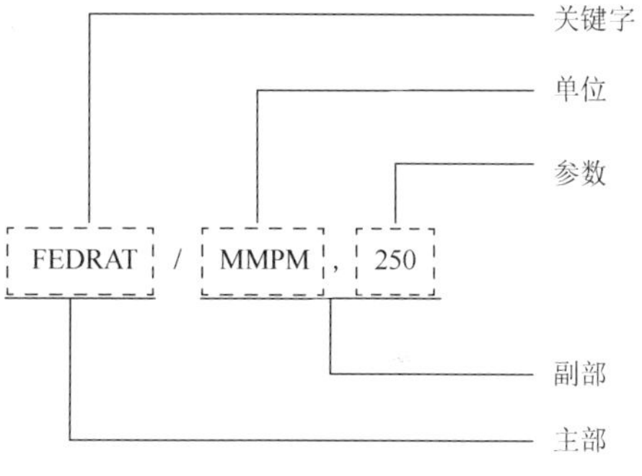

图 11-2　进给速度语句格式

表 11-4　三种类型刀位语句

类型	语句	含义
含副部、参数	FEDRAT/MMPM,250	刀具以 250mm/min 进给
含副部，不含参数	CUTCOM/OFF	刀补关
不含副部和参数	RAPID	快速进给

为了制定统一刀位语句格式，同时方便向数控代码转换，刀位语句格式按照以下原则进行设计。

(1) 以“--”代替具体参数对刀位语句进行抽象，只要参数未被分开，都只用一个“--”表示。如“FEDRAT/MMPM,250”抽象为“FEDRAT/MMPM,--”，“GOTO/1.2, 3.5, 4.5”抽象为“GOTO/--”，“LOAD/TOOL,1”抽象为“LOAD/TOOL,--”。如果参数被分开，则用多个“--”表示，如“CYCLE/DRILL, RAPTO, 10, FEDTO, -5, MMPM”抽象为“CYCLE/DRILL, RAPTO, --, FEDTO, --, MMPM”。

(2) 参数类型以“%d”表示整型，“%f”表示浮点型，多个参数之间以“-”隔开，如“GOTO/--”的参数类型为“%f-%f-%f-%f-%f-%f”。如果抽象出刀位语句包含多个“--”，则每个“--”都有相应的参数类型，类型之间用“/”隔开，如“CYCLE/DRILL, RAPTO, --, FEDTO, --, MMPM”的参数类型为“%f/%f”。不带参数的刀位语句其参数类型为“-1”。

(3) 当刀位语句需要用到其紧跟下一句刀位语句的参数时，参数类型为“%>>”。而参数的实际类型由下一句刀位语句规则确定，目前只有 RAPID 语句适用该情况。

(4) 刀位语句的格式实际上就是抽象之后的刀位语句，并设置其参数类型，指定

NC 指令索引。刀位语句格式库是抽象刀位语句的集合，为了更好地管理刀位语句格式，系统将对刀位语句进行分类，并称为“群组”，后面将对刀位语句格式库进行详细说明。

2. 刀位语句格式库设计

采用面向对象的设计思路，对刀位语句格式进行设计，将与刀位语句相关的两个概念分别看作对象，它们分别是群组和刀位语句。

群组的作用是对刀位语句进行分类，抽象为“群组类”，该类具有 4 个属性：群组编号、群组名称、群组说明和系统默认。

刀位语句抽象为“语句类”，该类具有 7 个属性：语句索引、语句名称、语句说明、参数类型、NC 指令索引、群组和默认。

面向对象的设计具有许多优点：

(1) 符合人们看待事物的思维方式，将一个具体的刀位语句格式看作一个对象，该对象具有很多属性。

(2) 更容易实现从设计到产品的转换，目前主流的编程语言都是面向对象的编程语言。

(3) 实现了刀位语句的开放式接口。面向对象的设计思路方便用户对“群组”和“刀位语句”进行扩展，群组看成一个对象，“群组类”实例对象的数量由用户决定。例如，当用户需要增加一个群组时，可以实例化一个“群组对象”，设定该对象的群组编号、群组名称和群组解释等属性即可完成一个新的群组定制，扩展方便而又符合逻辑。刀位语句亦是如此。

3. 群组表设计

群组编号的作用仅仅作为“群组对象”的标示，以示区分不同“群组对象”。因此，编号应该由计算机根据当前“群组对象”的多少进行自动编号，这样用户在扩展一个新的“群组对象”时候，其编号属性值应该等于当前未使用的最小正值(非系统保留值)，这样可方便用户进行扩展。将系统默认属性设置为 1，表示该群组为系统保留，无法修改和删除，用户自定义的群组其系统默认属性都为 0，刀位语句群组如表 11-5 所示。

表 11-5　刀位语句群组

群组编号	群组名称	群组说明	系统默认
0	feed	进给速度语句	1
1	cutcom	刀补语句	1
2	coolant	冷却液语句	1
3	motion	运动语句	1
4	spindle	主轴语句	1
5	control	辅助控制语句	1
6	unused	冗余语句	1

本书将刀位语句分为 7 类，进给速度语句、补刀语句、冷却液语句、运动语句、主轴语句、辅助控制语句、冗余语句，该 7 个群组是系统保留，无法删除。

(1)进给速度语句：包括关键字 FEDRAT 的语句。

(2)补刀语句：包括关键字 CUTCOM 的语句。

(3)冷却液语句：包括关键字 COOLNT 的语句。

(4)运动语句：包括 GOHOME、RAPID、FROM、GODLTA、GOTO 等运动相关的关键字的语句。

(5)主轴语句：包括关键字 SPINDL 的语句。

(6)辅助控制语句：如换刀、延迟等辅助控制的语句，如包含 DELAY、LOAD 等关键字的语句。

(7)冗余信息语句：前面的语句都是转换成 NC 代码所需要的语句，后置处理过程需要从这些语句中提取有用信息。而刀位文件中还包含很多与 NC 无关的语句，如解释语句、描述 CAM 刀位显示的语句、刀具参数信息语句以及一些看似与 NC 有关，但不能提取有用信息的语句。如 SPINDL/ON 在刀位文件中表示主轴开始转动，似乎与生成 NC 有关，但在 NC 代码中只要设定主轴转速，主轴就开始转动，所以 SPINDL/ON 也是无用信息。这些与 NC 无关的语句都归为冗余信息语句。

以上群组是系统默认的群组，用户可以添加和删除自定义群组，但默认的群组不能进行修改和删除。编号 0~9 为系统保留编号值，编号 10 及以上作为用户自定义群组编号。

4. 语句格式表设计

系统为抽象出的刀位语句设置参数类型和 NC 指令索引，同时每条语句有唯一标示的语句索引，在总结 UG、CATIA、Pro/E 刀位文件语句的基础上，形成刀位语句格式表，每种 CAD/CAM 刀位文件有对应的刀位语句格式表。UG 常用刀位语句格式如表 11-6 所示。

表 11-6　UG 常用刀位语句格式

语句索引	语句名称	语句说明	参数类型	NC 指令索引	群组编号	系统默认
0	FEDRAT/MMPM,--	线性进给(毫米每分钟)	%f	4/40	0	1
1	FEDRAT/IPM,--	线性进给(英寸每分钟)	%f	4/40	0	1
2	FEDRAT/MMPR,--	周期进给(毫米每转)	%f	5/40	0	1
3	FEDRAT/IPR,--	周期进给(英寸每转)	%f	5/40	0	1
4	CUTCOM/OFF	刀补关	−1	7	1	1
5	CUTCOM/ON	左补开	−1	8	1	1
6	COOLNT/ON	冷却液开	−1	31	2	1
7	COOLNT/OFF	冷却液关	−1	32	2	1

续表

语句索引	语句名称	语句说明	参数类型	NC 指令索引	群组编号	系统默认
8	SPINDL/ON	主轴开	−1	27	2	1
9	SPINDL/OFF	主轴停	−1	29	4	1
10	SPINDL/RPM,--,CLW	主轴正转(转/分)	%f	27/40	4	1
11	SPINDL/RPM,--,CCLW	主轴反转(转/分)	%f	28/40	4	1
12	GOHOME	刀具回零	−1	22	3	1
13	RAPID	快速进给	%>>	16	3	1
14	FROM/--	刀具零点	%f–%f–%f	17	3	1
15	FROM/--	刀具零点	%f–%f–%f–%f–%f–%f	17	3	1
16	GODLTA/--	增量线性插补	%f–%f–%f	17	3	1
17	GODLTA/--	增量线性插补	%f–%f–%f–%f–%f–%f	17	3	1
18	GOTO/--	线性插补	%f–%f–%f–%f–%f–%f	17	3	1
19	GOTO/--	线性插补	%f–%f–%f	17	3	1
20	DELAY/REV,--	暂停	%f	23	5	1
21	LOAD/TOOL,--	换刀	%d	42/38	5	1
100	END-OF-PATH	刀位终止语句	−1	−1	6	0
101	PAINT/ARROW	绘制语句	−1	−1	6	0
102	PAINT/ARROW,NOMORE	绘制语句	−1	−1	6	0
103	PAINT/PATH	绘制语句	−1	−1	6	0
104	PAINT/PATH,DASH	绘制语句	−1	−1	6	0
105	PAINT/PATH,SIL,--	绘制语句	−1	−1	6	0
106	PAINT/FEED	绘制语句	−1	−1	6	0
107	PAINT/FEED,NOMORE	绘制语句	−1	−1	6	0
108	PAINT/LINNO	绘制语句	−1	−1	6	0
109	PAINT/LINNO,NOMORE	绘制语句	−1	−1	6	0
110	PAINT/TOOL,FULL,--	绘制语句	−1	−1	6	0
111	PAINT/TOOL,--	绘制语句	−1	−1	6	0
112	PAINT/TOOL,NOMORE	绘制语句	−1	−1	6	0
113	PAINT/ON	绘制语句	−1	−1	6	0
114	PAINT/OFF	绘制语句	−1	−1	6	0
115	PAINT/SPEED,--	绘制语句	−1	−1	6	0
116	PAINT/PRINT,NOTES	绘制语句	−1	−1	6	0
117	PAINT/COLOR,--	绘制语句	−1	−1	6	0
118	TOOLPATH/--	刀具信息	−1	−1	6	0
119	TLDATA	刀具信息	−1	−1	6	0
120	TLDATA/MILL,--	刀具信息	−1	−1	6	0
121	MSYS/--	坐标信息	−1	−1	6	0

刀位语句格式的属性说明如下。

(1)语句索引：区分不同语句格式的唯一标示，不向用户公开，新增语句格式对象时自动生成，取当前未使用最小值。其中 0~99 为系统保留值，用户自定义从 100 开始生成。

(2)语句说明：对当前刀位语句格式进行简要说明。

(3)群组编号：指定当前语句所属群组。

(4)系统默认：系统默认设置为 1 则不能修改和删除，设置为 0 则可以修改和删除。

所有的字段都不能含有空格，如果刀位文件中含有空格，将空格去掉后输入格式表。如 UG 的刀位语句 TOOL PATH/--，需要转换成 TOOLPATH/--输入格式表。

根据上述刀位语句格式，可对刀位文件进行词法和语法分析，并确定刀位语句是否合理，按格式进行数据存储以便于刀位预处理的进行。

11.2.2　数控代码格式库

零件的加工程序是由许多程序段组成的，每个程序段由程序段号、若干个数据字和程序段结束字符组成，每个数据字是控制系统的具体指令，它是由地址符、特殊文字和数字集合而成的，代表机床的一个位置或一个动作。程序段格式是指一个程序段中字、字符和数据的书写规则。

目前，数控系统广泛采用字-地址可变程序段格式，即在一个程序段内数据字的数目以及字的长度都是可以变化的格式，不需要的字以及与上一程序段相同的续效(模态)字可以不写。一般的书写顺序按表 11-7 从左往右进行书写，对其中不用的功能应省略。该格式的优点是程序简短、直观以及容易检验、修改。

表 11-7　程序段书写顺序格式

程序段序号	数据字									结束符号
	准备功能	坐标字				进给功能	主轴功能	刀具功能	辅助功能	
N_	G_	X_ U_ P_ A_ D_	Y_ V_ Q_ B_ E_	Z_ W_ R_ C_	I_ J_ K_ R_	F_	S_	T_	M_	LF 或 CR

一般，数控加工程序的结构由以下代码字构成。

(1)顺序号用字母 N 和数字表示。

(2)准备功能指令亦称“G”指令，由字母 G 和整数组成，一般从 G00 到 G99，根据数控系统不同也有例外，如西门子 840D 系统中 G642 圆滑指令。

(3) 各坐标的运动尺寸由字母 X、Y、Z、U、V、W、P、Q、R、1、J、K、A、B、C、D、E 中的一个和数字、小数点组成。

(4) 工艺性指令包括坐标进给速度、主轴转速、刀具号等，分别由其对应的地址符(F，S 或 T)和小于等于四位的数字组成。

(5) 辅助功能指令亦称“M”指令，由字母 M 和整数组成，一般从 M00 到 M99，根据数控系统不同也有例外。

(6) 特殊代码字一般为某种数控系统特别定制的代码字，不遵从 ISO 规定，如西门子 840D 数控系统的“TRAORI”代码字。

上述代码字按照数控加工代码的格式组合在一起就构成了 NC 程序。

数控加工指令已由 ISO(ISO-6983 1982) 标准化，按照功能划分为准备功能指令码、辅助功能指令码和工艺性指令码等，数控加工指令如表 11-8 所示。

表 11-8　数控加工常用指令

功能分类	代码	意义
顺序号	N	顺序编号
准备功能	G	机床动作方式指令
坐标指令	X,Y,Z	坐标轴移动指令
	A,B,C,U,V,W	附加轴移动指令
	R	圆弧半径
	I,J,K	圆弧中心坐标
进给功能	F	进给速度指令
主轴功能	S	主轴转速指令
刀具功能	T	刀具编号指令
辅助功能	M	接通、断开、启动、停止指令
	B	工作台分度指令
补偿功能	H,D	刀具补偿指令

对于以上部分指令说明如下。

(1) 准备功能 G 指令：G 指令分模态代码和非模态指令。模态代码表示在程序中一直被应用直到出现同组的任一 G 代码时才失效，模态代码可以在其后的程序段中省略不写。非模态代码只在本程序中有效。准备功能字 G 代码，用来规定刀具和工件的相对运动轨迹(即指令插补功能)、机床坐标系、坐标平面、刀具补偿、坐标偏置等多种加工操作。

(2) 坐标功能字(又称尺寸字)：用来设定机床各坐标的位移量。它一般以 X、Y、Z、U、V、W、R、A、B、C 等地址符为首，在地址符后紧跟“+”或“-”及一串数字。坐标功能字为模态代码。

(3) 进给功能字：该功能字用来指定刀具相对工件运动的速度。其单位一般为

mm/min 或 inch/min，当进给速度与主轴转速有关时，使用的单位为 mm/r 或 inch/r。进给功能字以地址符“F”为首，其后跟数字代码，为模态代码。

(4) 主轴功能字：该功能字用来指定主轴速度，它以地址符“S”为首，后跟一串数字，为模态代码。

(5) 刀具功能字：当系统具有换刀功能时，刀具功能字用以选择替换的刀具。它以地址符“T”为首，其后一般跟二位数字，代表刀具的编号。

(6) 辅助功能字：辅助功能字 M 代码主要用于数控机床的开关量控制，如主轴的正、反转，切削液开、关，工件的夹紧、松开，程序结束等。根据其作用范围亦分为模态代码和非模态代码。

后置处理系统关于数控系统的难点在于使系统能够适应多种数控系统。本系统的具体解决方法是：分解数控系统的 NC 指令格式，抽象出属性，采用面向对象的思想构建 NC 指令格式类及其相关类。

1. NC 指令格式

数控代码由一系列 NC 指令组成。由数控加工代码需求分析可知，NC 指令分为准备功能指令、辅助功能指令、刀具指令、主轴指令、坐标指令等。NC 指令一般由文字和数字组成，文字部分在本书称为指令头，数字部分为指令值。大多数 G 指令和 M 指令都包含指令头和指令值，而有的指令，如设置进给率指令 F、设置刀具指令 T 只包含指令头，但其后需紧跟具体的参数值。图 11-3 显示了几种指令格式。

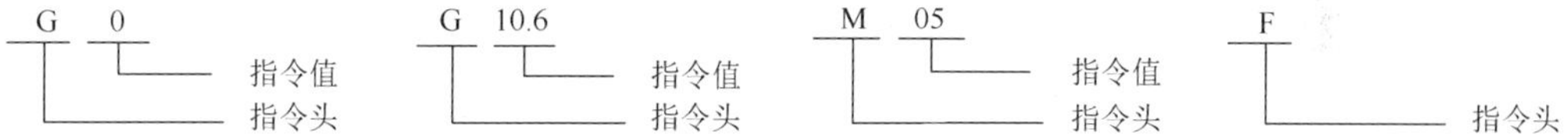

(a) 快速进给指令　(b) 刀具取回和返回指令　(c) 主轴停止指令　(d) 设置进给率指令

图 11-3　NC 指令格式

指令值的格式有多种形式，有整数和浮点数，整数中有补零和不补零之分，为了统一指令值，本书将数字的格式(注意：此处格式指的是数字格式，与 NC 指令格式不同，NC 指令的格式包含了数字格式，以下称为“数字格式”，以示区分) 进行分解，提取 6 个属性，如图 11-4 所示。

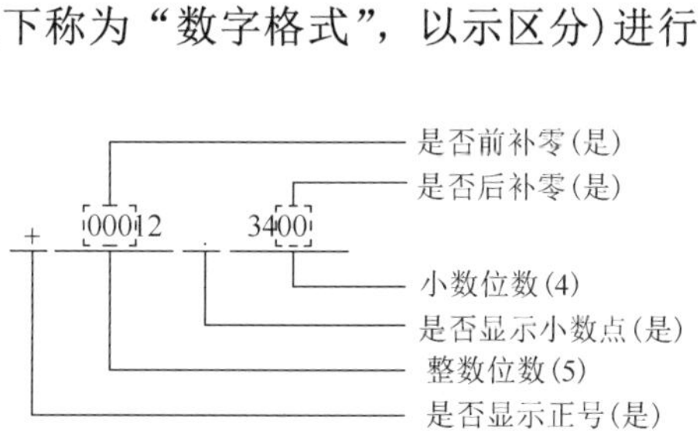

图 11-4　数字格式分解

在对数控代码进行总结分析的基础上，得出以下结论。

(1) NC 指令以群组的形式出现，群组内的指令其功能类似，如运动功能指令 G00、G01 等，如平面选择功能指令 G17、G18、G19 等。

(2) 群组内的指令头相同，指令值不同，但指令值的数字格式一样。如 G00 和 G01 的指令头都是 G，指令值不同，且指令值数字格式都是整数，并且显示 2 位数，不足两位需要前补零。

基于此结论，系统从数字格式、群组和数控指令三方面对 NC 格式库进行设计。

2. NC 指令格式库设计

采用面向对象的设计思路，对数控代码格式进行设计。将与数控代码相关的三个概念抽象为类，它们分别是：数字格式、群组、数控指令。与刀位语句格式类似，采用面向对象的设计方法实现数控代码的开放式接口。

数字格式指的是指令值的格式，将其抽象为“数字格式类”。数字格式类具有 3 个主属性：编号、名称、数字还是文字。如果是数字，则还具有 6 个副属性：是否显示小数点、整数数位、小数数位，是否显示正号，是否前补零，是否后补零。

若干数控指令具有类似功能，将其相同部分抽象为“群组类”。群组类具有 7 个属性：群组编号、群组名称、指令头、模态、格式编号、群组说明和系统默认。

数控指令本身抽象为“指令类”。指令类具有 7 个属性：指令索引、指令名称、指令值、指令说明、参数类型、模态、群组编号和系统默认。

完整的 NC 指令需要根据数字格式、群组和指令三个实例化对象产生，如快速进给指令的产生过程如图 11-5 所示。

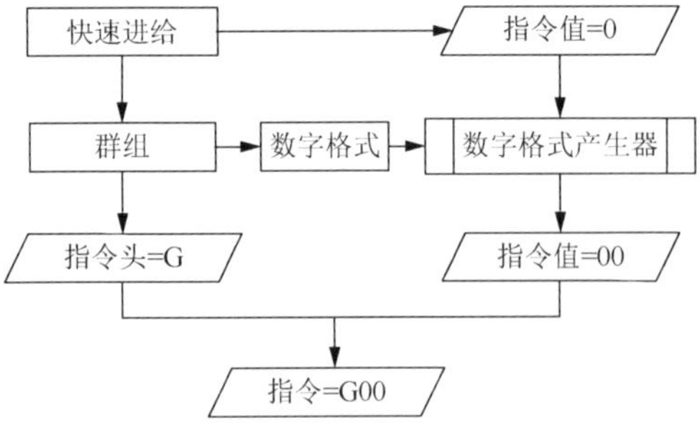

图 11-5　快速进给指令生成流程图

其生成过程如下。

(1) 从快速进给指令中提取指令值 0 以及该指令所属群组；

(2) 从群组中提取指令头 G 以及数字格式；

(3) 指令值 0 经过数字格式生成器变为 00；

(4) 指令头 G 之后紧跟指令值 00 得到该指令为 G00。

3. 数字格式表设计

数字格式表的目的是统一 NC 指令值的数字格式，通过设置 2 个主属性和 6 个副属性对指令值的数字格式进行设置，表 11-9 是本系统设计的几种数字格式。

表 11-9　指令值数字格式

编号	名称	类型(0-数字 1-文字)	显示小数点	整数位数	小数位数	显示正号	前补零	后补零	系统默认
0	Digit_2_0	0	0	2	0	0	1	0	1
1	Digit_5_0	0	0	5	0	0	1	0	1
2	Digit_3_1	0	1	3	1	0	0	0	1
3	Text	1	0	0	0	0	0	0	1
4	Digit_F	0	1	5	2	0	0	1	1
5	Digit_T	0	0	2	0	0	1	0	1
6	Digit_S	0	1	5	2	0	0	0	1

用户可以对每种数字格式进行修改，通过改变各属性值即可实现指令数字格式的定制。当数字格式类型是数字时，后面的 6 个副属性才有效；当整数位数大于指令值的实际整数位数时候，前补零才有效；当小数位数大于指令值的实际小数位数时，后补零才有效。根据 6 个副属性设置数字格式产生器，输入一个数字，经过数字格式产生器使其按照既定的数字格式输出。

4. 群组表设计

群组对具有同一功能的代码进行归类处理，具有类似功能的代码其群组相同。在数控加工程序中，同一群组的代码一般不能在同一个程序段内出现。相同群组下的数控代码的模态、代码头和数字格式相同。

本书将 NC 指令归纳为 13 类，设置 13 个群组，如表 11-10 所示。

表 11-10　NC 指令群组

群组编号	群组名称	指令头	模态	数字格式编号	群组说明	系统默认
0	G_mode	G	1	0	模式	1
1	G_feed	G	1	0	进给	1
2	G_cutcom	G	1	0	补刀	1
3	G_plane	G	1	0	选择平面	1
4	G_motion	G	1	0	运动控制	1
5	G_circle	G	1	0	循环控制	1
6	G_other	G	0	0	其它控制	1
7	M_spindle	M	1	0	主轴控制	1
8	M_coolant	M	1	0	冷却液	1
9	M_program	M	0	0	程序控制	1
10	S	S	1	6	主轴转速	1
11	F	F	1	4	进给速度	1
12	T	T	1	5	刀具	1

(1)群组编号：指定群组的唯一标示，0~19 是系统默认值，用户自定义编号从

20 开始。

(2) 群组名称：指定群组的名称，名称应该表达该群组的类型信息。

(3) 指令头：相同群组下的 NC 指令其指令头相同，指令值在 NC 指令库中设定。

(4) 数字格式编号：相同群组下的 NC 指令其数字格式相同，具体数字格式由数字格式编号指定。

(5) 群组说明：对该群组进行简要说明。

(6) 系统默认：设置为 1 为系统默认群组，不能删除和修改名称。

5. NC 指令表设计

在总结 FANUC 30i、HEIDENHAIN Conversational、SIEMENS Sinumerik_828D 数控系统 NC 指令的基础上，系统形成 NC 指令表。FANUC 30i 数控系统 NC 指令如表 11-11 所示。

表 11-11　FANUC 30i 数控系统 NC 指令

索引	指令名称	指令值	指令说明	参数类型	群组编号	系统默认
0	绝对命令	90	绝对命令	−1	0	1
1	增量命令	91	增量命令	−1	0	1
2	英制模式	20	英制模式	−1	0	1
3	公制模式	21	公制模式	−1	0	1
4	每分钟进刀	94	每分钟进刀	−1	1	1
5	每转进刀	95	每转进刀	−1	1	1
6	刀具半径补偿取消	40	刀具半径补偿取消	−1	2	1
7	刀具半径补偿(左)	41	刀具半径补偿(左)	−1	2	1
8	刀具半径补偿(右)	42	刀具半径补偿(右)	−1	2	1
9	刀具长度调整加	43	刀具长度调整加	−1	2	1
10	刀具长度调整减	44	刀具长度调整减	−1	2	1
11	刀具长度调整关闭	49	刀具长度调整关闭	−1	2	1
12	选择 XY 平面	17	选择 XY 平面	−1	3	1
13	选择 ZX 平面	18	选择 ZX 平面	−1	3	1
14	选择 YZ 平面	19	选择 YZ 平面	−1	3	1
15	快速进给	0	快速进给	%f-%f-%f-%f-%f	4	1
16	直线插补	1	直线插补	%f-%f-%f-%f-%f	4	1
17	圆弧插补	2	圆弧插补(顺时针)	%f-%f-%f-%f-%f	4	1
18	圆弧插补	3	圆弧插补(逆时针)	−1	4	1
19	循环退刀(自动)	98	循环退刀(自动)	−1	5	1
20	循环退刀(手动)	99	循环退刀(手动)	−1	5	1
21	回零	28	回零	−1	6	1
22	暂停	4	暂停	−1	6	1
23	重置	92	重置	−1	6	1
24	主轴 CSS	96	主轴 CSS	−1	6	1

续表

索引	指令名称	指令值	指令说明	参数类型	群组编号	系统默认
25	主轴 RPM	97	主轴 RPM	−1	6	1
26	主轴正转	3	主轴正转	−1	7	1
27	主轴反转	4	主轴反转	−1	7	1
28	主轴停止	5	主轴停止	−1	7	1
29	雾状冷却液	7	雾状冷却液	−1	8	1
30	冷却液开	8	冷却液开(液态)	−1	8	1
31	冷却液关	9	冷却液关	−1	8	1
32	冷却液通孔	26	冷却液通孔	−1	8	1
33	冷却液攻丝	27	冷却液攻丝	−1	8	1
34	程序强制停止	0	程序强制停止(手工换刀)	−1	9	1
35	程序可选停止	1	程序可选停止	−1	9	1
36	程序结束	2	程序结束	−1	9	1
37	换刀/退刀	6	换刀/退刀	−1	9	1
38	到回	30	到回	−1	9	1
39	主轴转速	S	主轴转速	%f	10	1
40	进给速度	F	进给速度	%f	11	1
41	选择刀具	T	选择刀具	%d	12	1

(1)索引：指定指令的唯一标示，0~99 是系统默认值，用户自定义编号从 100 开始。

(2)指令名称：指定 NC 指令的名称，名称应该表达该指令的功能信息。

(3)指令值：G 指令和 M 指令都有值，主轴转速指令 S、进给速度指令 F 等指令没有值，则指定其值为 S、F 本身。

(4)指令说明：对该指令进行简要说明。

(5)参数类型：该指令在 NC 代码中需要附带的参数的类型，一般表达工艺信息 G 指令和 M 指令后面不需要附带参数，而表达运动的 G 指令需要附带运动坐标参数，主轴转速指令 S、进给速度指令 F 等指令需要附带相关参数。该参数类型与其对应的刀位语句参数类型保持一致。

(6)群组编号：指定该指令所属群组，通过群组获取该指令的指令头、指令值数字格式、是否是模态等信息。

(7)系统默认：系统默认设置为 1 表示该指令为系统保留，不能删除和修改名称。

6. 刀位语句与数控代码转换规则

刀位语句与其对应的数控代码都表达了当前机床的某种工作状态，因此他们存在着一定的共性。如 FEDRAT/MMPM,250 表示刀具以 250mm/min 进给，转换成对应的 FANUC 16i 数控代码是 G94 F250，G90 表示数控程序进给模式为线性进给，与刀位语句中 MMPM 表达一致，而 F250 含有一个参数 250，与刀位语句中的参数个数、类型一致。刀位语句与其数控代码的共性是刀位语句能正确转换成对应的数控代码的前提，在此前提下才能保证刀位语句参数与数控代码参数保持一致而无二义性。表 11-12 列举了几种转换示例。

表 11-12　刀位语句与数控代码转换示例

示例编号	UG 刀位语句	FANUC 16i 数控代码	含义
1	CUTCOM/OFF	G40	刀补取消
2	FEDRAT/MMPM,250	G94 F250	刀具以 250mm/min 线性进给
3	GOTO/0,0,0,0,0,0	G01 X0 Y0 Z0 A0 B0	线性插补到某个位置
4	RAPID GOTO/0,0,0,0,0,0	G00 X0 Y0 Z0 A0 B0	快速进给到某个位置

示例 1 的刀位语句不含参数，并且转换后的数控代码仅包含一条 NC 指令。该情况简单，为语句 CUTCOM/OFF 指定相应的 NC 指令索引号，即可实现刀位语句向数控代码的转换。

示例 2 的刀位语句含有参数，该语句的格式为“FEDRAT/MMPM,--”，并且转换后的数控代码包含两条 NC 指令。刀位语句对应指定两个 NC 指令索引，中间以“/”符号隔开。但是在具体的转换过程中，刀位语句中的参数所对应两个 NC 指令中将由数控代码规则确定。G94 为线性进给指令，不附带参数；F 为进给速度指令，需要附带进给速度值，该值与“FEDRAT/MMPM,--”中的值类型保持一致，其类型是“%f”。这是由它们的共性决定的，因此刀位语句中的参数对应 F 之后。

示例 3 中语句格式为“GOTO/--”，参数类型为“%f-%f-%f”或“%f-%f-%f-%f-%f-%f”。前者表示三轴运动，后者表示五轴运动。转换成 NC 指令参数类型为“%f-%f-%f”或“%f-%f-%f-%f-%f”。刀位语句参数类型与 NC 指令参数类型不符，这是由于该语句为运动语句，需要进行运动学求解，在刀位预处理过程中，不进行运动学求解。

示例 4 中的 RAPID 语句不带参数，对应数控指令为 G00，但 G00 需要指定相应的位置，该位置在刀位文件中由 RAPID 紧跟的 GOTO/--语句所带参数决定。对于此种情况，刀位语句 RAPID 的参数类型为“%>>”，表示转换成 NC 代码后需要紧跟下一条刀位语句的参数，而下一条语句不进行转换，仅取其参数值。

根据以上分析，制定以下刀位语句与数控代码的转换规则：

(1) 为刀位语句指定数控索引号，通过索引号实现刀位语句向数控代码转换。多个索引号之间用“/”隔开。原则上刀位语句的参数类型应该与通过索引号连接的数控代码参数类型保持一致而无二义性，这由它们的共性决定。

(2) 运动语句的参数类型与其对应的数控代码参数类型不一致，需要进行运动学求解。不需要运动学求解的刀位语句可以直接转换成数控代码，其参数类型一致，这个过程在刀位预处理中实现，需要运动学求解的刀位语句在运动求解中实现。

(3) 参数类型为“%>>”表示该语句对应的 NC 代码之后的数值为下一条刀位语句的参数。

11.2.3　机床拓扑库

后置处理系统关于五轴数控机床结构类型的难点在于使系统能够适应多种结构形式的五轴数控机床，系统以构建机床拓扑库为解决方案。具体方法是：简化机床，以拓扑图表达机床拓扑结构，搭建拓扑图自主构建平台。

1. 机床拓扑图的显示

实现五轴数控机床拓扑结构的可视化与可操作性。可视化是指拓扑图以一定形式显示出来，可操作性是指拓扑图能被创建、修改，从而实现机床拓扑结构自主构建开放式接口。如图 11-6 所示。

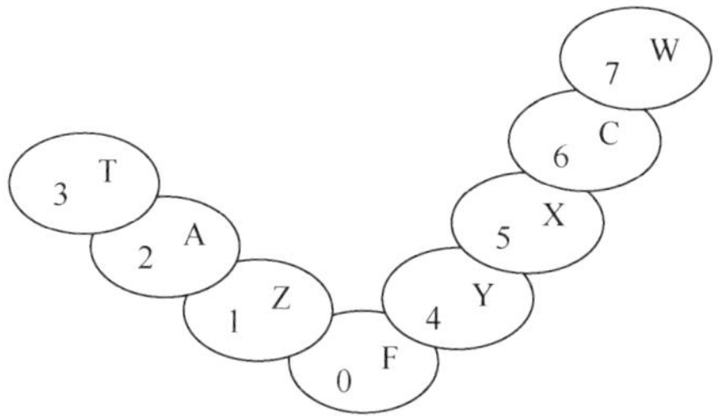

(a) 调整前的拓扑图

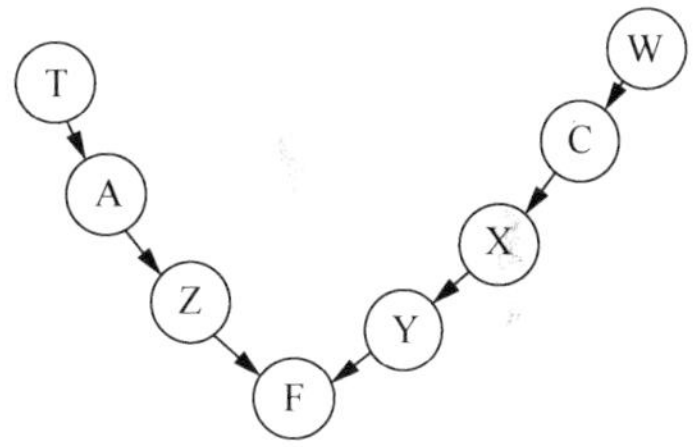

(b) 调整后的拓扑图

图 11-6　调整拓扑图

调整后的拓扑图具有以下特点：

(1) 以五轴数控机床体的符号作为拓扑图形名称；

(2) 箭头约束体之间的关系，箭头方向指向一个体的父级体。在图11-6(b)中，刀具 T 依赖于 A 轴，A 轴依赖于 Z 轴，Z 轴依赖于床身 M，工件 W 依赖于 C 轴，C 轴依赖于 X 轴，X 轴依赖于 Y 轴，Y 轴依赖于床身 M；

(3) 以箭头的形式表达体之间的关系，方便对拓扑图进行操作。创建新体，通过箭头设定其父体即可在现有拓扑结构上添加新的体，方便拓扑结构扩展，实现开放式接口。通过删除箭头或体即可删除现有拓扑结构上的一个体；

(4) 每个体只能指定一个父体，但可以有多个子体；

(5) 拓扑图只有一个根节点体，把子体看成节点，拓扑图就是一个多叉树模型，可以利用多叉树的遍历方式对拓扑图进行遍历，获得拓扑结构。

2. 拓扑图的储存

拓扑图在计算机中的储存形式有两种：一种是 ROM 储存，将拓扑图以某种形式储存在计算机硬盘上；另一种是 RAM 储存，在内存中以某种形式动态储存。

ROM 储存可以采用低序体阵列文本进行储存，但会给拓扑图反解带来一定不便。本系统采用图 11-7 所示文件格式储存拓扑图。

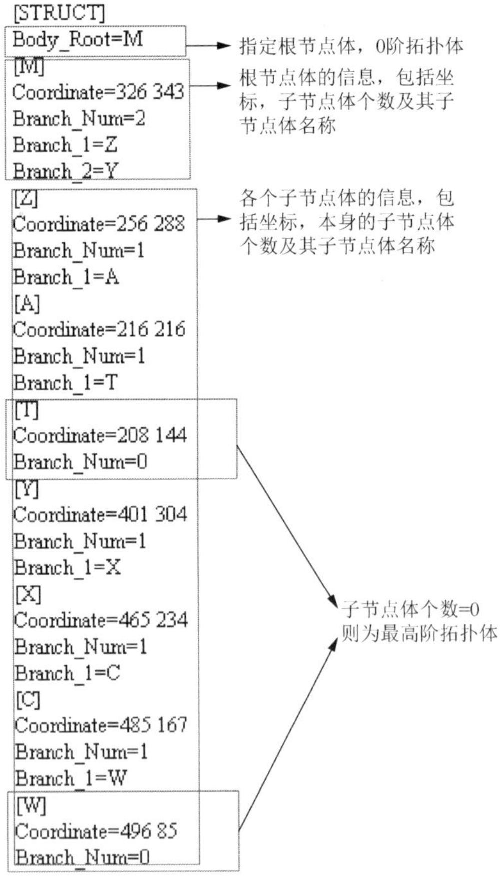

图 11-7　拓扑图文本储存格式

Body_Root 是拓扑图的根节点，也就是最低序列的体。从根节点开始，每个节点都有分支数量 Branch_Num，即该体的高一阶序列体的数量，Branch_1、Branch_2、…则表示这些高阶体，高阶体又有分支……依次类推，直到 Branch_Num 为 0 的体结束。为了便于生成拓扑图，Coordinate 储存了该体的初始坐标位置。为了实现拓扑图与机床实例的连接，拓扑文件还记录了其他信息，如图 11-8 所示。[BASIC_INFO]储存拓扑基本信息，包括创建时间(Create_Time)、名称(Name)、类型(Type)、说明(Comment)以及拓扑图对应的机床轴数类型(Axis_Type)和结构类型(Struct_Type)，机床轴数类型和结构类型与机床实例库约定相同。[CONNECTED]保存了引用该拓扑图的机床实例名称。

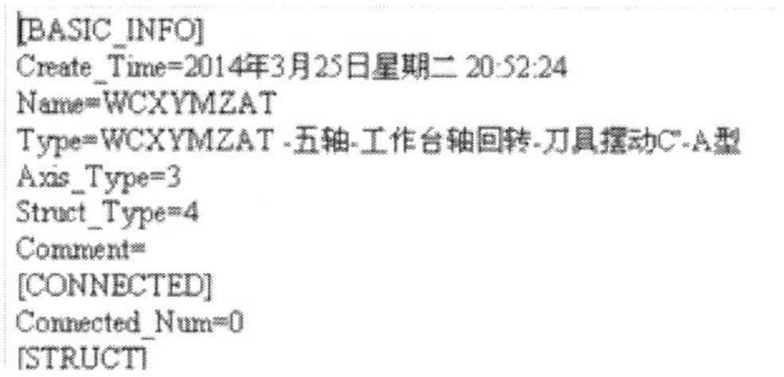

```
[BASIC_INFO]
Create_Time=2014年3月25日星期二 20:52:24
Name=WCXYMZAT
Type=WCXYMZAT -五轴-工作台轴回转-刀具摆动C'-A型
Axis_Type=3
Struct_Type=4
Comment=
[CONNECTED]
Connected_Num=0
[STRUCT]
```

图 11-8　拓扑图基本信息

RAM 储存分为显式储存和隐式储存，显示储存用于拓扑图形的显示、修改，隐式储存用于拓扑图在内存中进行数据传递。两种方式都是采用不带头链表方式存储。显式存储用图形作为节点，占用较大空间，仅用于拓扑图形模块，该链表称为视图链表(下称拓扑视图链)。隐式储存用结构体作为节点，占用内存空间较小，用于机床拓扑结构在内存中传递，该链表称为体链表(下称拓扑链)。实际上，视图链和体链的链表格式相同，不同的是节点的数据，两者之间可以相互转换。

链表的设计如图 11-9 所示。图中 Root 为根节点，每个节点有不定数量子节点，用实线箭头表示，但只有一个父节点，用虚线箭头表示。

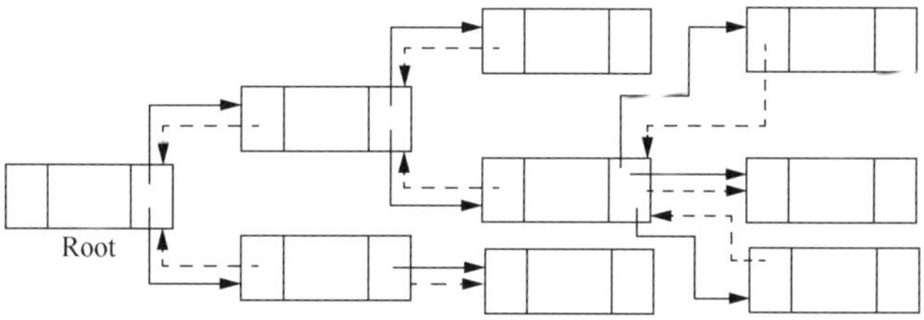

图 11-9　链表设计

3. 拓扑链识别算法

拓扑 链是拓扑图中各个体形成的体链表。在完成拓扑图的创建或修改之后，需要解析该拓扑图生成对应的拓扑文件。同样地，读取拓扑文件需要解析拓扑文件生成对应的拓扑图，该过程以拓扑链为核心。本系统中机床拓扑结构的信息流如图 11-10 所示。

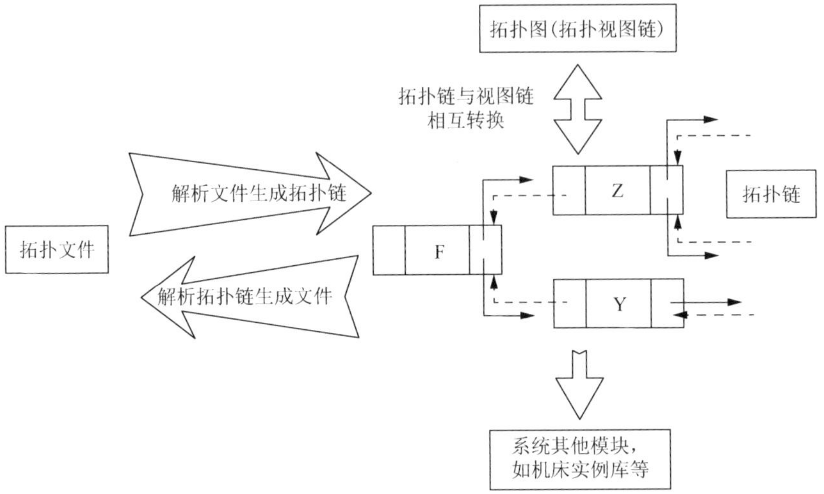

图 11-10　机床拓扑结构信息流

拓扑图与拓扑文件的相互转换以拓扑链为纽带，拓扑图也就是拓扑视图链，与拓扑链的链表结构一样，转换相对容易。拓扑文件与拓扑链的相互转换过程分别为解析文件和解析拓扑链。

1)解析文件

采用递归方式解析拓扑文件，生成拓扑链。其伪代码为：

```
{
根据 Body_root 创建根节点;
父节点=根节点;
父节点坐标信息赋值;
根据父节点的 Branch_Num 得到其子节点数量;
for (int i=0;i< 子节点数量;i++)
{
根据 Branch_i 创建父节点的第 i 个子节点;
父节点=第 i 个子节点，进行递归;
……
}
```

2)解析拓扑链

采用递归方式解析拓扑链，生成拓扑文件。其伪代码为：

```
根据链表头记录根节点Body_root;
父节点=根节点;
得到父节点的子节点数量并记录为Branch_Num;
记录父节点的坐标信息;
for (int i=0;i< 子节点数量;i++)
{
记录父节点的第i 个子节点名称到Branch_i;
父节点=第i 个子节点，进行递归;
……
}
```

3) 判断机床类型

系统设计的拓扑图具有可扩展性，能创建任意拓扑结构的机床，因此有必要识别出拓扑链对应的机床的轴数并记录到拓扑基本信息的数轴类型(Axis_Type)中。五轴数控机床有 288 种拓扑形式,在进行后置处理算法过程中只需要归纳 12 种数控机床即可，对拓扑链表达的机床类型进行判断，并记录到拓扑基本信息的结构类型(Struct_Type)中，为后置处理算法提供可靠依据。机床轴数判断流程如 11-11 所示，并在此基础上对五轴数控机床类型进行判断。

机床轴数判断的前提：

(1) 拓扑图中体的符号符合规定；

(2) 拓扑图中至少有工件(W)、床身(F)和刀具(T)，并以床身(F)为根节点；

(3) 拓扑简写严格按照从右至左以 W 开始、T 结束排列(由计算机自动完成)。

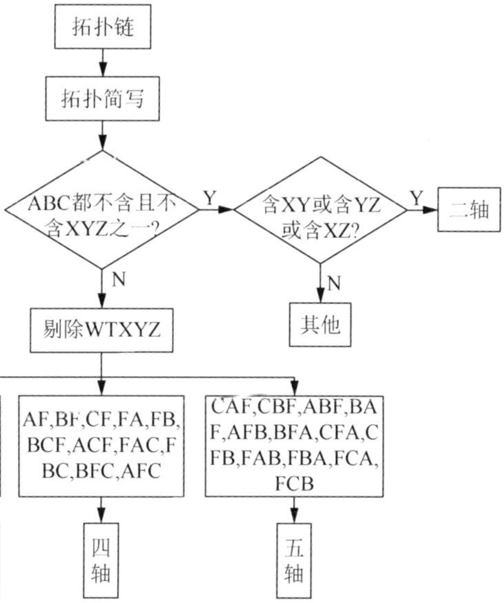

图 11-11　机床轴数判断流程

在机床轴数是 5 的前提下，根据图 11-11 五轴数控机床的拓扑简写对五轴数控机床类型进行判断，如表11-13 所示。

表 11-13　五轴数控机床类型判断

拓扑简写	类型	拓扑简写	类型	拓扑简写	类型
CAM	工作台转动'型 A′-C	BAM	工作台转动型 A′-B′	ABM	工作台转动 B′-A′
CBM	工作台转动型 B′-C′	CMA	刀具/工作台转动型 C′-A	CMB	刀具/工作台转动型 C′-B
BMA	刀具/工作台转动型 B′-A	AMB	刀具/工作台转动型 A′-B	MCA	刀具转动型 C-A
MCB	刀具转动型 C-B	MAB	刀具转动型 A-B	MBA	刀具转动型 B-A

11.2.4　机床实例库

机床实例库包括多个机床文件、实体模型、图片等机床相关信息，与机床后置处理密切相关的是机床文件。机床文件如图 11-12 所示。

```
[BASIC_INFO]
Machine_Name=5轴_工作台双回转_铣床
Create_Time=2013年11月8日 19:40:38
Introduction=5轴_工作台双回转_铣床
ExamPicture=示例.jpg
Cutting_Type=1
NCSystem_Type=0
Axis_Type=3
Struct_Type=0
```

→ 机床基本信息

```
[TOPOFIEL]
File_Name=WCAYMXZT
TopoType=WCAYMXZT-5轴-工作台双回转A'-C"型
```

→ 机床拓扑信息

```
[STRUCT]
PosAttToWorld=[0 0 0 0 0 -90]
PartNum=6
Relation_1=1_M.ive>M [961.651 970 1153.67 0 0 0]
Relation_2=2_Y.ive>Y [566.669 1.28061e-010 -353.585 0 0 0]
Relation_3=3_A.ive>A [1.68347 -6.10352e-005 15.1279 0 0 0]
Relation_4=4_C.ive>C [0 -1.64825 68.7432 0 0 0]
Relation_5=5_X.ive>X [457.349 6.10352e-005 1396.33 0 0 0]
Relation_6=6_Z.ive>Z [266.676 0 -777.83 0 0 0]
```

→ 机床实体信息

```
[PARADATA]
ZeroPosAtt=[970 -1528.32 1772.17 0 0 0]
DirMinMax=[-3000 3000 10000 0 ] [-3000 3000 10000 0] [ -2000 2000 10000 0]
RotMinMax=[-90 90 10000 0 ] [0 0 10000 0] [-90 90 10000 0]
Max_Spindle_Speed=10000.000
Table_Size=2000.000  2000.000
Insert_Cycle=0.200
Machine_Solution=0.001
Accerler_Time_Const=0.2
```

机床参数信息 ←

图 11-12　机床文件格式

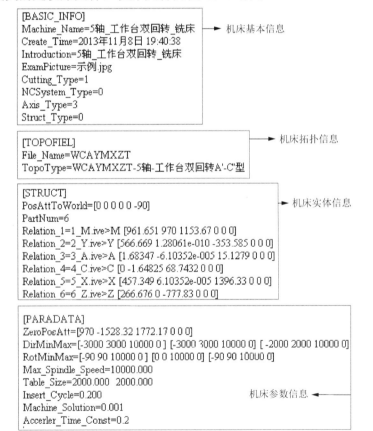

机床文件包含了机床的基本信息、拓扑信息、实体信息和参数信息。

机床基本信息包括机床的名称(Machine_Name)、创建时间(Create_Time)、简介(Introduction)、机床图片(ExamPicture)、机床切削方式(Cutting_Type)、数控系统(NCSystem_Type)、轴数类型(Axis_Type)和结构类型(Struct_Type)，部分说明如下。

(1)切削方式：0-车床，1-铣床，2-刨床，3-磨床，4-钻床，5-其他。

(2)数控系统：0-FANUC 30i，1-SIEMENS Sinumerik_828D，2-HEIDENHAIN Conversational。

(3)轴数类型：0-2 轴，1-3 轴，2-4 轴，3-5 轴，4-6 轴。

(4)结构类型：主要针对 5 轴数控机床的 12 类结构，如表11-14 所示。

表 11-14　五轴数控机床 12 结构类型编码

编号	类型	编号	类型	编号	类型
0	工作台转动型 A′-C′	1	工作台转动型 A′-B′	2	工作台转动型 B′-A
3	工作台转动型 B′-C′	4	工作台轴转动-刀具转动 C′-A 型	5	工作台轴转动-刀具转动 C′-B 型
6	刀具/工作台转动型 B′-A	7	刀具/工作台转动型 A′-B	8	刀具/工作台转动型 C-A
9	刀具转动型 C-B	10	刀具转动型 A-B	11	刀具转动型 B-A

机床拓扑信息指定了该机床的拓扑文件。

机床实体信息是仿真系统所需要的机床实体模型及其坐标信息。

机床参数信息为后置处理算法提供参数，主要涉及 X、Y、Z 三个方向的平移行程限制参数(DirMinMax)和 A、B、C 三个旋转轴的旋转行程限制参数(RotMinMax)。后置算法所需行程限制参数见表 11-15，其中第四轴和第五轴由机床结构类型决定。

表 11-15　五轴数控机床行程参数

行程	参数			
X 方向行程	最大位置(mm)	最小位置(mm)	最大进给(mm)	加速度限(mm/s^2)
Y 方向行程	最大位置(mm)	最小位置(mm)	最大进给(mm)	加速度限(mm/s^2)
Z 方向行程	最大位置(mm)	最小位置(mm)	最大进给(mm)	加速度限(mm/s^2)
第四轴行程	最大位置(deg)	最小位置(deg)	最大进给(deg)	加速度限(deg/s^2)
第五轴行程	最大位置(deg)	最小位置(deg)	最大进给(deg)	加速度限(deg/s^2)

11.3　后置处理流程

11.3.1　刀位预处理

刀位预处理的目的是对刀位文件进行语句分析，包括词法、语法、语义分析，生成预处理文件。由于刀位文件形式各异，在后置处理过程中，语句分析很难一步到位，可能需要经过分析、添加新刀位语句、人工干预等往复迭代才能正确分析出刀位文件的每一行语句。运动语句形式比较固定，一旦确定机床拓扑结构即可进行运动学求解。因此将整个后置处理过程分为刀位预处理和运动求解两个子过程。

1. 预处理文件

预处理文件是刀位文件转换成 NC 文件的中间文件，反映了刀位文件的语句分析结果。预处理文件的代码分为三类：NC 代码、运动代码和出错代码。

(1) NC 代码。依据刀位语句格式和数控代码格式，按照转换规则，刀位文件中与加工工艺信息相关的语句，能够直接转换成 NC 代码。此类代码可直接用于数控加工。系统在此代码前添加符号“01#”以示区分。

(2) 运动代码。刀位文件中与刀具运动相关的语句，反映了刀具在工件坐标系下的走刀轨迹。刀具的姿态根据五轴数控机床结构类型由各个运动轴联动合成。此语句需要通过后置处理算法进行运动求解。系统在此代码前添加符号“02#”以示区分。

(3) 出错代码。出错代码是刀位语句分析失败的代码，其原因是刀位语句格式库中没有制定相关的语句格式。在后置处理过程中，出错代码会直接跳过不进行处理。因此，此类代码是预处理完成后需要人工干预的代码，通过分析其含义确定下一步操作。如果是注释性语句或其他与后置处理无关的语句，可以忽略，也可添加语句格式将此类语句纳入冗余语句群组中，则下次将自动按照冗余语句处理；如果是与加工相关的代码，需要添加刀位语句格式，重新进行预处理，或者人为进行修改，生成正确的预处理文件。系统在此代码前添加符号“03#”以示区分。

预处理文件格式如图 11-13 所示。

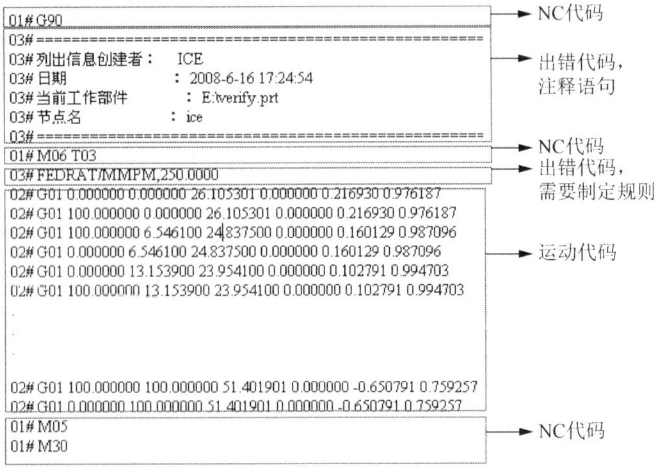

图 11-13　预处理文件

2. 预处理流程

预处理过程分为两步：一是依据刀位语句格式对刀位文件进行语句分析，二是依据数控代码格式和转换规则对语句分析结果进行代码转换，生成预处理文件，具体流程如图 11-14 所示。

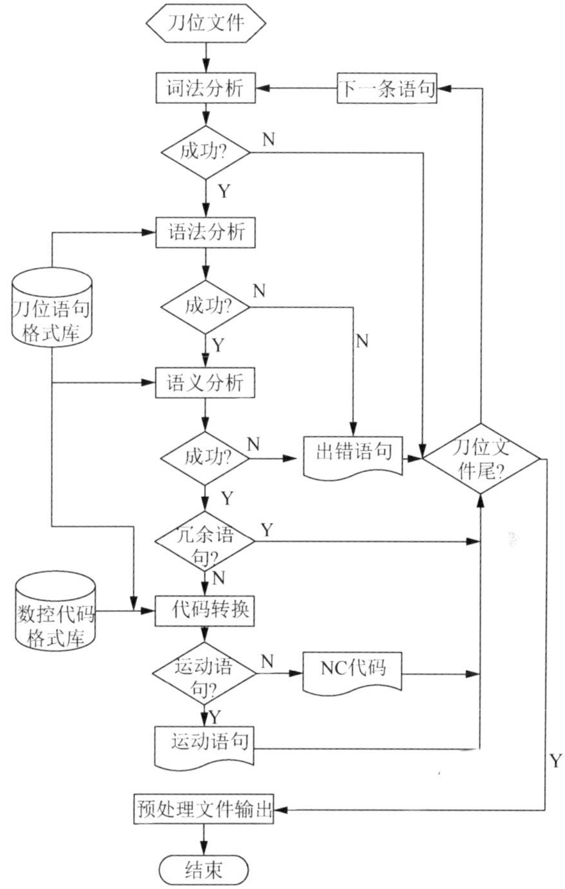

图 11-14　预处理流程

1) 语句分析

语句分析包括词法分析、语法分析和语义分析。

(1) 词法分析：不考虑文件的内容，只需按照语句行读取刀位文件的语句，转换成计算机语言，并判断该语句是否有效。主要目的是过滤掉刀位文件中的空行，获得能够进行语法分析的刀位语句。词法分析不需要刀位语句格式库的支撑。

(2) 语法分析：目的是提取刀位语句的主部和副部，依据主部从刀位语句格式库中搜索符合该主部的语句格式。如果符合则语法分析成功，进入语义分析，不符合则该语句作为预处理文件出错语句输出，在语句前添加出错语句标示符“03#”。语法分析需要刀位语句格式库的支持。

(3) 语义分析：目的是全方位确定该刀位语句的功能，通过语法分析已经获得该语句的格式，根据语句格式的群组识别该语句所属功能类别。若确定为“冗余语句”类别，则分析结束，开始下一条语句的分析。如果不是冗余语句，判断其数据格式是否为“%>>”，若是，该语句需提取下一条语句参数，保留该语句状态，进入下一条语句分析。如果其数据格式不是“%>>”，对语句副部进行分割并与刀位语句格式库中的语句副部进行匹配。语法分析可能搜索到若干语句格式，如果匹配成功，则语义分析成功，对该语句按照分解的格式进行储存，进入代码转换环节；匹配不成功，该语句作为预处理文件出错语句输出，在语句前添加出错语句标示符“03#”。语义分析需要刀位语句格式库的支撑。

2) 代码转换

代码转换通过刀位语句与 NC 代码转换规则进行代码转换，依据语句规则的 NC 指令索引在数控代码格式库中搜寻对应的 NC 指令，并依据运动求解流程(图11-15)输出一定格式的 NC 指令。鉴于刀位语句与 NC 指令的参数一致性，将语句格式对应的实际参数值输出到带参数的 NC 指令之后，最后所有的 NC 指令组成 NC 代码。

根据刀位语句格式的群组类别，将运动语句对应生成的 NC 代码作为预处理文件运动语句输出，并在其前添加标示符“02#”，其他 NC 代码作为预处理文件 NC 代码输出，并在其前添加 NC 代码标示符“01#”。

语法分析和语义分析过程中的出错语句、代码转换获得的运动语句和 NC 代码共同组成预处理文件。

预处理文件的出错语句在运动求解生成 NC 文件的过程中被忽略，因此对出错语句的更正是有必要的，由用户根据实际情况可采取三种策略：

(1) 冗余语句则可以忽略；

(2) 非冗余语句可自行修改为对应的 NC 代码；

(3) 非冗余语句可向刀位语句格式库添加该语句格式，再重复进行预处理。

11.3.2　运动求解

预处理文件中以“02#”开头的语句是刀具运动语句，反映了刀具在工件坐标系中的走刀路径，需要根据机床拓扑结构类型选择后置处理算法，对机床转角及平动位移进行求解。运动求解流程如图 11-15 所示。

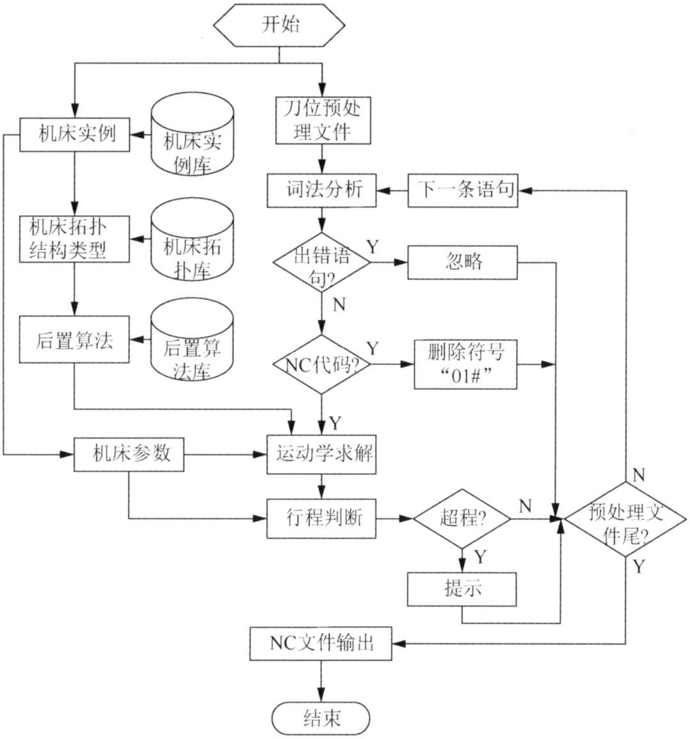

图 11-15　运动求解流程

运动求解首先对刀位语句处理文件进行词法分析，这与预处理中对刀位文件进行词法分析相同，然后根据代码的类型分别处理：出错语句直接被忽略；NC 代码去掉其前的标识符“01#”之后直接作为 NC 文件代码输出；运动语句进行分解获取刀具姿态，进行运动学求解，求解结果作为 NC 文件代码输出。其他语句直接忽略。

运动学求解需要后置算法和机床参数的支撑，后置算法与机床的拓扑结构类型有关，机床拓扑结构类型在机床实例中有所体现，机床参数从机床实例中提取。因此选择了机床实例便决定了后置处理算法和机床参数。

机床参数用于运动学求解和行程判断两个方面，当判断到求解的转角或平移量超出机床行程范围，系统进行提示。

11.4　五轴数控加工通用后置处理系统 MPOST 模块

在以上理论和研究的基础上，MPOST 分为七大模块：刀位语句模块、数控代码模块、机床拓扑模块、机床实例模块、后置算法模块、刀位预处理模块、运动求解模块。系统采用三层模式对各个模块进行设计并实现，即表示层(Presentation

Layer)、业务层(Business Layer)、数据访问层(Data Access Layer),如图 11-16 所示。

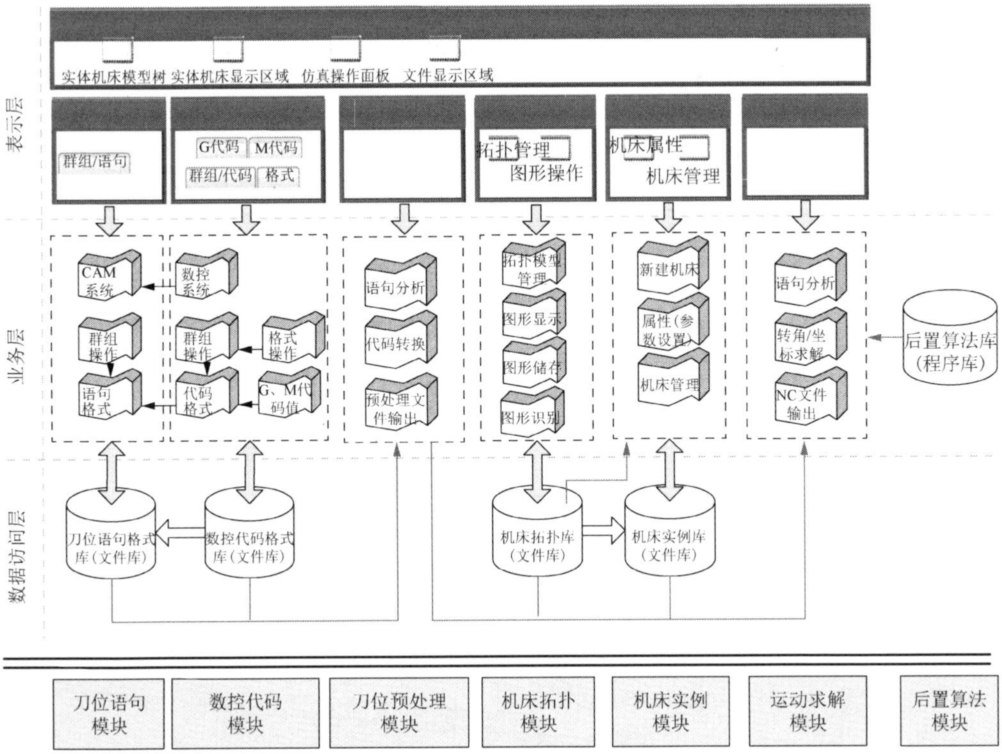

图 11-16　系统实现的框架图

表示层(Presentation Layer)是人机交互层面,主要对系统界面进行设计。

业务层(Business Layer)是处理系统相关业务的层面。对数据库模块来说,业务层完成数据库的添加、修改、删除等任务。对后置处理业务模块来说,预处理模块业务层完成从原始刀位文件语句分析、代码转换并生成预处理文件的一系列后置预处理任务。运动求解模块完成从预处理文件语句分析、坐标求解并生成 NC 文件的一系列运动求解任务。

数据访问层(Data Access Layer)是系统数据支撑层面。刀位语句格式库、数控代码格式库、机床拓扑库、机床实例库由文件库支撑,后置算法库是处理机床运动学模型求解业务。

1. 刀位语句模块

刀位语句模块表示层的界面设计如图11-17 所示。

刀位语句模块业务层主要有 CAM 系统、群组操作、语句格式三方面的程序业务。CAM 系统即该刀位语句格式的名称,用于指明该刀位语句格式适用的 CAM 系统刀位文件，同时与数控系统相关联，指定该刀位语句格式对应的数控系统。系统默认 CATIA、Pro/E、UG 三个 CAM 系统的刀位语句格式，可添加删除自主命名的刀位语句格式。群组用于对相关刀位语句进行归类，可添加/删除自定义群组。语句格式对具体的刀位语句设定参数类型(格式)、对应数控代码、说明等。

刀位语句模块数据访问层是刀位语句格式库的库文件支撑层，主要由各个 CAM 刀位语句格式库的群组表文件、语句表文件以及格式库管理文件组成，用于对业务层的数据支撑。刀位语句模块数据访问层需要数控代码模块数据访问层的支撑，在设定具体刀位语句对应的数控代码时通过 NC 指令索引提取数控代码数据。

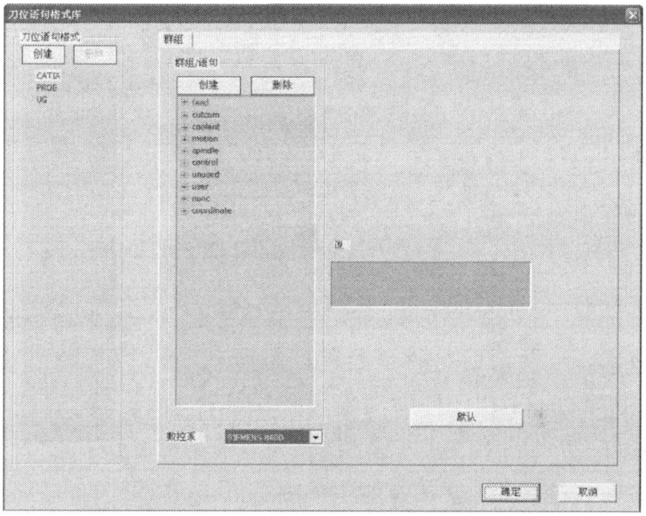

图 11-17　刀位语句规则库界面

2. 数控代码模块

数控代码模块表示层的界面设计如图 11-18 所示。

数控代码模块业务层主要有数控系统、群组操作、代码格式、格式操作、G 代码和 M 代码等几方面的程序业务。数控系统即当前数控代码格式的名称，用于指明该数据代码格式适用的数控系统，系统默认 FANUC 30i、HEIDENHAIN Conversational、SIEMENS Sinumerik_828D 三个数控系统的代码格式，可添加删除自主命名的数控代码格式。群组用于对数控指令进行归类并设定群组的 NC 指令头、NC 指令数字格式、是否模态以及群组说明等，可添加/删除自定义群组。代码格式对具体的 NC 指令设定参数类型(格式)、NC 指令值、说明等。在(数字)格式页面进行数字格式操作，可修改数字格式、添加/删除自定义数字格式。G 代码页面和 M 代码页面对当前数控系统的 G 指令和 M 指令进行整理，可以设定其指令值。

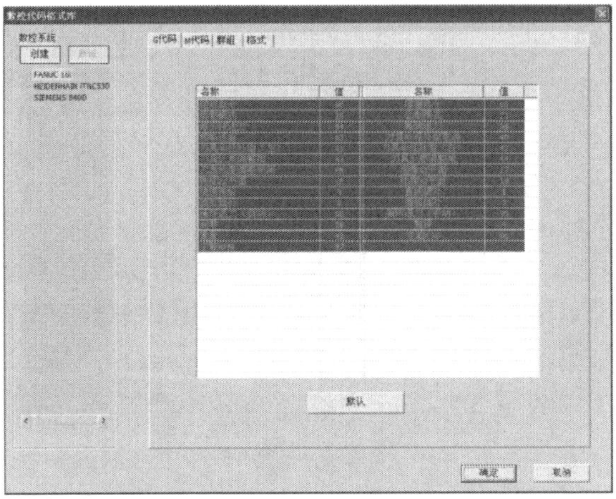

(a) 主界面及 G 代码页面

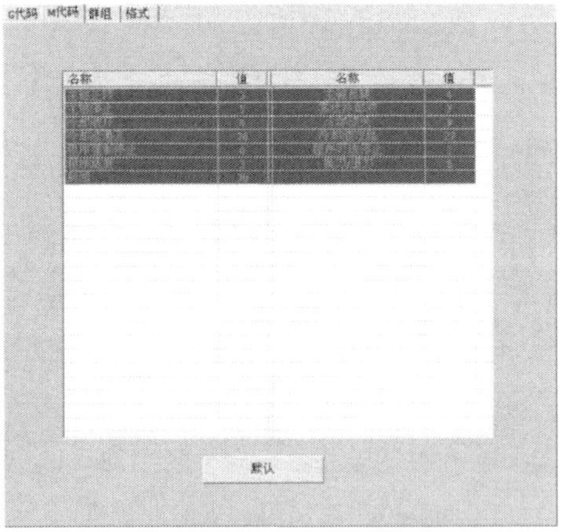

(b) MG 代码页面

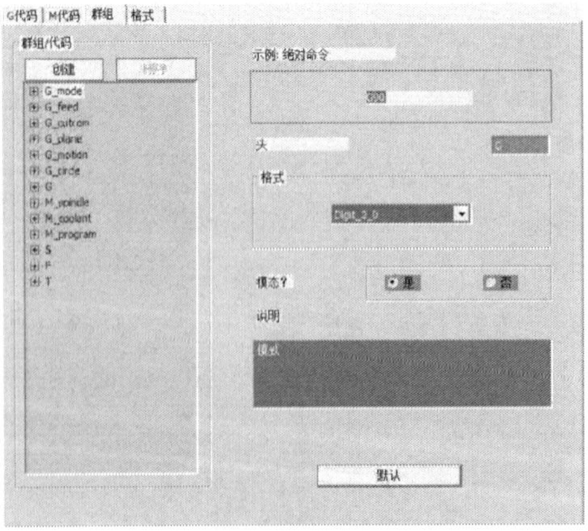

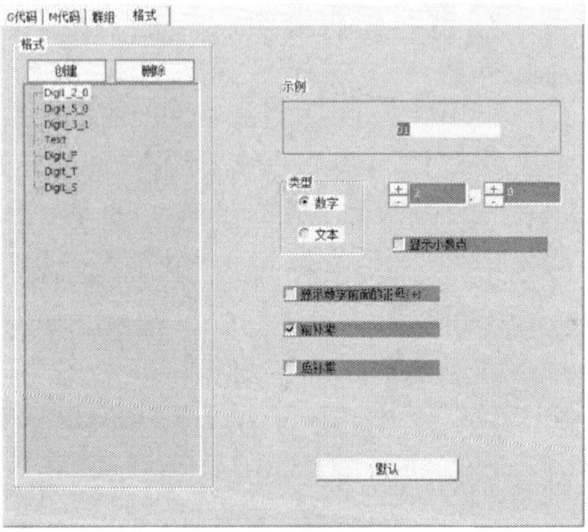

(c) 群组代码页面　　(d) 格式代码页面

图 11-18　数控代码规则库界面

数控代码模块数据访问层是数控代码格式库的库文件支撑层，主要由格式表文件、群组表文件、各个数控系统 NC 指令表文件组成，用于对数控代码模块业务层的数据支撑。

3. 机床拓扑模块

机床拓扑模块表示层界面设计如图 11-19 所示，包括拓扑图管理界面和拓扑图操作界面。

机床拓扑模块业务层主要有拓扑模型管理、拓扑图相关操作等程序业务。拓扑模型管理主要对已有的拓扑模型进行查看、修改、删除等操作和新建拓扑模型操作，可查看当前拓扑模型被哪些机床实例引用、机床的轴数、结构类型及其拓扑图。由于拓扑模型较多，可通过拓扑模型对应的数控机床轴数和机床结构类型进行筛选。目前主要针对五轴数控机床的拓扑模型，但具可扩展性。在拓扑图操作页面可进行拓扑图相关操作，如查看拓扑图、对拓扑图结构进行重构、新建拓扑图、拓扑图导出到文件、从文件导入生成拓扑图等。

机床拓扑模块数据访问层是机床拓扑库的库文件支撑层，主要由拓扑库管理文件、拓扑模型文件、拓扑图图形文件组成，用于对机床拓扑模块业务层的数据支撑。

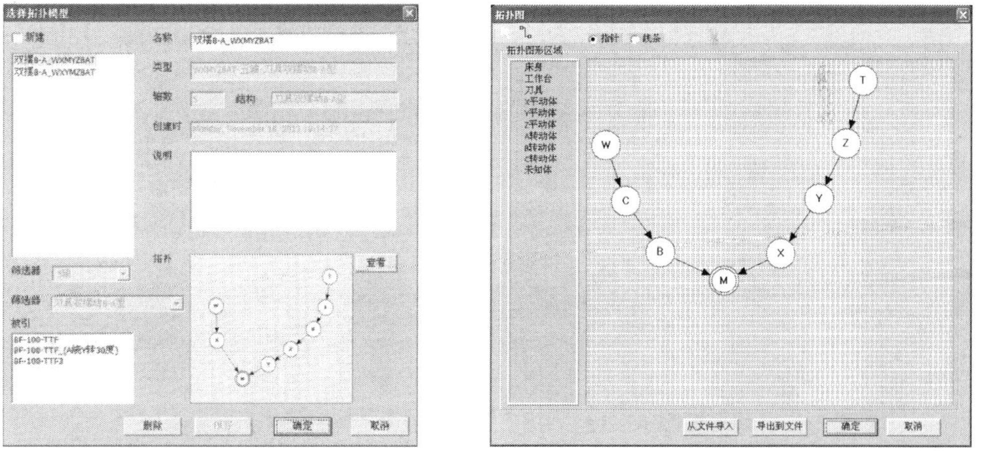

(a) 拓扑图管理界面　　　　(b) 拓扑图操作界面

图 11-19　机床拓扑模块界面

4. 机床实例模块

机床实例模块表示层界面设计如图 11-20 所示，包括新建机床/机床属性界面、部件模型页面和基本参数页面。

机床实例模块业务层主要有新建机床、机床属性查看、机床管理等程序业务。新建机床需要设定机床的轴数、选定结构类型、关联机床拓扑模型、机床参数设置、机床实体部件模型设置等操作，新建机床与机床属性查看界面一致。由于机床实例关联机床拓扑模型，因此需要机床拓扑模块数据访问层的支撑。机床管理对机床实例模型进行删除操作。

机床实例模块数据访问层是机床实例库的库文件支撑层，主要由机床实体模型文件、机床文件组成，用于对机床实例模块业务层的数据支撑。

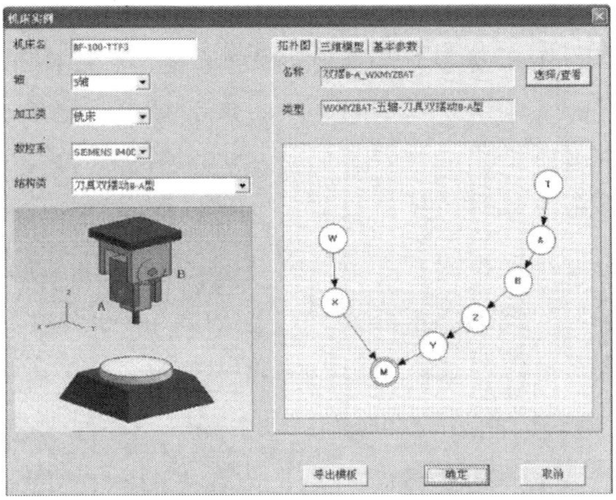

(a) 新建机床及机床属性界面

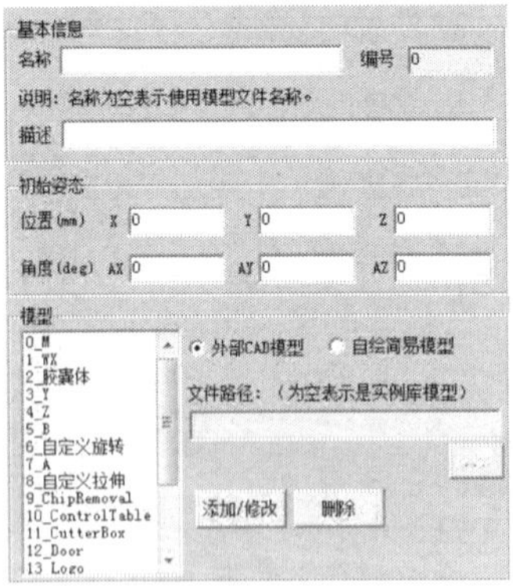

(b) 部件模型界面

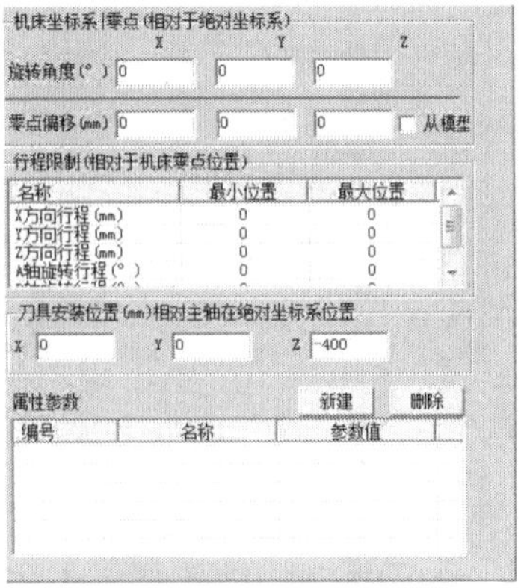

(c) 基本参数页面

图 11-20　机床实例模块界面

5. 后置算法模块

后置算法模块根据前述的理论编制后置算法库，在后置处理过程中，根据机床实例的机床拓扑类型选择具体的后置算法对刀位轨迹进行求解，输出机床的各个转动轴和平动轴的运动量。后置算法模块无表示层界面，后置算法库是程序库，没有相关数据文件支撑。

6. 刀位预处理模块

刀位预处理模块表示层界面设计如图 11-21 所示。

刀位预处理模块业务层负责原始刀位文件语句分析、代码转换并生成预处理文件等程序业务。在预处理界面对预处理的输入进行设定，如设定程序头和程序尾，选择原始刀位文件路径和输出预处理文件，设置其刀位语句格式库并根据刀位语句格式库自动选择对应的数控代码格式库等，设置完成即可进行刀位文件预处理。

刀位预处理模块是程序模块，需要刀位语句模块、数控代码模块的数据访问层的数据支撑。

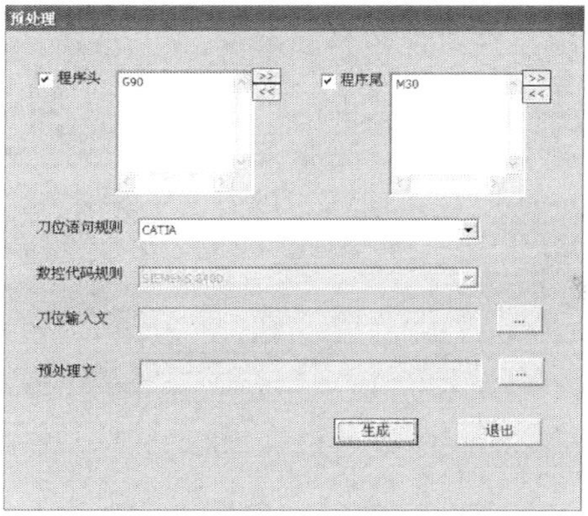

图 11-21　刀位预处理模块界面

7. 运动求解模块

运动求解模块表示层界面设计如图11-22 所示。

运动求解模块业务层负责预处理文件语句分析、坐标求解并生成 NC 文件等程序业务。在运动求解界面对后置处理的输入进行设定，如选择机床或机床文件、NC 序号的设置、设置 NC 文件是否模态化、设置坐标系转换关系、选择输入处理文件路径和 NC 文件输出路径等，设置完成即可进行运动求解。

运动求解模块是程序模块，需要机床拓扑模块和机床实例模块的数据访问层的数据支撑，同时需要后置算法模块的程序支撑。

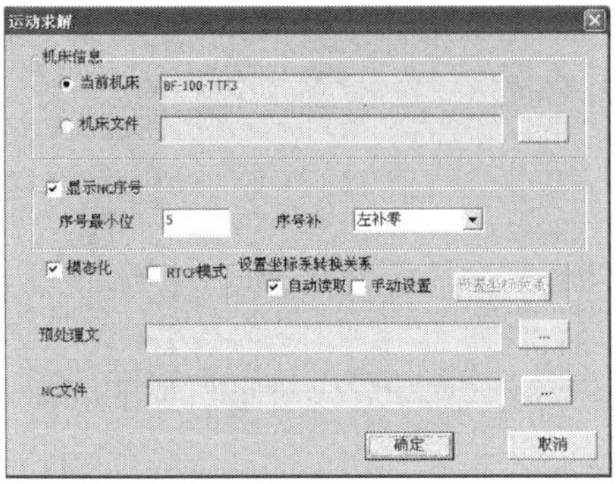

(a)运动求解界面

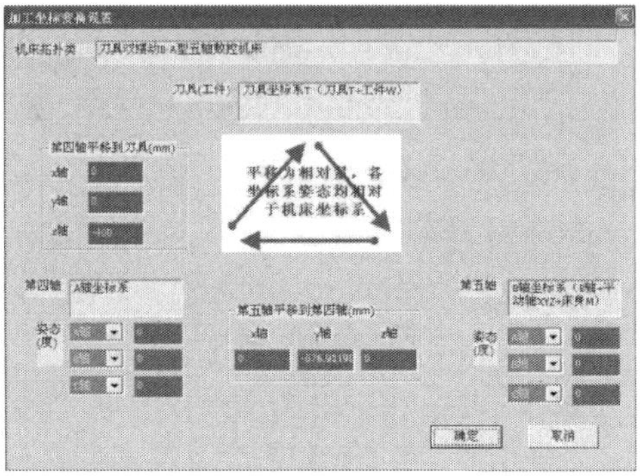

(b)加工坐标变换设置界面

图 11-22　运动求解模块界面

11.5　本 章 小 结

本章介绍了后置处理系统实现的整体框架，采用表示层、业务层和数据访问层三层模式实现后置处理系统，阐述了系统的七大模块：刀位语句模块、数控代码模块、机床拓扑模块、机床实例模块、后置算法模块、刀位预处理模块和运动求解模块，并分别从表示层、业务层和数据访问层对各个模块进行了说明。

参 考 文 献

[1] 段春辉. 五轴联动数控机床通用后置处理系统研制[D]. 成都: 西南交通大学, 2007.
[2] 王建. 通用五轴联动机床加工后处理及加工仿真系统研究[D]. 成都: 西南交通大学, 2010.
[3] 伍鹏. 五轴数控机床开放式后置处理系统研究与开发[D]. 成都: 西南交通大学, 2014.